Fahrer- und
Werkstatt-Handbuch

BMW | F 650 GS & Dakar ab 2000 | F 650 CS ab 2002

Thomas Jung & Uwe Altmann

T&T

Impressum

Redaktion:
Thomas Jung
Uwe Altmann

Fotos:
Uwe Altmann
Thomas Jung

Typo-Konzept:
Brigitte Ruoff

Text, Satz und Layout:
Thomas Jung, Uwe Altmann

1. Auflage 2011

Im Neuenbühl 19
D-71287 Weissach
www.ttverlag.com

ISBN: 978-3-932563-29-4

Der Inhalt dieser Buchreihe entsteht in fachlicher Zusammenarbeit mit Motorrad-Magazin MO.
Die Seiten 8 – 47 stammen aus dem Archiv der MO Medien Verlag GmbH, Stuttgart.

Folgende Zeichnungen mit freundlicher Genehmigung der BMW-Motorrad AG, München (Bildnummer/Seite):

2/50; 3/52; 1/54; 1, 2/56; 1, 2, 3/58; 1/60; 1/62; 3/64; 4/65; 2a,2b/78; 1/83; 2a,2b/88; 1/92; 4, 5/101; 5/103; 9/106; 5/111; 1 – 8/111; 1/113; 2/121; 1/122; 8/124; 7/128; 1, 2/132; 2/134; 2/138; 9/140; 10/141; 1, 2/148; 1/150; 5/151; 1/152; 3, -/153; 1/158; 2/160; 2/161; 1/163; 7/165; 9, 13/166; –/167; 4/171; 4/172; 18, 19, 20/176; 3/185; 2, 3/186; 2, 3/187; 4/188; 1, 2/194; 3, 4/195; 9, 10/196; 2, 3/199; 4/200; –/201; 2, 5, 6/206; 1/207; 1, 2, 3/210; 3, 4/213; 4, 7, 8/215; 1, 2/216; 3/217; 3, 5/219; 5/221; 8, 9, 10/225; 11/226; 6/229; –/233; Stromlaufpläne/251 - 287

Folgende Bilder und Bildtexte mit freundlicher Genehmigung der Robert Bosch GmbH, Stuttgart (Bildnummer/Seite):
Zündkerzengesichter/76, 77

Lieber Leser,

angesichts der komplexen Steuerung von Motor und Bremssystem an aktuellen Motorrädern kommt oftmals die Frage auf, ob an einem modernen Motorrad überhaupt noch etwas in Eigenregie zu reparieren ist.
Das vorliegende Buch ist wohl die beste Antwort darauf. Hier wird Schritt für Schritt erklärt, wie der technisch interessierte Fahrer seinen Untersatz selbst in Schuss hält. Und es wird dankbar zur Kenntniss genommen, dass auf Grund der erwähnten komplexen Steuerung des Motors manche Arbeitsgänge, die noch vor Jahren ein fester Bestandteil des Standard-Repertoires des engagierten Hobby-Schraubers waren, heute unter den Tisch fallen. Als Beispiel seien hier die Einstellung des Zündzeitpunkts (womöglich noch mit Einstellung des Unterbrecher-Abstands) oder die Justierung der Leerlaufdrehzahl genannt. Eine weitere Segnung moderner Zeiten sind Wartungsintervalle, von denen die Altvorderen nur träumen konnten. Immerhin sind die ach so romantische Schraubereien am Straßenrand von anno dunnemals (z. B. eben mal nach dem Elektroden-Abstand der Zündkerze schauen) die absolute Ausnahme. Voraussetzung ist natürlich die Einhaltung der Wartungsintervalle und deren korrekte Ausführung.

Diese Anleitung kann keine Motorradmechaniker-Ausbildung ersetzen, aber dem ambitionierten Fahrer und Hobbyschrauber Zusammenhänge vermitteln. Und bietet so eine Entscheidungshilfe bei der Frage: Was kann in Eigenregie durchgeführt werden, was muss in der BMW-Werkstatt durchgeführt werden?
Bestimmte Arbeitsgänge, zu deren Durchführung Sonderwerkzeuge und ein umfangreicher Maschinenpark benötigt werden, die unsere Hobbymechaniker-Verhältnisse übersteigen, scheiden da von vornherein natürlich aus und werden zur Durchführung in der BMW-Werkstatt empfohlen.
Arbeiten an der Bremsanlage – insbesondere Bremssysteme mit ABS-Unterstützung – sind den versierten Fachkräften der BMW-Werkstatt vorbehalten!

Die Arbeitsschritte wie folgt gekennzeichnet:

- Arbeitsschritt

! Wichtiger Hinweis oder Warnhinweis

👁 Wichtige Sichtkontrolle

→ Folgerung

Inhalt

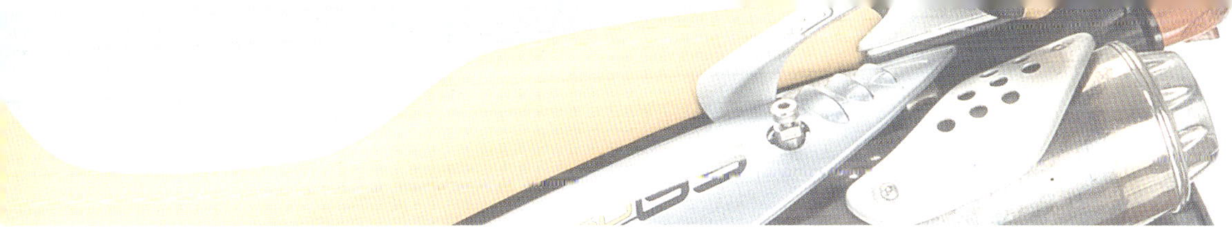

Zur Sache

Als BMW **1993** eine Einzylinder-Enduro mit einer Rollenkette als Endantrieb präsentiert und damit die Firmenphilosophie über den Haufen wirft, ist die Verwunderung der Fangemeinde doch groß. Und dass dann auch noch ein »fremder« Motor als Antrieb dient und die Fertigung außer Haus gegeben wird, setzt dem Ganzen noch die Krone auf.
Aber die F 650 erweist sich als grundsolide und in Zusammenarbeit mit dem österreichischen Motorenhersteller ROTAX und dem italienischen Motorradkonfektionär Aprilia entsteht eine preiswerte – nicht billige – Einsteiger-BMW.

BMW F 650
Schon das Vergaser-Modell punktet ab 1993 mit kräftigem und vollgasfestem (!) Einzylindermotor.

2000 folgt mehr als eine Weiterentwicklung: die F 650 GS wartet mit zeitgemäßer Kraftstoff–einspritzung und Schadstoffkontrolle auf – zeitgleich mit der mehr auf Geländebetrieb ausgelegten Variante »Dakar«.
Die Montage übernimmt das BMW-Werk in Berlin. Hervorstechendes technisches Merkmal neben der Einspritzung ist der konsequent gestaltete Einlasstrakt mit seiner effizienten Gasführung: eine Maßnahme, die sich tatsächlich im sparsamen Umgang mit Brennstoff auszahlt.
Und mit der interessanten Gestaltung des Korpus kann die 650er-GS auch die Aura des braven Fahrschulmotorrads der Vorgängerin ablegen.

2002 stellt BMW den Geländegängern GS und GS Dakar auch eine konsequente Straßenmaschine zur Seite: die F 650 CS »Scarver« (frei übersetzt etwa: Kurvenwetzhobel) glänzt mit massiger Einarmschwinge und pflegeleichtem Zahnriemenantrieb der Hinterhand.
Darüber hinaus wird das Angebot mit reichhaltigem Zubehör, wie bei den Enduro-Schwestermodellen auch üblich, bis hin zur Fahrerkleidung abgerundet.
Technisch wird die GS der CS angeglichen: Beide Modelle bunkern jetzt Normal- statt vormals Super-Sprit unter der Sitzbank, und der Zündfunke wird von einer »Schachtzündspule« erzeugt, d.h. Zündspule und Zündkerzenstecker sind in einem Bauteil zusammengefasst.
Angesichts des moderaten Spritkonsums lohnt sich die Umrüstung früher Modelle auf Normal-Kraftstoff übrigens nicht.

2004 folgt die letzte Entwicklungsstufe der Einzylinder-Rammen. Eine zweite Zündkerze hilft jetzt, das Kraftstoff-/Luft-Gemisch im weitläufigen Brennraum auch bei magerer Gemischanforderung, etwa beim innerstädtischen Mitschwimmen im Verkehr, zügig zu entflammen. Aber auch kleine optische Retuschen machen GS und CS praxisgerechter und hübscher.

F 650-Modelle ab 2004
Kennzeichen der Modelle mit Doppelzündkerze (2Spark) sind deutlich auf Generator- und Kupplungsdeckel angebracht.

Typisierung

Fahrzeug Ident Nummer (FIN) am Lenkkopf
- Die Typnummer ist Bestandteil der am Lenkkopf eingeschlagenen FIN. Im Bild Typ 172.

F 650 GS ab 2000 Typ **172**
Eine zentrale Zündkerze

F 650 GS Dakar ab 2000 Typ **173**
Eine zentrale Zündkerze

F 650 CS ab 2002 Typ **174**
Eine zentrale Zündkerze

F 650 GS ab 2004 Typ **175**
2Spark (Doppelzündung)

F 650 GS Dakar ab 2004 Typ **176**
2Spark (Doppelzündung)

F 650 CS ab 2004 Typ **177**
2Spark (Doppelzündung)

Adressen

Hier eine Zusammenstellung interessanter Kontakte, die das Leben mit den Einzylindern der F-Serie angenehmer machen können. Sei es der schmerzlich vermisste Hauptständer der CS, oder der Bremshebel mit individueller Einstellung der Griffweite – wer sucht, findet hier:

www.bmw-motorrad.de, —.at oder —.ch
Hier kann leicht der nächstgelegene BMW Motorrad Partner gefunden und Reifenfreigaben heruntergeladen werden.

Gepäck
- Five Stars
  www.jfmotorsport.de
- Givi
  www.givi.de
- Hepco & Becker
  www.hepco-becker.de
- Krauser
  www.krauser.de
- SW MOTECH
  www.sw-motech.com

Verschleißteile / Zubehör / Ergonomie
- Hepco & Becker
  www.hepco-becker.de
- Lucas (TRW)
  www.lucas-bikersworld.com
- Touratech
  www.touratech.de
- Wudo
  www.wuedo.de
- Wunderlich
  www.wunderlich.de

Internetforum
- www.f650.de

Wartung
- MFT
  www.gs911.de (Fehlerspeicher auslesen)

Pressespiegel

Auf den folgenden Seiten finden Sie Auszüge aus Testberichten und Hintergrundreportagen rund um die Modelle der F 650 GS und F 650 CS. Es sind Originalbeiträge aus der vierteljährlich erscheinenden Zeitschrift »BMW Motorräder« und dem monatlichen Motorrad Magazin MO. Beide Fachzeitschriften sind in der Szene bekannt für die unabhängige und technisch kompetente Aufbereitung ihrer Inhalte. Die Veröffentlichung dieser Beiträge erfolgt mit freundlicher Genehmigung der MO Medien Verlag GmbH, Stuttgart. Die Originalzeitschriften aus dem die Auszüge in diesem Buch stammen, können teilweise noch beim Verlag unter www.mo-web.de nachbestellt werden.

Die Technik

Modellpflege wäre stark untertrieben. Die neue Einzylinder-Generation von BMW hat mit dem über 60000 Mal verkauften Urmodell nur noch wenige Bauteile, dafür immer noch das erfolgreiche Konzept gemein

Text: Jo Soppa
Fotos: Soppa, Werk

Aus
MOTORRAD MAGAZIN MO
Sonderausgabe
BMW Motorräder Nr. 2

Der Motor

Simple is best, ein Zylinder genügt. Wie ehedem wird auch der Motor der neuen F 650 bei Bombardier-Rotax im österreichischen Gunskirchen produziert. Nach Vorgaben von BMW, versteht sich.

Das bewährte Technikpaket des Vorgängers findet sich auch in der neuen Generation. Das heißt, Kurbeltrieb und Getriebe blieben im Vergleich zur bisherigen F 650 praktisch baugleich, der Hobel wurde stattdessen im Detail angesetzt. So etwa in der Keimzelle des Motors schlechthin, beim Brennraum. Hier wird beim Motor der sprichwörtliche Dampf gemacht. Beim minimalistischen Einzylinder geht es um ursprüngliche Mechanik, um ursprüngliches Motorisierungsgefühl und auch um ursprüngliche Geräuschkulisse. Nur jede zweite Kurbelumdrehung wird beim Viertakt-Single vom Zündtakt aufgefrischt. Poff. Kenner sprechen nicht zu Unrecht vom »Schlag«. Single-Herzschlag.

Ansaugen, Verdichten, Zünden, Auspuffen.

Das essentielle Motorerlebnis verfeinerten die BMW-Macher mit Brennraum-Technologie, wie sie auch in dem BMW-Sportwagen M3 zum Einsatz kommt. Der neue, immerhin 11,5 verdichtete Single begnügt sich deshalb mit einer zentralen Zündkerze. Die bisherige F 650 hatte ja einen asymmetrischen Brennraum mit seitlicher Quetschfläche und zwei Zündkerzen.

Hohes Verdichtungsverhältnis und kompakter Vierventil-Brennraum versprechen neben günstigen Verbrauchswerten auch kräftiges Drehmoment in mittleren Lagen. Ein guter Straßeneintopf muss kein wilder Dreher sein. Gefragt ist gute Fahrbarkeit im unteren und mittleren Drehzahlbereich. Hier kann der Single seine typischen Eigenheiten wie spontanen, kräftigen Antritt und vital pulsierendes Spurtvermögen ausspielen. Landstraßentempo, überschaubares Leistungsangebot, Bodenständigkeit. So sieht die Welt des Einzylinderfahrens aus. Ein Blick in die Leistungsdiagramme von BMW unterstreicht die neue Single-Kultur. Aus 654 Kubikzentimetern Hubraum produziert der Motor immerhin 60 Newtonmeter maximales Drehmoment. Für einen straßenzulassungskonform schallgedämpften Groß-Single ist das ein sehr guter Wert. Bereits bei 3000/min liegen über 50 Newtonmeter an. Insgesamt haben die BMW-Techniker den Einzylinder auf ein für die Klasse recht breites, nutzbares Drehzahlband getrimmt. Die zugehörige Spitzenleistung von 50 PS kann sich im Klassenvergleich mehr als sehen lassen.

Weniger spürbar ist der Kniff mit dem Kühlkreislauf. Damit die Warmlaufphase möglichst kurz gerät, was gleichzusetzen ist mit mehr Motorschonung und weniger Abgas, wurde der Kühlwassermantel am Zylinder reduziert und die Umlaufmenge der Wasserpumpe vergrößert.

Um den höheren Strombedarf für die elektronische Benzineinspritzung und vor allem für das Sonderzubehör ABS abzudecken, bekam der F 650 GS-Motor eine auf frühe Batterieladung abgestimmte Lichtmaschine mit beachtlichen 400 Watt Leistungsabgabe.

→

Da freut sich auch der Tuner

Im neuen BMW-Einzylinder sind die Leistungsreserven für den nächsten Auftritt bei der Dakar-Rallye bereits eingebaut. Optimal auf Schrägstrom angelegte Einlasskanäle helfen dem Gemisch, die Ventilteller effizient zu umströmen. Das bringt Füllung. Im Falle der Serie heißt das gutes Drehmoment, für Sportzwecke ist die Schaufel Extraleistung ohne große Klimmzüge schnell aufgelegt. Dazu kommt die neue Einspritzanlage, die große Ansaugquerschnitte möglich macht. Manchem Single-Tuner dürfte es da gewaltig in den Fingern jucken.

Die Technik

Abstimmaufwand auch auf der Auspuffseite. Ein großer Single braucht ein großes Auspuffvolumen. Die BMW-Techniker lösten das häufig auch optische Problem mit eng unters Heck gepackten Doppeltöpfen. Am Dämpfereingang ist der Abgaskatalysator zu sehen. Ausgepufft wird über beide Schalldämpfer

Der Trockensumpf

Üblicherweise findet der Ölvorrat im Motorblock unterhalb der Kurbelwelle seine Heimstatt. Für den BMW-Single hätte das aber mehr Bauhöhe bedeutet. Die Techniker wollten den Motor für eine möglichst tiefe Schwerpunktlage nicht zu hoch in Richtung Lenkkopf platziert sehen. Deshalb Trockensumpfschmierung. Ein schlimmes Wort. Es sagt nur, dass der Ölvorrat aus der Kurbelkammer verbannt wurde, der Ölsumpf quasi trocken gelegt wurde. Stattdessen gibt es an der F 650 GS – wie übrigens schon beim Vorgängertyp – einen separaten Öltank. Der sitzt vorne links hinter dem Lenkkopf. Dort, wo beim Vorgängermodell der Benzintank platziert war.

Der Ölbehälter selbst besteht aus Aluminiumdruckguss und erlaubt die ebenso einfache wie praxisgerechte Ölstandkontrolle per Schauglas. Der gesamte Ölkreislauf fasst 2,3 Liter Öl. Zwei Pumpen wälzen den Schmierstoff um. Die Kurbelwelle sowie die beiden obenliegenden Nockenwellen des Singles sind gleitgelagert und müssen deshalb mit Drucköl bedient werden. Wie üblich ist das Getriebe wälzgelagert, hier genügt Spritzöl zur Kühlung und Schmierung. Ein Ölwechsel ist nach der Einfahrzeit alle 10 000 Kilometer vorgeschrieben.

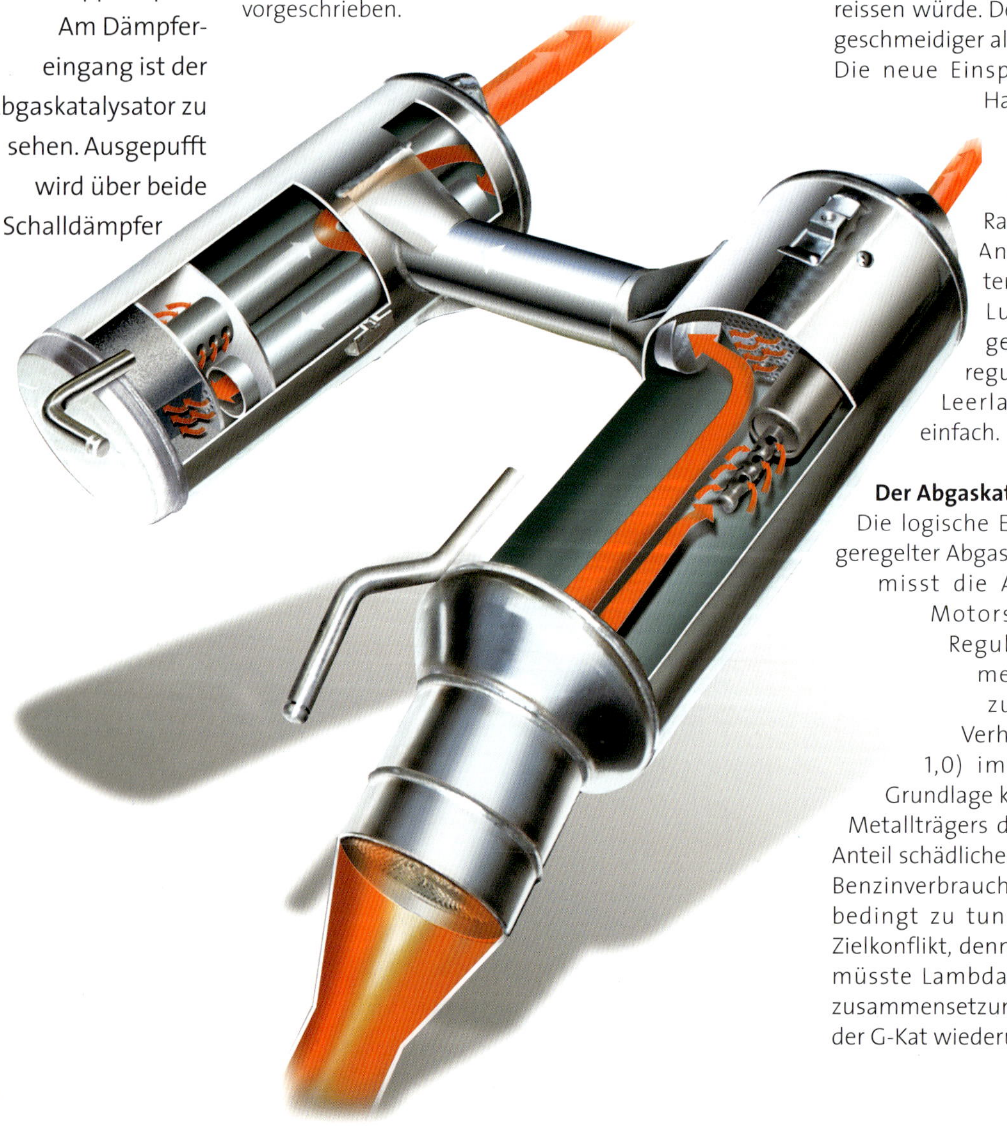

Die Einspritzung

Kein Vergaser mehr. Die neue F bekommt den Sprit eingespritzt, elektronisch gesteuert. Die Motorsteuerung entwickelte BMW selbst, es ist übrigens die selbe, wie sie auch im Großstadt-Roller C1 zum Einsatz kommt. Stückzahl reduziert den Preis, und jetzt markiert BMW im Single-Lager die Pole Position für Einspritztechnologie.

Das Drosselklappengehäuse selbst ist mittels Isoliermuffe an den Zylinderkopf angeflanscht. Der zugehörige Ansaugkasten sitzt neben dem Öltank und nimmt den ansonsten vom Benzintank beanspruchten Platz ein. Auf diese Weise konnte eine vergleichsweise große Ansaugbox realisiert werden. Das ist gut für die Abstimmung, vorteilhaft für den berühmten Drehmomentverlauf.

Im Zusammenspiel mit der unabhängig von den Druckverhältnissen im Ansaugrohr arbeitenden Einspritzanlage ergibt sich eine für großvolumige Einzylinder sehr gute Fahrbarkeit im unteren Drehzahlbereich. Anders als beim Vergaser bestückten Vorgänger kann bei der neuen F 650 GS auch unter 2500/min Gas gegeben werden, ohne dass der Motor unwirsch hackend und holpernd an der Antriebskette reissen würde. Der neue BMW-Single gibt sich deutlich geschmeidiger als der alte.

Die neue Einspritzanlage vereinfacht zudem die Handhabung beim Kaltstart. Einfach den Anlasserknopf drücken, fertig. Eine manuelle Kaltstarthilfe entfällt. Der Rechner klopft die herrschenden Rahmenbedingungen ab. Ansauglufttemperatur, Kühlwassertemperatur, Drosselklappenstellung und Luftdruck werden unter anderem gecheckt. Während der Kaltlaufphase reguliert eine Luftmengensteuerung die Leerlaufdrehzahl. Knopf drücken, ganz einfach.

Der Abgaskatalysator

Die logische Ergänzung der Einspritzanlage heißt geregelter Abgaskatalysator. Geregelt heißt, eine Sonde misst die Abgaskonzentration und gibt der Motorsteuerung die nötigen Infos zur Regulierung der eingespritzten Benzinmenge. Ziel ist, unter allen Betriebszuständen ein konstant optimales Verhältnis von Luft und Benzin (Lambda 1,0) im Motor zu verfeuern. Auf dieser Grundlage kann die katalytische Beschichtung des Metallträgers das Abgas optimal nachoxidieren. Der Anteil schädlicher Abgase wird reduziert. Mit geringem Benzinverbrauch hat die Lambda-Regelung aber nur bedingt zu tun. Hier herrscht sogar ein gewisser Zielkonflikt, denn für eine spritsparende Abstimmung müsste Lambda 1,0 in Richtung magerer Gemischzusammensetzung verlassen werden. Und das möchte der G-Kat wiederum nicht.

Der Tank
Keine Vertrautheiten. Wo einst der Tank, da findet sich an der neuen F 650 GS unter Plastikverschalung der Luftfilterkasten nebst Ölbehälter, Kühlwasserausgleich und die Bordelektrik. Stattdessen sitzt man bei der Single-BMW ab sofort auf dem Spritvorrat. Der Tank füllt das Rahmendreieck hinter dem Zylinderkopf vollständig aus.
Gedengelte Blechkunst mit Sicken, Bördelnaht und händisch zu bewerkstelligendem Benzinhahn ade. Automobile Tanktechnik ab sofort auch bei der neuen F 650 GS. Eine Kunststoffblase, form-genau ausgetüftelt, nützt die Kubikzentimeter unter der Sitzbank bestens aus. Auf liebe Tankornamentik und vollendete Gestalt muss so keine Rücksicht genommen werden. Nur die Tankflanken ragen als stilisierte Seitendeckel samt dezenten Finnen ins sichtbare Freie.
Das alles ist technologisch überaus vernünftig, Stichwort Schwerpunktlage. Zudem finden wir jetzt den Tankdeckel seitlich in der Sitzbankregion, immer zugänglich, auch bei aufgeschnalltem Tankrucksack. Dabei kommt die abrundende Botschaft einmal mehr in nackten Zahlen oben 'drauf: Fassungsvermögen 17,3 Liter! →

Lange Federwege, Sonderlack, geländegängige Bereifung und vorn ein großes 21 Zoll-Vorderrad. Das sind die wesentlichen Unterschiede zwischen »Dakar«- und Standardversion. Kostenpunkt 14430 Mark. Befeuert wird auch die »Dakar« vom neuen Einspritzmotor, dessen umfangreiche Sensorik von der BMW-eigenen Motorsteuerung verwaltet wird

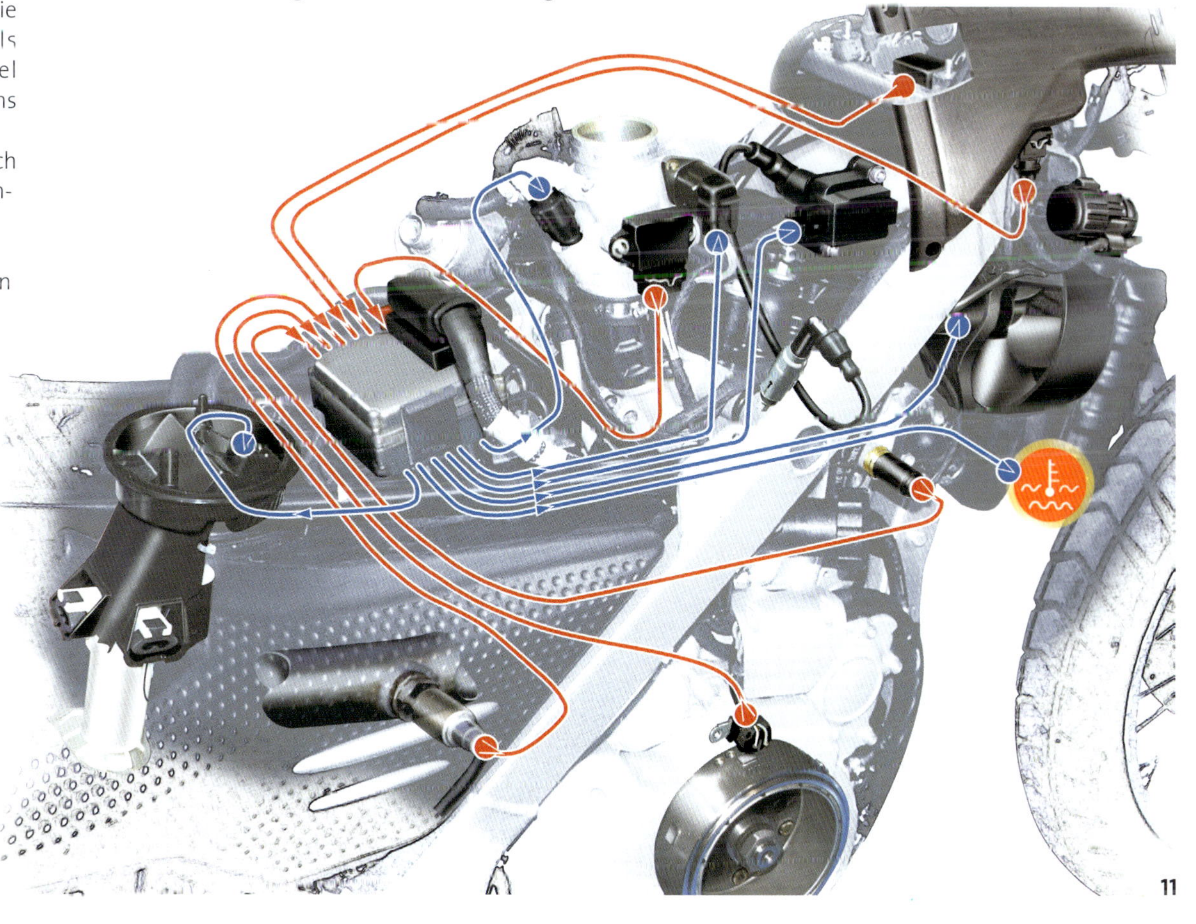

Die Technik

Das Fahrwerk

Immer noch aus robusten Stahl. Der italienische Rahmenspezialist Verlicchi, ansonsten auch für Ducati tätig, fertigt das Chassis. Neu sind die jetzt direkt vom Lenkkopf in Richtung Schwingenlagerung geführten Rechteckrohre. Unterhalb des Lenkkopfs hält ein einfaches Unterzugsrohr die Vorderpartie im Zaum, der Motorblock greift selbstverständlich versteifend in die Struktur ein.

Am Hinterrad gibt es ebenfalls Rechteckrohr zu begutachten. Das sieht im Vergleich zum Vorgängermodell einfacher gestrickt aus. Die alte F 650 hatte dem Kräfteverlauf entsprechend verjüngte Blechprofile vorzuweisen. Aus praktischer Sicht spricht nichts gegen die neue Schwingenbauweise.

Vom japanischen Spezialisten Showa stammen die Federelemente. Anders als bei den großen BMW gibt es bei der F 650 GS vorne nach wie vor eine konventionelle Telegabel zu sehen. Das hintere Federbein, übrigens mittels Hydraulikeinheit rasch in der Federvorspannung einjustierbar, wird über ein Hebelsystem komprimiert. Insgesamt also keine Aufregung. Fahrwerksseitig verkörpert die neue F 650 GS typischen Single-Klassenstandard. Erwähnenswert ist die Kunststoffbeschichtung der Rahmenteile.

Erster Einzylinder mit ABS

Konventionell, logisch und übersichtlich präsentiert sich das Fahrwerk der neuen F 650 GS. Auf direktem Weg werden Lenkkopf und Schwingenaufnahme verbunden, das Rahmenheck ist reparaturfreundlich angeschraubt. Auf Wunsch ist eine Antiblockier-Bremse (ABS) lieferbar. Aufpreis 980 Mark

Die Sitzhöhe

BMW hat ganz richtig erkannt, dass es die kleinen Dinge im Motorradleben sind, die die Freude bringen und vor allem erhalten. Sitzhöhe zum Beispiel. Wer sich auf seinem Motorrad bei jeder Ampelanfahrt unwohl fühlt, verliert sein entspanntes Lächeln.

Für ein Endurokonzept kann die serienmäßige F 650 GS deshalb mit einer erstaunlich niedrigen Sitzhöhe von lediglich 780 Millimetern aufwarten. Dieser Wert wird inzwischen von vielen reinen Straßenmaschinen überflügelt. Wem das immer noch zu hoch ist, für den gibt es bei BMW einen Tieferlegungssatz, der die Bank auf 750 Millimeter absenkt.

Wer andererseits zu den groß gewachsenen BMW-Interessenten zählt, der bekommt als Sonderausstattung auch eine hohe Sitzbank. Das Resultat sind dann 820 Millimeter Sitzhöhe. Diese besonders dick gepolsterte Sitzbank ist auch das spezielle Angebot an alle Langstreckenfahrer – und Fahrerinnen.

Das ABS

Einziger Straßen-Single mit Einspritzung, einziger Single mit G-Kat und einziger Eintopf mit Antiblockierbremse. Letzteres zwar nicht serienmäßig, aber immerhin für vergleichsweise günstige 980 Mark Aufpreis.

Das ABS der F 650 GS wurde gemeinschaftlich von Bosch und BMW entwickelt. Es unterscheidet sich von dem in den großen Mehrzylindermaschinen von BMW verbauten System grundlegend. Das Einzylinder-ABS arbeitet digital, das in den Boxer- und Vierzylinder-BMW zu findende System dagegen analog.

Vorteile des neuen digitalen ABS sind geringes Gewicht (plus 2,1 Kilogramm), geringer Stromverbrauch und die geringen Kosten. Nachteil gegenüber dem bisherigen BMW-ABS sind die deutlich spürbaren Pulsationen in den Bremshebeln, wenn das System eingreift.

Vorder- und Hinterrad werden wie gewohnt getrennt geregelt. Bei einer gewöhnlichen Bremsung leitet beispielsweise die Handpumpe den hydraulischen Druck über das geöffnete Regelventil direkt zur Bremszange weiter. Kommt das ABS in den Regelbereich, steuert das System durch Öffnen und Schließen der Regelventile den Bremsdruck.

Wer mit seiner F 650 GS ins Gelände aufbrechen möchte, kann das ABS selbstverständlich abschalten. Eine rote Blinkleuchte erinnert den Fahrer dann an die außer Betrieb gesetzte ABS-Funktion.

Das Zubehör

Umfangreiches Zubehör ab Werk hat bei BMW lange Tradition. Die neue F 650 GS macht als preiswertes BMW-Basismodell hier keine Ausnahme. Die Möglichkeiten zur Sitzhöhenanpassung wurden bereits genannt, das ABS sowieso.
Wer eine F 650 GS mit 34 PS braucht, der bekommt sie selbstverständlich. Ebenso wie die empfehlenswerten Heizgriffe oder einen kompletten Koffersatz, dessen Volumen sich nach Bedarf von 20 bis 30 Liter pro Koffer einstellen lässt. Ansehen sollten sich Interessenten auch das 31 Liter fassende Topcase. Es hat den Vorteil, die Baubreite der schlanken Maschine nicht zu verderben und dennoch für einen Helm Stauraum zu bieten.
Darüber hinaus wird der F 650 GS-Käufer bei seinem BMW-Händler ebenso Protektorschalen für den Lenker, ein hohes Windschild, einen Schutzbügel für den Motor und einen kleinen Bordcomputer finden. Alle Preise für das Zubehör standen bis Redaktionsschluss nicht fest, dürften sich aber auf dem Level des bisherigen BMW-Systemzubehörs bewegen. Die Heizgriffe beispielsweise kosten 335 Mark, die hohe Sitzbank 90 Mark.

Das Sondermodell

Nach dem grandiosen Erfolg bei der Wüstenrallye Paris-Dakar-Kairo fügt sich das auf den namen »Dakar« getaufte Sondermodell der neuen F 650 GS wie poliert ins Verkaufsprogramm. Dieses Sondermodell ist entsprechend seiner Namensgebung deutlich mehr in Richtung Geländesport getrimmt. Lange Federwege, ein großes 21 Zoll-Vorderrad und einige an die erfolgreichen Wüstenrenner erinnernden Ausstattungsmerkmale – wie die kleine Cockpitverkleidung – geben der Dakar das beabsichtigte, herbe Flair einer echten Sport-Enduro.
Bei Lichte betrachtet entspricht das Sondermodell zwar nicht den Vorstellungen harter Offroader, spricht aber zumindest diejenigen an, die eine Enduro traditioneller Prägung suchen und weniger an der soften Universalabstimmung der Standard-F 650 interessiert sind.
Nach dem sportlichen Erfolg von BMW dürfte das Erstserienmodell der Dakar zudem ein gewisses Sammlerpotential haben. Sammler brauchen auch kein ABS. Die Bremshilfe kann wegen der geänderten Fahrwerksabstimmung nicht an die Dakar adaptiert werden.

Die Preise

BMW schickt ein Stoßgebet gen Japan und freut sich am hohen Yen-Kurs. Im Umkehrschluss ergeben sich für die neuen Single-BMWs überaus interessante Verkaufspreise. Die Standard-F 650 GS ist ab 12950 zuzüglich 479,08 Mark Fracht zu haben. Macht unter dem Strich 13430 Mark. Mit ABS kostet die Maschine 14410 Mark.
Wer sich in das Sondermodell Dakar verguckt hat, der sollte 14430 Mark in der Hinterhand haben.
Man kann also BMW nicht vorwerfen, sie hätten sich keine Mühe gegeben, einem das sauer Verdiente aus der Tasche zu locken. In vergleichbaren Preisgefilden rangiert die neue Honda Transalp zwar mit Zweizylindermotor, aber ohne G-Kat, Einspritzung und ABS-Option oder die für Hardliner konzipierte KTM LC 4 640. Schwächen in Sachen Marketing konnte man BMW in der jüngeren Vergangenheit noch nie vorwerfen.
Das Paket der neuen F 650 GS ist geschnürt. Passt scho, pflegen die Bayern in so einem Fall zu sagen.

Tank jetzt unter dem Sitz

Was aussieht wie ein Benzintank, ist der Luftfilterkasten (oben). Bei abgenommenem Ansaugkasten ist der Öltank samt Hitzeschild gut zu sehen (Mitte).
Unten der neue Kunststofftank. Er wird formgenau im Rahmendreieck hinter dem Motor eingepasst

Das Werk

Einige haben es gewusst: Die F 650 wurde bisher bei Aprilia in Italien produziert. Doch mit der neuen F 650 GS kehrt auch im Einzylinderbau Normzustand ein. F 650 GS, ab sofort made in Berlin

Text: Jo Soppa
Fotos: Soppa, Werk

Aus MOTORRAD MAGAZIN MO
Sonderausgabe
BMW Motorräder Nr. 2

Alles unter einem Dach. Die Heimholung des Einzylinders ins Stammwerk Berlin ist vollzogen. Insourcing heißt so ein Vorgang im internationalen Manager-Codex. Runde 4,5 Millionen Mark investierte BMW in die neue Montagelinie nebst integrierter Vormontage samt Fahrprüfstand. Am Bandende erwartet jede neue F 650 GS ein Funktions-Check auf der Rolle. Viel Planung, viel Sorgfalt, viel Ehrgeiz. Denn der neue Single aus Berlin darf sich nachher im Verkauf keine Schwächen leisten.

So entstanden im Werk Berlin 50 neue Arbeitsplätze in der Motorradmontage und zehn weitere Stellen in den Bereichen Planung, Logistik und Produktionsvorbereitung. In Berlin und München arbeiten bei BMW Motorrad derzeit 2150 Menschen, im Werk Berlin sind es 1530 Mitarbeiter.

Noch bis Ende 1999 lief die F 650-Produktion bei Aprilia in Italien. Dort entstand noch zuletzt die Straßenversion der F 650, Modelltyp ST. ST wie Strada. Die ST findet sich auch noch im aktuellen Modellsortiment.

Bei den Einweihungsfeierlichkeiten im Werk Berlin betonte BMW Motorrad-Boss Marco von Maltzan noch einmal die gute Zusammenarbeit zwischen Aprilia und BMW. Dass dieses Statement keine leere Phrase ist, kann jeder F 650-Eigner an seiner Maschine direkt ablesen: Die Produktqualität des Einzylinders kann sich mehr als sehen lassen. Die Frage, weshalb man nach all den offensichtlich sehr gedeihlichen Erfahrungen die Kooperation mit den Italienern bei der neuen F 650 GS gekappt hat, liegt nahe.

BMW nennt als einen der wichtigsten Gründe die anspruchsvollere Technik der neuen F 650 GS. Hierbei geht es ganz besonders um die Sonderausstattungen, und hierbei wieder in erster Linie um das nun auch beim Einzylinder orderbare ABS.

Im Stammwerk hat man mit den Boxern und Vierzylindern gelernt, die komplizierte Logistik bei Sonderausstattungen zu beherrschen, zumal die Berliner sehr gut wissen, dass komplexe Systeme wie ein ABS bei der Montage und Erstbefüllung ein gerüttelt Maß an Sorgfalt und erarbeitetem Know how erfordern.

An der Montagelinie schrauben deshalb ausschließlich gelernte Facharbeiter. Sie können entweder eine Zweirad- oder eine Kfz-Ausbildung vorweisen. Im Schnitt verdient ein Montageprofi an der F 650 GS-Linie 4500 Mark brutto im Monat.

Der Standort Berlin hat noch einen anderen Vorteil. Nach dem „Berliner Modell" zur Arbeitszeitenregelung kann im BMW-Werk entsprechend der Nachfragesituation produziert werden. Schließlich sind Motorräder nach wie vor ein Saisongeschäft. Das heißt, in den ersten sieben Monaten des Jahres wird die Produktionszeit mit längeren Schicht- und Wochenarbeitszeiten ausgedehnt. Von Januar bis Juli arbeiten die Mitarbeiter in der Motorradmontage von Montag bis Freitag im Ein- und Zweischichtbetrieb. Nach Bedarf kommt dann noch an bis zu 14 Samstagen eine Schicht dazu. Pro Schicht wird acht Stunden lang gearbeitet. Ab August verkürzt sich dann die Arbeitswoche auf vier Tage, zudem verringert sich die Schichtdauer um eine halbe Stunde. Im Jahresdurchschnitt kommen die Mitarbeiter so auf eine 35-Stunden Woche.

Durch die dritte Motorradschiene im Werk Spandau ergibt sich zudem eine bessere Nutzung der innerbetrieblichen Infra-struktur. Qualitäts-kontrolle, oder kaum beachtete, aber dennoch enorm arbeitsintensive Bereiche wie die Verpackung konnten mit Einzug der Einzylinder-Linie zum Nutzen der Gesamtproduktion ausgebaut und optimiert werden.

Der Single ist ein Zulieferprodukt. Anders als bei den Boxer- und Vierzylindermodellen beschränken sich beim neuen Einzylinder die Fertigungsaktivitäten im Werk Berlin auf die reinen Montagearbeiten an der Produktionslinie. Insgesamt 35 vorwiegend europäische Zulieferbetriebe bringen montagefertige Bauteile nach Spandau. Die einzigen →

Hohe Ansprüche erfüllen

Ein moderner Fertigungsbetrieb ist straff, aber herzlich durch-organisiert. Sollziel am Besuchstag im Werk Spandau waren 277 Motorräder. Bis zur Mittagszeit hatte die Belegschaft 99 Stück gebaut. Davon neun Einzylinder. Allerdings lief die Fertigung wegen der Einweihungsfeierlichkeiten nicht auf vollen Touren.

Eine F 650 GS entsteht. Beim Einsetzen der Gabel wird das Lenklager mit Drehmoment-Akkuschrauber exakt vorgespannt

Das Werk

Bekenntnis zum Standort Berlin

60 neue Arbeitsplätze entstanden durch die Single-Fertigung im BMW- Werk Spandau. Runde 4,5 Millionen Mark wurden in die neue Montagelinie investiert. Die Single-Fertigung bei BMW ist reine Montierarbeit. Alle Teilegruppen werden anbaufertig zugeliefert. Nur die Nocken für den Rotax-Motor baut BMW selbst.

in Berlin gefertigtenF 650 GS-Bauteile sind die beiden Nockenwellen. Hier ist BMW gewissermaßen der Zulieferer. Denn die Nocken werden zur Motormontage auf den Weg nach Österreich zu Bombardier-Rotax gebracht. Von dort rollen dann die betriebsbereiten Singles ans Berliner Band.

An insgesamt 27 höheneinstellbaren Fertigungshaken entstehen Schritt für Schritt die verkaufsfertigen F 650 GS. Inklusive Prüffahrt dauert die vollständige Montage einer Maschine knapp drei Stunden. Pro Schicht und Tag können so bis zu 70 neue Singles vom Haken rollen. Macht bei 220 Arbeitstagen 15 400 Maschinen pro Jahr.

In rund sechs Jahren produzierte Aprilia für BMW über 64000 Einheiten der bisherigen F 650, also rund 10000 Einheiten pro Jahr. Mit diesem grandiosen Gesamtergebnis lag BMW zu hundert Prozent über den Erwartungen, die zu Beginn des Einzylinderprojekts im Herbst 1993 im Raum standen. Mit der neuen F 650 GS hat BMW offensichtlich die Zurückhaltung abgelegt. Man startet voller Optimismus ins Verkaufs-Frühjahr. Die Erwartungen sind hoch gesetzt, doch wer wollte angesichts der ebenso überzeugend gestalteten wie ausgestatteten Single-Neuauflage an einer Wiederholung des Erfolgs zweifeln? F 650 GS, jetzt aus Berlin. Die Produktion läuft.

Strippenzieher. Hier ist der feinverrippte Öltank gut zu sehen

Der übersichtliche Aufbau der F 650 GS freut den Monteur. Praktisch sind auch die höheneinstellbaren Montagehaken

Auf das Rahmenquerrohr kommen Gummis als Tankauflage

Check auf dem Rollenprüfstand. Dann geht's in die Verpackung

GS - Der Test

Einspritzung, G-Kat, höhere Verdichtung, neues Fahrwerk. Wir haben nachgeprüft, was die ganzen Neuerungen am BMW-Einzylinder in der rauhen Praxis wert sind. Single Marsch

Text: Jo Soppa
Fotos:
Kai-Uwe Widdecke

Aus
MOTORRAD MAGAZIN MO
Sonderausgabe
BMW-Motorräder Nr. 2

Wo ist der Benzinhahn, wo hält sich der Kaltstarthebel versteckt? Gibt es am neuen BMW-Single alles nicht mehr. Einfachheit zählt, erkauft durch komplexe Technik. Nur Zündung anschalten und Anlasser drücken. Nach der bei Einspritzmotoren üblichen Leerdrehung zwecks Systemcheck bollert der Motor mit moderaten 1600/min Kaltlaufdrehzahl los. Keine Fehltritte im Rhythmus. Die Zündtakte kommen exakt wie ausgestanzt. Das neue Motormanagement teilt dem großvolumigen Eintopf sein Spritfutter offensichtlich mit preußischer Pedanterie zu. Made in Berlin.

Bereits im Aufwärmlauf hängt der Single feinfühlig am Gas. Dezent den Drehgriff zwischen Daumen und Zeigefinger angezupft. Es ist, als würde der Motor jedesmal einen Freudensprung vollführen, um sofort in Erwartung weiterer Taten im Standlauf vor sich hin zu stapfen.

Wie bekannt, gibt sich der BMW-Einzylinder mechanisch sehr laufruhig, aus dem voluminösen Doppelendtopf puffeln und zwitschern die noch vom Wasserdampf begleiteten Abgaswellen. Das alles hört und fühlt sich gut an, schafft Vertrauen.

Leichtgängig lässt sich die Kupplung ausrücken, der erste Gang rastet exakt und ohne übermäßig lautes Krachen ein. Das hat auch schon am Vorgängermodell gefallen, und bekanntlich wurde ja das Getriebe der neuen F 650 GS ungestreift aus der bisherigen Serie übernommen.

Jede Menge Zubehör ab Werk

Verlockende Zubehörliste: Muss das ABS für 980 Mark extra sein? Oder die Heizgriffe für 335 Mark? Logisch. Dafür ist die Zeituhr serienmäßig und das angenehm hoch ins Blickfeld gerückte Cockpit mit Drehzahlmesser. Das kleine Windschild bringt gute Entlastung im Brustbereich, ohne lästige Verwirbelungen am Helm zu produzieren. Auch das kräftige Licht hat ein Lob verdient.

Diese Gemeinsamkeit gibt es auch beim Sitzgefühl. Die Neue wirkt zwar schlanker, länger und durch das schmale Tankcover noch integrierender als die bisherige F, aber die typisch fixierende Sitzposition ist durch die deutliche Sitzbankkuhle geblieben. Großartige Variationen durch vor- oder zurückrutschen auf der Bank sind bei der F 650 GS so gut wie nicht möglich. Auch wer deutlich größer als 1,80 Meter ist, kommt mit seinen Knien nicht mehr unter die markant gesetzten Einbuchtungen am Tank, der, wie wir inzwischen wissen, ja gar kein Tank ist. Das richtig feine Kontaktgefühl mit satt an die Maschinenflanken anliegenden Beinen erleben also nur Leute, die 1,85 Meter und kleiner sind. Das muss wohl auch den BMW-Machern aufgefallen sein, denn sie montierten die Fußrasten vergleichsweise tief.

Überhaupt erzählt die neue F wenig von der herben Endurowelt. Alles findet sehr bodennah statt. Wäre ein schmaler Lenker montiert, dieses Motorrad könnte auch als reine Straßenmaschine durchgehen.

Das sieht BMW nicht anders. Denn die F tritt schließlich das Erbe der bisherigen Einzylinderriege an, und da stand das Kürzel F wie Funduro ganz vorne.

Fun in erster Linie interpretiert durch für alle und jeden unkomplizierte Umgangsformen. Ein unverkrampftes, sympathisches Motorrad, das den Fahrer oder die Fahrerin eben nicht durch ein radikales Konzept von vorneherein unter Druck setzen will. »Ein Motorrad, das sich auch optisch nicht gar so ernst nimmt.« So jedenfalls formuliert es BMW-Chefdesigner David Robb. Dabei sollte man es mit dem Unernst nicht gar so locker nehmen. Denn wenn der 650er Single richtig zuschnappt, kommt alles andere als gepflegte Beschaulichkeit auf. Ab 3000/min drückt der Motor straff in Richtung Leistungsgipfel. Selbst bei 6000/min bietet der Einzylinder noch Biss und Drehlust. Den echten Fortschritt im Vergleich zum Vorgänger gibt es jedoch im untersten Drehzahlbereich zu bestaunen. Fein und ohne das lästige Kettenpeitschen der bisherigen F packt der Single bereits ab 2000/min an, und das selbst im letzten Gang. Die Laufkultur des großvolumigen Monos hat also dank Einspritzanlage und feiner Abstimmarbeit auf Ein- wie Auslassseite stark zugelegt.

Zugelegt hat, nicht zuletzt durch die möglichen Ausstattungsfeatures auch das Gewicht. Vollgetankt wiegt die neue F 650 GS inklusive dem optional erhältlichen ABS immerhin 201 Kilogramm. Das ist für einen schlichten Einzylinder allerhand und neuer Klassenrekord. Aber die neue F ist eben kein schlichtes Motorrad. Entwicklungsleiter Dr. Markus Braunsperger räumt denn auch unumwunden ein: »Klar, durch ein radikaleres, spartanischeres Konzept ließe sich das Gewicht drücken. Alternativ bleiben nur noch exotische Materialien, die sich bislang aber im kostenbewussten Serienbau verbieten.«

Vergisst man stattdessen ganz einfach den Gewichtswert, der durchaus mit einer 900er Ducati Monster zu vergleichen ist, dann bleibt immer noch ein →

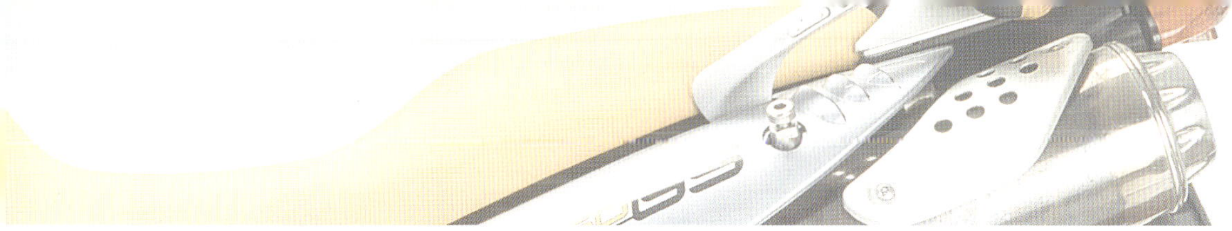

GS - Der Test

Allen F-Käufern ab 1,70 Meter Körpergröße empfehlen wir die höher aufgepolsterte Zubehörbank (oben). Sie erlaubt wesentlich entspannteres Touren und fixiert den Fahrer nicht so sehr auf einen Punkt. 90 Mark Aufpreis

sehr ausgewogen zu manövrierendes Motorrad, das nur im forcierten Fahrbetrieb seine Pölsterchen spürbar werden lässt.
Aber dieses Motorrad wendet sich konzeptionell weder an harte Offroader noch an entschlossene Straßenfeger, sondern will nichts weiter als der nette Kumpel für alle Tage und alle Wege sein. Das war es wohl, was der Designer mit »nicht zu ernst nehmen« meinte.
Die neue F 650 GS ist demnach zuallererst ein Motorrad, das sich an seiner versprochenen Problemlosigkeit wird messen lassen müssen. Das heißt, wie schnuckelig der Einspritzer auch noch im Jahr Drei nach Neukauf anspringen wird, wie sorgfältig die Fachmannschaft im Werk Berlin das gute Stück in Serie zusammenfügt und wie hoch die Zulieferer-Riege selbst das Wort Produktqualität legt, oder besser gesagt, wie hoch BMW die Messlatte für die Qualitätskontrolle im Werk Berlin zu legen im Stande ist.
Das alles sind Fragen, die dieser erste Test nicht verbindlich beantworten kann. Zumindest die bisherige F 650 hat sich im MO-Dauertest als überaus robust, zuverlässig und vor allem standfest erwiesen.
Zurück zum Ist-Zustand. Die Federelemente der neuen F zeugen von einer überaus geglückten Abstimmung. Gabel und Hinterradschwinge sprechen bestens an, die Hübe der unterschiedlichen Radaufhängungen laufen über Bodenwellen annähernd synchron ab, die Rückmeldung von den Reifen ist tadellos. Nichts verschwimmt in undefinierbarer Weichheit, dennoch bietet das Fahrwerk die gesunde Note aus Komfort und Radkontrolle. Der häufig bei Mittelklasse-Motorrädern zu spürende Eindruck von zu schwerer, schlecht gebändigter Radmasse trifft auf die neue Single-BMW nicht zu. Dieses Rad spurt äußerst geschmeidig.
Das gilt besonders beim Einlenkverhalten. Nicht zuletzt wegen der deutlich hecklastigen Gewichtsverteilung gibt sich die Lenkung der neuen F überaus leicht. Dennoch gelingt es der Maschine, die Enduro-typische

Nasskalt, unberechenbarer Asphalt. Vollbremsung. Hier spielt das ABS seine Trümpfe aus. Auf guten Straßen regelt das System bei hartem Pulsieren im Handhebel überaus effektiv

Pfiffige Linie. Die stilisierte Radabdeckung vorn zeigt kaum Wirkung. Regenwasser spritzt bis auf Scheinwerferhöhe hoch

Leichtigkeit mit einem hohen Maß an Klarheit zu verknüpfen. Eine sensibel-direkte Lenkung, die selbst bei Topspeed die Maschine leicht und straff erscheinen lässt und eben nicht den sonst bei Enduros oft anzutreffenden Spaghetti-Effekt zeigt.
Inwieweit an diesem positiven Fahreindruck der neue, unterhalb der Sitzbank platzierte Tank oder auch die vergleichsweise kurze und mittels Querbügel versteifte Gabel beteiligt sind, darüber lässt sich nur spekulieren. Wichtig ist, dass dieses Fahrwerk funktioniert.

Trotz der tief angebrachten Fußrasten gibt es übrigens nichts an der Schräglagenfreiheit auszusetzen. Okay, wer die F zum Renntraining mitnehmen möchte, der wird maulen. Auf bürgerlichen Landstraßen indes reicht der sportliche Spielraum, den das Chassis bietet, vollkommen aus. Wichtig ist in diesem Zusammenhang vielmehr die Anpassung der Hinterradfederung an die Beladung. Das geschieht blitzschnell über ein griffgünstig angeordnetes Handrad nebst Hydraulikzylinder. Die Dämpfung des Federbeins kann passend →

Neu gestaltete Lenkerschalter mit gut platzierter Fernlichtwippe. Der Blinkerschalter sitzt eine Idee zu tief

Volumentrick. Ein großer Auspufftopf, verteilt auf zwei kleine Dämpferflaschen bringt ein schmales Heck

GS - Der Test

Aufpassen bei der Bedientankstelle. Getankt wird die F jetzt rechts hinten. Das hier ist der Stopfen für den Öltank. Vorn das gut einsehbare Bullauge zur Ölstandkontrolle

zur Federvorspannung nachjustiert werden. Hierzu muss allerdings der Schraubendreher aus dem Bordwerkzeug bemüht werden.

An der Telegabel gibt es nichts einzuschlüsseln. Das ist gut so, denn die Gabel funktioniert einwandfrei. Das trifft ebenso auf die Bremsanlage zu. Sie greift im ersten Hebelanzug weich, bietet gute Rückmeldung und ist unter forciertem Hebelzug zu energischer Verzögerung fähig. Trotz Einscheiben-Anlage verwindet sich die Gabel auch unter hartem Bremseinsatz nur leicht. Hier zeigt der Verbindungsbügel zwischen den Gabeltauchrohren seine versteifende Wirkung. Auch der Hinterradstopper lässt sich gut kontrollieren. Das Trittgefühl ist hier eher weich und bietet einen vergleichsweise weiten Dosierbereich. So lässt sich die Hinterradbremse im Alltag prima bei dezenten Verzögerungsdiensten einsetzen. Insgesamt also eine sehr geglückte Auslegung der Bremsanlage, zumal die Option einer Antiblockierbremse für günstige 980 Mark Aufpreis offensteht. Das System kann allerdings nicht nachgerüstet werden. Es muss beim Neukauf mitbestellt werden.

Für die großen BMW-Typen mit Zwei- und Vierzylinder-Motoren kostet das ABS rund 2000 Mark Aufpreis. Es stellt sich natürlich die Frage, ob das preisgünstige ABS der Einzylindermaschine auch entsprechend einfacher, sprich weniger effizient gestrickt wurde.

Wir haben es getestet und können einen klaren Standpunkt beziehen: Es ist technisch sicherlich möglich, ohne ABS energischer abzubremsen. Im Regelfall öffnet das System die Bremse verhältnismäßig lange. Bis der Bremsdruck wieder steht, macht die Maschine einen Satz nach vorn. Der Knackpunkt bei einem Feature wie ABS ist aber immer die berühmte Schreckbremsung. Hier sind auch routinierte Fahrer nicht in der Lage, sofort perfekt zu bremsen.

Der Durchschnittsfahrer wird dann in acht von zehn Fällen sein Vorderrad gnadenlos überbremsen und zu Boden gehen. Hier spielt das ABS seinen Trumpf aus. Wer den harten Spätbremser markieren möchte, kann das auch mit ABS tun. Es lässt sich per Knopfdruck abschalten.

Wer die F 650 GS mit ABS kauft, was zu empfehlen ist, der sollte sich auf einem freien Platz mit der Wirkungs-

Versteifungsbügel zwischen den Holmen. Auch bei hartem Bremsen verwindet sich die Gabel nur minimal

Ändern der Vorspannung fürs hintere Federbein per Hydraulik mit gut zugänglichem Drehknauf. Perfekte Lösung

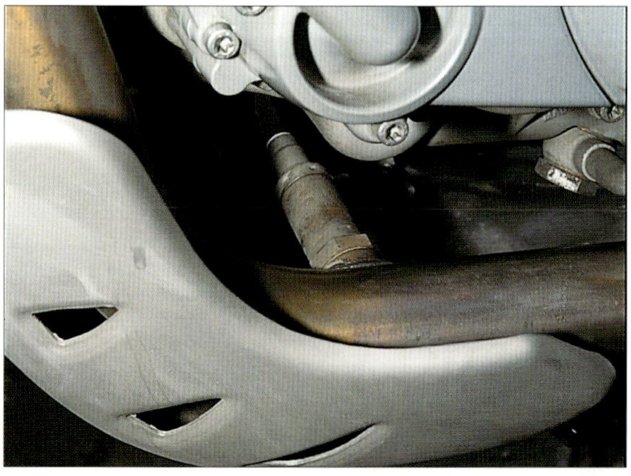

→ Kein G-Kat ohne Lambdasonde. Bei der F 650 GS serienmäßig. Die Sonde sitzt recht nah an den Auslassventilen

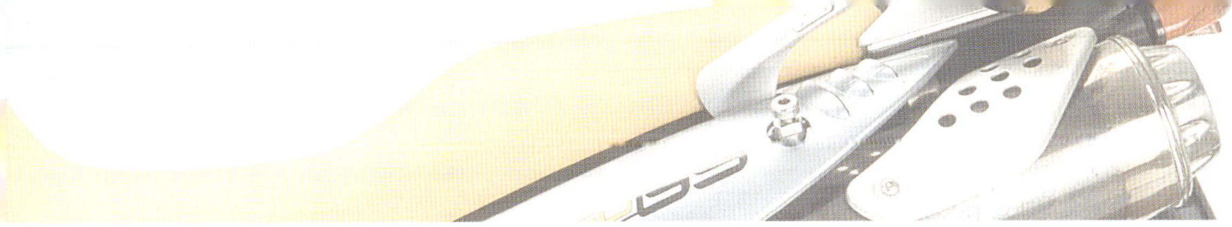

weise vertraut machen. Eine Vollbremsung nur mit der Hinterradbremse ist die richtige Einstimmung. Gut sind die Regelvorgänge spürbar, der Fußbremshebel vibriert im Regeltakt.
Eine provozierte Überbremsung vorn kostet immer ein wenig Überwindung. Aber auch hier kann bei Geradeausfahrt nichts passieren – wenn das ABS betriebsbereit ist. Erstaunlich ist bei diesen Übungen immer wieder, wie stark selbst auf nasser Strecke vorn noch verzögert werden kann. Das schafft Vertrauen im Umgang mit der Maschine. Auch dieser positive Nebeneffekt der Antiblockierbremse ist nicht zu unterschätzen.
Einfachheit zählt. BMW hat es blendend verstanden, dem ursprünglichen Motorradkonzept, dem ungehobelten Einzylinder mit modernem Motormanagement auf die Sprünge zu helfen. Dieses Motorrad hat nicht nur den unverwechselbaren Charakter eines großvolumigen Monotopfs, es hat zudem noch feine Manieren. Manieren, die möglicherweise weniger für nächtelange Debatten am benzin-getränkten Biker-Stammtisch taugen, dafür umso mehr dort, wo es zählt. Beim Motorrad fahren. Ganz locker.

Messwerte

Gewicht vollgetankt (mit ABS)	201 kg, davon 44,5% vorn
Topspeed solo liegend	165 km/h
Beschleunigung von 0 bis 100 km/h in	5,1 s
Durchzug im letzten (5.) Gang von 60 bis 140 km/h in	13,3 s
Testverbrauch (Superbenzin)	5,4 l/100 km

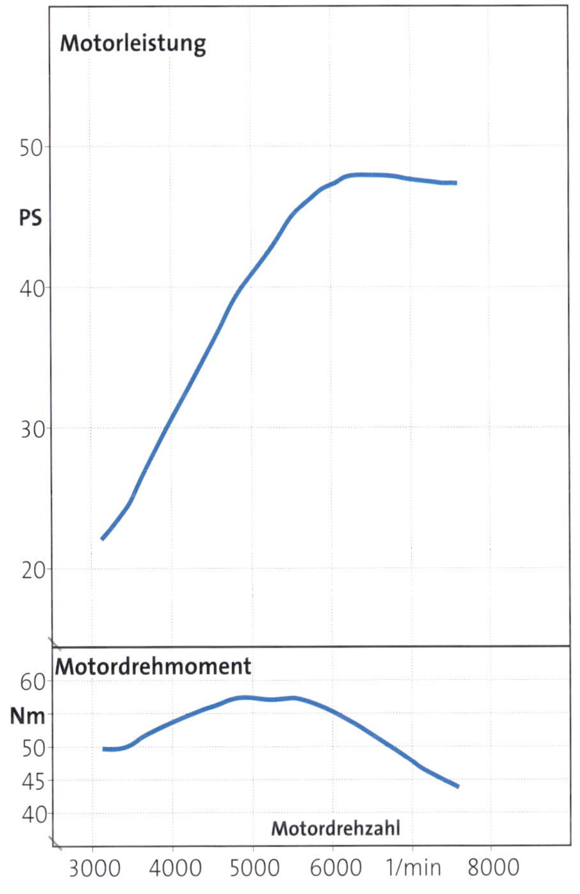

PRÜFSTAND
An den Kurven für Leistung und Drehmoment lässt sich der Charakter des neuen F-Singles gut ablesen. Schon bei 3000/min schiebt er mit 50 Newtonmeter gut an. Anschließend marschiert er geradlinig ohne Hänger zur Höchstleistung bei 6500/min. Dann fällt die Leistung kaum ab, der Motor dreht noch willig über 7000/min hinaus. Ein wundervoll perlender Antrieb. Auch in der Straßenversion vermittelt er viel vom Charme eines echten Renn-Singles. Da steckt Potential 'drin!
BMW F 650 GS:
max. 48 PS (35 kW)
bei 6500/min
max. 58 Nm
bei 5000/min

Beim Prüfstanddurchlauf brachte der Single nicht die vollen 50 PS. Dafür begeistert er mit vibrationsarmem Lauf und Spritzigkeit

Dakar

21-Zoll-Vorderrad statt 19 Zoll. 210 Millimeter Federweg statt 170 vorne und ebenfalls 210 Millimeter statt 165 hinten. Dazu ein hohes Windschild und ein paar Anbauteile im Wüstenlook. Genug, um aus der braven Allround-Enduro eine fernreisetaugliche Enduro oder gar eine Hardcore-Rallyemaschine zu zaubern?

Text:
Wolf-Martin Riedel
Fotos: Mio
Aus
MOTORRAD MAGAZIN MO
Sonderausgabe
BMW Motorräder Nr. 3

Erfolge im Motorsport werden an der hart umkämpften Verkaufsfront gerne für Marketing-Aktionen verwendet, beispielsweise um den Verkauf neuer Modelle anzuschieben. Das in den Sport investierte Geld soll Stückzahlen bringen, den Flair der errungenen Siege auf das Großserienprodukt übertragen.

Auch im Land der Weißwürste bedient man sich gern dieser Mittel. Schon 1984 vermarktete BMW die ruhmreichen Siege und Platzierungen, die Hubert Auriol (1981 und '83) und Gaston Rahier (1984 und '85) bei der prestigeträchtigen Wüstenrallye Paris-Dakar erreicht hatten und brachte von den großen Boxer-Enduros Sondermodelle mit dem Namen eben dieser Rallye Paris-Dakar auf den Markt: 1984 bis 1987 bot BMW auf Basis der R 80 G/S eine Version mit einem großem 32 Liter-Tank, Einzelsitz und riesigem Gepäckträger an.

Schon ab Werk gab es damit ein taugliches Basismotorrad mit hoher Reichweite für entspannte Touren und Fernreisen in exotische Länder. Unter Globetrottern lief die wartungsfreundliche Zweizylinder-Maschine der einzylindrigen Yamaha XT 500 schnell den Rang ab. Doch die Paris-Dakar-Modelle wollten trotz ihres Namens niemals als Wettbewerbs-Rallye-Replikas verstanden werden.

Im Jahre 1987 brachte BMW die Touren-Enduro auf den vollen Liter Hubraum. Statt der einarmigen Monolever-Schwinge führte nun das momentabgestützte Paralever die Hinterhand der neuen R 100 GS (nun ohne Schrägstrich). Dieses technische Highlight, das die lästigen Kardanreaktionen minimiert, ist bis heute Standard bei allen Zwei- und Vierzylinder-BMWs. Von dieser zweiten Enduro-Generation gab's ebenfalls eine Paris-Dakar-Version, diesmal sogar mit 35 Liter-Fass. Eine groß dimensionierte Verkleidung mit Scheibe entlastete den Oberkörper. Auch die zweite Paris-Dakar war wieder mit Solositz und großem Stahlrohrträger plus diversen Sturzbügeln und Kunststoffteilen ausgestattet. Ansonsten entsprach die Technik bei der Paris-Dakar-Maschinen der der Basismodelle.

Bis 1995 blieb die R 100 GS Paris-Dakar im Programm, zum Schluss noch als nachtschwarze Classic erhältlich. Doch schließlich musste der Zweiventil-Boxer dem modernen Vierventiler weichen. Und mit dem Ende des knubbeligen Boxers starb einstweilen auch die Paris-Dakar-Reihe. Denn die schwere, mit Hightech prall gefüllte R 1100 GS war für abenteuerliche Reisen in entlegenste Länder nicht mehr so stimmig.

BMW-Einzylinder-Maschinen gibt es neben den aktuellen Boxer-Bikes seit sieben Jahren wieder. Bis zur R 27 von 1966 musste man vorher in der weiß-blauen Modellgeschichte zurückblättern, um den letzten Single zu entdecken. Die neue F 650 begründete 1993 den Markt der universellen Soft-Enduros, →

Eine elegante Erscheinung, die Dakar-Version der F 650 GS

Symbol für den Erfolg im Motorsport: Schwarzweiße Karos zieren den geschwungenen Oberkörper der Dakar

Dakar

BMWs Marketingleute tauften diese Gattung auf den Namen Funduro.
Vor knapp eineinhalb Jahren ging BMW mit dieser F 650 wieder auf die Jagd um sportliche Lorbeeren: Nach langjähriger BMW-Abstinenz von der Dakar-Rallye griff 1999 ein werksunterstütztes Team unter der Leitung des Allgäuers Richard Schalber in Afrika an, und Fahrer Richard Sainct gewann auf Anhieb die populäre Rallye. Auch in diesem Jahr wiederholte er seinen Sieg über eine ganze Armada von KTMs.
Ein paar Tage nach Saincts überlegenem 2000er-Sieg präsentierte BMW im Berliner Werk die neue, in sehr vielen Punkten überarbeitete F 650 GS, die jetzt nicht mehr im Aprilia-Werk in Noale in Italien gefertigt wird. In der letzten Ausgabe von „BMW Motorräder" sind wir ausführlich auf die GS eingegangen.

Die eigenwillig gestylten Armaturen sind übersichtlich und bis auf eine Benzinuhr komplett. Im Bild darunter die Stahlschwinge mit dem F-typischen TÜV-Spritzschutz. Ganz unten das Handrad zur hydraulischen Einstellung der Federvorspannung: perfekt

Bei dieser Weltvorstellung im Januar wurde endlich wieder eine Version mit dem Namen der legendären Rallye gezeigt, die BMW F 650 GS Dakar. Im Gegensatz zu früher, als die Dakar-Modelle auf Fernreisetauglichkeit getrimmt waren, orientiert sich das heutige Modell weg von der Straßen-Funduro in Richtung klassischer Enduro mit ausgeprägteren Offroad-Eigenschaften. Ein größeres, schmaleres 21 Zoll-Vorderrad, die Federwege von jeweils 210 Millimetern und eine zusätzliche Verkleidungsscheibe unterscheiden sie von Ihrer Fun-Schwester. Dazu klassische Details wie die sinnvollen Handprotektoren und der Lenkeraufprallschutz. Optisch erkennt man das Sondermodell an der Lackierung mit dem klassischen Karomuster, dem Symbol für Sportlichkeit schlechthin.
Dennoch ist die Dakar durch diese Maßnahmen beileibe keine supersportliche Hardcore-Enduro geworden. Fast 200 Kilogramm vollgetankt sind dafür einfach zu viel. Wer ernsthaft in die Fußstapfen der Herren Sainct und Rahier treten, also in schwerem Gelände toben oder gar bei Rallyes starten möchte, sollte die Finger von der Dakar lassen. Doch alle anderen, die gerne auch auf schlechten Straßen und Feldwegen unterwegs sind, werden sehr zufrieden sein.
In erster Linie bestimmt ihr überaus kraftvoller und für einen Einzylinder überragend elastischer Motor die Fortbewegung. Schon ab 2000/min kann man die Drosselklappen der Einspritzung voll öffnen: kein Ruckeln oder Kettenpeitschen. Dazu halten sich die Vibrationen auf solch niedrigem Niveau, dass man kaum an einen Single denkt. Der ursprünglich von Rotax entwickelte Vierventiler wurde in seiner aktuellen Version dermaßen kultiviert, dass es für manche Einzylinderfans schon zuviel des Guten ist: Es fehlt der kernige Singlebiss, der blitzschnell das Vorderrad gen Himmel reißt und die Einleitung von Kurvendrifts vereinfacht.
Dafür ist die F 650 GS auch in ihrer Dakar-Version mit Abstand die beste Tourenmaschine unter den Singles. Breite Sitzfläche, entspannte Sitzposition, die geringen Vibrationen, wirkungsvolle Verkleidung, sehr niedriger Benzinverbrauch – das alles freut den Touristen. Und selbst auf der Autobahn lässt sich die Enduro lange treiben, auch im Bereich der Topspeed hält sie gelassen die gewählte Spur. Natürlich muss sie im Vergleich zu ihrer Schwester aufgrund des größeren Vorderrads und der längeren Federwege auf der Straße mit geringen Einbußen im Handling leben. Vorteil: die stabilere Führung der Vorderhand und das erhöhte Schluckvermögen auf schlechtem Terrain.
Kleine Leute sollten vor einem Kauf unbedingt Probe fahren. Denn im Gegensatz zur niedrigen Basis-GS ermittelten wir hier eine sehr üppige Sitzhöhe von 910 Millimetern – schlecht für unsichere Kurzbeinige. Zudem steht dieses Modell auf dem Seitenständer sehr schräg. Vollbeladen lässt sie sich deshalb nur schwer in die Senkrechte wuchten. Einen notwendigen Hauptständer gibt es nicht, nicht einmal als Extraausstattung. →

Anfang der neunziger Jahre entwickelte Rotax für die Aprilia Pegaso 650 einen wassergekühlten Fünfventil-Single und für die erste BMW F 650 einen nahezu baugleichen Vierventiler. Der Motor der neuen GS stammt davon ab und wurde mittels Einspritzung und geregeltem Kat modernisiert

Dakar

Beifahrer dürfen sich übrigens über einen bequemen und langstreckentauglichen Sitzplatz mit großen, stabilen Haltegriffen freuen. Dank langer und waagerechter Fläche rutscht man seinem Vordermann bei Bremsmanövern kaum ins Genick.

Sowohl vorne als auch hinten stellen die beiden Stopper in Dosierung und Wirkung zufrieden. Vermisst wird die Möglichkeit, die Dakar mit Anti-Blockier-System zu ordern. Wegen der gegenüber der Funduro geänderten Geometrie lässt sich das ABS nicht adaptieren.

1000 Mark kostet die Wüsten-Edition mehr als ihre Fun-Schwester. Doch macht ihre umfangreichere Serienausstattung ein bisschen davon wieder wett. Denn in dem Preis von 14730 Mark sind schon die Handprotektoren, der Lenkeraufprallschutz und das hohe Windschild inbegriffen. Das kostet als Zubehör zusammen 342 Mark.

Wie alle BMWs lässt sich auch die Dakar mit Werkszubehör noch umfangreicher ausstatten. Neben den empfehlenswerten Heizgriffen (335 Mark) finden sich im Zubehörregal sinnvolle Ergänzungen wie der Koffersatz (ausführliche Beschreibung auf den nächsten Seiten), ein Einzelsitz mit großer Gepäckbrücke für 398 Mark, Motorschutzbügel für 198 Mark, Bordcomputer (148 Mark), Steckdose (62 Mark), Alarmanlage (590 Mark) und ein speziell gefertigter Tankrucksack für 198 Mark.

Erstmals geht die Dakar-Version wieder einen kleinen Schritt zum ursprünglichen Gedanken einer Enduro hin. Leichte Geländeeinlagen, sogar Moto Cross-Pisten sind zu bewältigen. Doch das muss nicht sein. Dafür ist sie viel zu schade – könnte dabei doch das sportlich-edle Dekor Kratzer bekommen. Und als Modellpflege fürs nächste Jahr wünsche ich mir neben dem Hauptständer und ABS eine Farbvariante mit weiß-blauen Rauten – „a echte Boarische“.

Übrigens setzt BMW bei Rallyes wieder auf den Zweizylinder-Boxer: Bei der 2000er-Dakar errang der Amerikaner Jimmy Lewis auf der R 900 RR auf Anhieb den hervorragenden dritten Platz.

Spekulation:
Vielleicht kommt im Jahr 2001 das Sondermodell R 1150 GS Dakar?

Designer nehmen gerne die Natur zum Vorbild: Bei der GS spielen die organischen Formen verliebt mit Licht und Schatten
Im Bild oben die Tankattrappe – das Benzinbehältnis selbst sitzt zwecks niedrigen Schwerpunkts unter der Sitzbank.
Im mittleren Bild die Gepäckträgerplatte. Das abschließbare Plastik-teil lässt sich mit etwas Gewalt auch ohne Schlüssel abnehmen; Diebe gelangen somit leicht an das reichhaltige Bordwerkzeug.

Schräger Stand: Bei der Dakar ist der Seitenständer etwas kurz

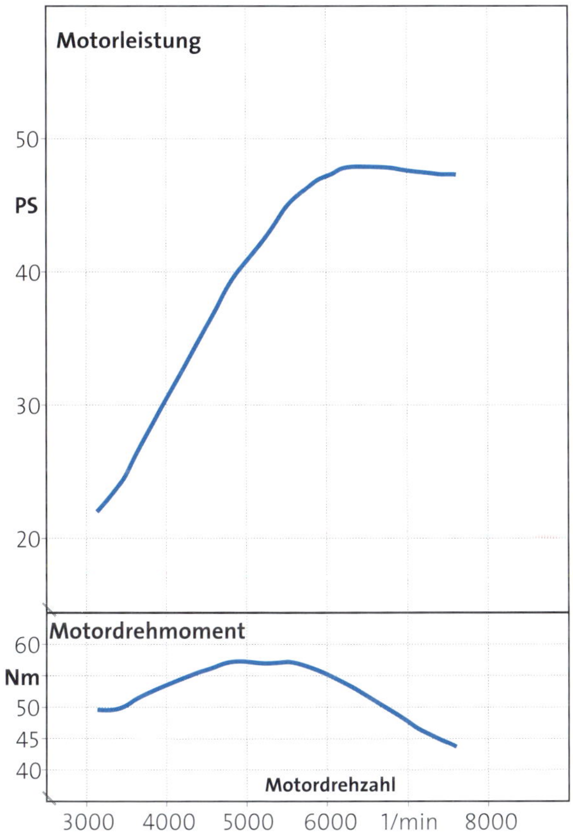

PRÜFSTAND

Wie aus dem Lehrbuch präsentieren sich die Drehmoment- und die Leistungskurve des Bayern-Singles. Bei 3000/min stehen bereits satte 50 Newtonmeter an, seinen Leistungszenit erreicht er bei 6500/min mit 48 PS. Auch über 7000/min dreht der Motor noch willig hinaus.

Bei der Weiterentwicklung flossen teilweise auch Erfahrungen ein, die im Team Pami bei Sound-of-Singles-Rennen gewonnen wurden. Von seinen technischen Voraussetzungen her ist der Vierventiler also eine tolle Basis für überaus potent getunte Renn-Singles.

BMW F 650 GS Dakar:
max. 48 PS (35 kW) bei 6500/min
max. 58 Nm bei 5000/min

**Ab in die Savanne:
Beim Fahren im Stehen stören die zu breiten Flanken der Tankattrappe.
Im Grunde ist die Dakar ein Enduro-Cruiser, der förmlich zum Genießen malerischer Landschaften einlädt**

BMW F 650 CS
Einzylinder mit
Zahnriemenantrieb

CS-Vorstellung

Mit dieser peppig gestalteten Einzylindermaschine hat BMW speziell die junge Käuferschaft im Visier. Für das Designerteam war die Vorgabe deshalb klar: Das Motorrad darf nicht aussehen wie die BMW, die Vater schon in der Garage hat. Mit wartungsarmem Zahnriemen-Antrieb und pfiffigem Tankgepäckfach dürfte die neue F 650 CS aber auch manch reiferem Semester sehr gut in den Kram passen

Text: Jo Soppa
Fotos: Werk

Aus
MOTORRAD MAGAZIN MO
Sonderausgabe
BMW Motorräder Nr. 5

Die altgedienten Szenekenner hatten gewaltig daneben gegriffen. Als anno 1993 die völlig neue Einzylindergeneration vor der Markteinführung stand, war sich mancher sicher: Eine BMW mit Kettenantrieb würde nie und nimmer von der auf Boxer und Kardan fixierten Kundschaft angenommen.

Heute ist man schlauer. Die ursprünglich für den Einzylinder kalkulierten Stückzahlen mussten schon bald um den Faktor drei nach oben korrigiert werden. Die F 650 entwickelte sich in Windeseile zum Publikumsrenner. Obwohl sie alles andere war als eine typische BMW. Die Zeiten hatten sich geändert. Für viele war alleine der Herstellername Garant genug für vollwertigen Motorradspaß.

Die erste Generation der F 650 wurde vollständig bei Aprilia im italienischen Noale gefertigt. Auch dieser Umstand schien die Kundschaft überhaupt nicht zu interessieren. Das Produkt strahlte genug ingenieuse Originalität aus, da zählte der Montageort herzlich wenig.

Erst mit Umstellung auf die umfassend überarbeitete F 650 GS im Jahr 1999 verlegte man die Produktion ins Stammwerk nach Berlin Spandau. Inzwischen hat man auch dort die Fertigungskapazitäten durch Neubauten noch weiter steigern können. BMWs verkaufen sich glänzend. Neue Modelle müssen nachgeschoben werden. So viele Neuheiten wie 2001 gab es noch nie bei BMW. Neue R 1150 R, überarbeitete R 1150 RT, R 1150 RS und K 1200 RS, und nun der frech hergestylte Zahnriemen-Einzylinder.

Womit auch bei den Singles neue Zeiten angebrochen sind. Kapitel drei im Buch mit der Überschrift F 650 lautet deshalb auf das Endkürzel CS. CS wie City-Sport. Damit beim Gewusel im städtischen Geläuf alles glatt und reibungslos über die Bühne geht, gibt es die CS wahlweise mit 780 oder abgesenkten 750 Millimetern Sitzhöhe. Ganz nach persönlichem Gusto und eigenen Fahrgestell-Abmessungen. Die neue BMW soll schließlich auch passen.

Pflegeleicht

Die auffälligste Neuerung an der CS ist aber unzweifelhaft der Zahnriemenantrieb samt Einarmschwinge.

Für das anvisierte Publikum ist der wartungsarme Riementrieb sicher die goldrichtige Wahl. Kein Kettenfett, keine ständige Kontrolle des Durchhangs.

Die Heckpartie der CS erinnert ein wenig an die R 1100 S. Tankstutzen an der Sitzbank

Nur fahren. Die Ansprüche der Motorradkundschaft haben sich in den letzten Jahren grundlegend gewandelt. War es vor zwanzig Jahren noch üblich, dass der Kunde diverse Servicearbeiten stillschweigend selbst erledigte, geht der Trend in jüngerer Zeit immer mehr in Richtung anspruchsvollen Konsumierens. Genuss ja, aber möglichst ohne esoterisches Eingeweihtsein in irgendwelche wartungstechnischen Besonderheiten. Knöpfchen drücken und los. Das ist der Standard unserer lage. Deshalb auch die vollkommen richtige Entscheidung für den pflegeleichten, fettfreien Endantrieb.
Der 26 Millimeter breite Riemen hat eine Teilung von elf Millimetern und wird speziell für die BMW gefertigt. Das Werk nennt gegenüber dem Kettentrieb der anderen F 650-Modelle eine mindestens doppelte Lebensdauer. Wie immer spielen hier Fahrweise und Einsatzbedingungen eine entscheidende Rolle. Unter üblichen Betriebsbedingungen dürfte der Riemen außer bei den alle 10000 Kilometer fälligen Inspektionsterminen keinen Grund abgeben, auch nur im Ansatz das Werkzeug hervor zu kramen.
Zahnriemen-Endantriebe werden in Serie bislang nur von Harley-Davidson, Buell und im Einzelfall auch von Yamaha in der 1600er Wild Star angeboten. Dort hat sich diese Technik ohne Zweifel im Alltagseinsatz bewährt.
Die Sache funktioniert einwandfrei. Problempunkt der Zahnriementechnik ist die sorgfältige Montage. Dabei ist perfekte Achsparallelität von treibendem Pulley und Riemenscheibe am Hinterrad überaus wichtig. Fehlstellungen lassen den Riemen seitlich wandern. Er wird einseitig belastet, reibt an den Bordscheiben der Riemenräder und verschleißt rasch. Das ist unbedingt zu vermeiden.
Aus diesem Grunde entschieden sich die BMW-Techniker für die fertigungstechnisch recht aufwändige Einarmschwinge. Es handelt sich dabei um ein Leichtmetall-Gussteil. Alle Lagerbohrungen können bei diesem Bauteil auf Werkzeugmaschinen im Hundertstelbereich präzise gearbeitet werden. Die Parallelität von Schwingenlagerung und Hinterradachse ist somit gewährleistet. Versehentliches Schiefspannen des Hinterrades ist, wie bei den anderen, kettengetriebenen F 650-Modellen, nicht mehr möglich.
Unstimmigkeiten können nur noch im Bereich der Motoraufhängung auftreten. Doch auch hier ist der von Rotax in Österreich gefertigte Einzylinder durch seine Auf- →

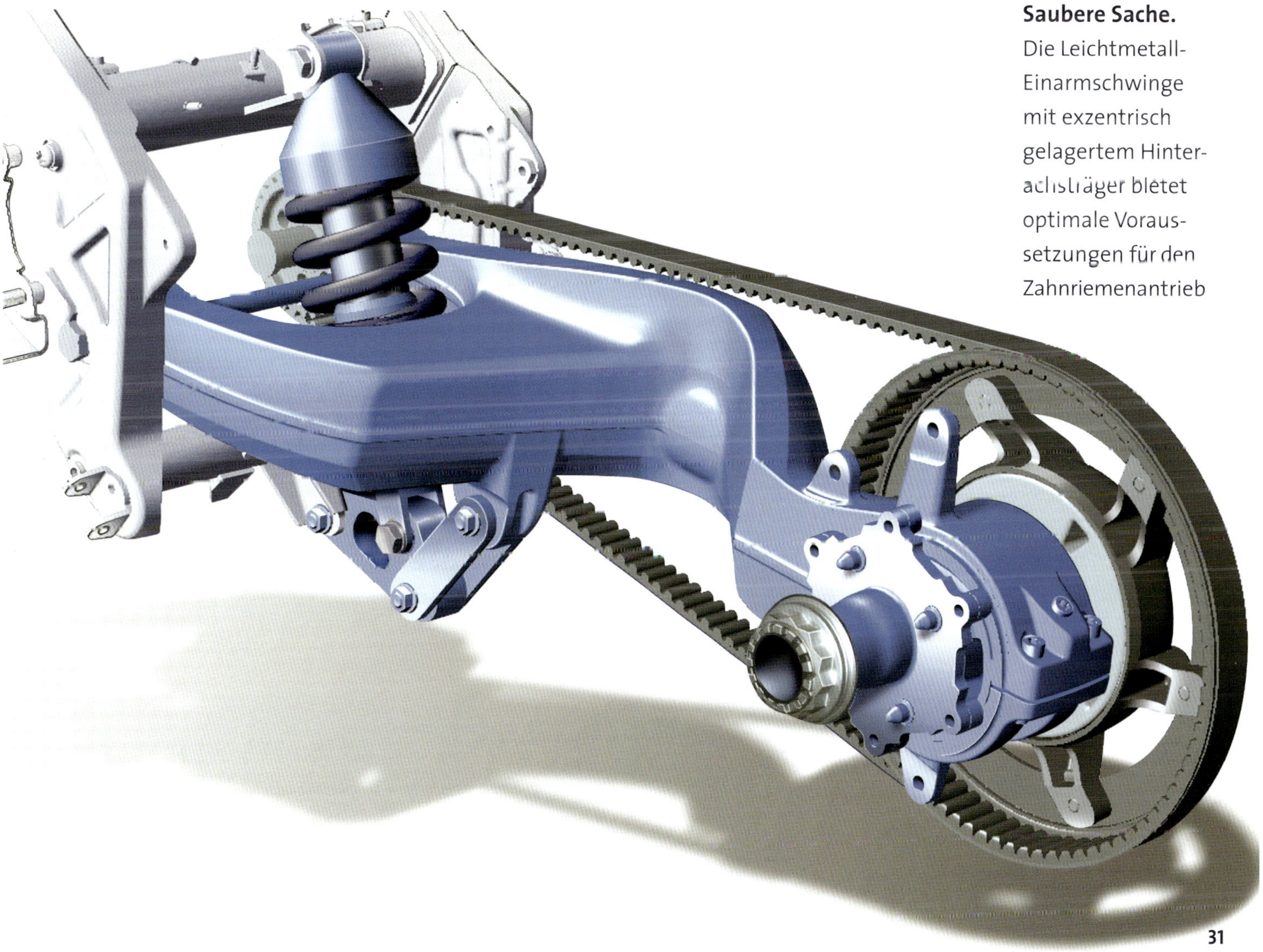

Saubere Sache. Die Leichtmetall-Einarmschwinge mit exzentrisch gelagertem Hinterachsträger bietet optimale Voraussetzungen für den Zahnriemenantrieb

CS-Vorstellung

Die neue F 650 CS bietet auch für zwei Personen genügend Bewegungsspielraum

CS, das bedeutet so viel wie City Sport

nahme direkt über den Schwingenbolzen exakt fixiert. Aus genannten Gründen kann sich BMW nun erlauben, auf doppelte Bordscheiben an den Riemenrädern zu verzichten. Die Vorspannung des Riemens wird über einen exakt geführten Exzenter einjustiert.

Am unteren Riementrum sichert eine Kunststoffschiene den Antrieb vor aufgewirbelten Schottersteinchen und ähnlichen, zerstörerisch auf Riemen und Radgarnitur wirkenden Fremdkörpern.

Bei den Riemenrädern selbst gibt es ebenso interessante Details zu entdecken. Die hintere Riemenscheibe ist ein Tiefziehteil aus Edelstahlblech. Beim Tiefziehen wird die Verzahnung betriebsfertig eingeprägt. Teure maschinelle Nachbearbeitung entfällt also. Der zähe Edelstahl wiederum dürfte sich in der Praxis als langlebiger Partner für den faserverstärkten Gummiriemen erweisen.

Das treibende Pulley dagegen ist aus Sintermetall gefertigt. Weil hier die Belastung größer ist als am getriebenen Rad, entschieden sich die Techniker für die günstigen Reibeigenschaften des Sinterwerkstoffs. Bei Sinterwerkstoffen wird Metallpulver unter hohem Druck und Hitze gepresst. Auch hier wird die Zahnform bei der Herstellung fix und fertig ohne nachfräsen hergestellt.

Es wird also sehr spannend werden, den neuen BMW-Zahnriemenantrieb in der Praxis auszukosten. BMW hat zwar den Riemenantrieb nicht neu erfunden, schenkt uns aber fertigungstechnisch neue Ansätze, die Lust auf diese seit Anfang der achtziger Jahre im Motorradbereich bereits eingeführte Technik machen.

Was auch vom überarbeiteten Einzylinder gesagt werden kann. Durch die neu gestaltete Ansaug- und Auspuffanlage kletterte das maximale Drehmoment von ehedem 60 auf 62 Newtonmeter. Dieser Sprung hört sich nicht sonderlich spektakulär an. 62 Newtonmeter sind aber für einen zulassungsgerecht schallgedämpften Einzylinder mit 652 ccm Hubvolumen ein ganz ausgezeichneter Wert.

Die Auspuffanlage ist nun konventionell arrangiert. Der Krümmer wird

Mit der neuen Einspritzanlage wurde aus dem ruppigen Vergaser-Urtyp ein überaus geschmeidiger, bestens zu fahrender Einzylinder. Die CS bietet mehr Drehmoment als alle bisherigen F 650-Modelle

Solides Gestell. Der Hauptrahmen der CS ist aus kräftigen Vierkant-Stahlprofilen. Die neue Hinterradschwinge ist ein Leichtmetall-Gussteil. Rahmenheck angeschraubt

Die beiden Rahmenprofile der F 650 CS sind zugleich der Öltank für den Motor. Fassungsvermögen 2,5 Liter

unterhalb des Motors in Richtung des links neben der Hinterradachse platzierten Schalldämpfertopfs geführt. Die Anlage ist aus poliertem Edelstahl. Mit seinen Blenden und der gedrungenen Form erinnert der Endtopf an die Baumuster, wie sie ansonsten bei Motorrollern Verwendung finden. Eine Lösung, die sicher nicht nach jedermanns Geschmack sein dürfte, zumal die interessante, offene Seite der Einarmschwinge auf diese Weise abgedeckt wird.

Ein spritziger Motor

Laut Werk liefert der Single zwischen 3500 und 7000/min immer über 50 Newtonmeter Drehmoment. Dieser Motor dürfte also wie seine bislang aus der F 650 GS-Serie bekannten Vettern ein überaus quirliges Einzylinder-Kerlchen sein. Mit Einspritzanlage und serien-mäßig geregeltem Kat ist der 50 PS starke CS-Single auf der Höhe der Zeit. Für Führerscheinneulinge ist eine Version mit 34 PS erhältlich.

Bekanntlich sitzt der Tank bei der neuen F 650-Generation als Kunststoffblase im Rahmendreieck unter der Sitzbank. Der Tankeinfüllstutzen befindet sich rechts an der Sitzbank. Was wie ein Tank im klassischen Sinn aussieht, beherbergte bislang Öltank, Ansaugkasten und Elektrik. Weil das neuartige, wannenförmige Tankmodul mit eingelassener Tasche mehr Raum beanspruchte, musste der Öltank einen andern Platz finden. Den schufen die Techniker in ebenso simpler wie überzeugender Manier. Die 2,5 Liter Motoröl der Trockensumpfschmierung sind bei der CS in den vergrößerten Rahmenholmen untergebracht.

Die beiden Rahmenholme sind mittels Querrohr verbunden. Damit war zum einen das Platzproblem gelöst, zum anderen hatte man durch die vergrößerten Rahmenprofile gleichzeitig einen verdrehsteiferen Hauptrahmen. In Verbindung mit der voluminösen Gussschwinge soll sich laut Hersteller daraus ein überaus exaktes Lenkverhalten ergeben.

Weil die Rahmenprofile durch das erhitzte Motoröl im Bereich der Fahrerbeine Wärme abstrahlen, brachte man zusätzliche Hitzeschilde an. Diese Teile wirken auf den ersten Blick wie unfertiges Zubehör aus dem Baumarkt. Eine etwas elegantere Lösung hätte hier zumindest das Auge erfreut. Mancher würde da womöglich lieber heiße Waden in Kauf nehmen.

Das Motorrad rollt vorne wie hinten auf 17 Zoll großen Rädern. Die Räder wurden eigens für die CS neu entworfen. Es sind Leichtmetall-Gussräder in bewährtem Dreispeichen-Design. Sozusagen die logische Mindestanzahl an Speichen bei einem wohlgeformten Gussrad. Vorn ist ein Reifen der Größe 110/70ZR17 montiert, hinten ein 150/60ZR17er Format. Diese Dimensionen versprechen vergnügliche Handlichkeit, beste Rückmeldung und hohe Haftreserven auf griffigem Asphalt.

Verzögert wird die F 650 CS vorne von einer 300 Millimeter großen Bremsscheibe samt Vierkolben-Zange. Hinten kommt eine 240er Scheibe mit Doppelkolben-Schwimmsattel zum Einsatz. Wie von BMW nicht anders zu erwarten, ist auch die CS optional für 997,50 Mark Aufpreis mit ABS zu haben. →

CS-Vorstellung

Sonderausstattung

Beim Zubehör lässt sich BMW wie gewohnt nicht bitten. Gleich zum Verkaufsstart gibt es eine ganze Latte speziell für die CS ausgedachter Nettigkeiten. Die serienmäßige Tanktasche lässt sich beispielsweise gegen eine aufwändiger gestaltete Version mit Kartenfach oder gar eine robuste Version aus Kunststoff tauschen. Weiter besteht die Möglichkeit, aus drei flexiblen Kunststoffarmen mit Metalleinsätzen eine abschließbare Gepäckspinne oder Helmhalterung am Motorrad zu befestigen. Wer unterwegs den Klängen seiner Lieblingsscheiben lauschen möchte, der bekommt für die wannenartige Vertiefung in der Frontverkleidung eine Box mit integrierten Aktivlautsprechern. Als Signalquelle muss dann nur noch ein tragbarer CD-Player angeschlossenen werden. Für Gepäckträger und Soziusplatz gibt es weitere Gepäcksysteme. Die CS lässt sich also auch ganz vortrefflich zum Überlandtourer ausstaffieren. Der bekannt sparsame Einzylindermotor fügt sich bei diesem Einsatz ebenso perfekt ins Gesamtbild wie der für den Fahrer praktisch wartungsfreie Endantrieb. Tourer werden zudem gerne auf die optional erhältlichen Heizgriffe zurückgreifen. Wem es dagegen mehr um den optischen Auftritt mit seiner CS geht, der darf sich zwischen einem Motorspoiler und einem Chrom-Veredelungskit entscheiden. Perfektionisten nehmen zudem die spezielle Abdeckplane und den Montageständer mit nach Hause.

Zunächst wird die F 650 CS in drei Farben angeboten: azurblau-metallic, goldorange-metallic und belugablau. Dazu kann wahlweise die Sitzbank in dunkelblau oder sepia gewählt werden. Zudem besteht die Möglichkeit, die Einsätze im Seitencover Aluminium-farben zu bestellen. Der individuelle Farbauftritt dürfte mit langen Diskussionen und Überlegungen vor dem Kauf einher gehen.

Kompakte Linie bis auf das etwas weit vor der Maschine hertänzelnde Vorderrad. Verspricht gute Handlichkeit

BMW F 650 CS Einzylinder mit Zahnriemenantrieb

Die Zielgruppe

Es ist kaum zu verhehlen. Auch wenn BMW es nicht offiziell ausspricht: Mit der CS hat das Werk ganz eindeutig die weibliche Kundschaft im Visier. Wenn nicht als aktive Fahrerin, dann zumindest als richtungsgebender Faktor bei der Kaufentscheidung.
Auf der anderen Seite verfügt die neue F 650 CS über so viel Verharmlosungspotenzial, dass die versammelt vernünftigen Ausstattungsmerkmale fast schon wieder weh tun können.
Wie hier der Eindruck erweckt wird, ein Motorrad sei ein x-beliebiger, technischer Gegenstand zwischen Home-Computer und Surfbrett ist beinahe schon deprimierend.
Das alles mag die Neuerscheinung aus dem Hause BMW für alteingesessene Lederärsche sehr suspekt machen. Für den unbedarften Gelegenheitsfahrer und die interessierte Neueinsteigerin wird die F 650 CS aber eine sehr interessante Wahl sein. Und in spätestens zehn Jahren haben wir dann wieder sehr gereifte Lederärsche vor uns. Sie werden mit Wehmut an ihre Einsteigertage auf CS-BMW zurückdenken und versonnen den Zylinderdeckel ihrer justament frisch erworbenen R 75/5 zum kleinen Ventilspielservice abnehmen.
Der Markt braucht Einstiegsdrogen, und die F 650 CS hat das Zeug, nicht nur Neulinge ganz heiß auf unverfälschten Fahrtwind zu machen.
Ab kommenden Frühjahr ist die Maschine für voraussichtlich 14500 Mark bei den Händlern abholbereit.

Technische Daten

Preis: zirka 14500 Mark
Leistung: 50 PS (37 kW) bei 6800/min, max. Drehmoment 62 Nm bei 5500/min. Auch mit 34 PS lieferbar
Motor: Viertakt-Einzylindermotor. Vier Ventile, zwei obenliegende Nockenwellen, flüssigkeitsgekühlt.
Bohrung x Hub 100 x 83 mm, Hubraum 652 ccm,
Verdichtung 11,5. Elektronische Benzineinspritzung, geregelter Dreiwege-Katalysator, digitale Zündung, Elektrostarter.
Fünfganggetriebe, Endantrieb über Zahnriemen
Fahrwerk: Stahlrohr-Brückenrahmen. Vorn Telegabel, x 41 mm, hinten Leichtmetall Einarmschwinge. Räder vorne und hinten in 17 Zoll, Reifen 110/70ZR17 vorne, 150/60ZR17 hinten. Vorn Scheibenbremse, Ø 300 mm, hinten Scheibenbremse Ø 240 mm. Sitzhöhe 780 mm, alternativ 750 mm. Gewicht vollgetankt zirka 189 kg. Tankinhalt 15 Liter
Fixkosten: Steuer im Jahr 97,20 Mark. Versicherung Haftpflicht bei 100 Prozent Beitragsrate 280 Mark (Zirkatarif)

Im wannenartigen Verkleidungsvorbau lassen sich unterschiedliche Module installieren. Inklusive Audio-System

Farbvarianten lassen sich nach Wunsch zusammenstellen

Pfiffige Lösung. Mit dem dreiteiligen Gepäckspinnenmodul lässt sich auch ein Helm ausgezeichnet am Motorrad verstauen

CS - Der Test

Erstmals in der BMW-Historie gibt es aus München ein Motorrad mit Zahnriemen-Endantrieb. Doch dieses Technik-Detail ist nicht die einzige Besonderheit der auffällig gestylten Einzylinder-Maschine. Ein ungewöhnliches Gepäcksystem gehört ebenso dazu wie die individuelle Zusammenstellung der Lackteile

Text: Jo Soppa
Fotos: Werk
Aus
MOTORRAD MAGAZIN MO
Sonderausgabe
BMW Motorräder Nr. 6

Motorräder mit hohem Kunststoffanteil umweht der Ruch billiger Massenproduktion. Kunststoffbauteile gelten als wenig belastbar und vor allem wenig dauerhaft. Sie ändern im Lauf der Zeit ihre Oberfläche, werden spröde und gehen dann bei geringer Belastung in die Brüche. Klassische Metallwerkstoffe wie Stahl oder Leichtmetall gelten da als wesentlich dauerhafter, wenngleich es auch speziell bei Leichtmetallen große Qualitätsunterschiede gibt.

Warum diese Anmerkung am Anfang dieses Tests steht? Nun, die neue BMW F 650 CS ist ganz offensichtlich ein Kunststoff-Motorrad. Nicht nur die auffälligen, halb lichtdurchlässigen Kunstoffhalter an der Verkleidungsscheibe oder der mächtig nach Designermöbel aussehende Gepäckträger aus dem selben Material rücken das Erscheinungsbild der neuen BMW in die Nähe gefälliger Haushaltsgeräte. Auch der Kunststoff-Zahnriemen als Endantrieb ist der deutliche Hinweis →

Komplett bestücktes Cockpit inklusive Digitalzeituhr. Gestalterisch wegen gewollt hippem Philips -Küchenradiodesign sicher keine Offenbarung. Schlecht ablesbare Skalen

CS - Der Test

darauf, dass im Motorradbau neue Zeiten angebrochen sind. Nicht nur bei den Münchnern wohlgemerkt, denn Zahnriemen am Hinterrad sind beileibe keine Erfindung von BMW.
Bereits vor gut 20 Jahren beschäftigten sich nahezu zeitgleich Harley-Davidson und Kawasaki mit dieser Alternative zum üblichen Kettenantrieb. Leichter Lauf, Wartungsarmut und vor allem seine Sauberkeit machen den Riemen zum idealen Motorradantrieb. Zu beachten sind allerdings ein paar konstruktive Feinheiten, die zum einwandfreien Betrieb des flachen Riemens erforderlich sind. Als da wären die absolute Achsparallelität von Getriebeausgangswelle und Hinterachse sowie die beim Einfedern des Hinterrades möglichst konstant gehaltene Riemenvorspannung Aus letztgenanntem Grund scheidet der Riemenantrieb bei Enduros mit langem Hinterachsfederweg aus. Ohne aufwändigen Spannmechanismus lässt sich ein Riemen hier nicht realisieren. Bei der F 650 CS schuf man mit 120 Millimetern Achsfederweg, einer günstigen Anordnung von Schwingendrehpunkt und Pulleydrehpunkt sowie einer minimal elastisch nachgebenden Aufhängung der hinteren Riemenscheibe günstige Arbeitsbedingungen. Während der Erprobungnmusste der Riemenantrieb etwa 300 Wheelies ohne Probleme überstehen.
In der gängigem Alltagspraxis wird der Riemen weit weniger gefordert. Der einzige Feind des Riemens unter realen Bedingungen ist ein Fremdkörper , der auf das wie ein Förderband in Richtung Riemenscheibe laufende untere Riementrum gelangt und so zu starker Beschädigung oder zum Riss des Riemens führen kann. Deshalb ist an der CS-Schwinge unten eine Schutzschiene montiert, die auch den Fahrer bei einem eventuellen Sturz vor Quetschverletzungen durch den Riementrieb bewahren soll. Unter Standardbedingungen ist der Riemen für eine Laufleistung von 40000 bis 50000 Kilometer gut. Fahrerin oder Fahrer müssen sich ansonsten um den Zahnriemen keinen Kopf machen. Bei jeder 10000er Inspektion prüft die Werkstatt den Antrieb und justiert gegebenenfalls die Spannung nach. Nicht nur

Zahnriemen im Motorradbau sind nicht neu. Kawasaki und Harley-Davidson experimentierten bereits vor über 20 Jahren mit dieser Antriebstechnik

Sie liebt Kurven, die CS.
Dazu bietet die kleine Verkleidungsscheibe erstaunlichen Windschutz. Das Licht des Scheinwerfers projiziert im Nahbereich blasen-artige Flecken

der Zahnriemen-Antrieb zeigt, dass die neue CS mit der bekannten F 650 GS-Reihe nur noch wenige Gemeinsamkeiten aufweist. Tatsächlich ist die CS bis auf den weitgehend baugleichen Einzylindermotor ein völlig neues Motorrad. Am Motor selbst wurden das Abtriebslager wegen der permanenten Riemenspannung verstärkt und der fünfte Gang länger ausgelegt.
Das Ergebnis rechtfertigt alle konstruktiven Anstrengungen und Mühen. Der Kunde bekommt einen rundum äußerst funktionalen Antrieb. Nur fahren und den Begriff "Kettenfett" aus dem aus dem Wortschatz streichen. Allenfalls dezente Knarzgeräusche bei langsamem Schieben der Maschine fallen als Eigenheit akustisch auf. Einfachheit im Umgang mit dem Motorrad steht bei der CS an erster Stelle. Einen speziellen Chokehebel für den Kaltstart gibt es nicht. Nur Zündung anschalten und den Anlasserknopf drücken. Schon sprudelt der Single mit leicht erhöter Standlaufdrehzahl vor sich hin. Bei zunehmender Erwärmung des Motors sinkt die Standlaufdrehzahl von zunächst 2000 auf moderate 1500/min ab. Das ist immer noch eine vergleichsweise hohe Leerlaufdrehzahl, sie sichert aber bereits kräftiges Anfahrdrehmoment und schenkt dem konzeptbedingt mit ausgeprägter Rundlaufungleichförmigkeit gesegneten, großvolumigen, Einzylinder ein gutmütiges Lastwechselveralten. Mit elektronischer Einspritzanlage und geregelten Abgaskatalysator ist die CS technisch auf der Höhe der Zeit.

Seine nicht nur politisch korrekte Auslegung auf geringen Verbrauch und umweltfreundliche Abgaswerte macht ihn gleichermaßen vernünftig wie auch eine Spur zu bleder-langweilig. Das für großvolumige Einzylinder so charakterbildende, weil lustvoll zuschnappende Temperament geht dem CS-Einzylinder ab. Eher erinnert der Einzylinder an japanische Halbliter-Twins, die nur über Drehzahl zur Sache kommen. Wirklich störend sind in jedem Fall die eklatanten Rundlaufmängel im unteren Teillastbereich. Bei konstantem Rollen verhaspelt sich der Einzylinder im letzten Gang selbst noch bei 100 km/h. Das äußerst sich in Verbrennungsaussetzern, die zunächst den Eindruck erwecken, die Benzinleitung sei verstopft oder der Spritvorrat ginge zur Neige. In diesem wichtigen Punkt ist der moderne Einzylinder nicht überzeugend und klar an der Verkaufbarkeitsgrenze angesiedelt. Erst wenn dem Motor mehr ab-verlangt wird und die Einspritzdüse zum Beschleunigen fettes Gemisch produziert, spurtet die Kurbelwelle ohne einknickende Kniekehle ordentlich rund. Das animiert zu einer Fahrweise mit ständigen Lastwechseln. Großen Spaß macht dagegen das Fahrwerk auf dem Winkelwerk →

In den beiden Rahmen-Profilen schlummert das Öl der Motorschmierung. Hitzeschilde mit Kunststoffeinsätzen verhindern schmerzhaften Kontakt

Robuste Hinterradöffnung aus Leichtmetallguss. Der exakt geführte Lagerexzenter ermöglicht fluchtgenaues Spannen des Antriebsriemens. Bildschön gemacht

CS - Der Test

Die polierte Edelstahlauspuffanlage der CS ist serienmäßig mit einem geregelten Katalsator ausgestattet. Das an Motorroller erinnernde Styling des Endschalldämpfers stellt den Käufer auf die Geschmacksprobe

Die Zahnriemenscheibe am Hinterrad ist ein fertigungstechnisches Meisterstück. Aus Edelstahl tiefgezogen muss es höchste Maßhaltigkeit und Robustheit bieten

Single mit Single-Bremsscheibe. Der einfache Schwimmsattel wird voll gefordert. Einseitige Krafteinleitung in die Gabel führt zu Verwindungen bei hartem Bremsen. Zentral der ABS-Impulsgenerator

Großflächige, griffgünstige Schaltereinheiten am Lenker. In der Mitte der zweistufige Schiebeschalter für die Lenkergriffheizung. Ein empfehlenswertes Extra nicht nur für Ganzjahresfahrer. Aufpreis 177 Euro

abgelegener Landstraßen. Handlich und zielgenau lenkt die Maschine selbst in kleinste Radien ein und bleibt auch auf der Bremse gefügig ohne die sonst häufig zu verzeichnende und bisweilen tückische Aufstellneigung. Ein prima Fahrwerk, das durch eine komfortable Feder-Dämpferauslegung den Landstraßen-Genussfahrer bestens zufrieden stellt.

Beifall verdient ebenso die geglückte Sitzergonomie. Aufrecht, entspannt und gut integriert sitzt es sich auf der CS. Zwischen den Schenkeln bleibt das Motorrad immer wundervoll präsent und schenkt dank großer Kontaktfläche viel Rückmeldung. Das gilt für Leute bis zu einer Größe von etwa 1,80 Meter. Wer noch länger ist, der wird möglicherweise den Kniewinkel auf Dauer als zu eng empfinden. Kleiner gewachsene Zeitgenossen bekommen die CS übrigens mit reduzierter Sitzhöhe ohne Aufpreis.

Überraschend ist die Wirkung der formal ansprechend gestaltenen Cockpitscheibe. Bis hinauf in formidable Temporegionen ist der Windschutz überzeugend. Dank tiefer Sitzpostion wölbt sich der Verkleidungskorpus gut schützend vor dem Fahrer. Daraus ergibt sich eine ebenso kompakte wie aerodynamische günstige Fahrerunterbringung – auch und gerade ohne gekrümmte Demutshaltung.

Das erklärt auch die gegenüber der F 650 GS deutlich gesteigerte Höchstgeschwindigkeit. Selbst aufrecht sitzend dreht der Motor auf der Autobahn voll aus. In die Vollen darf es auch beim Bremsen gehen. Dank optionalem und mit 510 Euro Aufschlag preislich günstigem ABS ist die CS für den Alltag bestens gerüstet. Auch wenn die Einzylinder-BMW dank haftfreudiger Michelin-Bereifung durchaus noch aggressiveren Bremsenbiss vertragen könnte. Zwar wird eine gute Verzögerung geboten, vergleichsweise hohe Bedienkräfte am Vorderrad und durch die einseitige Bremsscheibe spürbares Verwinden der Gabel stehen jedoch auf der Seite der angemessenen Kritik.

Fazit: Die BMW F 650 CS ist trotz sehr modernistischer Verpackung ein klassisches – beinahe wäre man geneigt zu sagen – ursprüngliches Motorrad.

Besonders das mühelose Handling gefällt, der sparsame Einzylindermotor bietet respektablen Vortrieb, wenn auch mit gewissen Einbußen auf Seiten der Rundlaufkultur. Mit reichhaltiger Zubehörausstattung und zeitgemäßen Features wie ABS und geregeltem Katalysator bietet BMW die entscheidende Argumente für erfolgreiche Vermarktung.

Wer Motorrad fahren in erster Linie als schwereloses Inhalieren der Landschaft und müheloses Kurvengleiten begreift, der wird in der CS eine attraktive Begleiterin finden.

Messwerte

Gewicht vollgetankt (mit ABS)	195 kg, davon 46,2 % vorn
Topspeed solo liegend	175 km/h
Beschleunigung von 0 bis 100 km/h in	5,0 s
Durchzug im letzten (5.) Gang von 60 bis 140 km/h in	13,0 s
Testverbrauch (Normalbenzin)	4,4 l/100 km

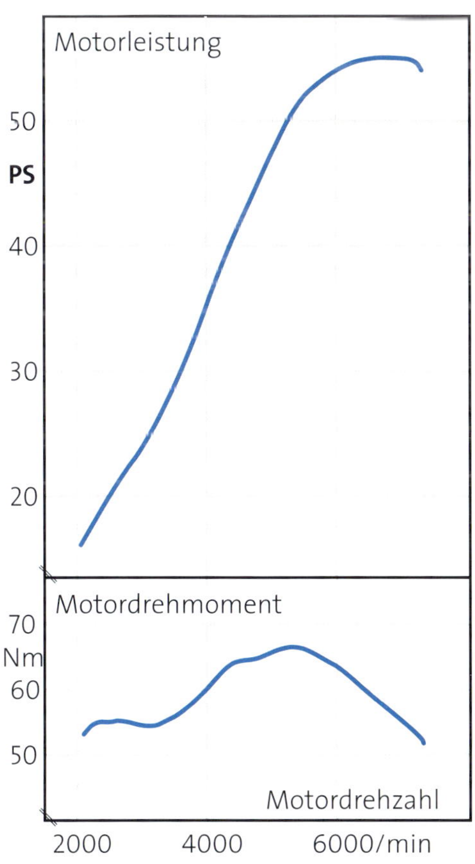

PRÜFSTAND

BMWs neuer Straßen-Einzylinder steht gut im Futter. Die Werksangabe von 50 PS übertrifft die Testmaschine deutlich. Bis 3500/min bleibt der Einzylinder verhalten, was auch seinen eher lustlosen Auftritt im Alltag erklärt. Erst ab 3500/min entwickelt der Motor Temperament. Bis 5500/min legt sich der Single tüchtig ins Zeug. Gemessene 65 Newtonmeter maximales Drehmoment sind für einen zulassungsgerecht schallgedämpften Einzylindermotor mit 652 ccm Hubraum rekordverdächtig. Erstaunlicherweise ist von dieser insgesamt sehr überzeugenden Prüfstandperformance im Fahrbetrieb auf der Straße wenig zu spüren.

BMW F 650 CS:

max. 55 PS (40 kW) bei 6500/min
max. 65 Nm
bei 5300/min

Die Papierform täuscht. Der CS-Einzylinder will gedreht werden

BMW F 650 GS
BMW F 650 GS Dakar
BMW F 650 CS

Doppelzünder

Im Windschatten der großen Boxer-GS behaupten sich die einzylindrigen F-Modelle ebenfalls sehr gut in der Zulassungsstatistik. GEZIELTE MODELLPFLEGE für den Jahrgang 2004 soll sicherstellen, dass das so bleibt. Eine Zündkerze mehr macht die 650er nun noch sparsamer

Text:
Maik Schwarz
Fotos:
Widdecke, Werk (1)
Aus
MOTORRAD MAGAZIN MO
Sonderausgabe
BMW Motorräder Nr. 10

Dass die Einzylinder-Modelle der F-Reihe gerne als »Einsteiger-Maschinen«, manchmal gar als »Frauen-Motorräder« bezeichnet werden, scheint ihrer Popularität nicht zu schaden.
Im Gegenteil. Gerade jene Einsteiger, Frauen oder einsteigende Frauen wissen die Qualitäten der 650er BMWs wirklich zu schätzen. Denn was bitteschön spricht dagegen, wenn sich ein Motorrad überaus leicht beherrschen lässt? Wenn es sich mühelos flink von einer Kurve in die nächste klappen lässt, bis zur Höchstgeschwindigkeit stabil bleibt und so beim Benutzer Vertrauen weckt, statt ihn oder sie mit anstrengender Sitzposition, störrem Fahrverhalten und dafür irrer Motorleistung zu überfordern. Ein Übriges tun die ab Werk erhältlichen Sonderausstattungen wie ABS, Heizgriffe, Koffer und nicht zuletzt die niedrigeren Sitzbank-Versionen.
Was Ende 1993 mit der Ur-F 650 anfing, kurz nach der Jahrtausendwende mit der benzineingespritzten, G-Kat-gereinigten F 650 GS fortgeführt wurde und zuletzt durch die Modellvarianten Dakar sowie CS ergänzt worden ist, erfährt nun zur Saison 2004 weitere technische Verbesserungen.
Die wesentlichen Änderungen betreffen den Motor der F-Famile. Standesgemäße Leistung bei vorbildlich beschei-

Innovativ und trendy: F 650 CS mit wartungsarmem Zahnriemenantrieb

Leicht und sicher: Speziell für Einsteiger sind die 650er optimales Gerät

Doppelzündung gleich Tuning?
Fehlanzeige: Die zweite Kerze soll lediglich zur sicheren Gemischentflammung, vor allem im mageren Teillastbereich, beitragen.
Somit sollen auch die Verbrauchs- und Abgaswerte weiter reduziert werden. Mit einem Testschnitt von unter 4,5 Liter zeigte sich die neue F 650 GS tatsächlich extrem sparsam – ganz ohne auffälliges Magerruckeln.
Trotzdem ergibt sich eine Mehrleistung von acht PS gegenüber der 2003er Maschine, bei spürbar größerer Drehfreude. Ursache laut Werk: Serienstreuung.

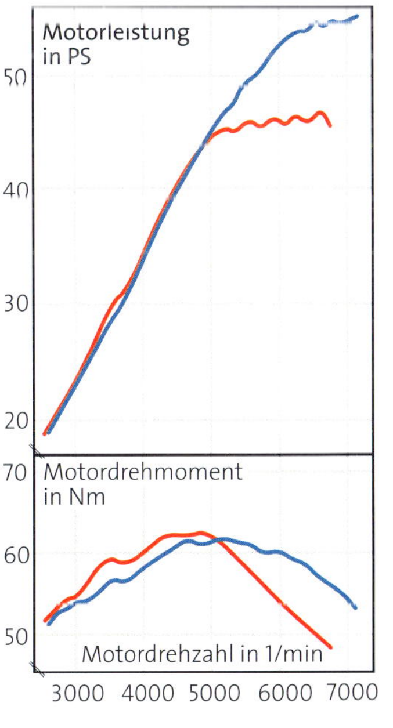

BMW F 650 GS (2004):
max. 55 PS (41 kW) bei 7200/min
max. 62 Nm bei 5200/min
BMW F 650 GS (2003):
max. 47 PS (35 kW) bei 6600/min
max. 63 Nm bei 4800/min

Gebrauchte des Monats

BMW versprach sich bei der Markteinführung 2002, junge Leute wieder auf das Motorrad zu bringen. Doch das einfach zu fahrende LIFESTYLE-MOTORRAD schaffte dies leider nicht. Heute gibt es gut erhaltene Modelle mit wenig Kilometern für schmales Geld

Text: Axel Schermer
Fotos: Werk, Schermer
Aus
MOTORRAD MAGAZIN MO
Nr. 6/2007

Man kennt dieses Phänomen von seiner Lieblings-CD. Beim ersten Mal verursachte sie noch schmerzhafte Ohrenkrämpfe, heute hat sie einen Stammplatz im CD-Wechsler. Sowas kennt man auch von der Freundin. Nach dem ersten Date wollte man sie nicht mehr wiedersehen. Selbst KTMs LC4 690 Supermoto mit diesen gewöhnungsbedürftig angestellten Endtöpfen kennt dieses gnädige Schicksal. Während der ersten Tage auf dem Redaktionshof galt sie als hässliches Entlein, am Ende konnte sie sich vor den Avancen verliebter Redakteure kaum retten. Mit BMWs Scarver aber hat es das Schicksal nicht gut gemeint. Fünf Jahre nach Markteinführung sieht die CS in den Augen der meisten immer noch aus wie die Tupperschüssel in Muttis Küchenschrank. Vieles polarisiert. Sei es die Frontansicht mit den zwei unterschiedlich groß wirkenden Augen, sei es

der monströse Auspuff. Oder eben, Tupper lässt grüßen, der massenhaft verwendete Kunststoff an allen Ecken und Enden.
Mit diesem Motorrad wollte BMW junge Menschen ansprechen. Und das hieß, so wusste es der damalige BMW-Pressetext, Mitzwanziger bis Enddreißiger. Was der Carver im Wintersport geschafft hatte, nämlich die Jugend wieder auf Skier zu stellen, wollte BMW mit dem Scarver so ähnlich auf der Straße hinkriegen: junge Motorradfahrer ohne viel Üben auf erregende Schräglage und deftigen Speed impfen. Es hätte klappen können. Einfach zu bedienen ist die CS, flink in der Stadt – auch beim Einkaufen mit dem praktischem Gepäcksystem – und spritzig auf der Landstraße. Um die Jugend zu überzeugen, sollte die CS besonders »hip« werden. Und genau das brach ihr das Genick. Frauen und Fahrschulen waren es schließlich, die der Scarver überzeugte. 2006 war Schluss. Die F 650 CS wurde eingestellt. Nach nur vier Jahren. Hat sich nicht verkauft. Zu Unrecht. Und deshalb ist die CS unsere Gebrauchte des Monats.
Auf dem Gebrauchtmarkt wird sie angeboten wie Sauerbier: viel Offerten, wenig Nachfrage. Gute Gebrauchte bekommt man schon für dreitausend Euro und weniger. Völlig ungewöhnlich für BMW-Gebrauchtpreise ist das. Auch die Händler sitzen noch immer auf den Scarvern, und einige Neuexemplare sind noch mit satten Abschlägen im Angebot, haben also noch die volle Gewährleistung. Doch der Scarver ist nicht nur wegen des Preises interessant. Denn fast alle, die es tatsächlich mal auf eine CS schaffen, sind begeistert. Einfacher sind nur wenige Motorräder zu bewegen. Man sitzt entspannt im Motorrad, das Anfahren ist trotz Einzylinder noch mit zwei Promille blind möglich (bitte nicht nachmachen), und von Aufstellmoment in Kurven hat dieses Motorrad auch noch nichts gehört. Das ABS verwässert zwar etwas den Druckpunkt der Bremse, doch dafür kann man sich voll drauf verlassen. Kein pfeifender Bremskraftverstärker stört, kein integrales Bremssystem greift dem Fahrer in die Zügel.
Der Motor hat vielleicht nicht den typischen Einzylinder-Bumms von unten raus, will eher gedreht werden. Das aber macht er zupackend und gern. Trotzdem lässt er sich auch im Bummeltempo locker bewegen.
Der F 650-Motor tauchte erstmals 1993 im Urmodell F 650 auf, als Fünfventiler kam der von Rotax entwickelte und gebaute Single damals auch in der Aprilia Pegaso zum Einsatz. Fürs 2001 erschienene Modell F 650 GS wurde der Single stark überarbeitet, für den 2002 erschienenen Scarver mit seinem Zahnriemenantrieb speziell abgestimmt. 56 PS Spitzenleistung und 62 Nm drücken das 195 Kilogramm schwere Motorrad bis 175 km/h sportlich nach vorn. Auch bei Topspeed ist noch bester Windschutz garantiert.
Das Zubehörprogramm zum Scarver war und ist sehr groß. Das Gepäckssystem und die Accessoires für die Tankschale wie Stereosystem oder Gepäckspinne vertreibt BMW weiter. Und dieses Zubehör ist es, das den Scarver zum perfekten Begleiter in der Innenstadt wie auch bei längeren Touren macht.

Auch Pässeflitzen geht mit den 17-Zoll-Straßenreifen erstklassig. Eine Art Reise-Supermoto ist sie, die CS. Gering der Spritverbrauch: 4,4 Liter im Schnitt, und Kette muss man auch nicht schmieren. Die CS war die erste BMW mit Zahnriemen, bei der F 800 ist der Riemen nun besser geschützt. Bei unserer Test-CS löcherte ein hochgeschleuderter Stein den Riemen. In diesem Fall wird's teuer. 248 Euro kostet das Neuteil inklusive Montage.
Fazit: Wenn Sie sich für ein fahraktives, leichtes und nicht zu dick auftragendes Motorrad à la Kawasaki Versys oder ähnliches aus dem aktuellen Programm der Hersteller interessieren, sollten Sie mal beim BMW-Händler vorbeischauen. Und dort vorzugsweise in die hinteren, abgelegenen Ecken der Verkaufsräume gucken. Fahren Sie den Scarver Probe. Sie werden begeistert sein und sich in Sachen Design für die gute Seite entscheiden.

PlusMinus

+ ABS
+ leicht zu fahren
+ geringer Verbrauch
+ großes Gebrauchtangebot

– zahme Bremse
– polarisierendes Design

Fester Stand. Der nachgerüstete Zubehörhauptständer wertet die CS um einiges auf. Im Regen so abgestellt läuft allerdings das Wasser aus der Sitzbankkuhle nicht mehr ab

1 Werkzeug & Materie

1.1 Allgemeine Werkzeuge

Das mit der Maschine gelieferte Bordwerkzeug gehört wohl zum Besten, was Motorrädern ab Werk mit auf den Weg gegeben wird.
So gut sortiert stellt es kein Problem dar, auf der Pyrenäen-Tour den Kettendurchhang nachzustellen, und zur Not auch die Kerzen wechseln zu können.
Vor allem, wenn dies zuvor in heimischen Gefilden erprobt worden ist.
Bei umfangreicheren Wartungsarbeiten oder gar Motorüberholungen muss das passende Qualitätswerkzeug zur Verfügung stehen, mit dem der Freizeit-Mechaniker seiner Maschine mit Spaß bei der Arbeit auch mal eine Ventilspiel-Kontrolle in Eigenregie gönnt.
Qualitätswerkzeug ist nicht für einen Apfel und ein Ei zu bekommen, dafür hält es entschieden länger als »Baumarkt-Werkzeug« – und macht eben wirklich mehr Laune.
Markennamen wie zum Beispiel Gedore®, Hazet®, Snap-on® oder Stahlwille® bürgen für Qualität (die Aufzählung ist alphabetisch, aber nicht vollständig).
Die Grundausstattung besteht aus **Ring-** und **Gabelschlüsseln** sowie einem **Rätschenkasten** (Steckschlüssel/Knarre) mit den entsprechenden Nusseinsätzen.
Bei den **Schraubendrehern** achten Sie darauf, dass die Klinge durchgängig ist und der Schaft einen Sechskant hat, an dem ein Ring- oder Gabelschlüssel angesetzt werden kann.
Nützlich ist auch ein **TORX-Schraubendrehersatz** (z. B. als Erweiterung zu vorhandenem Rätschenkasten), wie er auch im Bordwerkzeug enthalten ist.
Ganz wichtig sind auch ein oder zwei **Drehmomentschlüssel**, die den Bereich von 20 bis 200 Newtonmeter (Nm) abdecken.
Bei der Montage von Lagern ist ein **Heißluftfön** nützlich. Wenn die Lager eine Nacht im Tiefkühlfach verbracht haben, flutschen sie in angewärmte Lagersitze dann fast von selbst 'rein (Stichwort: Materialschonung).
Zur Ermittlung des Ventilspiels wird ein Satz **Fühlerlehren** benötigt (Abstufung 0,05 mm).
Ein **Messschieber** (Schiebelehre) und **Messschrauben** (Mikrometer; 0 – 25 mm und 75 – 100 mm) werden zur Ermittlung von Motor-Verschleißdaten benötigt.
Um einfache Elektrikprobleme zu lokalisieren ist ein **Multi-Prüfgerät** erforderlich.
Wenn es Ihr Platz erlaubt, gönnen Sie sich eine **Motorradhebebühne** – eine nicht zu unterschätzende Arbeitserleichterung, die auch einfach improvisiert werden kann (Hauptsache stabil).
F 650 CS-Fahrer gönnen sich einen **Hauptständer**, den sie z. B. von Hepco & Becker, SW MOTECH, Wüdo oder Wunderlich beziehen oder zumindest die Aufbockhilfe von Wunderlich, die an der Hauptständer-Aufnahme angesetzt wird (Adressen siehe Seite 7).

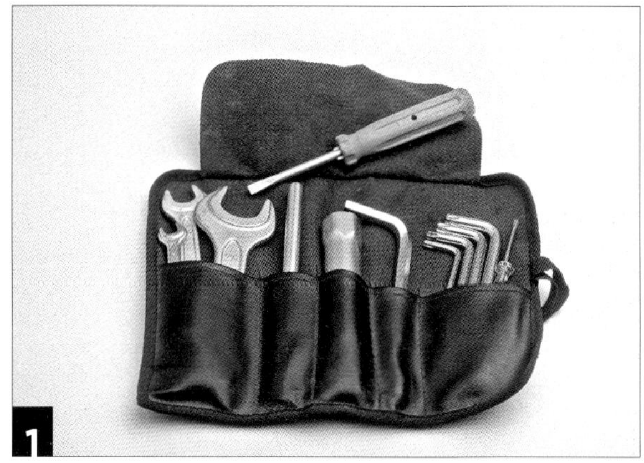

Bordwerkzeug
- umsteckbarer Schraubendreher (Schlitz-/Kreuzschlitz-)
- kleiner Kreuzschlitz-Schraubendreher
- GS:
  3 Gabelschlüssel SW8/10, 14x19, 24 mit Verlängerung
- CS:
  3 Gabelschlüssel SW8/10, 14, 15
- GS:
  4 TORX-Winkelschraubendreher T15, T25, T30 und T45
- CS:
  3 TORX-Winkelschraubendreher T15, T25 und T30
- GS:
  Innensechskantschlüssel SW8
- 4 Ersatzsicherungen:
  7,5 A, 10 A, 15 A und 20 A
- Zündkerzenschlüssel mit Knebel
- Reifenpannenset
- CS unter Sitzbank:
  Hinterradmutter-Einsatz
  Öleinfülltrichter

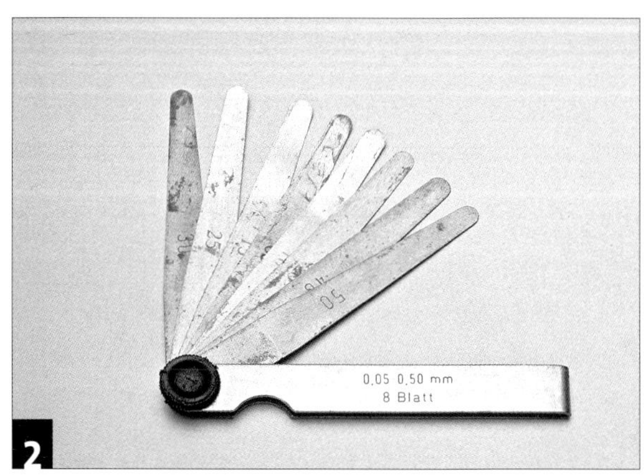

Fühlerlehren von 0,05 – 0,5 mm
- Zur Ermittlung des Ventilspiels.
- 0,05 mm-Abstufung ist ausreichend.

1

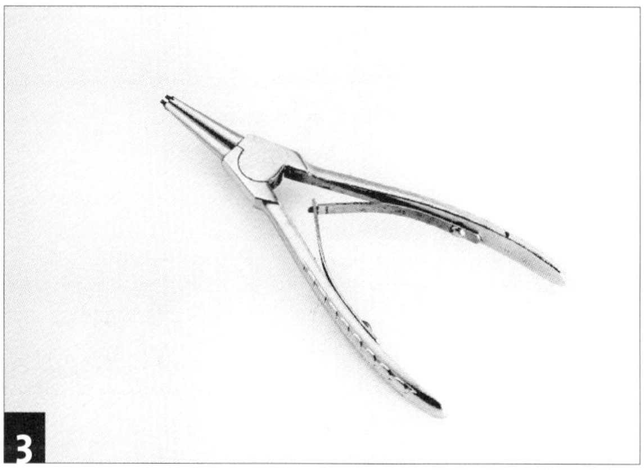

3

Seegerringzange

- Außen-Seegerringzange wird zum Aus- und Einbau von Ölpumpen und Getriebezahnrädern verwendet.

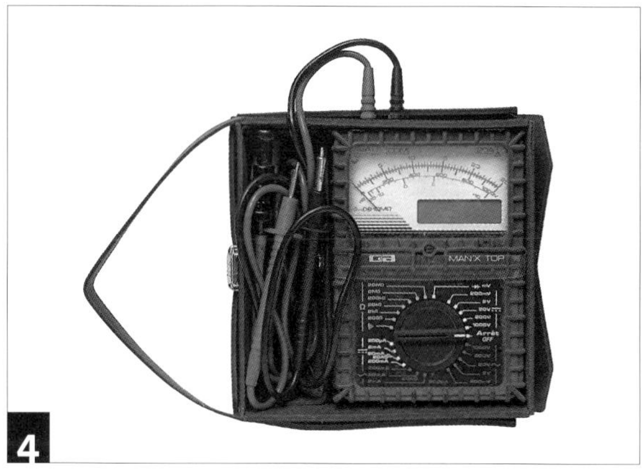

4

Multi-Prüfgerät

- Widerstandsmessung Ω (Ohm)
- Messung der Spannung V (Volt)
- Messung der Stromstärke A (Ampère)

5

Flachschaber

- Zum Entfernen von Dichtungsresten; mit Ölstein zum Schärfen des Schabers.
- Ölstein immer leicht geölt verwenden!

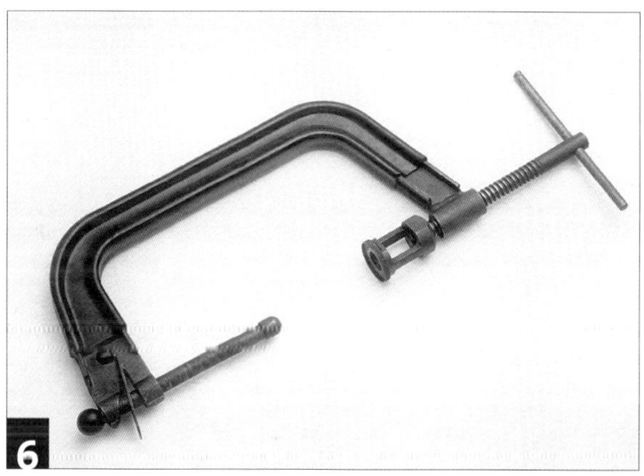

6

Ventilfeder-Spanner

- Lohnt sich nur fallweise: besser ausleihen. Zum Aus- und Einbau der Ventile

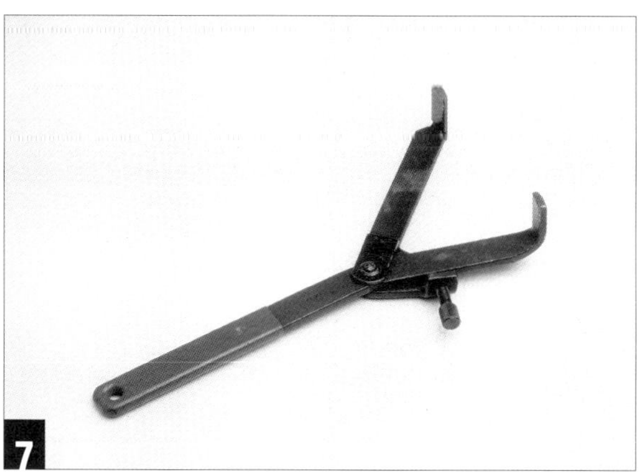

7

Kupplungshalter

- Einfaches Haltewerkzeug für die Kupplungsnabe. Wird nicht zum Wechsel der Federn oder Beläge benötigt.

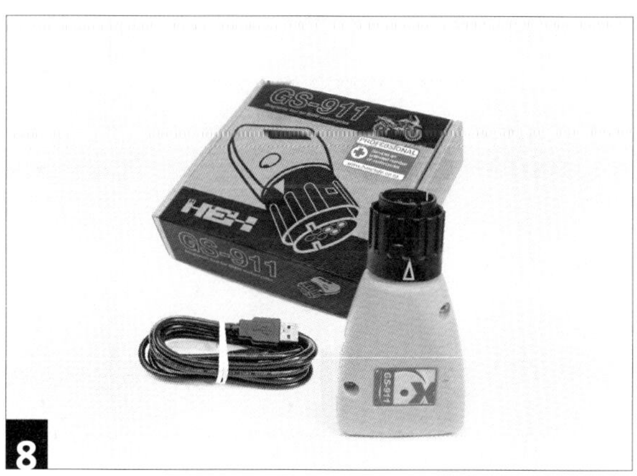

8

GS-911: Fehlerspeicher auslesen

- Mit dem Anschluss-Modul lässt sich der Fehlerspeicher per Laptop oder Bluetooth-Handy auslesen. Mehr unter www.gs911.de.

- Zur Vervollständigung der Prüfgerät-Ausrüstung werden noch kleine, feine Messspitzen benötigt.
- Zur Überprüfung der Exaktheit des Widerstandsmessbereich des Messgeräts werden Widerstände (je Messbereich) mit 2 %-iger Toleranz vergleichsgemessen.

Ob sich die hier gezeigten Werkzeuge in der Anschaffung lohnen, muss jeder für sich entscheiden. Aber wenn es an's Eingemachte geht, hat das Improvisieren seine Grenzen. Zwar kann beispielsweise der Ausbau der Ventile (im Zylinderkopf) auch recht hemdsärmlig mit einem Hammer, einer Stecknuss und einem Werkstattlappen (zum Auffangen der dann herumfliegenden Ventilkeile) bewerkstelligt werden, aber der Einbau verlangt dann doch nach dem Ventilfeder-Spanner.

1 Werkzeug & Materie

1.2 BMW-Spezialwerkzeug

Bestimmte Arbeiten erfordern BMW-Spezialwerkzeug, das teilweise nicht improvisiert werden kann.
Und diese Werkzeuge sind nur gegen sehr gute Worte beim freundlichen BMW-Motorrad-Partner leihweise erhältlich, d.h. sie sind für »Endverbraucher« käuflich nicht zu erwerben!
Hier eine kleine Auswahl der wichtigsten Werkzeuge aus dem reichhaltigen BMW-Fundus, die im weiteren Verlauf eine Rolle spielen.

1

Lenkkopflager-Einstellwerkzeug

- GS: Sehr komfortabel, kann aber wie beschrieben (Seite 105) improvisiert werden.
  BMW Nr. 31 6 521

TIPP

Schlauchschellen können auch mit passendem kräftigem Seitenschneider oder Kneifzange geöffnet werden.

! Bei der Montage Schraub-Schlauchschellen verwenden.

! Schellen so ausrichten, dass eventuelle Scheuerstellen vermieden werden!

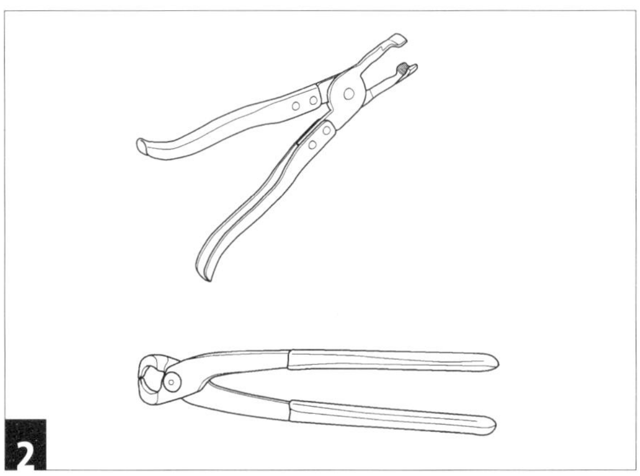

2

Schlauchschellen-Zangen

- Zum Trennen und Verpressen der Einweg-Schlauchschellen.
  BMW Nr. 13 3 0 010 und 13 1 500

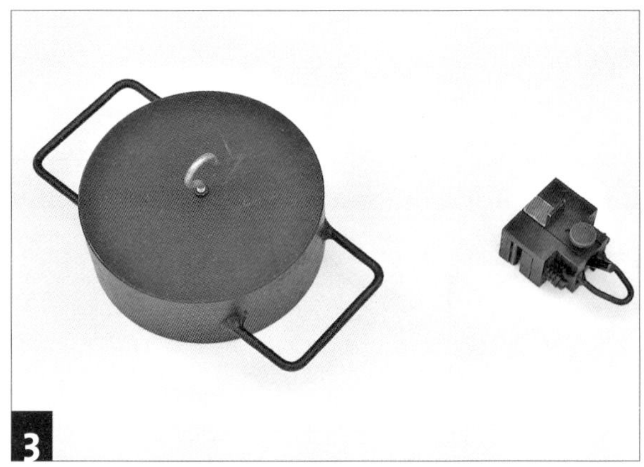

3

Zahnriemenspannung-Einstellwerkzeug

- **CS**: In der BMW-Werkstatt einstellen lassen, oder wie ab Seite 110 beschrieben improvisieren.
  BMW Nr. 27 0 502 und 27 0 501

4

Rotor-Abdrücker

- Ausbau von Rotor und Starterfreilauf.
- Verzichtbar bei Getriebereparatur!
  BMW-Nr. 12 5 510

5

Zapfenschlüssel

- Zylinderkopf Aus- und Einbau: Außen-Ø 27 mm, Innen-Ø 22 mm, Zapfenbreite 6,5 mm
  BMW Nr. 11 6 661 (im Bild prinzipgleicher Schlüssel)

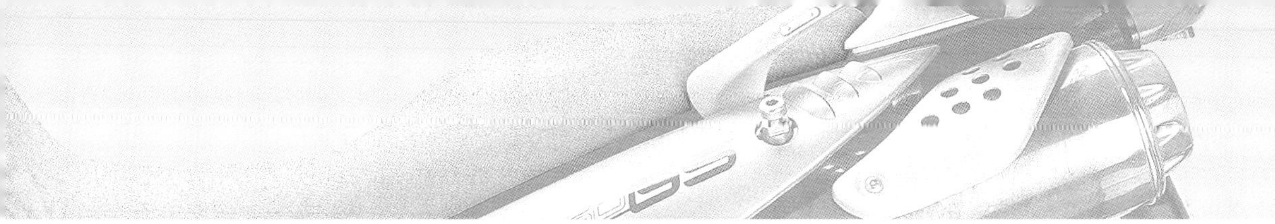

1.3
Schmieren und Salben

1

Schmieren, Salben und Dichten

- Silikondichtmasse kann auch im Bordwerkzeug mitgeführt werden – zumindest auf großer Tour. Loctite 243 für die meisten Verbindungen!

...hilft allenthalben.
Zumindest, wenn man es beizeiten besorgt.
In der heimischen Werkzeugbox sollten sich deshalb auch noch bestimmte Verbrauchsstoffe befinden, als da wären:

- Mehrzweck-Sprayöl (WD-40 z.B.)
- Radlagerfett (wasserabweisendes Lithiumseifen-Fett) für Seilzug-Nippel und Hebel/Pedal-Drehpunkte
- Bremsenreiniger oder Aceton zum Entfetten von Dichtflächen (und natürlich Bremsscheiben reinigen)
- Batteriepolfett (säurefrei)
- Flüssige Silikon-Motordichtmasse
- Montage-Fett mit MoS_2-Anteil
- Montage- oder Kupferpaste
- Schraubensicherung (mittelfest: Loctite 243 o. Ä. zur Verwendung bei »normalen« Schraubverbindungen).
- Silikonfett zum Balsamieren der Verkleidungsaugen und Zapfen.

1.4
Verkleidungsreparatur

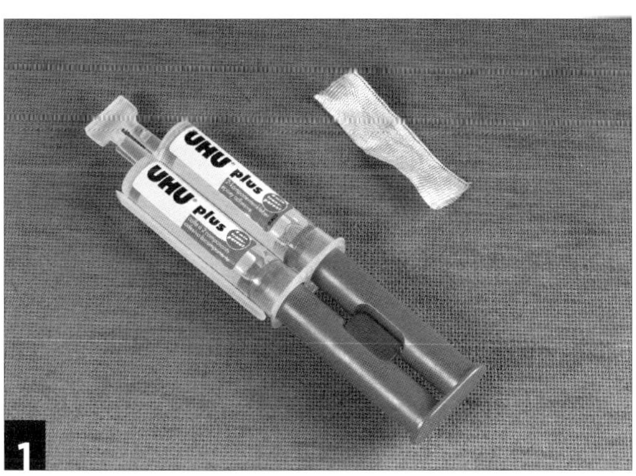

1

Verkleidungsreparatur

- Die kleine Grund-Ausstattung des Verkleidungsflickens besteht aus Zwei-Komponenten-Kleber (2K-Epoxy-Kleber) und Glasfaservlies zur Verstärkung.

Das beste Mittel gegen Beschädigung der Verkleidungsteile ist der sorgsame Umgang mit den Teilen beim Ab- und Anbau, d. h. Verkleidungsteile mit Zapfen, die in entsprechende Augen eingreifen, nicht seitlich herausziehen, sondern genau in Richtung der Zapfen. Ebenso werden die Gummis der Augen und die Zapfen bei gelegentlichem Verkleidungsausbau – mindestens aber einmal im Jahr – mit Silikonfett dünn einbalsamiert.

- Kleine Vibrationsrisse am Ende des Risses mit 3- oder 4-mm-Bohrer »abschließen« (der Riss wandert dann nicht weiter).
- Auf der Rückseite des Verkleidungsteils links und rechts der Beschädigung (Risse) etwa 2 cm breit die Oberfläche mit Schleifpapier aufrauhen.
- 2K-Epoxy-Kleber auftragen und Glasfaservlies auflegen. Weiter Kleber auftragen, bis Vlies komplett getränkt ist.
- Wer tiefer in die Materie einsteigen möchte, findet z. B. auf www.carservice-produkte.de weitere Verbrauchsmaterialien und Werkzeuge (z. B. spezielle Plastik-Lötkolben).

1 Werkzeug & Materie

1.5
Radial-Wellendichtringe und O-Ringe

Radial-Wellendichtring ist die fachlich korrekte Bezeichnung für die allseits bekannten »Simmerringe«. Für sie gibt es zwei Grundregeln: Immer erneuern und richtig montieren. Immer erneuern, sofern es sich um Dichtringe am Motor handelt und sich die Gelegenheit zum Wechsel bietet (Motordemontage). Dichtringe am Radlager oder Kettenblattträger müssen natürlich nicht bei jeder Gelegenheit – sprich Radausbau – erneuert werden. Hier genügt die strenge Sichtprüfung auf Unversehrtheit der Dichtlippe.

O-Ringe

! O-Ringe bei jeder Montage erneuern.
! O-Ringe vollständig geölt montieren!

Wellendichtring-Ausbau

Falls Sie jetzt in Gedanken für den Wechsel des sabbernden Dichtrings am Antriebsritzel oder der Schalthebelwelle den Motor mehr oder weniger komplett zerlegen, bohren Sie zuerst zwei- oder dreimal den Dichtring in der Mitte mit kleinem Bohrer an (gleichmäßig am Umfang verteilt; der BMW Motorradpartner arbeitet mit Vorstecher **1** Bild 3), um dort passende Blechschrauben einzudrehen (oder Zugstange **2**).
Mit Zange oder Hebel Dichtring an den Blechschrauben herausziehen (oder mit Schlaggewicht **3** arbeiten).

Wellendichtring-Einbau

- Eventuelle Grate und Aufwerfungen an der Bohrung des Dichtrings vorsichtig mit Dreikantschaber entfernen.
- Bohrung entfetten (Bremsenreiniger).
- Verzahnungen, Sicherungsring-Nuten, Absätze und Gewinde am Wellenzapfen mit Klebeband »entschärfen«.
  Die empfindliche und mikroskopisch feine Dichtlippe des Dichtrings darf keinesfalls beschädigt werden!
  Entsprechend auch **Ventilschaftdichtungen** montieren: Ventil in Führung einsetzen, Keilnut »entschärfen«, Schaftdichtung aufsetzen und Keilnut wieder freilegen.
  Hier am Ventil eignet sich besonders Schrumpfschlauch zum Entschärfen der Keilnut, bevor Sie die Ventilschaftdichtungen aufschieben.

👁 Die Lauffläche der Dichtlippe auf der Welle muss perfekt glatt sein – darf keine Einlauf-Spuren aufweisen.

→

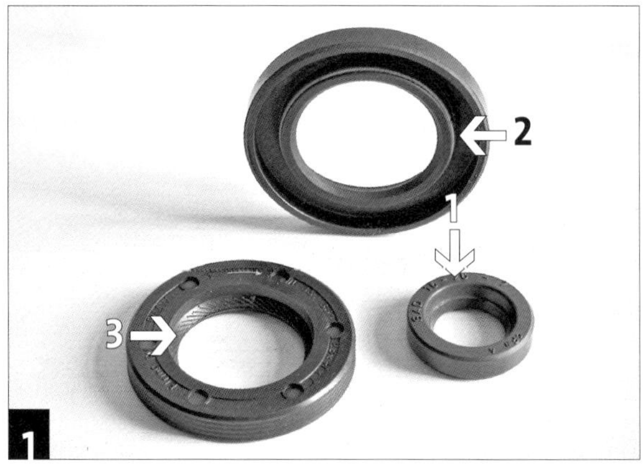

Radial-Wellendichtringe
1 Größenkennzeichnung
2 Feder
3 Dichtlippe

Wellendichtring-Ausbau
- Dichtring mit entsprechend abgestütztem Widerlager aushebeln.
- Am offenen Motorgehäuse mit Nuss herausschlagen.

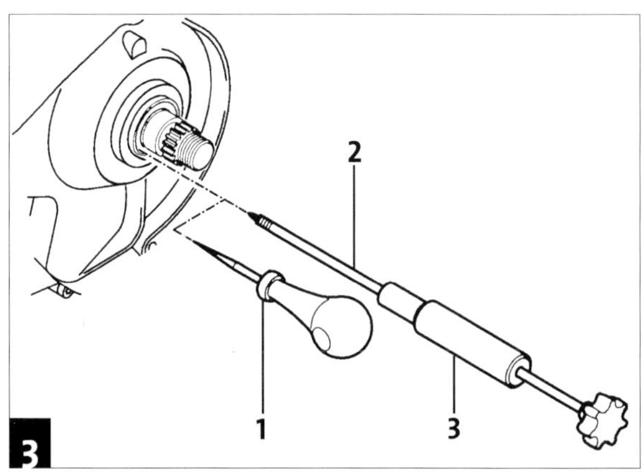

Wellendichtring-Ausbau
1 Vorstecher BMW-Nr. 00 8 583
2 Zugstange BMW-Nr. 00 8 581
3 Schlaggewicht BMW-Nr. 00 8 582

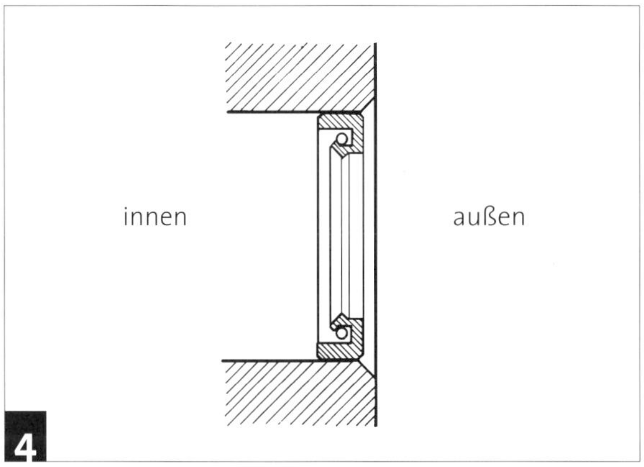

4

Wellendichtring-Einbau

- Dichtringe so einbauen, dass das »abzudichtende Medium« (in der Regel Motoröl) innen liegt – die Beschriftung ist außen lesbar.
- Dichtring trocken (!) mit passender Nuss oder Rundmaterial (möglichst nah am Rand ansetzen) ohne zu Verkanten einschlagen. Dabei kann die Einhaltung einer bestimmten Einbautiefe (z. B. bündig zum Gehäuse) erforderlich sein, oder – eher die Regel – das Einschlagen bis zum Sitzgrund.

👁 Manche Dichtringe sind auf ein bestimmtes Schliffbild des Wellenzapfens angewiesen und müssen entsprechend der angegebenen Drehrichtung der Welle eingebaut werden.

! Vor Radmontage Dichtlippen der Dichtringe (ob alt oder neu) dünn mit MoS_2-Fett balsamieren.

1

Fahrgestell-Nummer

- Am Lenkkopf ist die Fahrgestell-Nummer angebracht.
- Die Fahrgestell-Nummer heißt jetzt FIN (**F**ahrzeug **I**dent **N**ummer).

1.6
Ersatzteile

Kraftfahrzeuge sind ständiger Modellpflege unterworfen, wobei häufig nur Details geändert werden, die aber von einem zum anderen Baujahr oder ab einer bestimmten Motornummer manchmal nicht mehr kompatibel sind. Und selbst Fachleuten wie dem BMW-Händler nicht augenfällig werden, auch wenn sie den unbedingten Vorteil der Werksschulung haben. Deshalb beim Kauf von Ersatzteilen immer Ihren Fahrzeugschein und die Kenndaten bereithalten, damit Ihr Händler die richtigen, für die jeweilige Ausführung korrekten Teile ausfindig machen kann. Das gilt zum Teil auch für den Teilekauf bei den einschlägigen Motorradzubehör-Handelsketten.

2

Motornummer

- Die Motornummer ist links unten am Motorgehäuse angebracht.

3

Farbcode-Nummer

- Der Farbcode ist an der Rahmenquerstrebe unter der Sitzbank angebracht.
- Erleichtert die Bestellung farbiger Verkleidungsteile.

2 Verkleidung

2.1 Verkleidung GS

2.1.1 Cover

➔ Wartungs- und Montagearbeiten, die den Abbau der Verkleidung voraussetzen, verweisen nach hier.

! Richten Sie sich einen sicheren Lagerplatz für die Verkleidungsteile ein, damit die teuren Lackteile und das Windschild nicht verkratzen.

! Auf sicheren Stand der Maschine achten!

- Benötigtes Werkzeug: TORX-Schlüssel aus Bordwerkzeug

Anzugsmoment

- Alle Schrauben mit 3 Nm anziehen.

Cover links/rechts/ Mitte

1 Befestigungs-schraube der Seitenabdeckung
2 Seitenabdeckung
3 Mittelteil
4 Befestigungs-schraube des Mittelteils

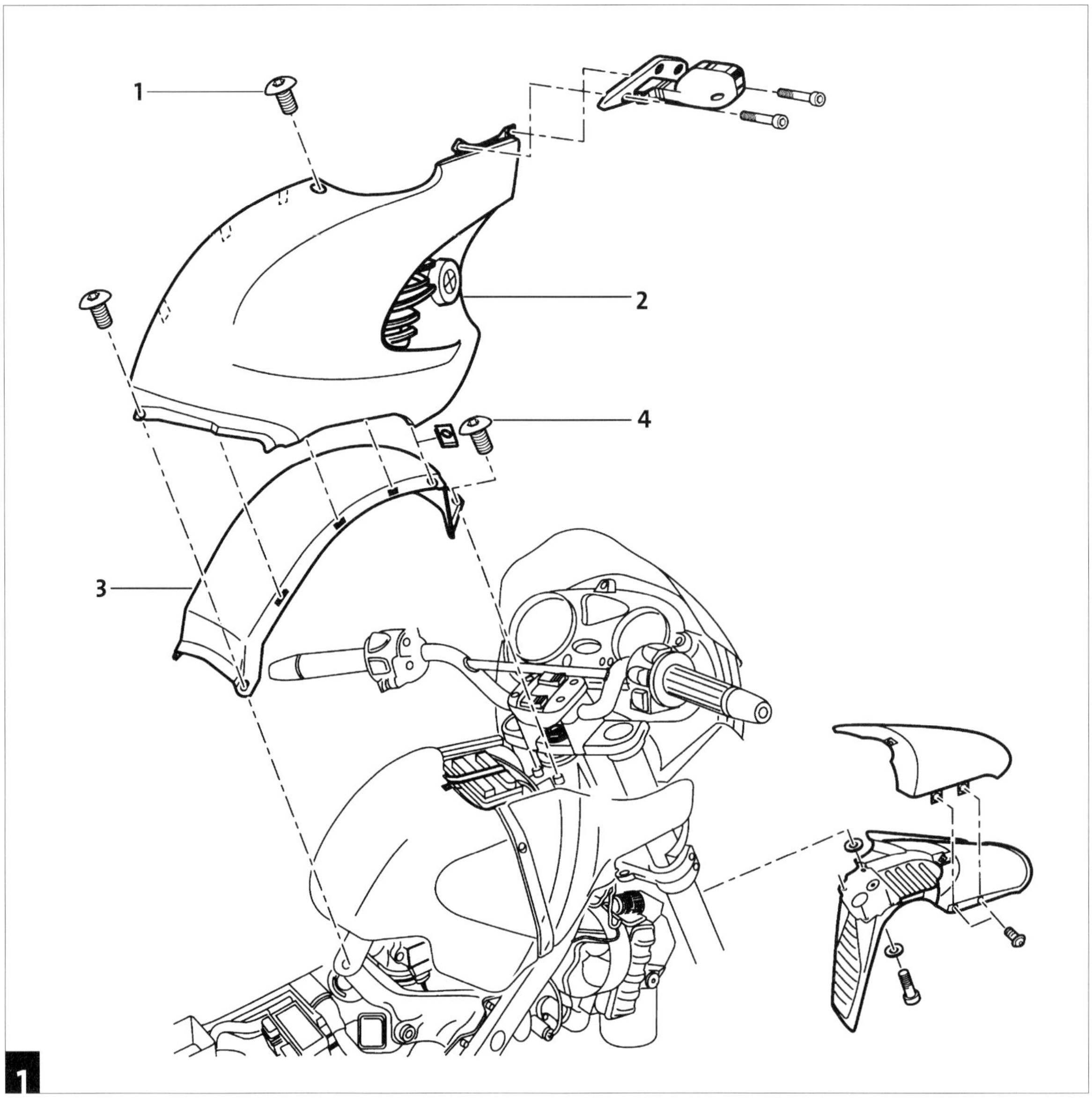

1

Ausbau

- Sitzbank abnehmen.

Anzugsmoment »3 Nm«:
Diese Maßgabe weist grundsätzlich auf ein sehr geringes Anzugsmoment hin, ist aber nicht wörtlich zu nehmen.
Die Praxis hat gezeigt, dass sich solche Schrauben lockern und verloren gehen können.
Andererseits beschädigt ein zu hohes Anzugsmoment das Material um die Schraubenlöcher.

2

Ausbau Blinkerblende

- Vier Schrauben je Seite an der Blende ausdrehen.
- Blinkerstecker trennen.
- Blenden links/rechts mit Blinker abnehmen.

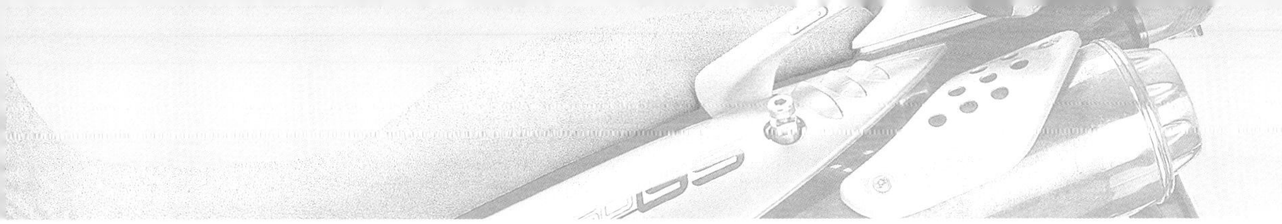

Ausbau Cover Seite

- Blinkerblende abnehmen (Bild 2).
- Blinkerstecker trennen und Blinker abnehmen.
- Cover links: Öltankdeckel abschrauben (Zündkerzenschlüssel aus Bordwerkzeug verwenden).
- Cover-Schrauben ausdrehen (Pfeile Bild 3).
- Cover am Zapfen aus Aufnahme herausziehen.

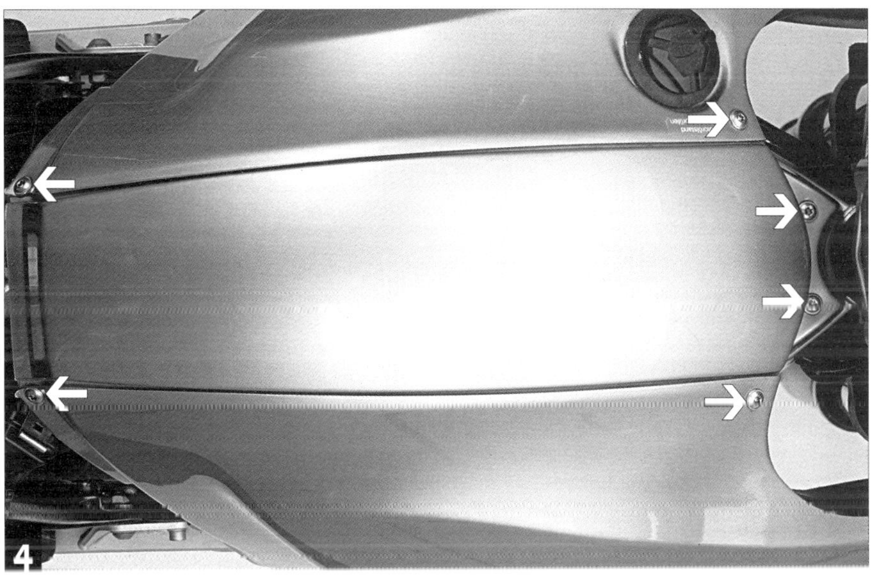

Ausbau Cover Mitte

- Mittelteil nach Ausdrehen der sechs Befestigungsschrauben ausbauen.

- Beim **Einbau** in umgekehrter Reihenfolge vorgehen.
- Nasen und Nuten von Seiten- und Mittelcover auf einander ausrichten und verhaken.

! Blinkerkabel nicht einklemmen.
Anzugsmomente 2 Nm

Pflege

Gummistopfen, Zapfen und Nasen der Cover leicht mit Silikonfett balsamieren, damit diese leichter einhaken.

2 Verkleidung

2.1.2
Frontverkleidung

Hohes Windschild

Das hohe Windschild ist serienmäßig an der »Dakar« verbaut, kann aber mit dem Distanzstück **2** auch an der »normalen« GS angebaut werden;
ab Modelljahr 2004 passt es ohne Distanzstück.

Einbau

- In umgekehrter Reihenfolge montieren.
- Windschild und Distanzstück ausrichten.

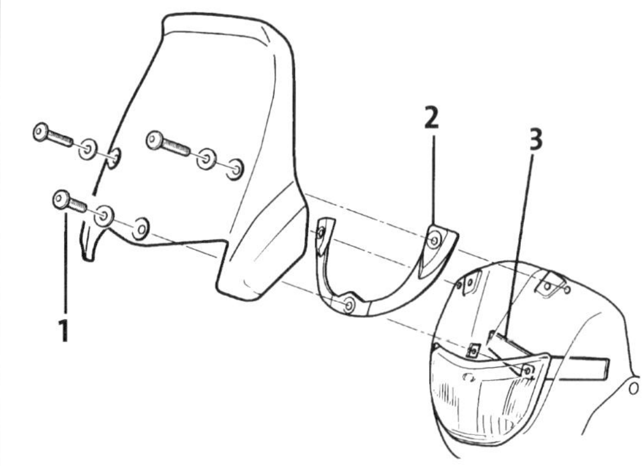

1

Hohes Windschild
1 Befestigungsschrauben
2 Distanzstück
3 Halteblech

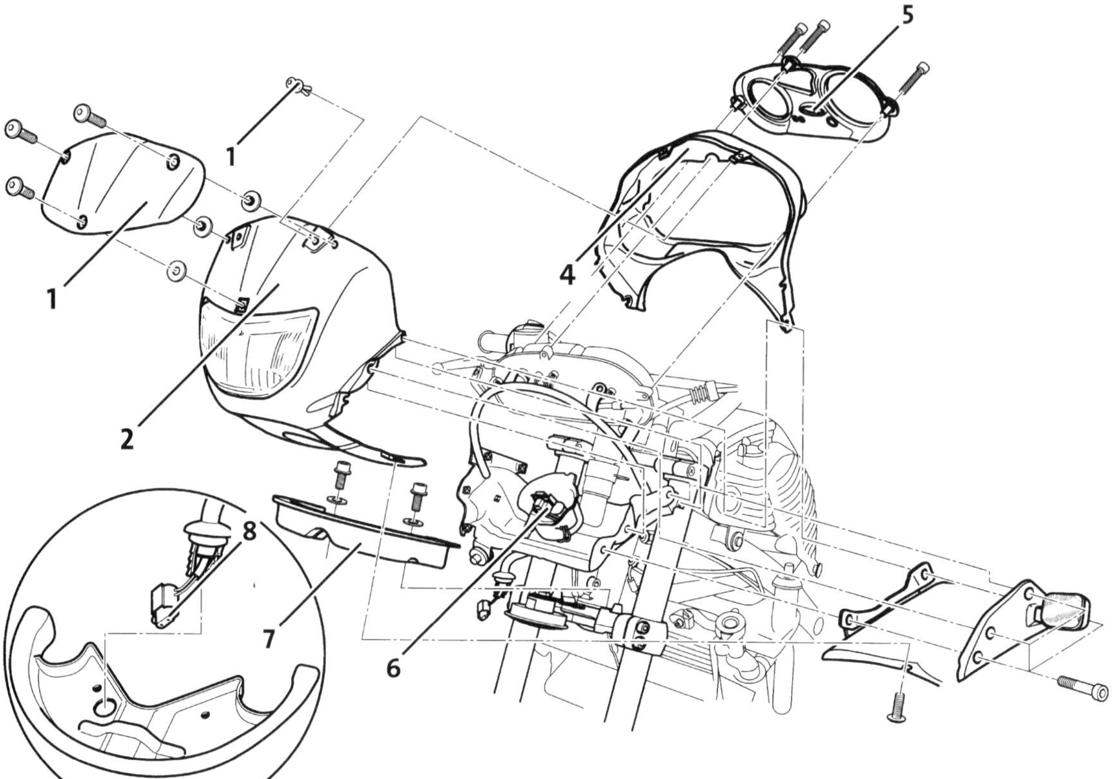

2

Frontverkleidung

1	Windschild GS	**3**	Befestigungsclip	**5**	Instrumentenabdeckung	**7**	Abdeckung/Unterstrebe
2	Scheinwerfergehäuse	**4**	Innenabdeckung	**6**	Stecker/Scheinwerfer	**8**	Stecker/Hupe

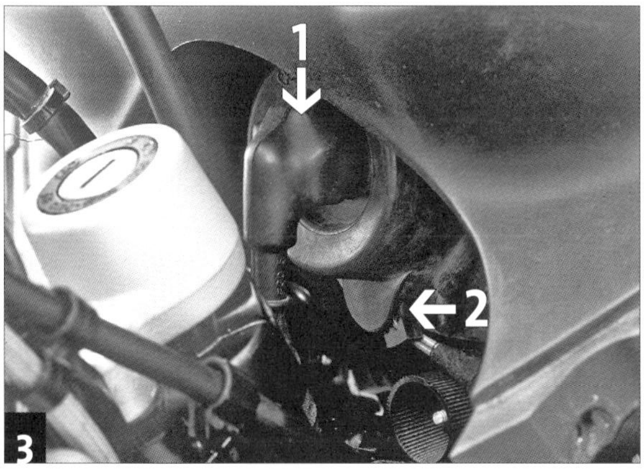

Ausbau Frontverkleidung und Scheinwerfer
- Cover abbauen (Seite 54/55).
- Mehrfachstecker **1** des Scheinwerfers trennen.
- Gummitülle zur Seite ziehen und mit Standlicht-Fassung **2** abnehmen.

Ausbau Windschild bis 2003
- Windschild nach Ausdrehen der drei Befestigungsschrauben abnehmen.

! Gummis und Scheiben nicht verlieren!

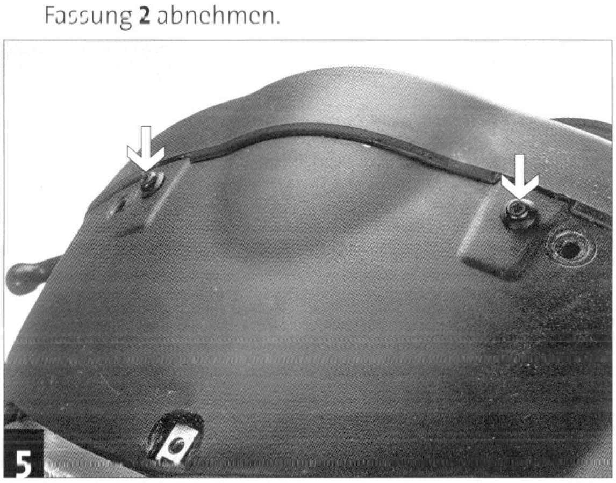

Ausbau der oberen Frontverkleidung
- Schrauben ausdrehen.
- Haltestöpsel herausnehmen.
- Abdeckung abnehmen
- Frontverkleidung samt Scheinwerfer abnehmen.

Einbau der oberen Frontverkleidung
- Zuerst Spreize eindrücken.
- Anschließend Schrauben eindrehen

Einbau
- In umgekehrter Reihenfolge montieren.
- Nasen der Innenverkleidung und der Seitenteile auf die entsprechenden Nuten ausrichten.
  Anzugsmoment 2 Nm

Ausbau Windschild ab 2004
- Windschild nach Ausdrehen der zwei Befestigungsschrauben je Seite abnehmen.

! Gummis und Scheiben nicht verlieren!

2 Verkleidung

2.1.3 Dakar-Handschutz

TIPP
Der Dakar-Handschutz lässt sich natürlich auch an der »normalen« GS montieren.

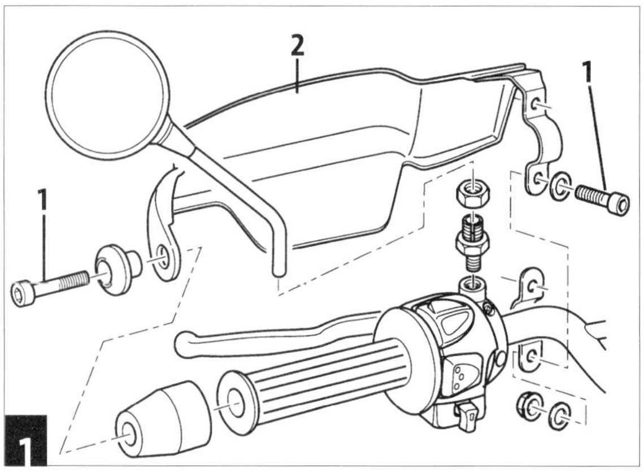

1

Dakar-Handschutz Ausbau/Einbau
- Handschutz **2** nach Ausdrehen der Befestigungsschrauben **1** abnehmen.
  Anzugsmoment 9 Nm

2.1.4 Motorschutz

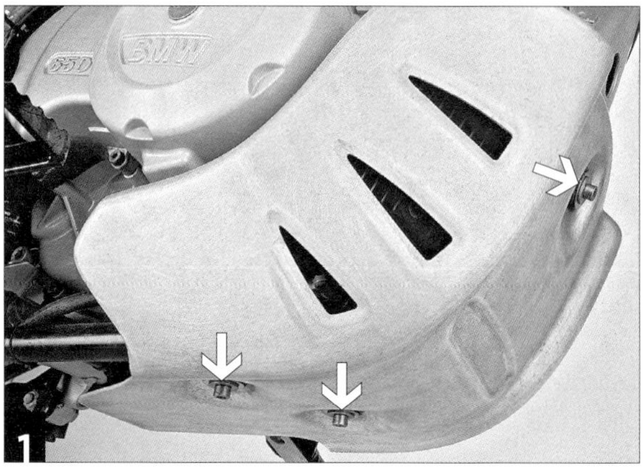

1

Motorschutz Ausbau/Einbau
- Drei Befestigungsschrauben ausdrehen und Motorschutz abnehmen.
  Anzugsmoment 9 Nm

2.1.5 Vorderrad-Abdeckung

1

Ausbau
- Vier Befestigungsschrauben von unten ausdrehen.
- Radabdeckung abnehmen.
- **!** Unterlagscheiben nicht verlieren.

Einbau
- In umgekehrter Reihenfolge montieren:
- Gewinde der Gabelbrücke und Befestigungsschrauben reinigen (fettfrei/Bremsenreiniger)
- Beim Eindrehen Schraubensicherung auf Gewinde beigeben (Loctite 243).
  Anzugsmoment bis 2003 3 Nm.

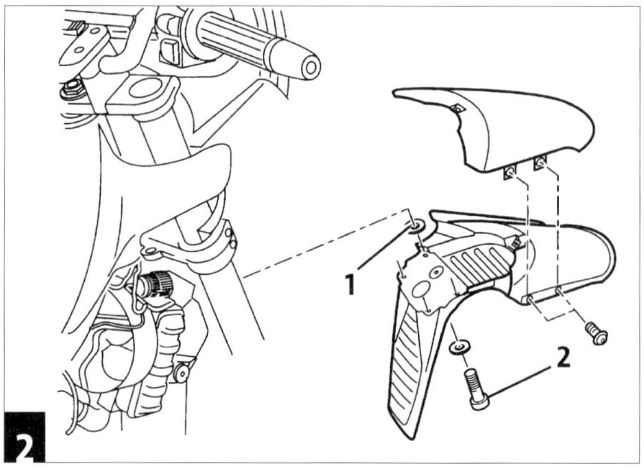

2

Vorderradabdeckung
1 Unterlagscheibe nicht vergessen.
2 Schraube
Anzugsmoment 3 Nm

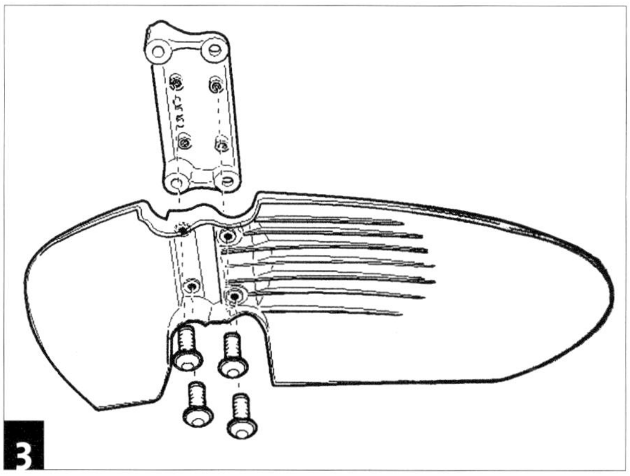

3

GS ab 2004: Ausbau untere Radabdeckung
- Mikroverkapselung neuer Schrauben wirkt als Schraubensicherung. Ansonsten Loctite 243 auftragen.
  Anzugsmoment 9 Nm

2.1.6 Heckverkleidung

Ausbau

- Abdeckung der Schraube **2** ausclipsen. (Schraube im Bild dient zur Anbringung der Seitenkoffer.)
- Schrauben **1** und **2** ausdrehen.
- Heckverkleidung abnehmen.

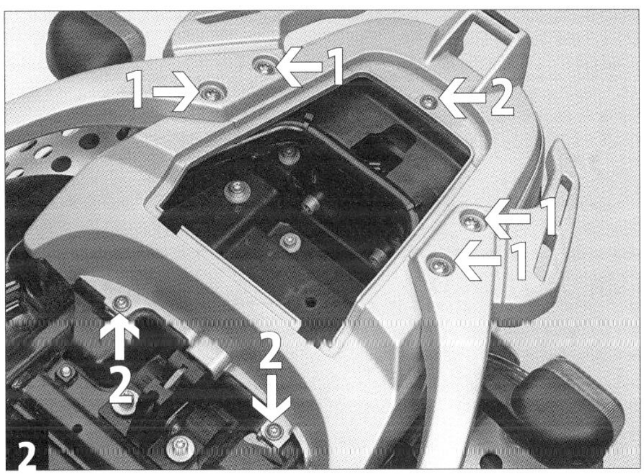

Heckverkleidung ab 2004

1 **Anzugsmoment** 9 Nm
2 **Anzugsmoment** 3 Nm

Einbau

- In umgekehrter Reihenfolge montieren:
- Gewinde von Schraube **2** und Muttergewinde im Heckrahmen reinigen (fettfrei mit Bremsenreiniger).
- Schraubensicherung (Loctite 243) auf Gewinde auftragen und Schraube eindrehen.

! Zweite größere Unterlagscheibe nicht vergessen.

- Bei Verwendung als Aufnahme der Kofferträger mit entsprechender Spezialschraube (wie Bild 1), Schraube überstehen lassen und mit Zweikant-Gegenmutter festlegen.

Anzugsmoment 4 Nm

2.1.7 Soziusgriff

Ausbau der vorderen Soziusgriff-Befestigung

- Schalldämpfer links und rechts ausbauen, siehe Kapitel 8 ab Seite 138.
- Befestigungsschrauben am Rahmenausleger ausdrehen.

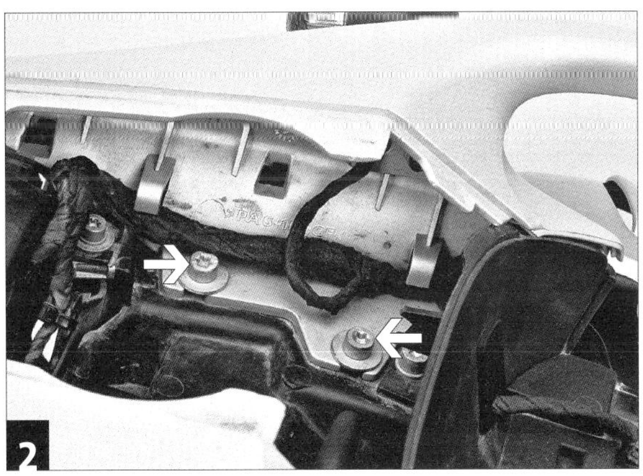

Ausbau der hinteren Soziusgriff-Befestigung

- Blinker abnehmen, siehe Kapitel 4, Seite 115.
- Befestigungsschrauben ausdrehen.
- Soziusgriff, gegebenenfalls mit Haltewinkel, abnehmen.

Einbau

- In umgekehrter Reihenfolge montieren.

Anzugsmoment 9 Nm

2 Verkleidung

2.2
Verkleidung CS

2.2.1
Cover

Ausbau
- Sitzbank abnehmen.

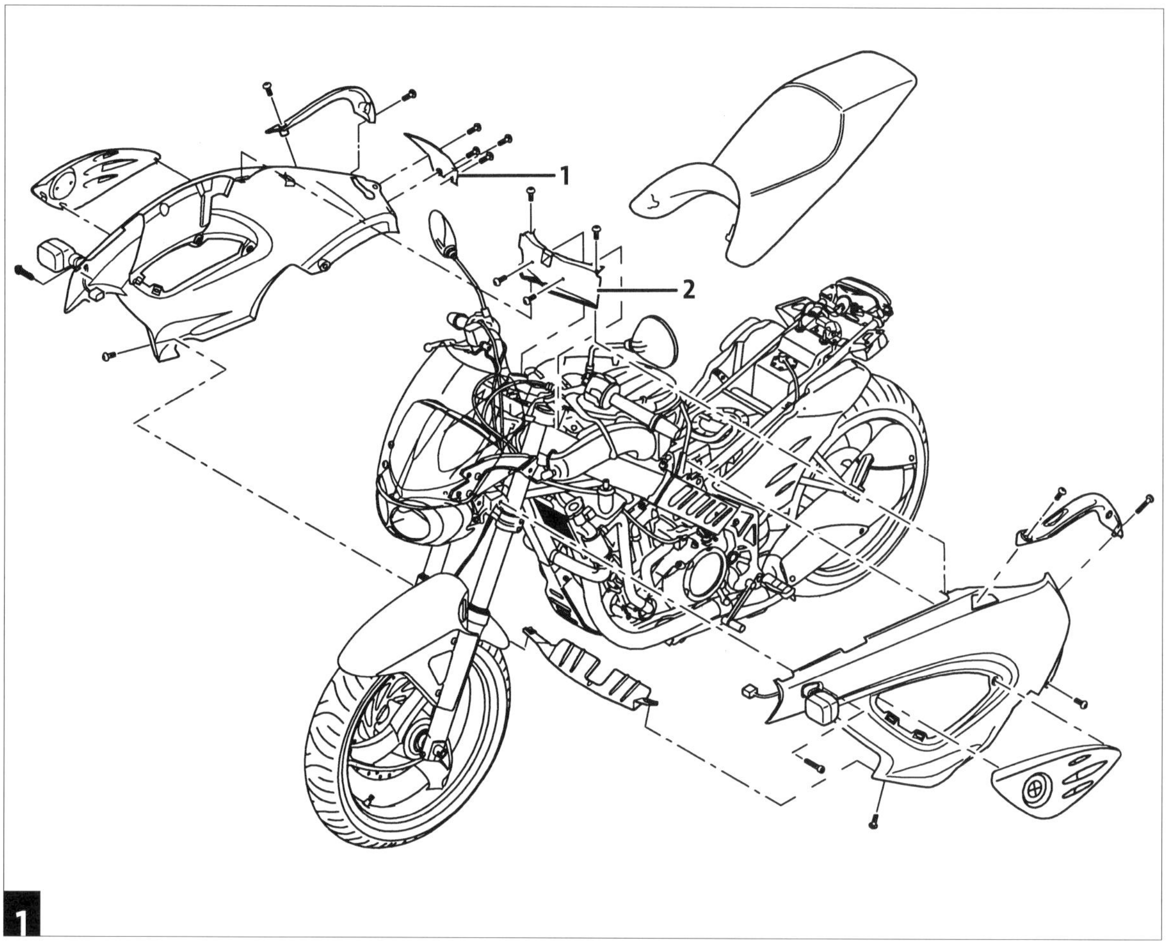

1

Cover vorn links/rechts
1 Blende hinten
2 Blende vorn

Anzugsmoment
Alle Schrauben
mit 3 Nm anziehen.

Anzugsmoment 3 Nm:
Diese Maßgabe weist grundsätzlich auf ein sehr geringes Anzugsmoment hin, ist aber nicht wörtlich zu nehmen.
Die Praxis hat gezeigt, dass sich solche Schrauben lockern und verloren gehen können.
Andererseits beschädigt ein zu hohes Anzugsmoment das Material um die Schraubenlöcher.

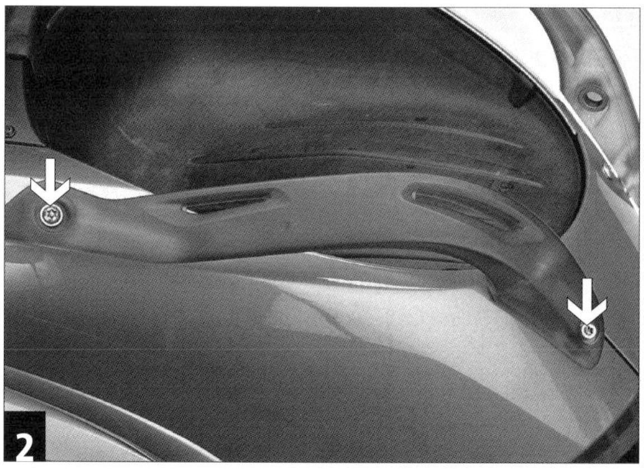

2

Staufachreling
- Zwei Befestigungsschrauben je Seite ausdrehen.
  Anzugsmoment 9 Nm
- Staufachreling abnehmen.

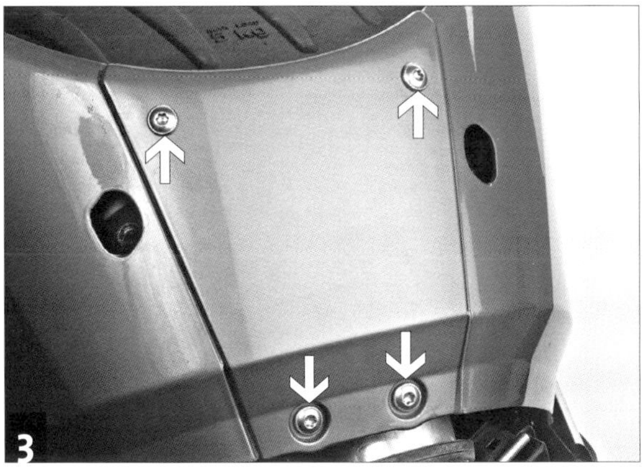
3

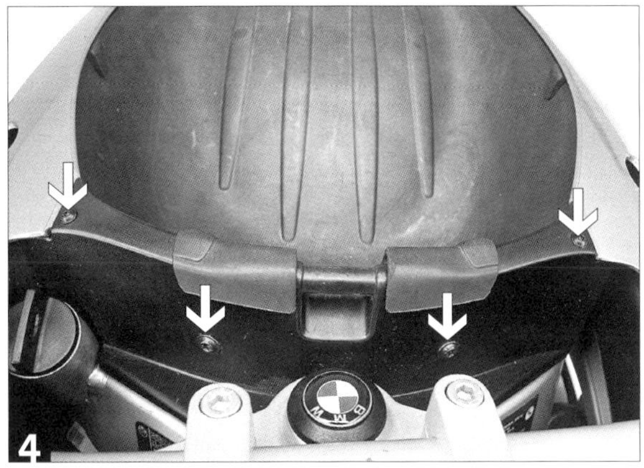
4

Blende hinten
- Vier Schrauben ausdrehen.
- Blende hinten abnehmen.

Blende vorn
- Vier Befestigungsschrauben der Blende ausdrehen.
- Blende vorn herausnehmen.

5

6

Blinkerstecker
- Blinkerstecker trennen.

Ausbau Cover
- Blinkerschraube ausdrehen.
- Seitencover-Schrauben ausdrehen.
- Cover abnehmen.

Einbau Cover

! Beim Einbau in umgekehrter Reihenfolge Blinkerkabel nicht einklemmen.

Anzugsmomente

Cover vorn/hinten an Hauptrahmen	3 Nm
Cover links/rechts an Cover vorn/hinten	3 Nm
Staufachreling an Staufachrahmen	9 Nm

PFLEGE

Gummistopfen, Zapfen und Nasen der Cover leicht mit Silikonfett balsamieren, damit diese leichter einhaken.

2 Verkleidung

2.2.2
Frontverkleidung

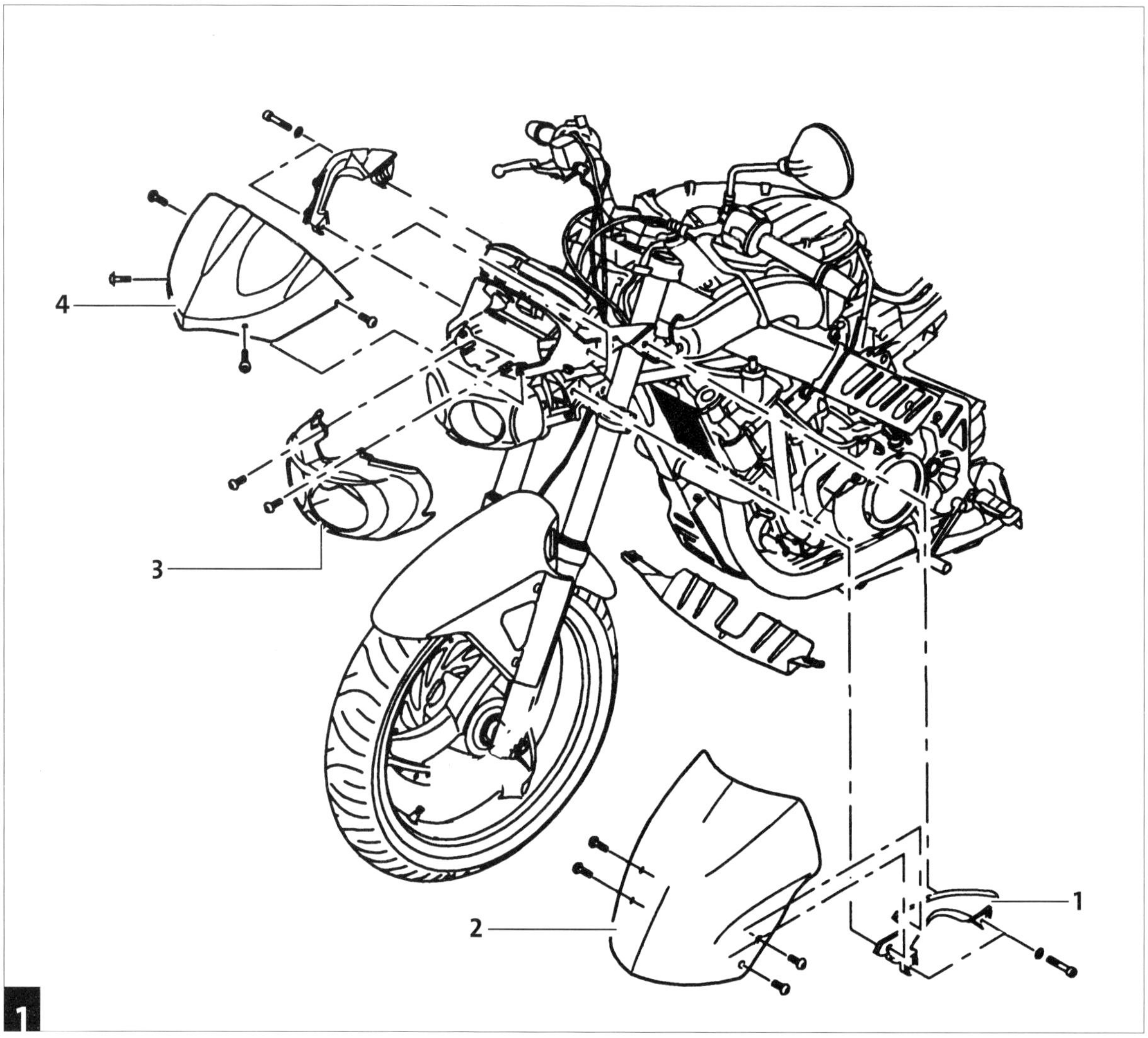

Frontverkleidung CS

1 Windschildhalter
2 Windschild
3 Scheinwerferblende
4 Instrumenten-Abdeckung

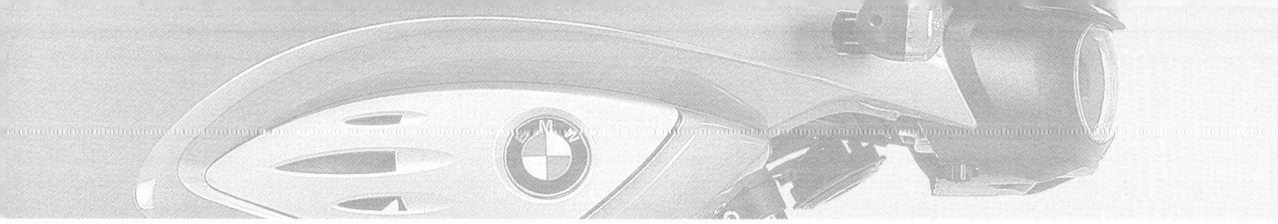

Ausbau Windschild

- Zwei Befestigungsschrauben je Seite mit Gummischeiben des Windschilds ausdrehen und abnehmen.
- Cover links/rechts abnehmen – siehe Seite 60

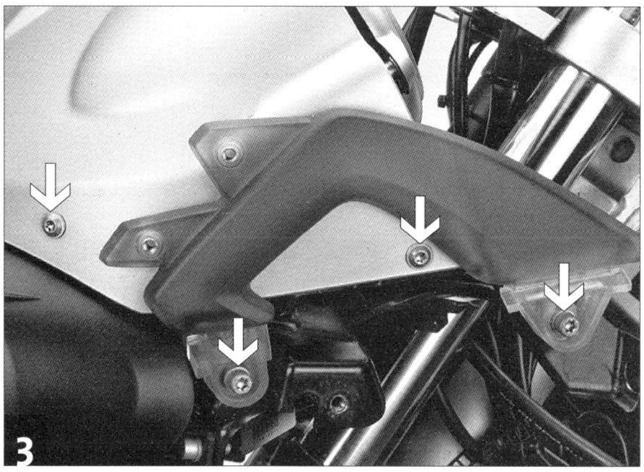

Ausbau Halter und Instrumenten-Abdeckung

- Zwei Schrauben je Seite ausdrehen und Halter abnehmen.
- Zwei Schrauben je Seite der Instrumenten-Abdeckung ausdrehen und diese abnehmen

Einbau

- Verkleidung in umgekehrter Reihenfolge montieren.
- Nasen der Innenverkleidung und der Seitenteile auf die entsprechenden Nuten ausrichten.

Anzugsmomente

Windschild	3 Nm
Halter	9 Nm
Innenabdeckung	3 Nm
Scheinwerferblende	3 Nm

2 Verkleidung

2.2.3
Vorderrad-Abdeckung

Ausbau

TIPP

Beim Ausdrehen der Befestigungsschrauben des Hinterteils ist ein extra kurz gekröpfter TORX-Schraubendreher nützlich. Andernfalls muss das Vorderrad ausgebaut werden.

- Zuerst Vorderteil, dann Rückteil abnehmen.

1

Radabdeckung Vorderteil
- Je zwei Schrauben links/rechts und eine in der Mitte ausdrehen
- Vorderteil abnehmen.

! Unterlegscheiben nicht verlieren.

2

Radabdeckung Hinterteil
- Je eine Schraube links und rechts ausdrehen.
- Hinterteil abnehmen.

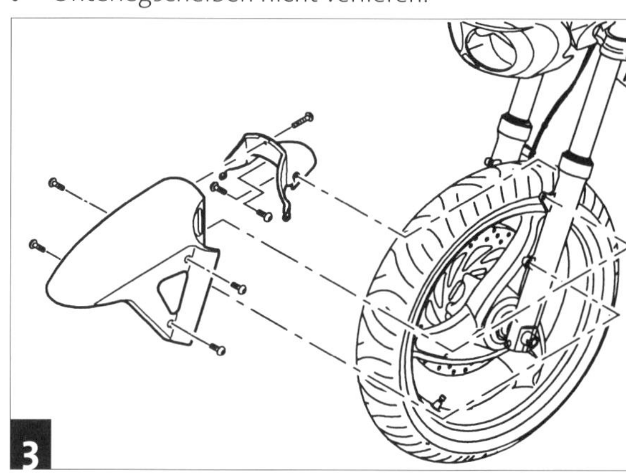

3

Einbau
- In umgekehrter Reihenfolge montieren.
  Anzugsmoment 3 Nm

2.2.4
Gepäckbrücke und Heckverkleidung

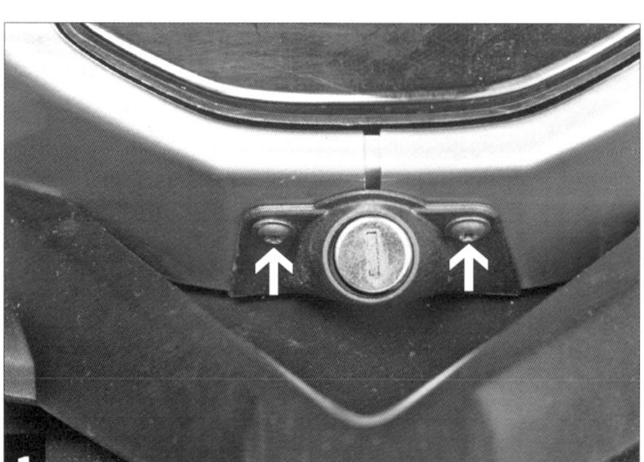

1

Sitzbankschloss
- Schrauben lockern.
  Anzugsmoment 3 Nm

2

Gepäckbrücke
- Schrauben ausdrehen und Brücke abnehmen.
- Unterschiedliche Schraubenlängen beachten!
  Anzugsmoment 9 Nm

3

Heckverkleidung

- Schrauben ausdrehen.
- Heckverkleidung abnehmen.

  Anzugsmoment 3 Nm

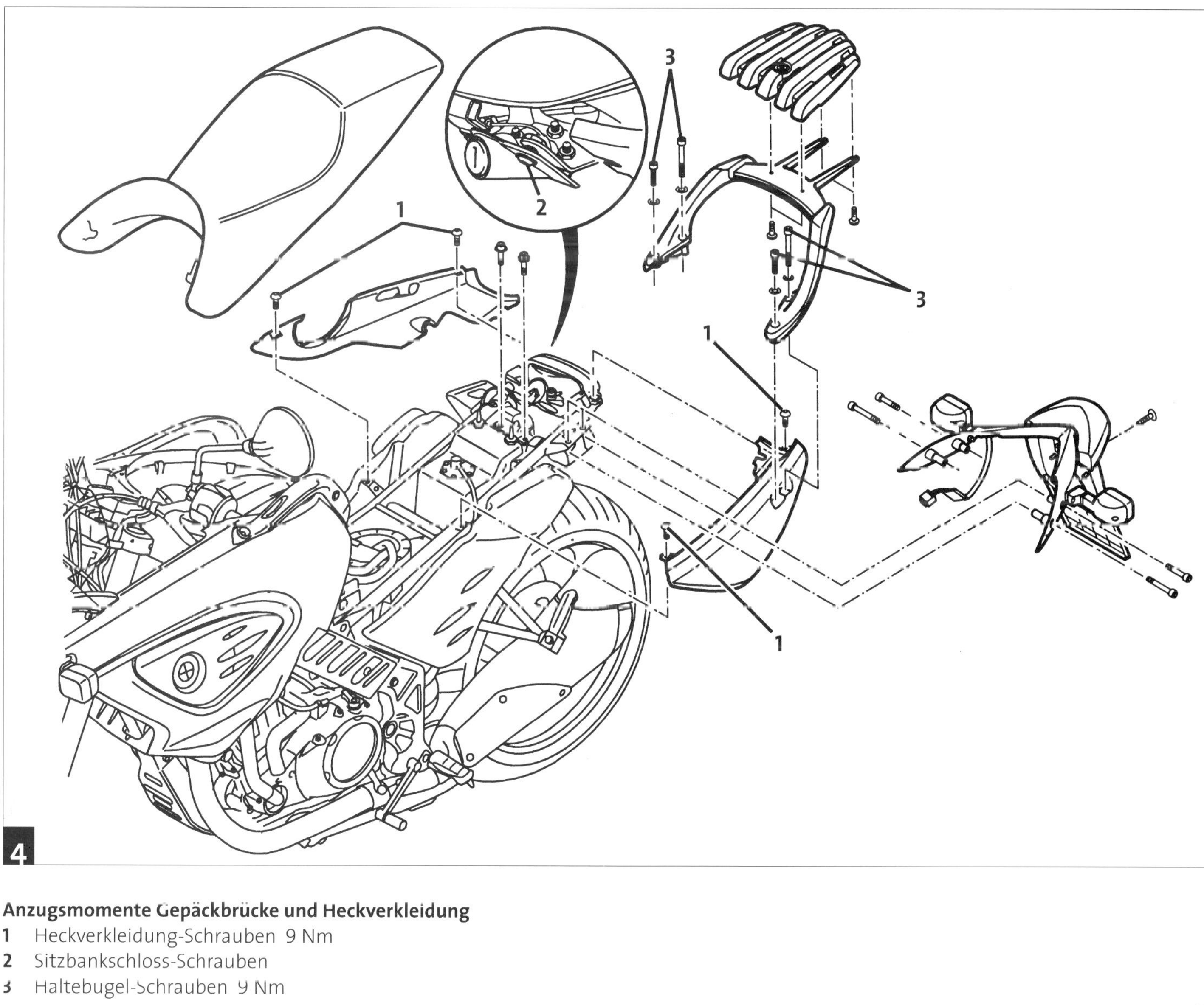

4

Anzugsmomente Gepäckbrücke und Heckverkleidung

1 Heckverkleidung-Schrauben 9 Nm
2 Sitzbankschloss-Schrauben
3 Haltebügel-Schrauben 9 Nm

3 Wartung

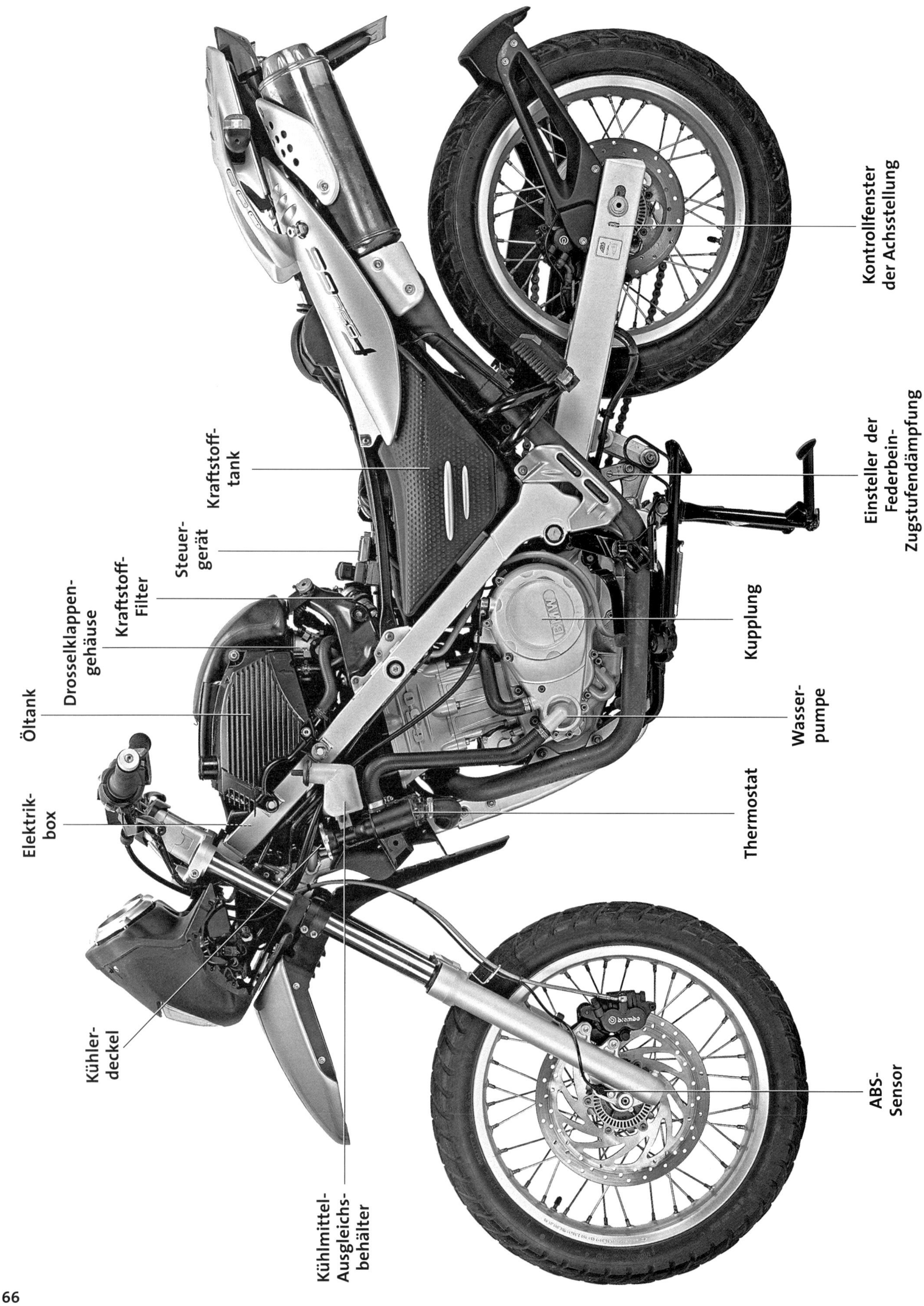
Kontrollfenster der Achsstellung
Einsteller der Federbein-Zugstufendämpfung
Kupplung
Wasser-pumpe
Thermostat
ABS-Sensor
Kraftstoff-tank
Steuer-gerät
Kraftstoff-Filter
Drosselklappen-gehäuse
Öltank
Elektrik-box
Kühler-deckel
Kühlmittel-Ausgleichs-behälter

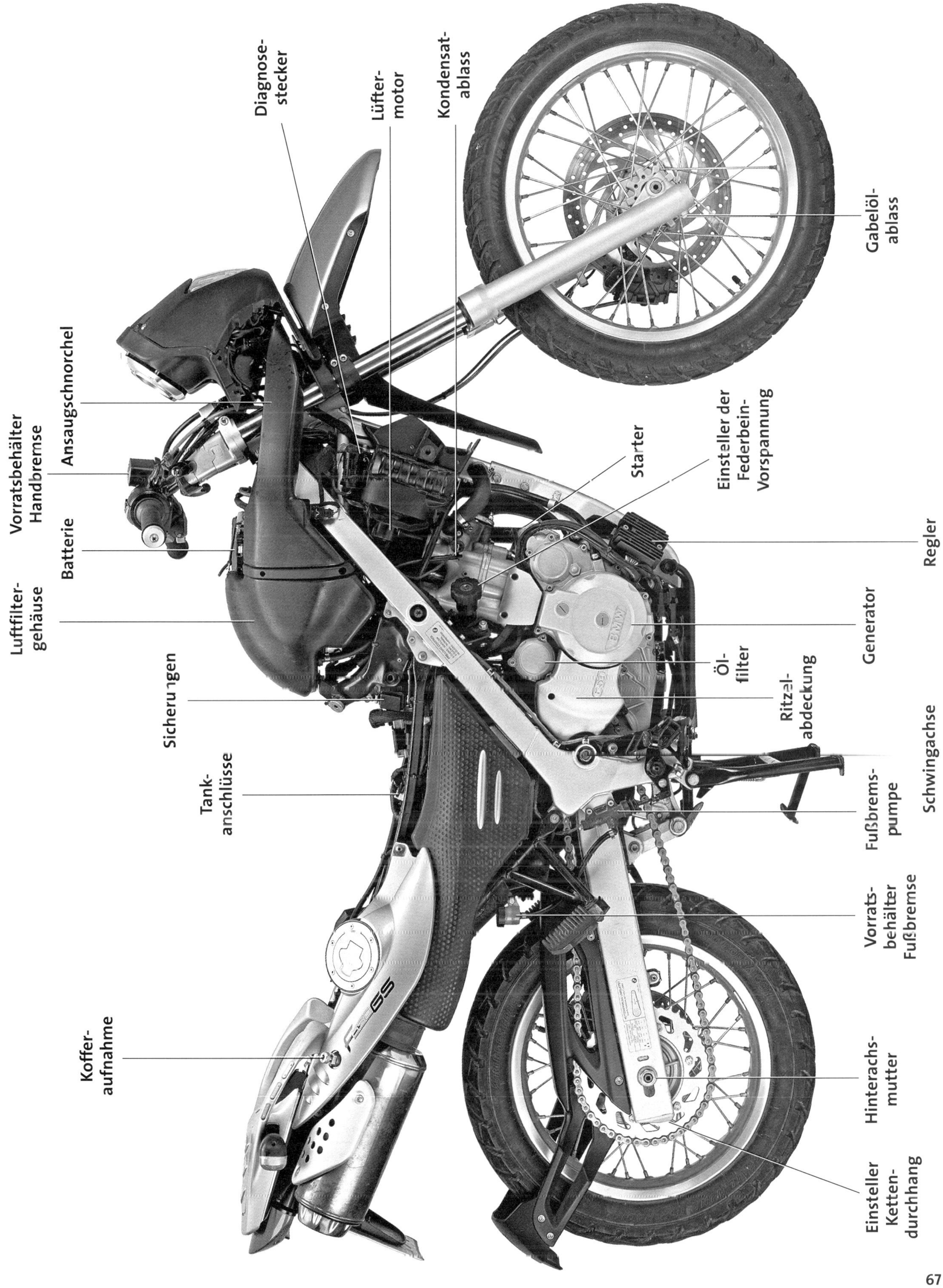
Luftfilter-
gehäuse
Batterie
Vorratsbehälter
Handbremse
Ansaugschnorchel
Diagnose-
stecker
Lüfter-
motor
Kondensat-
ablass
Sicherungen
Tank-
anschlüsse
Koffer-
aufnahme
Starter
Einsteller der
Federbein-
Vorspannung
Öl-
filter
Ritzel-
abdeckung
Gabelöl-
ablass
Regler
Generator
Schwingachse
Fußbrems-
pumpe
Vorrats-
behälter
Fußbremse
Hinterachs-
mutter
Einsteller
Ketten-
durchhang

3 Wartung

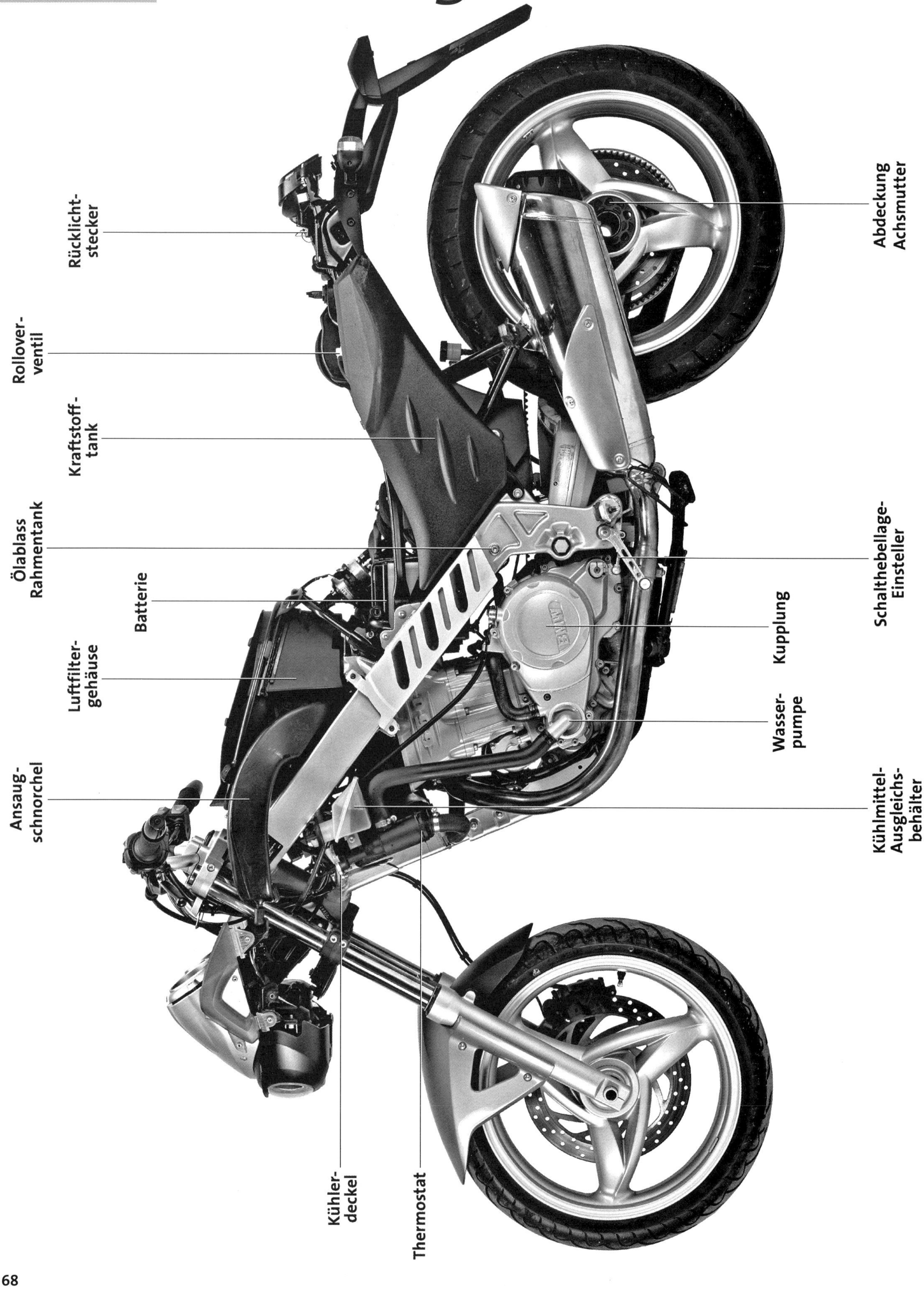
Rücklicht-stecker
Rollover-ventil
Kraftstoff-tank
Ölablass Rahmentank
Batterie
Luftfilter-gehäuse
Ansaug-schnorchel
Kühler-deckel
Thermostat
Abdeckung Achsmutter
Schalthebellage-Einsteller
Kupplung
Wasser-pumpe
Kühlmittel-Ausgleichs-behälter

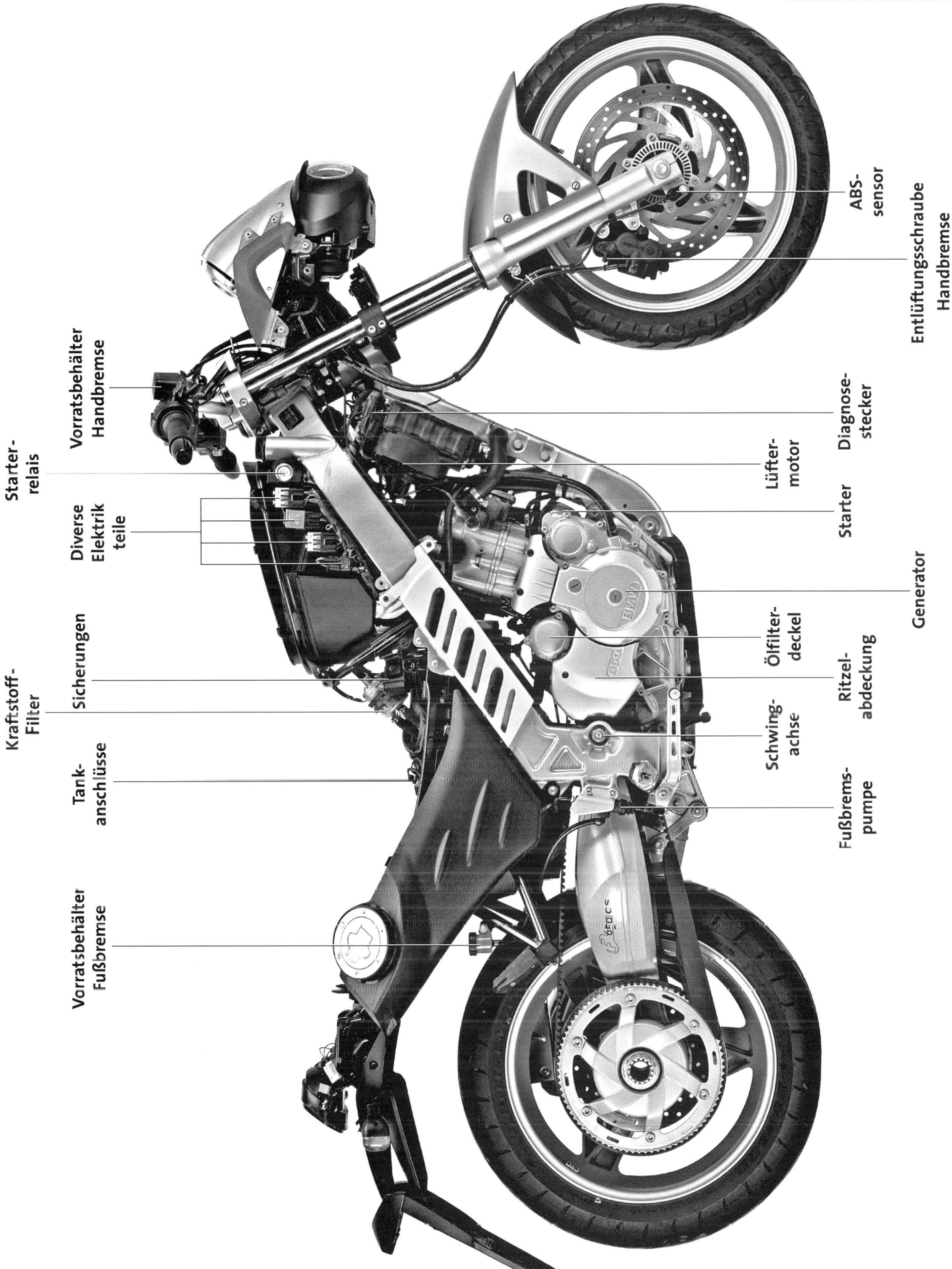
ABS-sensor
Entlüftungsschraube Handbremse
Diagnose-stecker
Lüfter-motor
Starter
Generator
Ölfilter-deckel
Ritzel-abdeckung
Schwing-achse
Fußbrems-pumpe
Vorratsbehälter Handbremse
Starter-relais
Diverse Elektrik teile
Sicherungen
Kraftstoff-Filter
Tank-anschlüsse
Vorratsbehälter Fußbremse

3 Wartung

3.1 Wartungs-Intervalle

! Auch bei Wartungsarbeiten gilt: Ohne gutes Werkzeug in den benötigten Größen fängt man mit dem Schrauben gar nicht erst an.

Regelmäßige Wartung ist das beste Mittel für lange Freude am zuverlässigen Funktionieren der Maschine. BMWs Einzylinder sind pflegeleicht und die Wartung erfordert keinen großen Werkzeug- und Zeitaufwand. Die etwas aufwendigere Kontrolle des Ventilspiels – und das eventuelle noch aufwendigere Einstellen – fällt nur alle 10000 Kilometer an.
Die Wartungsintervalle müssen bei normaler Fahrweise nicht aufs Komma eingehalten werden. Auf Urlaubsfahrt kann die fällige große Inspektion auch einmal um 500 bis 1000 Kilometer hinausgeschoben werden. Das Einstellen des Kettendurchhangs muss jedoch immer möglich sein, auch und gerade auf großer Urlaubstour (Bordwerkzeug-Sortierung!).

Bei häufigen Kurzstreckenfahrten oder Regenfahrten wird eine Fahrerin oder ein Fahrer mit Durchblick den erschwerten Bedingungen gemäß die höher beanspruchten Baugruppen (Antriebskette, Luftfilter und Motoröl) vorzeitig warten oder gar wechseln. Arbeiten an der hydraulischen Scheibenbremse dürfen aus Sicherheitsgründen nur bei entsprechenden Vorkenntnissen selbst durchgeführt werden, ansonsten ist das Motorrad in einer Fachwerkstatt besser aufgehoben. Ganz bestimmt jedoch Fahrzeuge mit ABS.

Intervall/km ⇨ ⇩Bauteil	1000 Einfahrkontrolle	10 000 Pflegedienst	20 000 Inspektion	Jahres-service
Benzinschläuche	–	–	P	–
Gasseilzugspiel/Seilzüge	–	–	P	–
Luftfilter	–	–	E	–
Luftfiltergehäuse-Ablauf entleeren	–	P	P	–
Benzinfilter	–	–	E	–
Zündkerze	–	–	E	–
Ventilspiel	P	P	P	–
Motoröl	E	E	E	E
Motoröl-Filter	E	E	E	E
Leerlaufdrehzahl	P	P	P	P
Kühlmittel	–	–	–	**Alle 2 Jahre erneuern**
Kühlsystem	P	P	P	–
Antriebsketten-Durchhang	P	P	P	P
Kettenrad und Ritzel	–	P	P	–
Bremsflüssigkeit	–	P	P	E
Bremsbeläge und Bremsscheiben	–	P	P	–
Bremssystem	–	–	P	–
Scheinwerfer-Einstellung	–	P	P	–
Batterie	–	P	P	P
Kupplungs-Seilzugspiel	P	P	P	–
Seitenständer	–	–	P	–
Radaufhängung	–	–	P	–
Speichenspannung	–	P	P	–
Muttern, Schrauben und Befestigungsteile	P	–	P/A	–
Räder und Reifen	–	–	P	–
Lenkkopflager	–	P	P	–
Gabelöl wechseln (Dakar)	–	–	E	–
Fehlerspeicher auslesen mit MODiTeC (BMW-Werkstatt)	P	P	P	P

A Anziehen **E** Erneuern **P** Prüfen und gegebenenfalls einstellen, reinigen, schmieren bzw. erneuern

Bei höheren als den aufgeführten Kilometerständen Intervalle sinngemäß wiederholen.

3.2
Kraftstoff-Leitungen und -Schläuche

! Schläuche grundsätzlich alle 4 Jahre erneuern.

- Kraftstoffschläuche bei gelegentlich abgenommener Verkleidung auf Porösität, Beschädigung oder Undichtheit (feuchte Stellen) untersuchen.
- Im Zweifelsfall verdächtige Schläuche wechseln.

! Schläuche stehen unter Druck, beim Abziehen also Auffanggefäß für Leckbenzin bereithalten!
! Beim Umgang mit Kraftstoff die **einschlägigen Vorsichtsmaßnahmen** beachten:
! Rauchen, Funkenbildung und offenes Feuer vermeiden.
! Geschlossene Räume ausgiebig belüften.

- Einweg-Schlauchschellen (so wie ab Werk verbaut) entweder mit BMW-Spezialzange 13 3 0 010 (Seite 50 Bild 2) oder mit kräftigem Seitenschneider öffnen. Dabei Schlauch nicht beschädigen.
- Einweg-Schlauchschellen mit BMW-Spezialzange 13 1 500 (Seite 50 Bild 2) verpressen.

TIPP

- Bei der Montage können auch Schraub-Schlauchschellen verwendet werden. Dann aber:

! Schellen so ausrichten, dass eventuelle Scheuerstellen vermieden werden.

- Schraubschlauchschellen nicht zu fest anziehen, da dadurch Haarrisse die Oberfläche beschädigen können und so der Alterungsprozess beschleunigt wird.

- Motor starten und im Leerlauf tuckern lassen.

👁 Schläuche und Anschlüsse auf Dichtheit kontrollieren.

3.3
Kraftstoff-Filter GS

! Kraftstoff-Filter alle 20 000 Kilometer erneuern.

Ausbau

- Sitzbank, Cover rechts/links und Mitte abnehmen.

! Beim Abziehen der Schläuche Auffanggefäß für Leckbenzin bereithalten und die genannten **einschlägigen Vorsichtsmaßnahmen** (3.2) im Umgang mit Kraftstoff beachten!

- Vor- und Ablaufschlauch mit Schlauchklemmen (ähnlich kleinen Schraubzwingen z. B. vom Kfz-Zubehör-Handel) abklemmen.
- Schläuche wie beschrieben abnehmen (3.2).
- Zuordnung der Schläuche siehe CS-Spritfilter Bild 1 Seite 72.
- Auffanggefäß bereithalten und Schläuche abziehen.
- Schraube der Befestigungsschelle (TORX T30) öffnen und Filter entnehmen.

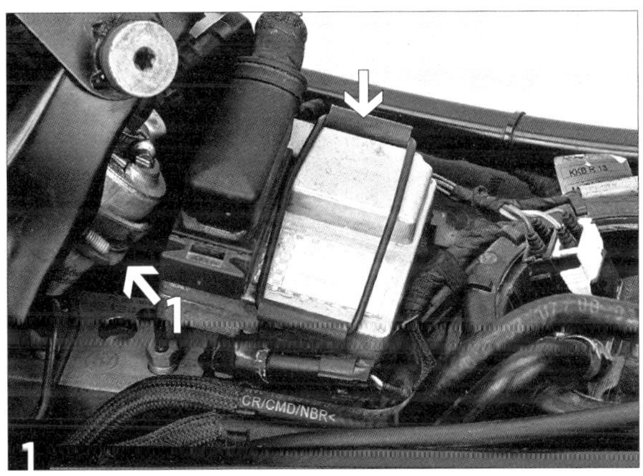

Kraftstoff-Filter GS freilegen/BMS ausbauen

- Gummi aushängen und BMS-Steuergerät aus Halterung nehmen.

1 Kraftstoff Filter

Kraftstoff-Filter GS freilegen/BMS II ausbauen

- Drei Schrauben ausdrehen und Steuergerät abnehmen.

1 Kraftstoff-Filter
Anzugsmoment 3 Nm

Einbau

- Filter in umgekehrter Reihenfolge montieren.
- Schläuche nicht verwechseln und wie oben unter 3.2 beschrieben montieren.
  Zuordnung der Schläuche siehe Aufdruck auf Filtergehäuse und CS-Spritfilter (Bild 1 Seite 72).
- Motor starten.

👁 Schläuche und Anschlüsse auf Dichtheit kontrollieren.

3 Wartung

3.4
Kraftstoff-Filter CS

- Sitzbank, Cover rechts und links abnehmen (Seite 60).
- Vor- und Ablaufschlauch mit Schlauchklemmen (ähnlich kleinen Schraubzwingen z. B. vom Kfz-Zubehör-Handel) abklemmen.
- Auffanggefäß bereithalten und Schläuche abziehen.
- Befestigungsschelle öffnen und Filter entnehmen.

Einbau
- Filter in umgekehrter Reihenfolge montieren.
- Schläuche nicht verwechseln und wie unter 3.2 beschrieben montieren.
- Motor starten.
- 👁 Schläuche und Anschlüsse auf Dichtheit kontrollieren.

1

Kraftstoff-Filter CS
1 Zum Einspritzventil **3** Benzinzulaufschlauch
2 Schellenschraube **4** Benzinrücklaufschlauch

3.5
Luftfilter GS

! Luftfilter alle 20 000 Kilometer erneuern.
- Cover rechts abbauen (Seite 54/55).

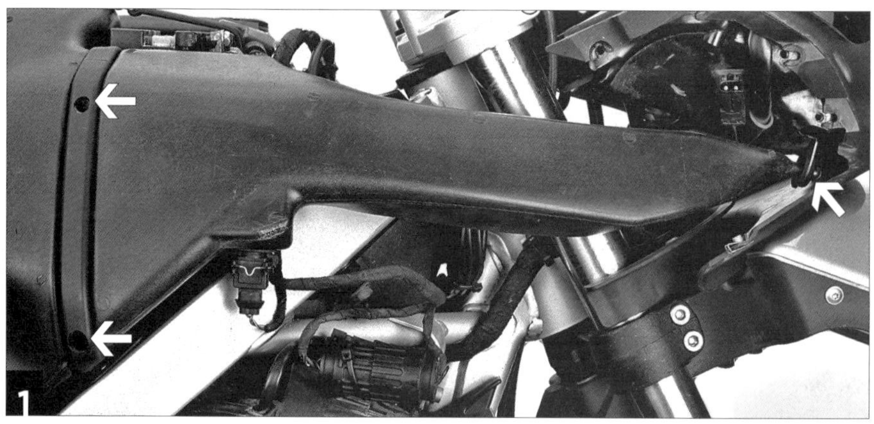
1

Ansaugschnorchel GS
- Schrauben des Verbindungsflanschs ausdrehen und Zapfen des Schnorchels vorn aus Halter nehmen.

- In umgekehrter Reihenfolge montieren.
- Ansaugschnorchel einsetzen. Dabei Zapfen auf Gummitülle am Verkleidungshalter ausrichten.

Anzugsmoment
Befestigungsschrauben des Verbindungsflanschs 5 Nm

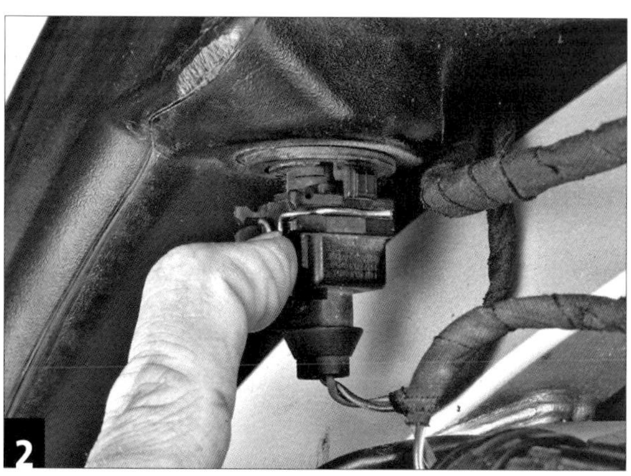
2

Thermofühler
- Schnorchel nicht am Kabel des Thermofühlers baumeln lassen, sondern Stecker ausklinken.
- Filter entnehmen und entsorgen.

3

Luftfilterelement GS
- Luftfiltergehäuse mit ölfeuchtem und fusselfreiem Baumwolllappen auswischen.
- Neues Filterelement passgenau einsetzen.

3.6
Luftfilter CS

Ansaugschnorchel CS
- **Anzugsmoment** (Pfeile) 4 Nm.

1 Halter

! Luftfilter alle 20 000 Kilometer erneuern.

Ausbau
- Cover links abbauen (Seite 60).
- Zwei Befestigungsschrauben des Ansaugschnorchels ausdrehen.
- Ansaugschnorchel zur Seite klappen und nach oben aus Aufnahmen nehmen.
- Schnorchel vorn aus seinem Halter **1** Bild 1 lösen und abnehmen.
- Filter vorn leicht eindrücken und entnehmen (Bild 2).
- Gehäuse mit ölfeuchtem Lappen auswischen.

Luftfilterelement CS
- Filterelement beim Aus- und Einbau leicht eindrücken und aus Gehäuse nehmen bzw. einsetzen.

Einbau
- In umgekehrter Ausbau-Reihenfolge montieren.
- Neuen Filter vorn leicht eindrücken und einsetzen.
- Ansaugschnorchel unten in die Aufnahmehaken des Gehäuses einsetzen und nach oben klappen. Dabei Zapfen auf Gummitülle am Halter **1** Bild 1 ausrichten.
- Befestigungen des Ansaugschnorchels anbringen und Cover montieren.
  Anzugsmoment Ansaugschnorchel 9 Nm

3.7
Luftfiltergehäuse-Kondensat

Kondensatschlauch GS
- Verschlussstopfen aus Schlauch abziehen.
- Schlauch geduldig austropfen lassen.
- Verschlussstopfen wieder einsetzen.

Kondensatstopfen CS
- Cover rechts und Zündkerzenstecker abnehmen.
- Federschelle lösen und Ablaufsstopfen abziehen.
- Schlauch geduldig austropfen lassen.

! Stopfen wieder mit Federschelle sichern.

Im Absetzschlauch des Luftfiltergehäuses sammeln sich Wasser- und Ölnebel (etwa nach kleiner Autobahnhatz im Regen).
Der Ablaufschlauch des Luftfilter-Kondensats wird bei Pflegedienst und Inspektion inspiziert.

! Zur Entsorgung des Kondensats Trichter und Auffanggefäß bereithalten.

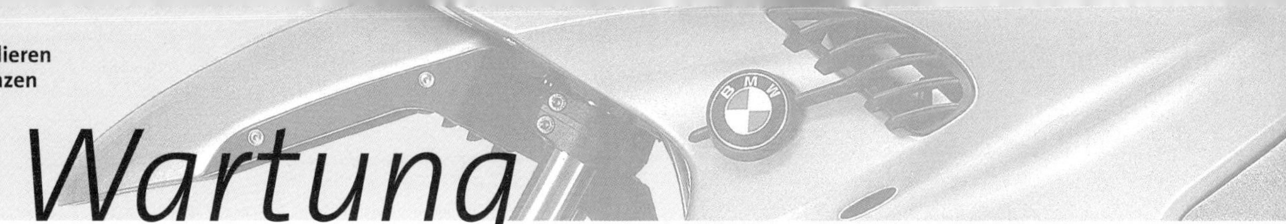

3 Wartung

3.8 Batterie

3.8.1 Säurestand kontrollieren

! Ausgestattet mit Elektrostarter und anspruchsvoller Elektronik empfiehlt sich eine top gewartete Batterie.

! Beim Ausbau der Batterie wird der Fehlerspeicher gelöscht, d.h. Ihr BMW Motorrad Partner kann keine aussagekräftige Diagnose über das MoDiTeC-System mehr erstellen. Also Batterie nicht direkt vor dem anstehenden Werkstatt-Termin ausbauen.

! Batterie nur bei ausgeschalteter Zündung ausbauen.

! Zuerst Minus-, dann Pluspol abnehmen!

- Der Flüssigkeitsstand der Batterie muss sich zwischen den MIN- und MAX-Markierungen befinden.

! Zur Pegelkontrolle und Korrigieren des Flüssigkeitsstands Batterie ausbauen.

! Vorsicht im Umgang mit der stark ätzenden Batteriesäure.

! Augen, Gesicht, Hände, Lackteile und Kleidung selbst vor kleinsten Tröpfchen schützen!

Ausbau GS

- Sitzbank, Cover links/rechts und Mitte ausbauen (Seite 54).

TIPP

Mit etwas Geschick genügt es, nur das Mittelteil auszubauen.

Einbau

! Zuerst Pluspol, dann Minuspol montieren!

Ausbau CS

- Sitzbank und Cover links ausbauen (Seite 60).

! Zuerst Minus-, dann Pluspol abnehmen!

- Haltegummi abnehmen.
- Entlüftungsschlauch abziehen.
- Kabel am Minuspol abschrauben.
- Batterie herausziehen und auf Tank abstellen.
- Kabel am Pluspol abschrauben.

Einbau

! Zuerst Pluspol, dann Minuspol montieren!

3.8.2 Batteriesäure ergänzen

- Batteriestopfen mit Zängchen herausziehen.
- Flüssigkeitspegel nur bis zum unteren Pegel mit destilliertem Wasser auffüllen, falls Batterie anschließend geladen wird. (Flüssigkeitsvolumen nimmt beim Laden zu.)
Andernfalls bis zur oberen Markierung auffüllen.

Einbau

- In umgekehrter Reihenfolge montieren.
- Entlüftungsschlauch schon bei halb eingesetzter Batterie anschließen.

! Zuerst Pluspol anschließen, dann Minuspol.

3.8.3 Batteriepole reinigen

- Bei gelegentlich ausgebauter Batterie Anschlusspole reinigen (Messingdraht-Bürstchen) und mit Polfett (säurefrei) einbalsamieren.
- **Batterie einwintern** wie im Kapitel 27 Einwintern Seite 232 beschrieben.

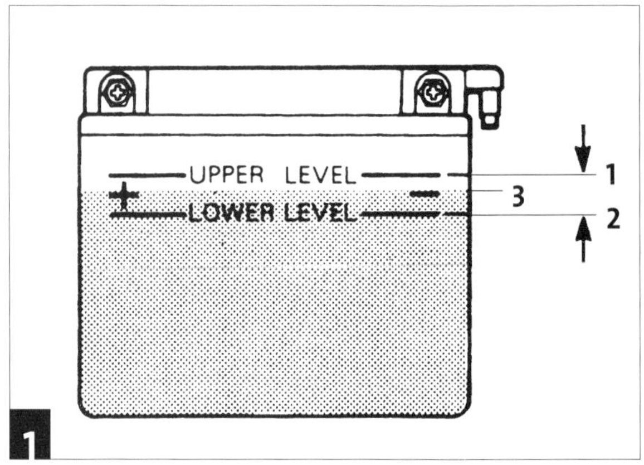

Batteriesäurepegel
1 Obere Pegelmarkierung
2 Untere Pegelmarkierung
3 Flüssigkeitsstand

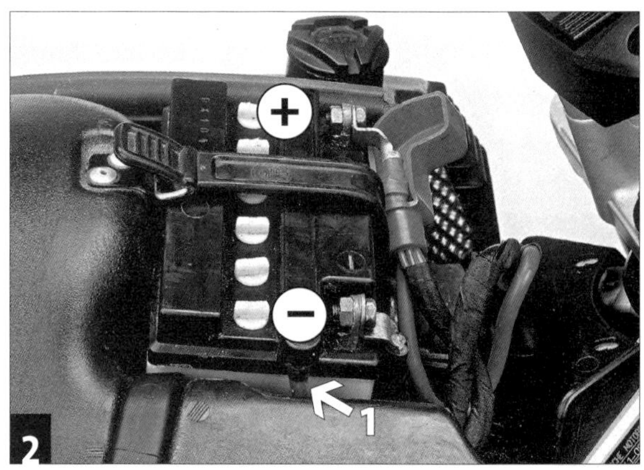

Batterie GS

- Zuerst Minus-, dann Pluspol abnehmen!
- Haltegummi abnehmen. Batterie herausziehen und Entlüftungsschlauch **1** abziehen.

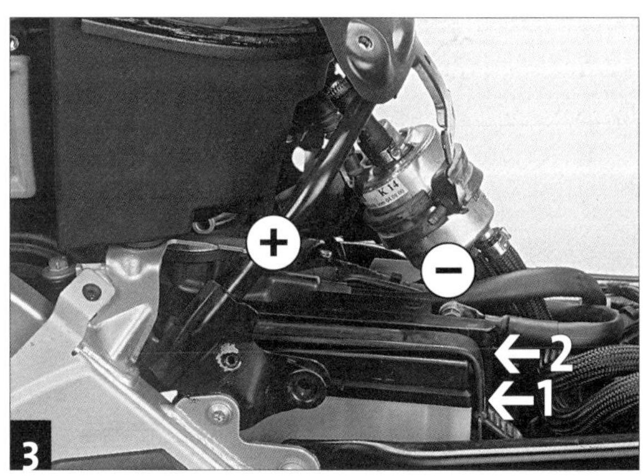

Batterie CS

1	Haltegummi	**+**	Pluspol
2	Entlüftungsschlauch	**–**	Minuspol

3.8.4
Batterie laden

- Batterie laden, wenn Spannung unter 12,3 Volt liegt (mit Spannungsmesser prüfen; Sollwert 13,0 – 13,2 V).

! Ladegerät mit Strombegrenzung verwenden.

- Batterie zum Laden ausbauen (Seite 74).
- Maximalen Ladestrom (10 % der angegebenen Kapazität) nicht überschreiten.
  Beispiel 10 A . . . . max. 1 Ampère
  Ladezeit . . . . 5 – 10 Stunden
- Eine defekte oder überalterte Batterie wird trotz korrekt angezeigtem Sollwert sofort »in die Knie« gehen, wenn das Licht eingeschaltet wird.

! Die durchschnittliche Lebensdauer einer Batterie beträgt vier bis fünf Jahre.

- Die GS ab 2004 verfügt über einen extra Fremdstart-Anschluss (Pluspol) unter der Sitzbank neben dem Kraftstoff-Filter (Bild 1). Der Masse-Anschluss wird an der Zapfenschraube am Ölfilterdeckel hergestellt.

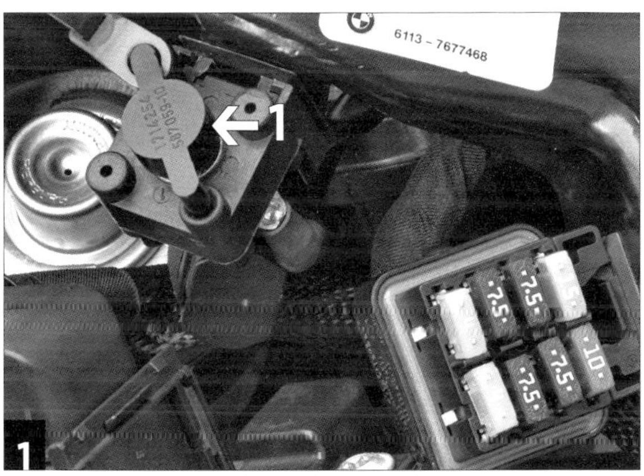

1

Fremdstart-Anschluss mit BMS II (letzte Serie)

- Sitzbank abnehmen.

1 Abdeckkappe des Pluspols der Batterie (Einbaulage neben Benzinfilter)

2

Bordsteckdose

- Die Batterie kann mit passendem Stecker auch über die Bordsteckdose (Serien-Ausstattung ab 2004) mit BMW-Ladegerät geladen werden.

3.9
Zündkerze

- Der, bzw. die Funkenspender werden alle 20000 Kilometer erneuert (ab Jahrgang 2004 wird das Gemisch von zwei Zündkerzen entzündet → 2Spark).

! Vor Ausdrehen der Zündkerze(n) Kerzenschacht mit Druckluft ausblasen, damit keine hochgewirbelten Steinchen o. Ä. in den Verbrennungsraum gelangen können. Aus- und Einbau siehe Seite 78.

- Bei Unregelmäßigkeiten im Fahrbetrieb (z.B. unwilliges Starten, Ruckeln oder unsauberes Ausdrehen) kann eine Kontrolle des Kerzengesichts hilfreich sein, die Ursache festzustellen.
  Das Kerzengesicht kann Aufschluss über defekte Luftwege (z. B. Luft ziehende Ansaugstutzen) und unregelmäßige Kraftstoffzufuhr (z. B. zugesetzter Kraftstofffilter) geben.
- Um das Kerzengesicht aussagefähig beurteilen zu können, Motor 10 Minuten warm fahren und schon beim Ausrollen abschalten.

! Längeres Laufen des Motors mit Standgas vor dem Abstellen lässt die Kerze(n) wieder einrußen.

👁 Kerzengesicht (siehe auch nächste Doppelseite) soll grauweiß-graugelben bis rehbraunen Farbton aufweisen, bei weißem bis aschgrauem Bild ist das Gemisch zu mager, der Motor läuft zu heiß.
Bei dunkel- bis schwarzbraunem Kerzenbild ist das Kraftstoffluftgemisch zu fett.
Schwarz verrußte, feucht glänzende Kerzen deuten auf mechanische Schäden wie verschlissene Ventilführungen oder abgenutzte Kolbenringe hin, durch die Öl in den Verbrennungsraum gelangt.

→ Zu mageres Gemisch kann z.B. durch Undichtheit am Einlassflansch zwischen Drosselklappengehäuse und Zylinderkopf verursacht werden.

→ Zu fettes Gemisch kann durch einen zugesetzten Luftfilter verursacht werden.

- Zündkerze(n) mit Messingdrahtbürste reinigen.

👁 Isolator auf Risse oder Absplitterungen untersuchen.

- Dichtring muss einwandfreie Planflächen aufweisen, bei Beschädigungen Dichtring erneuern.

👁 Mittelelektrode muss rechteckige Kanten haben.

- Masse-Elektrode muss gleichbleibende Dicke aufweisen.
- Bei Beschädigung Kerze(n) erneuern.
- Elektrodenabstand mit Fühlerlehre messen.
  Sollwert 0,6 – 0,7 mm

! Masse-Elektrode nicht nachbiegen – Bruchgefahr im Betrieb!

Standard-Zündkerze bis 2003
(Hersteller/Typ)
NGK D8EA

Standard-Zündkerze ab 2004
(Hersteller/Typ)
NGK D8EB

→

3 Wartung

3.9
Zündkerze
Fortsetzung

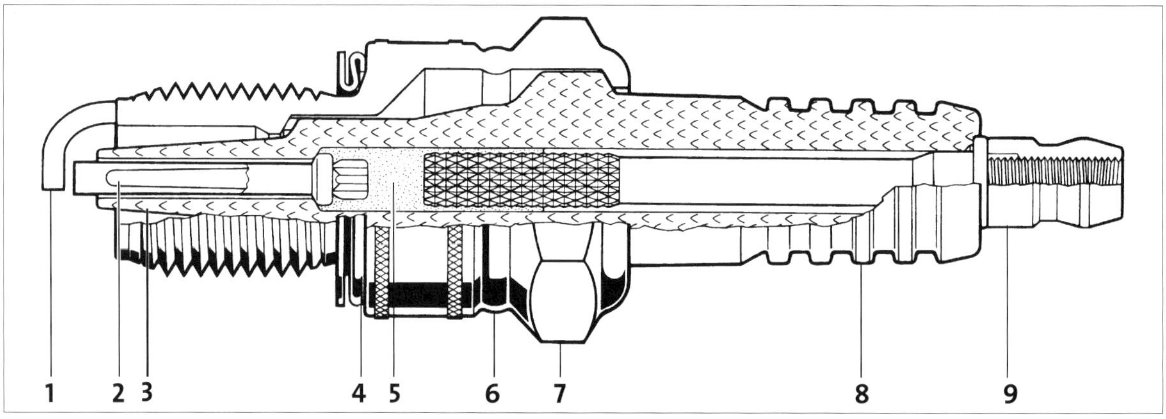

Zündkerze

1 Masseelektrode
2 Mittelelektrode
3 Isolatorfuß
4 Dichtring
5 Leitendes Glas
6 Warmschrumpfzone
7 Gehäuse
8 Isolierkörper (Al_2O_3-Keramik)
9 Anschlussmutter

Zündkerzengesichter

Normal
Isolatorfuß von grauweißer-graugelber bis rehbrauner Farbe. Motor ist in Ordnung. Wärmewert richtig gewählt. Gemischeinstellung und Zündeinstellung sind einwandfrei, keine Zündaussetzer, Kaltstarteinrichtung funktioniert.
Keine Rückstände von bleihaltigen Kraftstoffzusätzen oder Legierungsbestandteilen vom Motoröl.
Keine thermische Überlastung.

Verrußt
Isolatorfuß, Elektroden und Zündkerzengehäuse mit samtartigem, stumpfschwarzem Ruß bedeckt.
Ursache: Fehlerhafte Gemischeinstellung (Vergaser, Einspritzung): Gemisch zu fett, Luftfilter stark verschmutzt, Startautomatik nicht in Ordnung oder Starterzug (Choke) zu lange gezogen, überwiegend Kurzstreckenverkehr, Zündkerze zu kalt, Wärmewert-Kennzahl zu niedrig.
Auswirkung: Zündaussetzer, schlechtes Kaltstartverhalten.
Abhilfe: Gemisch und Starteinrichtung richtig einstellen, Luftfilter prüfen.

Verölt
Isolatorfuß, Elektroden und Zündkerzengehäuse mit ölglänzendem Ruß oder Ölkohle bedeckt.
Ursache: Zu viel Öl im Verbrennungsraum.
Ölstand zu hoch, stark verschlissene Kolbenringe, Zylinder und Ventilführungen.
Bei 2-Takt-Ottomotoren zu viel Öl im Gemisch.
Auswirkung: Zündaussetzer, schlechtes Startverhalten.
Abhilfe: Motor überholen, richtiges Kraftstoff-Öl-Gemisch, neue Zündkerzen.

Isolatorfußbruch
Ursache: Mechanische Beschädigung durch Schlag, Fall oder Druck auf die Mittelelektrode bei unsachgemäßer Handhabung. In Grenzfällen kann durch Ablagerungen zwischen Mittelelektrode und Isolatorfuß sowie durch Korrosion der Mittelelektrode der Isolatorfuß – besonders bei überlanger Betriebsdauer – gesprengt werden.
Auswirkung: Zündaussetzer, Zündfunke springt an Stellen über, die durch Frischgemisch nicht sicher erreicht werden.
Abhilfe: Neue Zündkerzen.

Zündkerzen-Qualität

Das Wechselintervall von 20 000 km bezieht sich auf die Standard-Zündkerze mit **Kupfer-Elektrode**. So eine Zündkerze schlägt mit etwa 4 Euro zu Buche.
Eine Zündkerze mit **Platin-Elektrode** kostet um die 15 Euro und kann 40 000 Kilometer lang zuverlässig ihren Dienst verrichten.
Zündkerzen mit **Iridium-Elektrode** sind mit 20 bis 23 Euro im Handel und liefern bis zu 60 000 Kilometer den zündenden Funken.

Höherwertige Zündkerzen machen so gesehen nur Sinn, wenn sich in Folge von häufigem Kurzstreckenverkehr, bei dem die Kerze(n) gern einrußen, oder anderer erschwerenden Bedingungen (z. B. schlechte Spritqualität außerhalb der EU) Startschwierigkeiten, schlechte Gasannahme oder lustloses Ausdrehen bemerkbar machen.

→

3.9
Zündkerze
Fortsetzung

Ausbau

- **CS**: Sitzbank abnehmen, Blende hinten und Cover rechts abnehmen (Seite 60).

Externe Zündspule (bis 2002)

- Stecker von Hand von Zündkerze abziehen und Zündkerze mit Zündkerzenschlüssel SW18 (Bordwerkzeug) ausdrehen.

Schachtzündspule (ab 2002; Bild 1)

- Zündspule am Gummiring vom Halter herausdrehen und von Zündkerze abziehen.
- Zündkerze mit Zündkerzenschlüssel SW18 ausdrehen.

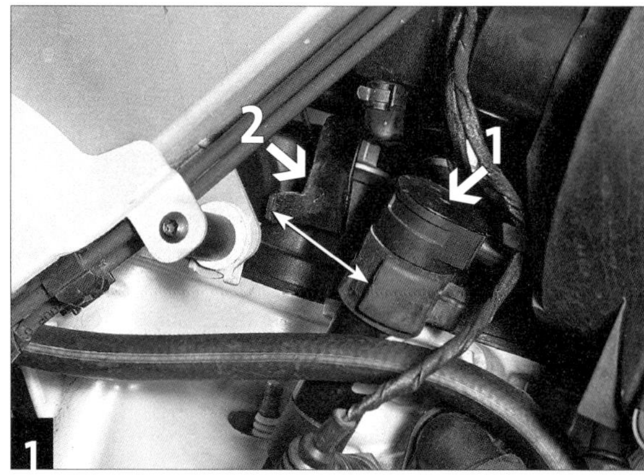

Zündkerze mit Schachtzündspule
1 Schachtzündspule
2 Halter

Schachtzündspulen mit Doppelzündkerzen (ab 2004)

- Schachtzündspule der äußeren Zündkerze (Nebenzündkerze) mit **weißem** Verriegelungsstück bis zum Anschlag **im** Uhrzeigersinn drehen.
- Schachtzündspule mit passendem Gabelschlüssel von Zündkerze abhebeln.
- Schachtzündspule der inneren Zündkerze (Hauptzündkerze) mit **schwarzem** Verriegelungsstück bis zum Anschlag **gegen** Uhrzeigersinn drehen.
- Schachtzündspule mit passendem Gabelschlüssel von Zündkerze abhebeln.
- Zündkerzen mit Zündkerzenschlüssel SW18 ausdrehen.

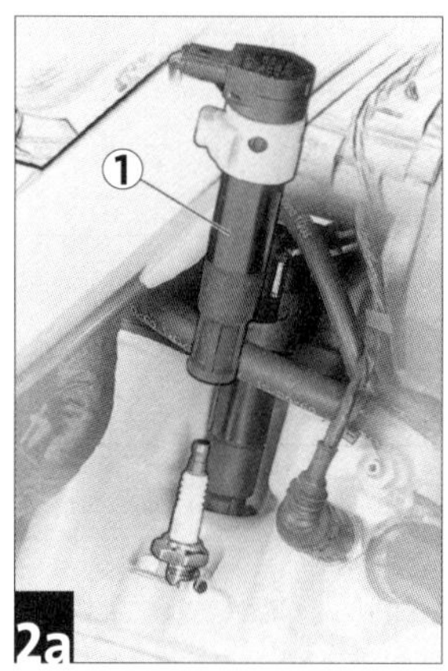

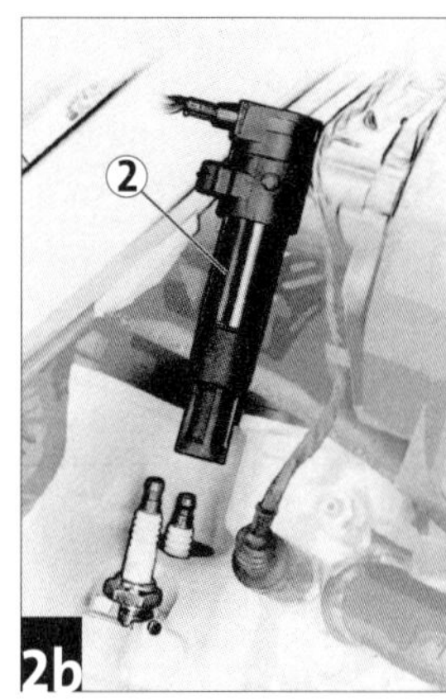

Schachtzündspulen mit Doppelzündkerzen (ab 2004)

- Steckerzündspule **1** der **Nebenzündkerze** mit **weißem** Verriegelungsstück (Bild 2a)
- Steckerzündspule **2** der **Hauptzündkerze** mit **schwarzem** Verriegelungsstück (Bild 2b)

Einbau

- Zündkerze (Gewinde öl- und fettfrei) gefühlvoll von Hand einschrauben.
  Unbedingt darauf achten, dass schon der erste Gewindegang richtig greift.
- **!** Eine schräg angesetzte Kerze ruiniert mit ihrem harten Stahlgewinde das weiche Gewinde im Aluminium-Zylinderkopf schon nach einer halben Umdrehung.
- Erst bei richtigem Sitz die Kerze(n) mit Kerzenschlüssel SW18 anziehen und Kerzenstecker wieder aufsetzen.
  Anzugsmoment 20 Nm
- **!** Falls gebrauchte Zündkerze wieder verwendet wird, Kerze bis zum Aufsitzen eindrehen und um $^1/_4$ bis $^1/_3$ Umdrehung anziehen.
- Zündkerzenstecker wieder aufstecken.

Schachtzündspule (ab 2002; Bild 1)

- Zündkerzenstecker wieder aufstecken und am Halter befestigen.

Schachtzündspulen mit Doppelzündkerzen (ab 2004)

- **!** Schachtzündspulen nicht vertauschen oder verkehrt anschließen (Motorschaden)!
- Schachtzündspule der inneren Zündkerze (Hauptzündkerze) mit **schwarzem** Verriegelungsstück aufsetzen und bis zum Anschlag **im Uhrzeigersinn** drehen (Bild 2b).
- Schachtzündspule der äußeren Zündkerze (Nebenzündkerze) mit **weißem** Verriegelungsstück aufsetzen und bis zum Anschlag **gegen Uhrzeigersinn** drehen (Bild 2a).

3.10
Ventilspiel

Das Ventilspiel gleicht die Wärme-Ausdehnung des Zylinderkopfs aus, damit die Ventile den Brennraum bei allen Betriebstemperaturen dicht abschließen.
Das Ventilspiel wird mittels unterschiedlich dicker Einstellplättchen zwischen Tassenstößel und Nocke eingestellt.

! Ventilspiel alle 10 000 Kilometer kontrollieren und gegebenenfalls einstellen.

! Ventilspiel bei kaltem Motor (unter 35 °C/ handwarm) kontrollieren und einstellen!

- Zündkerze ausdrehen (Seite 78).

3.10.1
Vorarbeiten GS

- Cover abbauen (Seite 54).
- Ansaugschnorchel abnehmen (Seite 72).
- Batterie ausbauen (Seite 74).

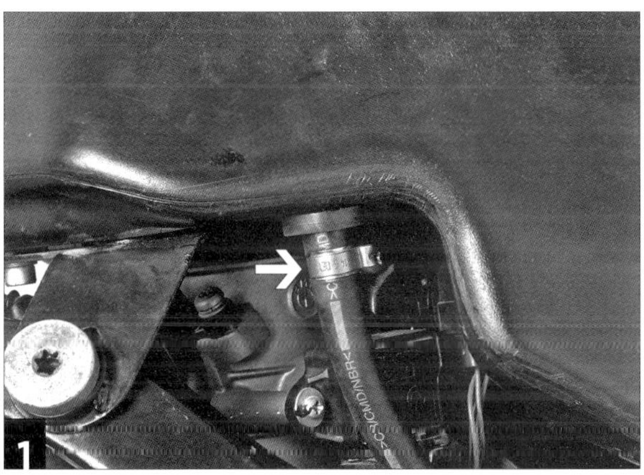

1

Vorarbeiten GS
- Einwegschelle des Entlüftungsschlauchs öffnen und Schlauch vom Stutzen am Luftfiltergehäuse abnehmen.

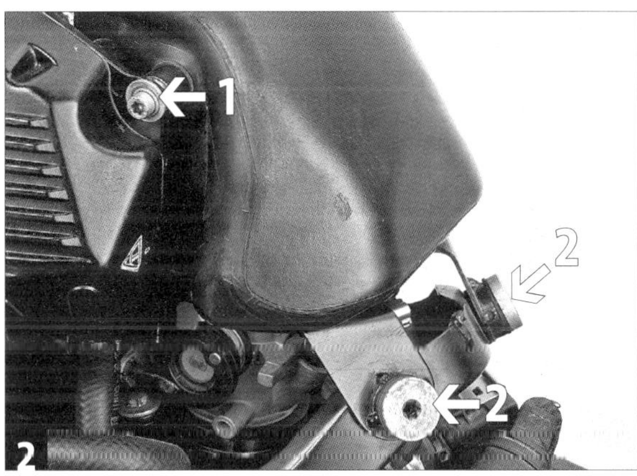

2

Vorarbeiten GS
- Befestigungsschrauben des Luftfiltergehäuses am Öltank **1** und am Haltebügel **2** ausdrehen (Bild 2).
- Luftfiltergehäuse nach oben abnehmen.
  Anzugsmoment 9 Nm
- Befestigungsschrauben des Batterieträgers (Pfeile Bild 3) ausdrehen und Träger abnehmen.

! Beim Einbau Batterie-Haltegummi mit einsetzen.

- Befestigungsklammern des Öltanks **2** Bild 2 Seite 89 ausbauen.
- Öltank aus Verankerung hebeln und leicht nach links drücken.

! Falls der Öltank zu weit zur Seite geneigt wird, kann am abgezogenen Motorentlüftungsschlauch **7** Bild 2 Seite 81 Öl auslaufen.

3

Vorarbeiten GS
- Befestigungsschrauben des Batterieträgers
- **1** Starterrelais

3 Wartung

3.10.2
Vorarbeiten CS

- Cover abbauen (Seite 60).
- Batterie abklemmen (Seite 74).
- Ansaugschnorchel abnehmen (Seite 73).

- Sicherungsbox **1** durch Drehen des Gehäuses lösen.
- Benzinfilter **2** vom Staufachrahmen abnehmen.

- Zwei Schrauben je Seite ausdrehen und Staufachrahmen abnehmen.
Anzugsmoment 9 Nm

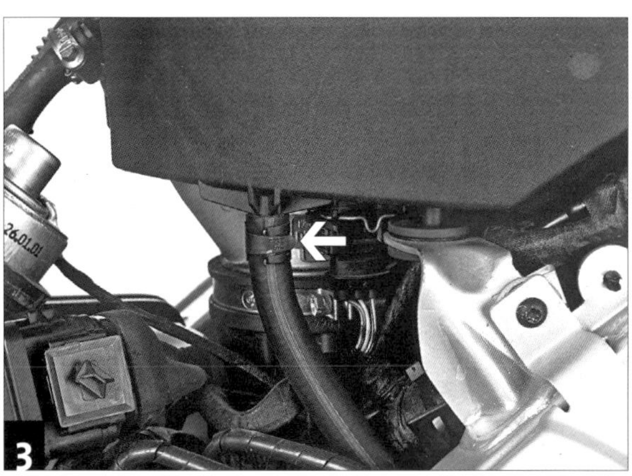

- Federschelle und Entlüftungsschlauch vom Luftfiltergehäuse abnehmen.
- Luftfiltergehäuse vom Drosselklappenstutzen abziehen.

- Stecker des Ansauglufttemperatur-Fühlers trennen: Feder eindrücken und Stecker abziehen.

3.10.3
Vorarbeiten GS & CS

1 Ausgleichsbehälter am Kühler lösen, herausziehen und mit Kabelbinder o. Ä. so am Lenker befestigen, dass Verschluss über Kühlmittelstand liegt.
! Kühler innen mit Pappe o. Ä. abdecken, damit die Kühlerlamellen nicht beschädigt werden.

Kühlmittel-Ausgleichsbehälter
- Befestigungsschraube (Pfeil)
  Anzugsmoment 9 Nm

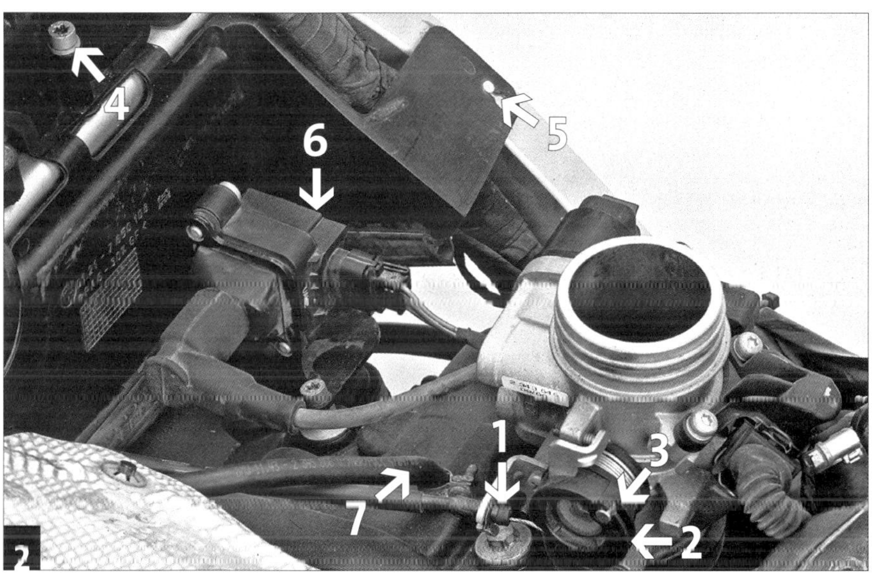

Modelle mit separater Zündspule (frühe GS):

- Staubkappe am Ende des Gasseilzugs abnehmen und Sicherungsscheibe **1** vom Seilzug-Widerlager abziehen (späte Modelle siehe Bild 4 Seite 82).
- Seilzugscheibe **2** von Hand drehen und Nippel **3** aus Aufnahme nehmen.
- Seilzug abnehmen.
- Schraube **4** lockern.
- Abdeckung **5** links und rechts am Rahmen aushaken und abnehmen.
- Kerzenstecker abziehen und Zündspule **6** am Zylinderkopfdeckel abbauen.
  Stecker abziehen.
- Motorentlüftungsschlauch **7** vom Zylinderkopfdeckel abnehmen (mit kräftigem Seitenschneider Schelle öffnen).

! Falls der Öltank zu weit zur Seite geneigt wird, kann am abgezogenen Motorentlüftungsschlauch **7** Öl auslaufen (siehe Arbeitsschritt Bild 2 Seite 79).

Modelle mit Zündspulen-Kerzenstecker
- Zündspulen-Kerzenstecker drehen und abziehen (Bild 1 Seite 78).
- Zündspulenhalter vom Zylinderkopfdeckel abnehmen (zwei Befestigungsschrauben ausdrehen).

→

3.10.3
Vorarbeiten GS & CS
Fortsetzung

! Nippel-Aufnahme **5** kommt nur bei Modellen mit gedrosselter Leistung zum Einsatz.

Späte Modelle: Gasseilzug aushängen
- Gummikappe **1** lösen und Gegenmutter **2** ausdrehen.
- Seilzug-Befestigung **3** ganz ausdrehen.
- Gasseilzug aus Widerlager herausführen.
- Nippel **4** aus Aufnahme nehmen.

- Acht Deckelschrauben schrittweise über Kreuz ausdrehen. Gegebenenfalls Deckel mit Gummihammer vorsichtig lösen.
- Deckel mit Dichtung abnehmen.

3.10.4
Ventilspielmessung

Verbrennungs-OT

! Kolben steht nur jede zweite Umdrehung in diesem OT!

! An allen Tassenstößeln ist Spiel spürbar; Einlassnocken weisen nach hinten und Auslassnocken weisen nach vorn.

- Stopfen im Generatordeckel ausdrehen (5 Cent-Münze und Zange verwenden).
- 👁 Auf Verbleib des O-Rings im Stopfen achten!
- Kurbelwelle mit Innensechskantschlüssel SW8 im Uhrzeigersinn auf den oberen Totpunkt (OT) des Verbrennungstakts drehen.

- Kolben steht im oberen Totpunkt (OT) des Verbrennungstakts, wenn Strichmarkierungen an den Kettenrädern mit Dichtfläche fluchten und Stiftbohrungen (Pfeile) nach oben weisen.

Ventilspiel-Sollwerte
- Bis 2004 – eine Zündkerze
  Einlass .... 0,10 – 0,15 mm
  Auslass .... 0,25 – 0,30 mm
- Ab 2004 – zwei Zündkerzen
  Einlass .... 0,03 – 0,11 mm
  Auslass .... 0,25 – 0,33 mm

- Falls Ventilspiel nicht korrekt, d. h. es ist kein fester Schiebesitz spürbar, Messwerte ermitteln, notieren und übrige Ventile prüfen.
- Zum Korrigieren des Ventilspiels Nockenwellen wie folgt (nächste Seite) ausbauen.

- Mit Fühlerlehre Spiel zwischen Nocke und Tassenstößel »erfühlen« (Fühlerlehrenblatt muss satt und ohne Klemmen passen).

3.10.5 Nockenwellen ausbauen

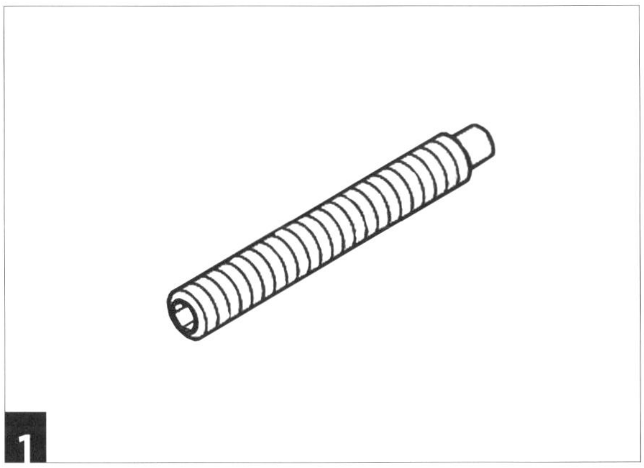

1

- BMW-Spezialwerkzeug 11 6 570 (Blockierschraube) kann leicht selbst angefertigt werden.
- Auffanggefäß für Lecköl unterstellen und Schraube (Bild 2) unten am Motorgehäuse ausdrehen.

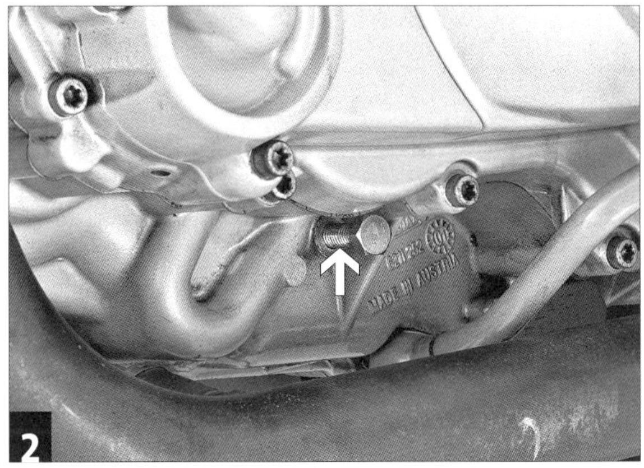

2

- M8-Schraube (Blockierschraube) bis zum lockeren Aufsitzen eindrehen. Schraube passt dann in Nut an der Kurbelwange und blockiert so die Kurbelwelle im oberen Totpunkt (OT).

! Um leicht mit der Blockierschraube in den Schlitz der Kurbelwange reinzufinden, Kurbelwelle ggf. leicht hin und her bewegen.....

! Keinesfalls Blockierschraube mit Gewalt gegen die Kurbelwange eindrehen!

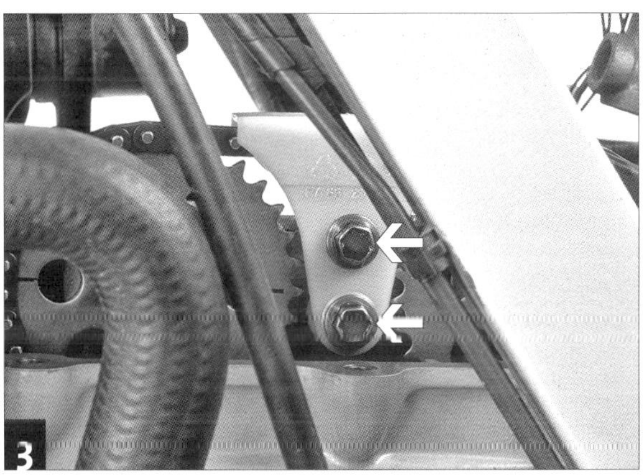

3

- Steuerkettenführung nach Ausdrehen von zwei Befestigungsschrauben abnehmen.

4

- Steuerkette mit Kabelbindern an **beiden** Kettenrädern fixieren, damit die Kette mit Kettenrädern nicht neu eingestellt werden muss.

5

- Befestigungsschrauben des Lagerdeckels schrittweise über Kreuz von außen nach innen ausdrehen, damit sich Lagerdeckel nicht verzieht oder gar bricht. Lagerdeckel abnehmen.

→

3.10.5
Nockenwellen ausbauen
Fortsetzung

- Steuerketten-Spannerkolben mit geeignetem Stab (Pfeil) eindrücken.
- Nockenwellen vorsichtig abnehmen und zur Seite legen.

6

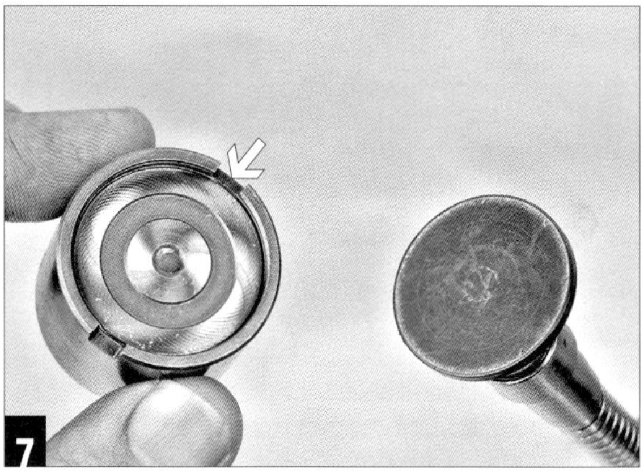
7

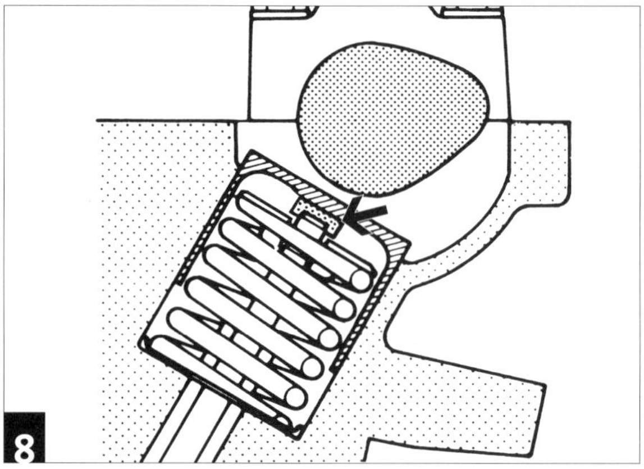
8

- Stößel so drehen, dass Schlitz (Pfeil) zugänglich ist, und Einstellplättchen mit kleinem Schraubendreher ausgehebelt und entnommen werden kann oder Einstellplättchen mit Magnetheber entnehmen.
- Die letzte Produktionsserie hat die Einstellplättchen unter den Tassenstößeln und sind somit kleiner und leichter (also erst Stößel entnehmen, dann Einstellplättchen).

3.10.6
Einstellplättchen bestimmen und einbauen

- Dicke der Einstellplättchen mit Mikrometer kontrollieren.
- Plättchen-Dicke nach folgendem Beispiel ermitteln:
  Gemessenes Ventilspiel (Auslass) **b**: 0,20 mm
  Korrektes Ventilspiel (Auslass) **c**: 0,25 ~ 0,30 mm
  (zu Rechenzwecken wird 0,27 angenommen)
  Dicke des »alten« Plättchens **d**: 1,85 mm
  Dicke **a** des erforderlichen Plättchens:
  a = d – (c – b)
  a = 1,85 – (0,27 – 0,20)
  a = 1,78
- Tassenstößel mit Druckluft ausblasen, damit die Auflagefläche des Einstellplättchens absolut sauber ist.
- Gleitflächen des Tassenstößels mit frischem Motoröl dünn balsamieren, in ursprüngliche Bohrung im Zylinderkopf einsetzen und auf freie Drehbarkeit kontrollieren (Stößel muss von Hand drehbar sein).
- Gleitflächen von neuem Plättchen mit MoS_2-Fett oder ähnlichem Fettprodukt dünn balsamieren und in Tassenstößel einsetzen.

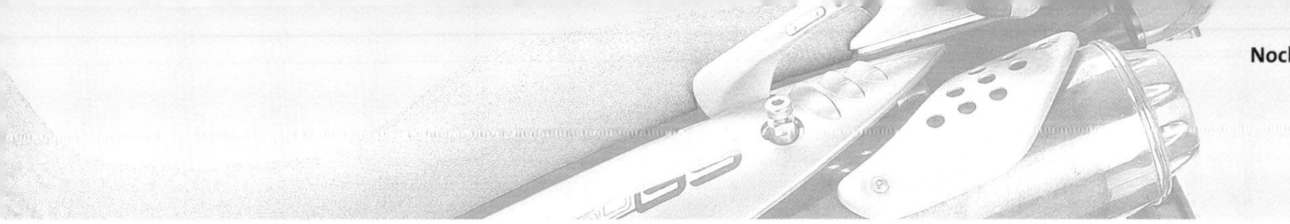

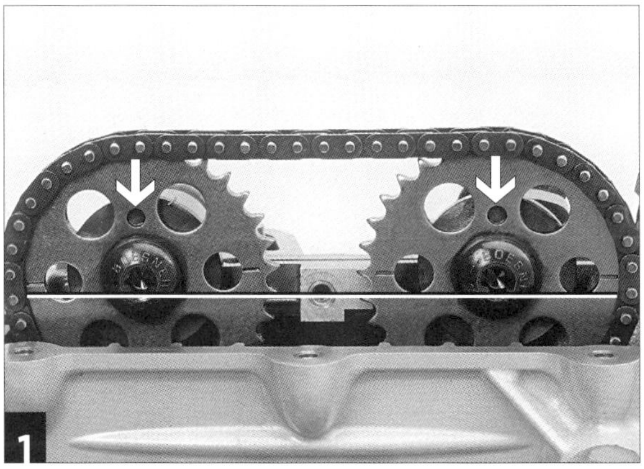

Nockenwellen einbauen
- Strichmarkierungen an den Kettenrädern fluchten mit Dichtfläche und Stiftbohrungen weisen nach oben.

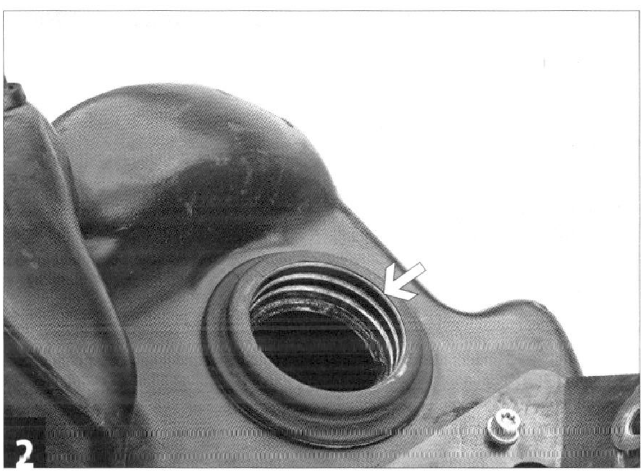

Luftfiltergehäuse montieren
- Zusätzlich von innen den korrekten Sitz des Ansaugrohrs von Hand erfühlt (bei entnommenem Filterelement).

GS Luftfiltergehäuse montieren
- Hier greift Nut in Nut.

3.10.7 Nockenwellen einbauen

! Passflächen der Nockenwellen-Lagerdeckel absolut fett- und ölfrei halten. Andernfalls werden die Lagerdeckel nicht mit dem korrekten Anzugsmoment befestigt (trotz vermeintlich »richtigem« Anzugsmoment).
- Lagerstellen der Wellen und Lagerbohrungen vollständig dünn einfetten (MoS_2-Fett oder ähnliches Fettprodukt).
- Nockenwellen mit Kette und Kettenrädern einlegen. (Strichmarkierungen an den Kettenrädern stehen parallel zur Deckeldichtfläche und Stiftbohrungen weisen nach oben/Bild 1; Ein- und Auslassnocken weisen nach vorn und hinten).
- Beim Einbau der Einlassnockenwelle Spannerschiene gegen Kettenspanner eindrücken.
- Ölreste an den Passflächen des Lagerdeckels und am Zylinderkopf abwischen.
- Lagerdeckel aufsetzen. Lagerdeckelschrauben zuerst locker eindrehen, dann schrittweise über Kreuz festziehen, damit sich Lagerdeckel nicht verzieht oder gar bricht (10 Nm).
- Ggf. Kabelbinder entfernen. Blockierschraube (Bild 2 Seite 83) ausdrehen und Verschlussschraube mit neuer Dichtung eindrehen (25 Nm).
- Kurbelwelle zweimal um 360° drehen.
- Flucht der Nockenwellen-Markierungen prüfen. Gegebenenfalls Montage wiederholen.

! Ventilspiel prüfen. Ggf. Einstellung wiederholen.
- Kettenführung montieren (Bild 3 Seite 83). Dabei Gewinde der Befestigungsschrauben säubern und Loctite 243 beim Eindrehen der Schrauben beigeben (10 Nm).
- Dichtung des Zylinderkopfdeckels vor Einbau vollständig aus Nut entfernen. Nut, Dichtung und Dichtfläche entfetten (z. B. mit Bremsenreiniger).
- Dichtung des Zylinderkopfdeckels vor Einbau auf Beschädigung überprüfen, ggf. auswechseln.
- Dichtung in Nut des Zylinderkopfdeckels einsetzen und Deckel aufsetzen (Dichtfläche öl- und fettfrei).
- Deckelschrauben über Kreuz anziehen (10 Nm).
- Entlüfterschlauch mit neuer Schelle anbringen.
- Kühlmittel-Ausgleichbehälter nach Befestigung des Öltanks einbauen (Nase am Behälter greift in Aufnahme **1** Bild 4 Seite 94 ein).
- Ablassschraube mit neuer Dichtung eindrehen. Kühlmittel auffüllen (Seite 94).

Luftfiltergehäuse montieren
- Besonderes Augenmerk verdient das Einpassen des Ansaugrohrs des Luftfilterkastens auf den Drosselklappenstutzen:
- Ansaugrohr (Bild 2) innen leicht (!) mit Sprayöl einnebeln, damit es leichter auf den Drosselklappenstutzen flutscht.
- **GS**: Darauf achten, dass Luftfiltergehäuse sauber an Batteriehaltersteg passt (Bild 3).
- **Gasseilzugspiel** einstellen (Kapitel 3.11.1 Seite 86).
- Übrige Teile in umgekehrter Ausbaureihenfolge montieren.

3.11 Gasseilzug

! Der Drehgriff muss jederzeit leichtgängig in die Anschlagstellung zurückschnappen.

! Beim Tuckern im Leerlauf darf der Lenkeinschlag keinen Einfluss auf die Motordrehzahl nehmen (Lenker von Anschlag zu Anschlag schwenken).

3.11.1 Gasseilzug-Spiel

- Spiel am Seilzug erfühlen. Dazu Schraube **1** Bild 3 Seite 87 ausdrehen und Seilzug an der Hülle leicht herausziehen und wieder eindrücken.
- Falls Seilzug zu viel Spiel aufweist, Gegenmutter lockern und Einsteller ausdrehen.
- Falls Seilzug zu wenig Spiel aufweist, Gegenmutter lockern und Einsteller eindrehen.
- Bei korrekter Einstellung Gegenmutter (fingerfest) und Schraube 1 Bild 3 Seite 87 wieder anziehen.

3.11.2 Gasseilzug-Wechsel

! Falls der Drehgriff nicht mehr leichtgängig in die Anschlagstellung zurückschnappt, Seilzug auswechseln.

- Einbaulage/Verlegung des Seilzugs – besonders im Bereich des Lenkkopfs, des Kühlmittel-Ausgleichbehälters und des Rahmenrohrs – notieren.
- Cover abnehmen (Seite 54/GS bzw. 60/CS).
- Kühlmittel-Ausgleichsbehälter abnehmen (Seite 81).
- Luftfiltergehäuse abnehmen (Seite 79 bzw. 80).
- Seilzug zuerst am unteren Ende aushängen (Bilder 4 und 5 Seite 87).
- Seilzug nach vorn zum Lenker herausziehen.
- Obere und untere Gehäuseschraube des Drehgriffs ausdrehen (Bilder 1 und 2).

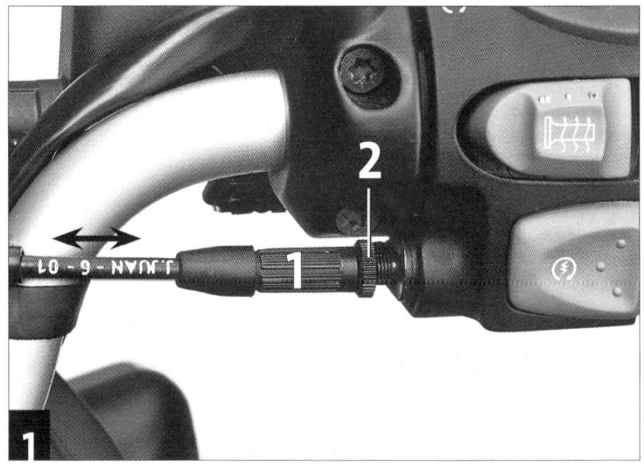

Gasseilzug-Spieleinsteller
1 Einsteller
2 Gegenmutter (fingerfest gegen Gehäuse festlegen)
Sollwert Seilzugspiel 1 mm

Gasseilzug-Wechsel
- Obere Gehäuseschraube ausdrehen.

Gasseilzug-Wechsel
- Untere Gehäuseschraube ausdrehen.

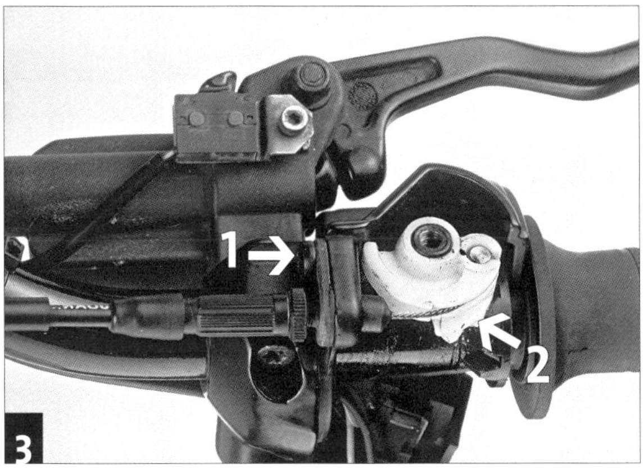

Drehgriff-Gehäuse
1 Halterschraube
2 Seilscheibe

Gasseilzug-Wechsel

- Halterschraube **1** ausdrehen.
- Seilzug mit Seilscheibe **2** abnehmen und Nippel aus Seilscheibe nehmen.
- Neuen Seilzugnippel leicht fetten und in umgekehrter Reihenfolge montieren.
- 👁 Neuen Seilzug in möglichst großen Radien knickfrei wie beim Ausbau notiert verlegen.

Seilzugaufnahme der frühen Modelle (GS)
1 Federscheibe
2 Schutzkappe

Seilzugaufnahme der frühen Modelle (GS)

- Seilzug einfädeln, mit Federscheibe **1** sichern und Nippel leicht gefettet einsetzen. Seilzugscheibe dazu von Hand im Uhrzeigersinn drehen.
- Schutzkappe **2** gefettet aufschieben.

Seilzugaufnahme der späten Modelle (GS und CS)
1 Seilzug-Befestigung
2 Gegenmutter
3 Schutzkappe

Seilzugaufnahme der späten Modelle (GS und CS)

- Seilzug einfädeln, Seilzug-Befestigung **1** eindrehen und mit Gegenmutter **2** sichern.
- Nippel leicht gefettet einsetzen. Seilzugscheibe dazu von Hand im Uhrzeigersinn drehen.
- Schutzkappe **3** gefettet aufschieben.

3.12 Motoröl

Das Öl ist der Lebenssaft für jedes Triebwerk. Klar, dass da der Pegelstand regelmäßig kontrolliert (bei jedem zweiten Tankstopp) und erneuert wird.

3.12.1 Ölstandkontrolle GS bis 2003

- **Motoröl SAE 10W40 oder 20W40** (API-Klassifikation SF, SG oder SH) verwenden.

! Motoröl bis Schauglasmitte bzw. Mitte der Markierungen am Ölpeilstab auffüllen!

- Motor starten, eine Minute laufen lassen – und nochmals kontrollieren.

! Zu viel eingefülltes Öl mit Einwegspritze (ggf. mit Schlauch) absaugen.

- Fahrzeug unbelastet auf ebenen Untergrund senkrecht stellen.
- Falls Fahrzeug mit Beladung auf Hauptständer steht, Fahrzeug so ausbalancieren, dass Vorderrad Boden berührt.
- Betriebswarmen Motor im Leerlauf tuckern lassen, bis Lüftermotor anspringt. Dann nochmals mindestens eine Minute laufen lassen.

! Ölstandkontrolle bei kaltem oder »halbwarmem« Motor ist irreführend!

- Falls Ölpegel unter Schauglasmitte liegt, Einfüllstutzen **1** Bild 1 mit Zündkerzenschlüssel aus Bordwerkzeug ausdrehen und bis Schauglasmitte auffüllen.
- Vom unteren bis zum oberen Rand des Schauglases werden etwa 0,4 Liter Öl aufgefüllt.
- Während des Fahrbetriebs kann der Ölpegel unter dem Schauglas (MIN) liegen!

Ölstandkontrolle GS bis 2003

👁 Ölpegel kann bei warmem Motor über Schauglas (Maximal) liegen.

1 Einfüllstutzen

3.12.2 Ölstandkontrolle CS und GS ab 2004

- Betriebswarmen Motor eine Minute im Leerlauf tuckern lassen, bis Lüftermotor anspringt.
- Fahrzeug unbelastet auf ebenen Untergrund stellen.
- Motor abstellen und Ölpeilstab ausdrehen (GS: Zündkerzenschlüssel aus Bordwerkzeug verwenden).

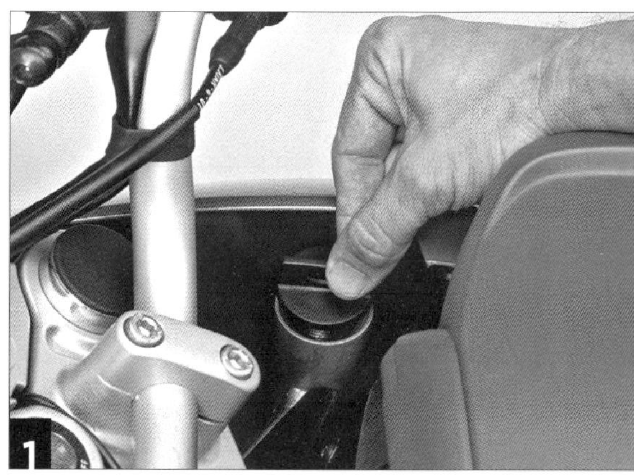

Ölstandkontrolle CS und GS ab 2004

- Ölpeilstab ausdrehen (im Bild CS).
- Ölpeilstab sauber wischen und wieder einstecken.

! Ölpeilstab nicht eindrehen, nur ansetzen (wie Bild).

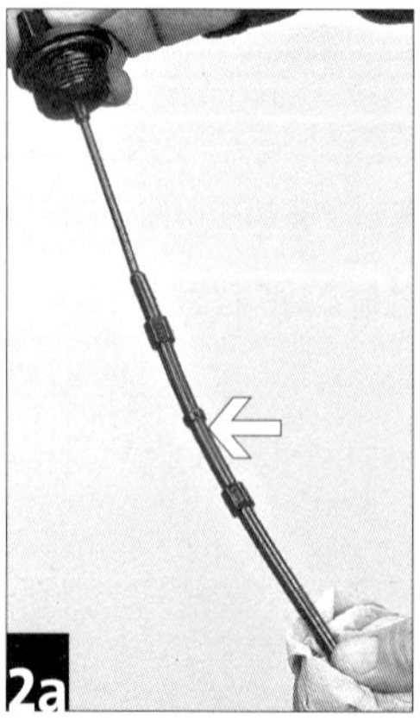

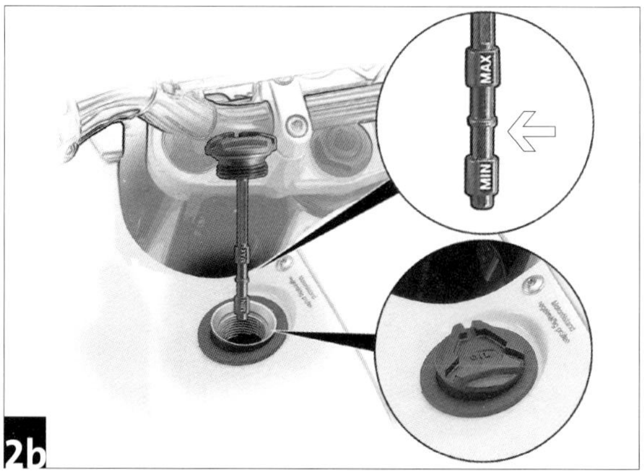

Ölstandkontrolle CS (2a) und GS ab 2004 (2b)

- Ölpeilstab wieder herausziehen.

👁 Ölpegel soll bei warmem Motor in der Mitte zwischen MIN und MAX liegen.

Öl einfüllen CS

- Öl mit Trichter (unter Sitzbank) bis Mitte Peilstab auffüllen.

3.12.3
Ölwechsel

! Alle 10000 Kilometer bedarf das Öl einer Erneuerung, mindestens aber einmal im Jahr.
! Im Rahmen des Ölwechsels auch Ölfilter wechseln.
! Motoröl bei betriebswarmer Maschine ablassen, damit sich Metallabriebsteilchen (auch die der Kupplung) noch in der Schwebe befinden und sich noch nicht abgesetzt haben.

BMW-Ölwechselset Nr. 11 11 7 658 311
- Das Ölwechselset enthält Filter, O-Ring (Ölfiltergehäuse) und Dichtscheiben für die Ablassschrauben (Tank und Motorgehäuse; ca. 15 Euro).

Ölwechsel GS
1 Befestigungsschraube
2 Befestigungsklammer
3 Ölablass am Öltank
Anzugsmoment mit neuer Dichtscheibe 21 Nm

3.12.4
Ölwechsel GS
Öltank

- Maschine sicher aufbocken.
- Linkes Cover abnehmen (Seite 54).
- Trichter und geeignetes Auffanggefäß (etwa 3 Liter Fassungsvermögen) unter Öltank-Ablassschraube platzieren.
- Ablassschraube **3** am Öltank lockern – noch nicht ausdrehen.
- Befestigungsschraube **1** und -klammern **2** ausbauen, Tank herausnehmen und nach links kippen.
- Ablassschraube **3** ausdrehen.
- Einfüllverschluss mit Zündkerzenschlüssel aus Bordwerkzeug ausdrehen, damit Öl schneller abfließt.

! Finger nicht am heißen Öl verbrühen!
Öl läuft erst im Schuss, nach einiger Zeit nur noch tröpfchenweise.
Geduldig warten, bis der letzte Tropfen den Weg ins Auffanggefäß gefunden hat.

Motorblock

- Motorschutz nach Ausdrehen der drei Befestigungsschrauben abnehmen (Seite 58).
- Maschine auf Seitenständer sicher abstellen.

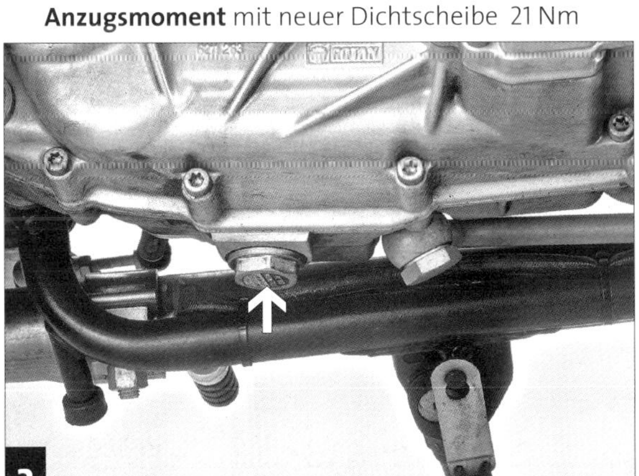

- Geeignetes Gefäß unter stellen, Ablassschraube ausdrehen und Öl geduldig austropfen lassen.
- Restöl kleckert bei senkrechter Maschine aus.
Anzugsmoment mit neuer Dichtscheibe 40 Nm

Füllmenge
Ölwechsel mit Filterwechsel 2,3 Liter

Klassifikation
SAE 10W40 oder 20W40
API-Klassifikation SF, SG oder SH

3 Wartung

3.12.5 Ölwechsel CS

Öltank

- Maschine auf Seitenständer abstellen, damit der Rahmen möglichst wenig bekleckert wird.
- Geeignetes Auffanggefäß (etwa 3 Liter Fassungsvermögen) unterschieben.
- Öleinfüllstopfen ausdrehen.
- Ablassschraube ausdrehen (Bild 4).

! Finger nicht am heißen Öl verbrühen! Öl läuft erst im Schuss, nach einiger Zeit nur noch tröpfchenweise. Geduldig austropfen lassen.

Motorblock

- Maschine auf Seitenständer sicher abstellen.
- Geeignetes Auffanggefäß unter Ablassschraube am Motorgehäuse unterschieben (Bild 3 Seite 89).
- Ablassschraube ausdrehen und Öl austropfen lassen.
- Ablassschrauben (Öltank und Motorblock) **nach Filterwechsel** eindrehen, siehe folgender Abschnitt.

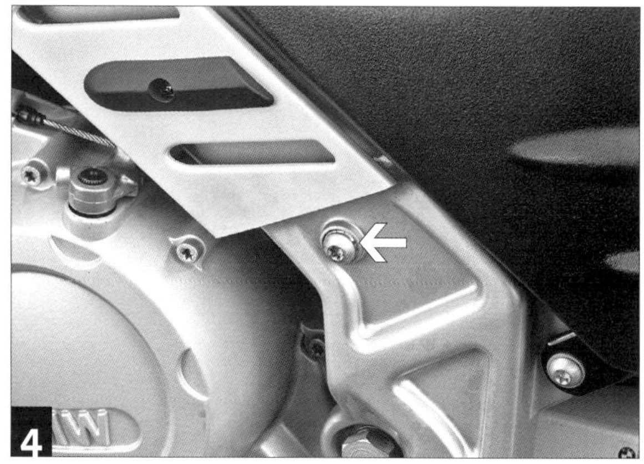

Ölwechsel CS

- Ablassschraube am Rahmenöltank ausdrehen. **Anzugsmoment** mit neuer Dichtscheibe 21 Nm

Füllmenge

Ölwechsel mit Filterwechsel 2,5 Liter

Klassifikation
SAE 10W40 oder 20W40
API-Klassifikation SF, SG oder SH

Synthetisches Öl
Grundsätzlich ist synthetisches Öl qualitativ höherwertig – und teurer – als mineralisches Öl. Allerdings hat BMW bei der CS Scarver ab 2002 noch darauf hingewiesen, kein synthetisches Öl zu verwenden, da damit das Durchrutschen der Kupplung befürchtet wurde. Dies hat sich in der Praxis nicht bestätigt.

3.12.6 Ölfilter

Der Ölfilter filtert kleinste Partikel aus dem Motoröl heraus. Sobald der Motor läuft, befindet sich das Öl in dauerndem Kreislauf vom Öltank zur Ölpumpe, durch den Filter zu seinen Schmierstellen, tropft dort ab in den Ölsumpf, um wieder angesaugt und in den Tank gepumpt zu werden.

- Öl ablassen (siehe oben).
- Maschine senkrecht sicher aufbocken.
- Auffangwanne für Lecköl unter Ölfilter stellen.
- Unterhalb des Ölfiltergehäuses befinden sich zwei Zapfen. Dort kann ein Ablaufblech (BMW-Nr. 11 7 511) eingehängt werden, damit das Restöl aus dem Filtergehäuse nicht über den Motorblock kleckert. Ablaufblech mit Trichter o. Ä. improvisieren (Bild 3 Seite 91).

- Motorritzeldeckel abnehmen:
- Drei TORX-Schrauben T30 ausdrehen. **Anzugsmoment** 10 Nm

2

Deckel-Ausbau
- Deckelschrauben ausdrehen.

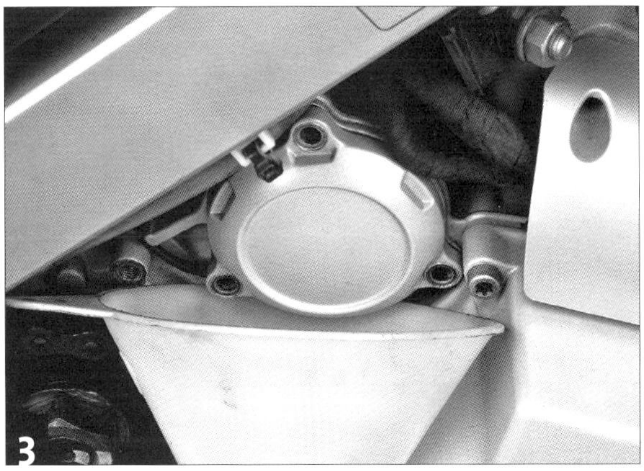

3

- Ablaufblech mit Trichter o. Ä. improvisieren.
- Deckel und Filter entnehmen.
- Gummiteile des neuen Filters einölen und Filter einsetzen.

4

Deckel-Montage
- Deckel mit neuem O-Ring (Pfeil; leicht geölt) einsetzen.
- Deckelschrauben schrittweise eindrehen **Anzugsmoment** 10 Nm

- Motoröl-Ablassschrauben mit so gut wie neuen Dichtungen in Öltank (21 Nm) und Motorgehäuse (40 Nm) eindrehen.
- Öltank mit zwei Litern Motoröl betanken und Verschluss aufschrauben.
- Motor eine Minute im Leerlauf tuckern lassen.
- 0,3 Liter (CS: 0,5 Liter) Öl in Tank nachfüllen.
- Ölstand wie auf Seite 88 beschrieben bei betriebswarmem Motor prüfen.

! Motoröl keinesfalls über Maximalpegel auffüllen!
! Altöl nicht »weggießen« (!), sondern an einer Sammelstelle (in jeder größeren Stadt zu finden) oder Tankstelle abliefern!
! Jeder Ölverkäufer ist zur Rücknahme von Altöl verpflichtet!

3.12.7
Filtersieb CS

Das Filtersieb am Zulauf zum Rahmenöltank wird einmalig beim ersten Pflegedienst bei Kilometerstand 10000 gereinigt, respektive 10000 Kilometer nach Motorüberholung.
- Motoröl aus Rahmentank ablassen (Seite 90).
- Als Erleichterung Klemmschraube des Ausrückhebels ausdrehen und Hebel von Welle abnehmen. Kupplungsseilzug aushängen (Kapitel 3.14 Seite 92).

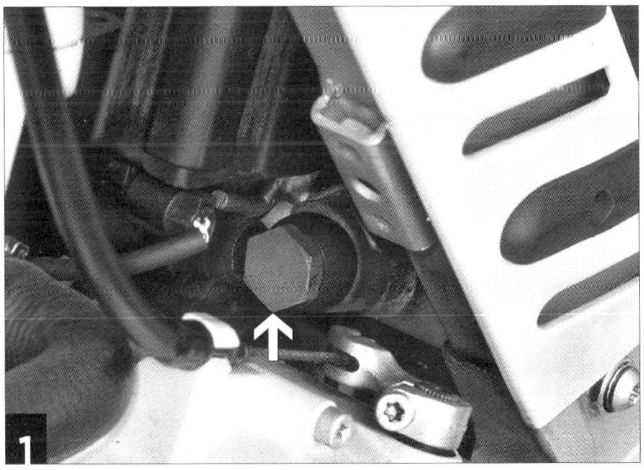

1

CS: Filtersieb mit Pressluft ausblasen
- Hohlschraube (Pfeil) ausdrehen.
- Ölleitung abnehmen und Filtersieb ausdrehen.

👁 Auf Verbleib der Dichtscheiben achten.

Einbau
- In umgekehrter Reihenfolge montieren.
- Sieb und Leitung mit neuen Dichtscheiben montieren.
  Anzugsmomente

Ausrückhebel-Klemmschraube	10 Nm
Filtersieb	80 Nm
Ölleitung	42 Nm

- Ggf. Kupplungsseilzug einhängen (Kapitel 3.14 Seite 92).

3 Wartung

3.13 Kupplung-Seilzugspiel prüfen und einstellen

Um zu verhindern, dass die Kupplung bei Belastung ungewollt durchrutscht, wird am Handhebel ein Sicherheitsspiel (Leerweg) eingestellt.

- Spiel zwischen Hebel und Armatur soll 1 – 2 mm betragen.
- Abdeckung **1** Zeichnung 1 abnehmen.
- Korrekturen mit Einstellschraube (Pfeil Bild 1) am Kupplungsseilzug nach Lockern der Gegenmutter vornehmen.
- 👁 Festsitz des Ausrückhebels auf der Verzahnung der Ausrückwelle kontrollieren.
- Handhebel am Drehpunkt regelmäßig mit Sprayöl behandeln, um die Leichtgängigkeit zu gewährleisten.

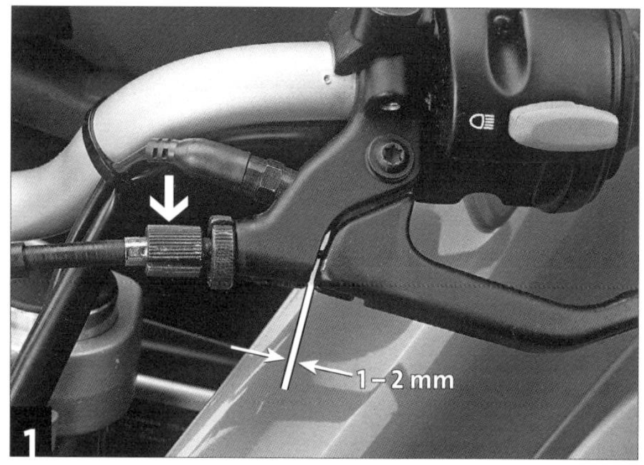

3.14 Kupplung-Seilzugwechsel

- Einbaulage/Verlegung des Seilzugs – besonders im Bereich des Lenkkopfs, des Kühlmittel-Ausgleichsbehälters und des Rahmenrohrs – notieren.
- Einsteller am Handhebel eindrehen (Bild 1).
- 👁 Schlitze von Einsteller, Gegenmutter und Armatur aufeinander ausrichten.
- Ausrückhebel mit passendem Gabelschlüssel nach vorn drücken (Bild 2).
- Seilzug aus Aufnahmen herausführen und Nippel aus Aufnahmen nehmen. Seilzug herausführen.
- 👁 Neuen Seilzug in möglichst großen Radien wie beim Ausbau notiert verlegen. Knicke vermeiden!
- Seilzugnippel gefettet oben in Handhebel einsetzen und in Schlitz von Armatur und Einsteller einführen.
- Hebelstellung am Motorgehäuse kontrollieren (Bild 3).
- Ausrückhebel mit passendem Gabelschlüssel nach vorn drücken und Nippel gefettet in Aufnahme am Hebel einsetzen (Bild 2).
- Seilzugspiel einstellen (s. o.).

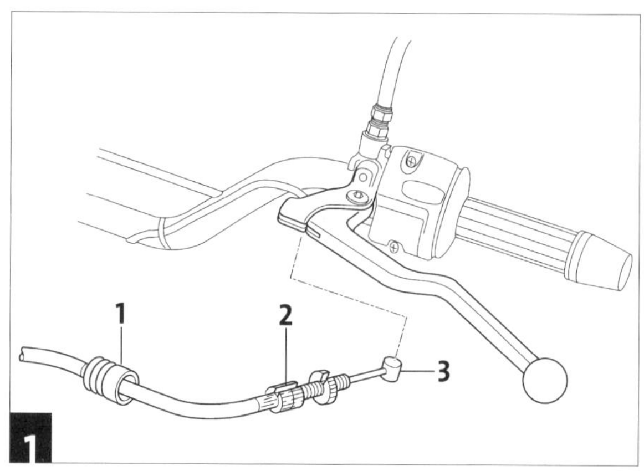

Kupplung-Seilzug
1 Abdeckung
2 Einsteller
3 Nippel

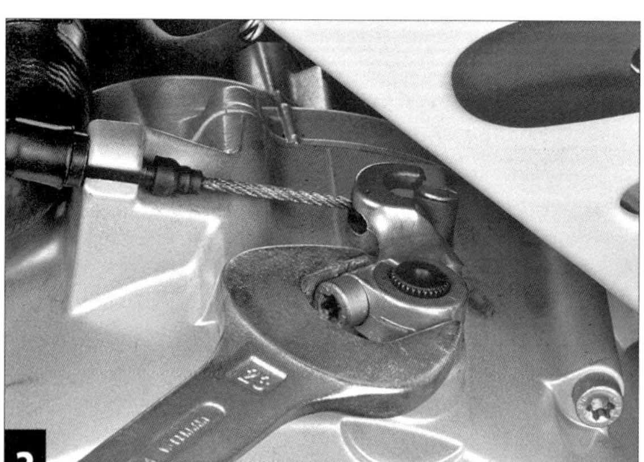

Seilzugwechsel

- Ausrückhebel mit Gabelschlüssel SW23 (oder SW24 aus Bordwerkzeug) nach vorn drücken und Seilzugnippel aushängen bzw. gefettet einsetzen.

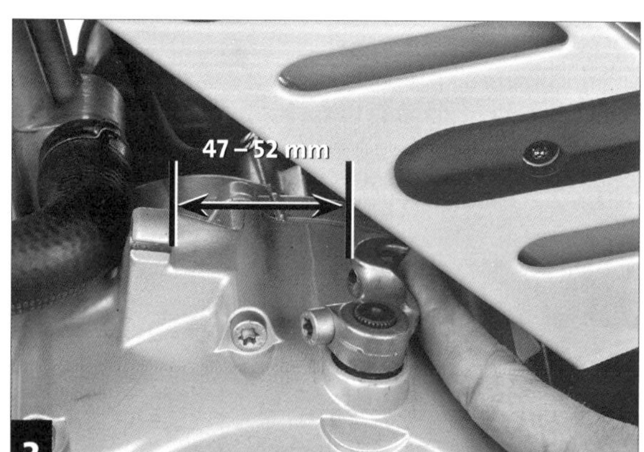

Hebelstellung

- Hebel nach vorn drücken, bis Druckpunkt spürbar ist.
- Abstand muss 47 – 52 mm betragen. Sonst Hebel abnehmen und so aufsetzen, dass sich o. g. Maß ergibt.

3.15
Kühlsystem

3.15.1
Kühlmittelstand

Kühlmittelstand GS
- Pegel durch Sichtfenster im Cover links prüfen.
- Ggf. Taschenlampe verwenden oder Cover abnehmen.

! Spritzer auf Haut und vor allem Augen sofort mit Wasser abwaschen.
- Kühlmittelstand alle 10000 Kilometer kontrollieren.
- Kühlmittelstand bei kaltem Motor kontrollieren.
- Maschine auf Hauptständer abstellen – sofern vorhanden. Andernfalls von Helfer Maschine senkrecht halten lassen.
- Pegel muss sich zwischen oberer (MAX) und unterer Markierung (MIN) befinden.
- Falls sich Kühlmittelstand unter der Minimum-Markierung befindet:
- **GS**: Cover/links abnehmen.

Das Kühlsystem ist ein geschlossenes System. Der Ausgleichbehälter dient zur Aufnahme des Kühlmittels, wenn es erwärmt wird und sich dann ausdehnt – und zur Kontrolle des Pegels.
Wenn das Kühlmittel wieder abkühlt und sich zusammenzieht, wird vom Ausgleichsbehälter wieder »abgesaugt«.

Kühlmittelstand CS
- Wartungsdeckel im linken Seitencover ausknöpfen.

- Ausgleichsbehälter mit einer Mischung aus weichem (entionisiertem/destilliertem) Wasser und handelsüblichem Frostschutzmittel für Leichtmetallmotoren und -kühler (Mischungsverhältnis 1:1) bis zur MIN-Markierung auffüllen.

! Nur nitritfreie Langzeit-Frost- und Korrosionsschutzmittel verwenden!

! Falls unterwegs »Notbefüllung« mit Leitungswasser (möglichst weiches Trinkwasser) vorgenommen werden muss, sobald wie möglich komplettes System mit geeignetem Kühlwasser durchspülen und neu befüllen.
Die im Leitungswasser gelösten Mineralien verursachen Ablagerungen und Korrosion der Kühlkanäle.

- Komplettes System bei gelegentlicher Verkleidungsdemontage und betriebswarmer Maschine im Leerlauf auf Dichtheit sichtprüfen und Festsitz der Schlauchschellen kontrollieren.
- Schmutz, der sich in den Kühlerlamellen festgesetzt hat, mit weichem (!) Wasserstrahl oder Druckluft von der Rückseite nach vorn herausspülen.

Kühlmittel-Qualität
- Spätestens im Herbst die Zusammensetzung des Kühlmittels prüfen, um ausreichenden Frostschutz zu gewährleisten.

3.15.2 Kühlmittelwechsel

- Kühlmittel alle zwei Jahre wechseln.
- Motorrad auf Seitenständer stellen.
- Cover/links abnehmen.
- Auffanggefäß unter Ablass stellen.
- Ablassschraube an der Wasserpumpe ausdrehen (Pfeil Bild 1).

Kühlmittel
Mischung aus weichem (entionisiertem/destilliertem) Wasser und handelsüblichem Frostschutzmittel für Leichtmetallmotoren und -kühler (Verhältnis 1:1).

Füllmengen

Kühlsystem gesamt	1,3 Liter
Ausgleichsbehälter	0,1 Liter

Kühlmittel-Ablassschraube an der Pumpe
Anzugsmoment mit neuer Dichtscheibe 10 Nm

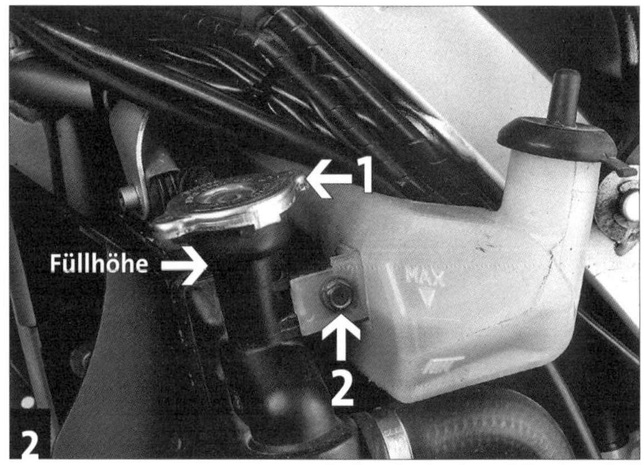

- Kühlerverschluss **1** abnehmen und Entlüfterventil öffnen (Bild 5), damit Kühlwasser abläuft.
- Befestigungsschraube **2** ausdrehen, Ausgleichsbehälter abnehmen und vollständig entleeren.

Kühlmittel ablassen
- Wasserschlauch vom Rahmen abnehmen (Schlauchschelle lockern) und Wasser aus Kühler ablaufen lassen. Großes Auffanggefäß bereithalten!

Kühlmittel einfüllen
- Ausgleichsbehälter einbauen (Nase am Behälter hinten greift in Aufnahme **1** Bild 4 ein) und Ablassschraube mit neuer Dichtung eindrehen (10 Nm).
- Schlauch vom Kühler wieder am Rahmen anbringen.
- Motorrad auf Hauptständer stellen, bzw. so aufbocken, dass es senkrecht steht.
- Passenden Schlauch auf Entlüfterventil aufstecken und im Auffanggefäß enden lassen (Bild 5).
- Entlüfterventil halbe Umdrehung öffnen.
- Kühler so weit befüllen, bis am Entlüfterventil Wasser ohne Luftblasen austritt. Dabei Wasserschläuche kneten.
- Entlüfterventil schließen (12 Nm) und aufgesteckten Schlauch abnehmen (Bild 5).
- Kühler bis Füllhöhe (Bild 2) auffüllen (etwa 1,2 Liter).
- Ausgleichsbehälter bis MIN auffüllen.
- Motor starten und kurz laufen lassen.
- 👁 Pegel kontrollieren und ggf. nachfüllen.

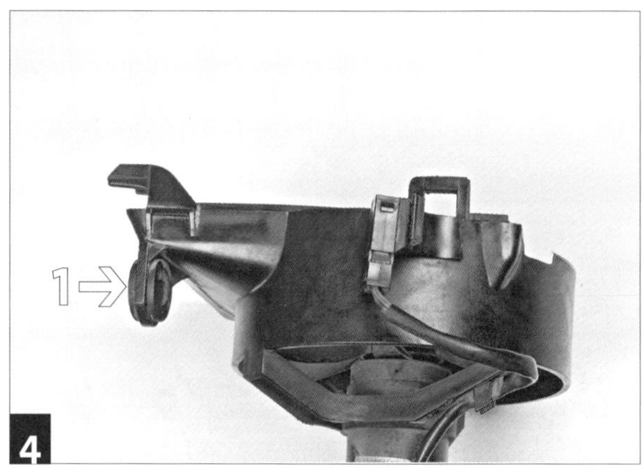

Ausgleichsbehälter montieren
- 👁 Nase an Ausgleichsbehälter greift in Gummimuffe **1** am Gehäuse des Lüftermotors ein.

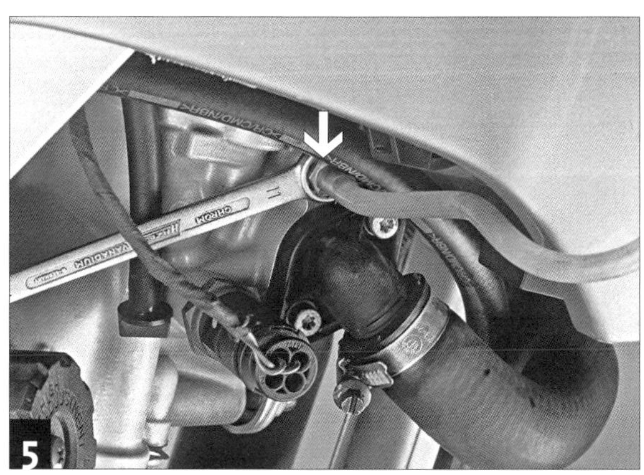

Entlüfterventil am Zylinderkopf
Anzugsmoment 12 Nm

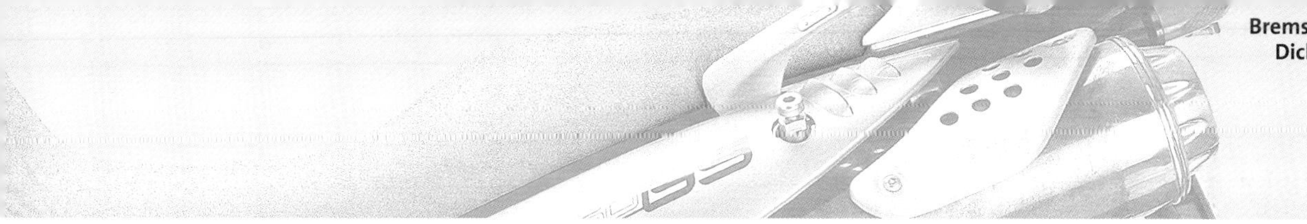

Bremsscheibendicke prüfen

- Dicke der Bremsscheibe an mehreren Stellen (etwa alle 90°) mit Mikrometer kontrollieren.
- Messschieber Genauigkeit genügt.

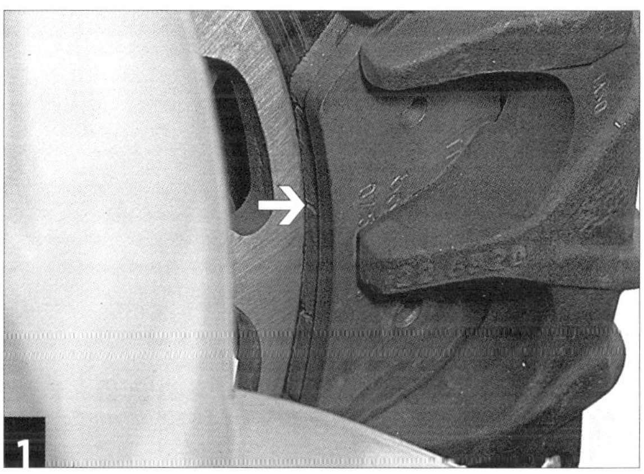

Belagdicke/vorn sichtprüfen

- Beläge spätestens wechseln, wenn sie bis zum Grund der Verschleiß-Anzeigenuten aufgebraucht sind.
  Verschleißgrenze 1 mm

Belagdicke/hinten sichtprüfen

- Beläge wechseln, wenn sie bis zum Grund der Verschleiß-Anzeige (Abschrägung) aufgebraucht sind.
  Verschleißgrenze 1 mm

3.16
Bremsbeläge und -scheibe

Auf die Wirkung der Bremsanlage der BMW-Einzylinder ist Verlass.

! Damit das so bleibt, sollten Wartungsarbeiten an der Bremshydraulik nur bei fundierten Vorkenntnissen vorgenommen werden.

! Beim geringsten Zweifel am eigenen Können und bei Maschinen, die mit ABS ausgerüstet sind, ist die Fachwerkstatt die bessere Wahl.

3.16.1
Dicke der Bremsscheibe

! Eine unterschiedlich dicke Bremsscheibe verursacht Bremsrubbeln (→ schlechte Dosierbarkeit).

! Eine zu dünne Bremsscheibe kann die Wärme nicht mehr ausreichend abführen und sich dadurch verziehen oder gar brechen.

Verschleißgrenze
vorn/hinten 4,5 mm

- Verschlissene oder beschädigte Bremsscheiben wechseln wie ab Seite 200 beschrieben.

3.16.2
Belagkontrolle

Auch die beste Bremse funktioniert nur mit ordentlichen Belägen. Deshalb regelmäßig die Belag stärken kontrollieren.

- Bremspedal/-hebel betätigen, damit Beläge an Bremsscheibe anliegen.

! Im Zweifelsfall Beläge lieber zu früh als zu spät mit zerschrappter Bremsscheibe wechseln!

! Bremsbeläge nur im Satz auswechseln, auch wenn nur ein Belag (je Sattel) die Verschleißgrenze erreicht hat.

3.16.3 Belagwechsel

- Vor Ausbau der alten Bremsklötze Bremssattel von Hand gegen Bremsscheibe drücken, um Platz zu schaffen für neue dicke Klötze.
  Dabei erhöht sich zwangsläufig der Pegel im Vorratsbehälter (Überlaufgefahr).
- ! Falls Pegel über MAX steigt, Bremsflüssigkeit mit Einwegspritze o. Ä. absaugen.
- ! Bei ausgebautem Bremssattel/-belägen Pedal oder Hebel nicht betätigen, damit Kolben nicht herausfahren.

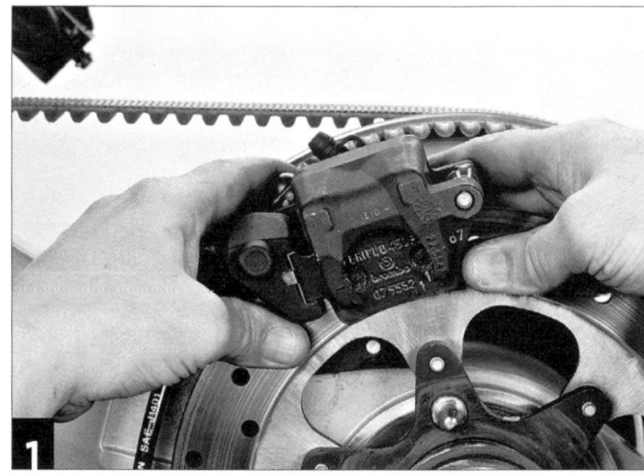

Belagwechsel
- Bremssattel mit der Kolbenseite von Hand gegen Bremsscheibe drücken.

3.16.4 Belagwechsel vorn

- Sicherungssplint **1** Bild 2 abziehen und Belagstift mit passendem Dorn von außen nach innen austreiben.
- Beläge nach unten aus Bremssattel herausnehmen. Alternativ können die Beläge auch bei abgenommenem Bremssattel herausgenommen werden.

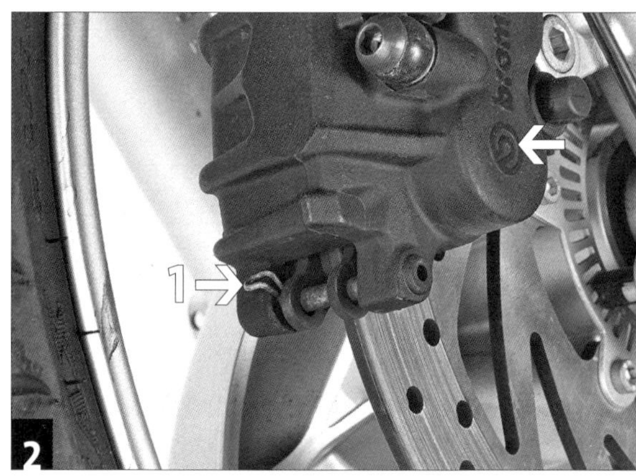

Belagwechsel vorn
- Bremssattel mit der Kolbenseite von Hand gegen Bremsscheibe drücken (Pfeil).

1 Sicherungssplint

- Bremssattel vom Gabelholm abnehmen (im Bild CS).
  Anzugsmoment 41 Nm

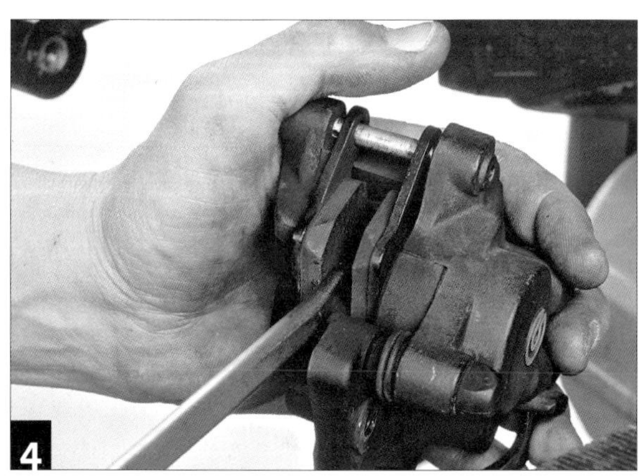

- Ggf. Kolben mit alten Belägen – oder bei ausgebauten Belägen mit geeignetem Hartholzstück – in Sattel zurückdrücken.
- Beläge entnehmen.

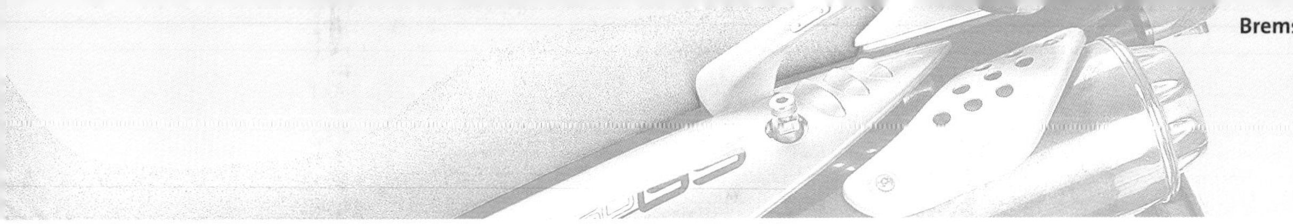

3.16.4
Belagwechsel vorn
Fortsetzung

- Bremssattel innen mit Bremsenreiniger säubern, insbesondere die Laufflächen der Bremssattelkolben.

- Belagfeder auf korrekten Sitz prüfen (eingestanzter Pfeil weist in Drehrichtung) und Beläge einsetzen.
- Bremssattel am Gabelholm befestigen (41 Nm).
- Stift eintreiben und mit Splint sichern.

! Am Hebel pumpen, bis die Beläge an der Bremsscheibe anliegen und Druckpunkt klar spürbar ist. Erst dann ist System betriebsbereit!

3.16.5
Belagwechsel hinten

- **CS**: Schalldämpfer abbauen (Seite 139).
- Bremssattel mit der Kolbenseite von Hand gegen die Bremsscheibe drücken (Bild 1 Seite 96).

Belagwechsel hinten
- Bremssattel mit der Kolbenseite von Hand gegen Bremsscheibe drücken (Bild 1 Seite 96).
- Sicherungssplint abziehen.

- Belagstift mit passendem Dorn (Pfeil) austreiben. (Wie zu sehen etwas trickreich bei der CS.)

- Beläge nach hinten entnehmen.

- **GS:** Belag mit Belagblech an Kolbenseite anbringen.
- Beläge in Bremssattel einsetzen.
- Belagstift eintreiben und mit Splint sichern.

! Am Pedal pumpen, bis die Beläge an der Bremsscheibe anliegen und der Druckpunkt klar spürbar ist. Erst dann ist System betriebsbereit!

3.16.6
Bremssattel-Führungszapfen fetten

Auch wenn es kein »regulärer« Wartungspunkt ist: Das jährliche Fetten der Führungszapfen der Schwimmsattel-Bremssättel erhält deren Beweglichkeit, und damit die Bremskraft!

- Bei gelegentlichem Bremssattel-Ausbau (dazu muss bei der GS hinten das Rad ausgebaut werden) Sattel von den Führungszapfen abziehen.
- Führungszapfen säubern und frisch fetten (Silikonfett).

Führungszapfen der Bremssättel

- Etwa einmal im Jahr Führungszapfen (Pfeile) fetten.

3.17
Bremsflüssigkeit

! Nur Bremsflüssigkeit der Qualität DOT 4 verwenden!

! Wartungsarbeiten an der Bremshydraulik nur bei fundierten Vorkenntnissen vornehmen.

! Beim geringsten Zweifel am eigenen Können und bei Maschinen, die mit ABS ausgerüstet sind, ist die Fachwerkstatt die bessere Wahl.

- Bremshebel betätigen, bis Druckpunkt deutlich spürbar ist (Druck aufbauen).

! Falls dazu mehr als der halbe Hebelweg oder gar »Nachpumpen« notwendig ist, ist Entlüften des Hydrauliksystems dringend angeraten.

- Lenker so einschlagen bzw. Fahrzeug so aufbocken (Hinterradbremse), dass Bremsflüssigkeits-Behälter waagrecht steht.

◉ Am Bremsflüssigkeits-Behälter Pegelstand kontrollieren.

- Falls sich Pegel unterer LOWER-Markierung nähert, zuerst Belagstärke der Bremsklötze kontrollieren (Bremsbelagverschleiß wird mit nachfließender Hydraulikflüssigkeit ausgeglichen).

! Das Volumen der Bremsflüssigkeit im Ausgleichsbehälter reicht aus, um die Beläge von »neu« bis zur Verschleißgrenze unter Druck zu setzen.

- Falls Bremsbeläge nicht abgenutzt sind und wenn Flüssigkeitsstand rasch absinkt, komplettes System unter Druck setzen und nach Undichtigkeiten – hier vor allem die Schlauchanschlüsse – absuchen. Leckagen sofort beseitigen (neue Dichtringe einsetzen und entlüften)!
- Lumpen für verkleckerte Bremsflüssigkeit bereithalten.
- Beim Öffnen des Deckels muss Behälter waagrecht stehen, damit keine Bremsflüssigkeit überschwappt, die sich sehr aggressiv verhält und Lack angreift.

! Verkleckerte Bremsflüssigkeit sofort abwischen!

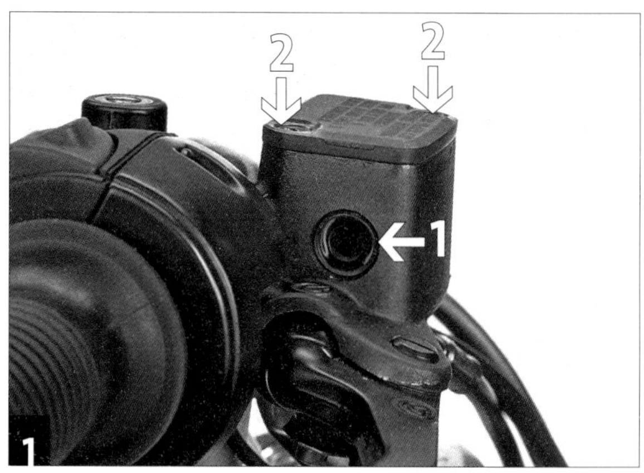

Bremsflüssigkeitsbehälter vorn

◉ LOWER-Stand (MINIMUM) ist erreicht, wenn Luft im Kontrollfenster **1** sichtbar.

2 Deckelschrauben

! Es dürfen keine Fremdkörper in das System oder den Ausgleichsbehälter gelangen!

- Da sich Bremsflüssigkeit hygroskopisch verhält, also Wasser anzieht, muss Behälter immer gut verschlossen sein (der Siedepunkt sinkt und führt so zu Dampfblasenbildung → Luft im Hydrauliksystem).
- Zum Nachfüllen vorn Deckelschrauben ausdrehen und Deckel abnehmen (hinten Deckel ausdrehen).
- Deckel mit Führungsstück und Gummimembran abnehmen.
- Pegelstand bis zur oberen MAX-Markierung auffüllen (Bild 3 Seite 99).
- Deckel mit einwandfreier Membran montieren.
  Anzugsmoment Deckelschrauben (2 Stck.) 2 Nm

Bremsflüssigkeitsbehälter hinten
→ MIN-Stand (MINIMUM; Pfeil)
- MAX-Markierung ist ebenfalls beschriftet

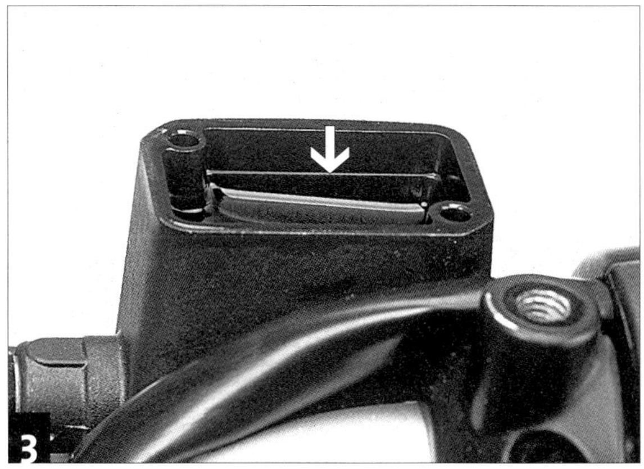

Bremsflüssigkeitsbehälter vorn
- MAX-Markierung ist der Gussabsatz (Pfeil).

Bremse entlüften
Anzugsmoment 7 Nm

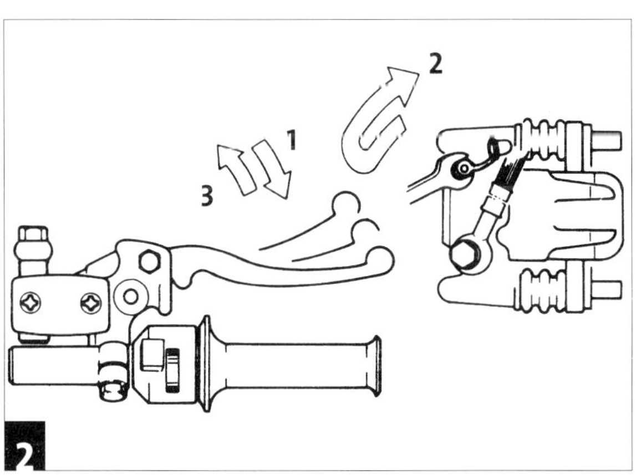

Hydrauliksystem entlüften
1 Hebel/Pedal anziehen.
2 Ventil öffnen (1/3 Umdrehung) und wieder schließen.
3 Hebel/Pedal herauslassen.

3.17.1
Bremsflüssigkeit wechseln und entlüften

! Einmal im Jahr Bremsflüssigkeit erneuern und System entlüften.
- Fahrzeug sicher aufbocken.
- Deckel des Bremsflüssigkeitsbehälters samt Membran abnehmen (Bild 1 Seite 98).
- Kolbenseite des Bremssattels von Hand gegen Bremsscheibe drücken, damit der Raum für die alte Bremsflüssigkeit möglichst klein wird. Dabei erhöht sich zwangsläufig der Pegel im Vorratsbehälter.
- Alte Bremsflüssigkeit mit Einwegspritze o.Ä. absaugen, damit nicht die komplette alte Flüssigkeit durch die Leitung durchgepumpt werden muss. Dabei darauf achten, dass Nachlaufbohrung am Boden des Vorratsbehälters nicht »trocken läuft« und immer mit Bremsflüssigkeit bedeckt bleibt.
- 8 mm-Ringsschlüssel und passenden, durchsichtigen Schlauch über das Entlüftungsventil am Bremssattel (hinten wie vorn) stülpen. Schlauch im Auffanggefäß enden lassen (Bild 1).
- Bei geöffnetem Entlüftungsventil kann es vorkommen, dass Bremsflüssigkeit am Gewinde des Entlüftungsventils austritt. Deshalb Putzlappen zum sofortigen Abwischen der Bremsflüssigkeit bereithalten, die keinesfalls auf Bremsbeläge oder -Scheibe gelangen darf (ähnliche Wirkung wie Öl auf Bremsbelägen!).
- Behälter mit frischer Flüssigkeit auffüllen.
- Bremshebel anziehen (bei Luft in der Leitung gegebenenfalls mehrmals pumpen, bis Druck im System aufgebaut ist) und Entlüftungsventil mit 1/4 bis 1/3 Umdrehung gegen Uhrzeigersinn öffnen. Am Ende des Pumpvorgangs Hebel gezogen halten und Entlüftungsventil schließen.
Anzugsmoment 7 Nm

! Das Entlüften einer ABS-Bremsanlage ist der BMW-Werkstatt vorbehalten! Andernfalls besteht die Gefahr, dass Restluft im Regelkreis des ABS-Systems verbleibt!

→

3 Wartung

3.17.1
Bremsflüssigkeit wechseln und entlüften
Fortsetzung

- Pumpbewegungen am Bremshebel fördern so Flüssigkeit zum Auffanggefäß.
- Schön langsam pumpen. Hebel zwischendurch immer einige Sekunden in Ruhestellung belassen, um zu gewährleisten, dass sich System luftfrei füllt.
- Hebel wieder anziehen und sobald Druckpunkt spürbar, Ventil wieder öffnen und schließen wie Seite 99 beschrieben.
- Währenddessen in Behälter Bremsflüssigkeit nachgießen, damit keine Luftbläschen ins System gelangen können (sobald Nachlaufbohrung frei ist, gelangt Luft in Leitung). So wird mit neuer Bremsflüssigkeit die alte weggespült.
- Tritt am Entlüftungsventil keine Luft bzw. trübe alte Bremsflüssigkeit mehr aus, wie beschrieben Bremshebel/-pedal noch einmal langsam anziehen und gleichzeitig Entlüftungsventil schließen.
- Mit neuen Belägen Bremsflüssigkeit bis MAX auffüllen und Behälter mit Deckel schließen.

TIPP
Eine Erleichterung kann darin bestehen, den Lenker so einzuschlagen, dass die Nachlaufbohrung der Pumpe am höchsten Punkt steht und der Pumpenzylinder außen nach oben steht.
Dann kann mit leichtem Hebeldruck (Hebel nicht ganz anziehen) »nach oben« entlüftet werden (Luftbläschen treten durch Nachlaufbohrung im Ausgleichsbehälter nach oben aus).
- In hartnäckigen Fällen auf den Verlauf der Schläuche achten und auf eventuelle Luftpolster kontrollieren.

3.18
Bremslichtschalter

Das Ansprechverhalten der Bremslichtschalter kann nicht eingestellt werden (Ausnahme: Grundeinstellung des CS-Pedal/Schalters wie ab Seite 197 beschrieben).
Es wird lediglich die Funktion geprüft.
- Leuchtmittel auf Funktion prüfen.
- Zur Prüfung des Schalters betreffenden Stecker trennen (Bilder 2, 3, 6 und 7 Seite 101).
- Mit Messgerät zwischen den Anschlüssen am Stecker Durchgang/Widerstand kontrollieren.
- ! In Ruhestellung des Hebels/Pedals darf kein Durchgang bestehen.
- ! Bei Betätigung muss Durchgang bestehen.
- Defekte Schalter erneuern.

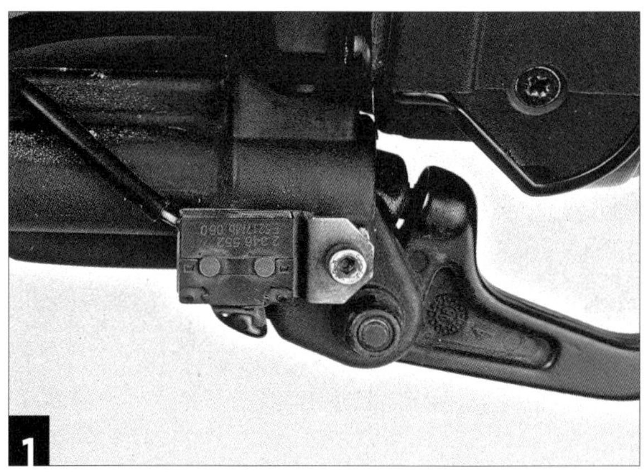

GS & CS: Bremslichtschalter vorn
Anzugsmoment Befestigungsschraube 4 Nm

GS Stecker des Bremslichtschalters vorn
- Einbaulage Steckerbox hinter Lenkkopf. Kabelfarben: grün-gelb/grün-weiß – grün-schwarz/grün-rot

CS Stecker des Bremslichtschalters vorn
- Einbaulage rechts hinter Lenkkopf.

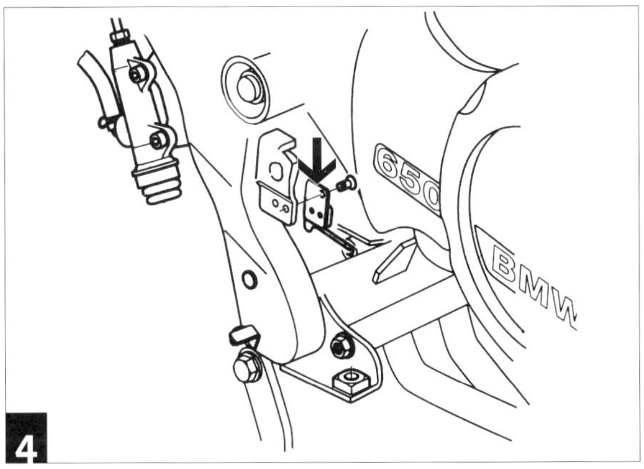

4

GS Bremslichtschalter hinten
Anzugsmoment Befestigungsschraube 4 Nm

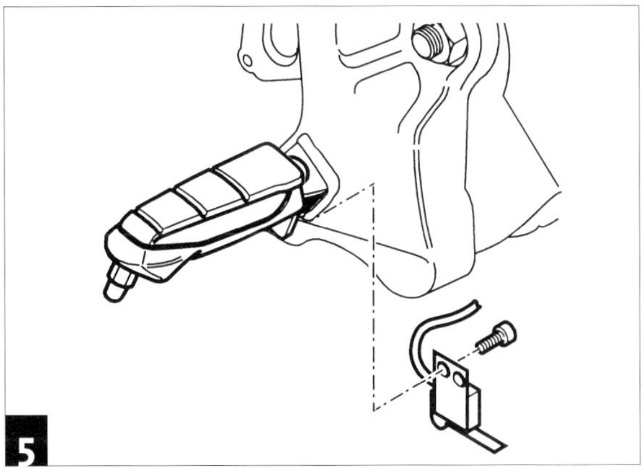

5

CS Bremslichtschalter hinten
Anzugsmoment Befestigungsschraube 4 Nm

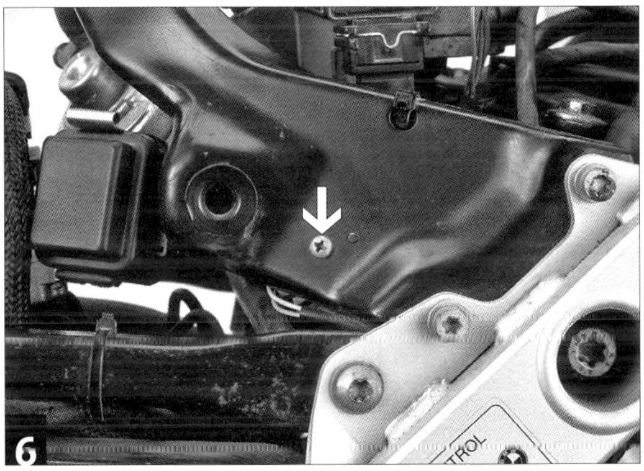

6

GS Befestigungsschraube des Bremslichtschalter Steckers hinten

- Schraube ausdrehen, Stecker freilegen und trennen.
  Anzugsmoment 4 Nm

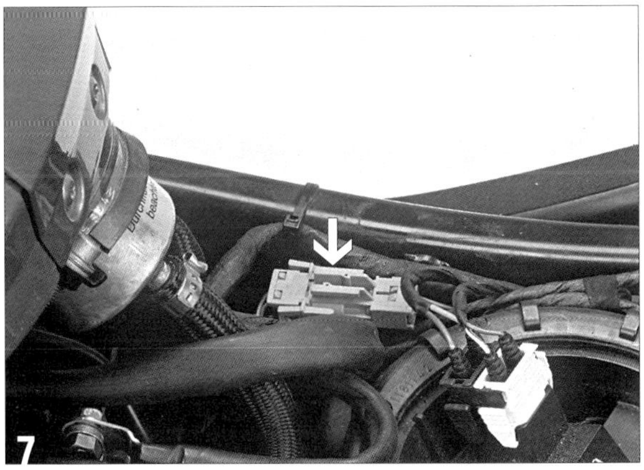

7

CS Stecker des Bremslichtschalters hinten

- Einbaulage: Unter der Sitzbank

3.19
Seitenständer

- Seitenständer bei Pflegedienst und Inspektion an der Schmierstelle **1** Bild 1 mit Fettpresse abschmieren, bis frisches Fett austritt.
- Überschüssiges Fett/Öl abwischen.
- Federlager gezielt mit Sprühöl behandeln.
- Ausleger auf leichtes Zurückschwingen prüfen (Ständer muss zügig einklappen).

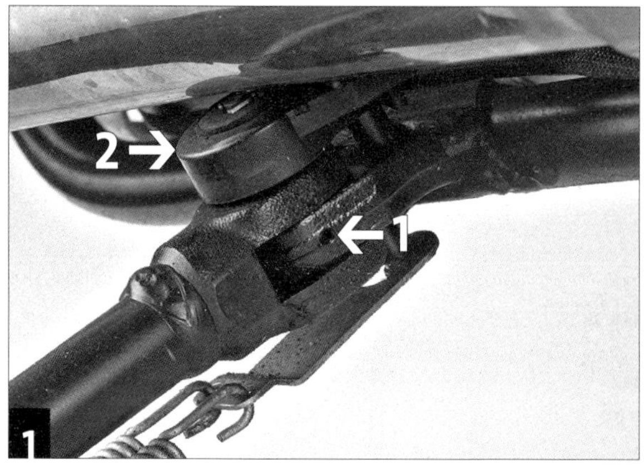

1

Seitenständer
1 Schmierstelle
2 Schalter

3.19.1
Seitenständer-Schalter

Ein versehentlich ausgeklappter Seitenständer kann im Fahrbetrieb die fatalsten Stürze verursachen.
Aber auch das schlichte Verweigern des Startvorgangs kann auf mangelnde Wartung des Schalters zurückzuführen sein.
Deshalb und wegen der exponierten Lage des Schalters ist seine regelmäßige Funktionsprüfung und Wartung so wichtig.

Falls die Prüfungen zu keinem Ergebnis führen, auch die Dioden (Seite 189 bzw. 191) gegen bekanntermaßen funktionierende Exemplare auswechseln!

Schalter-Prüfung 1
- Getriebe auf NEUTRAL schalten, Seitenständer ausklappen, Kupplung ziehen und Motor starten.
- Gang einlegen.

➔ Motor muss ausgehen.

Schalter-Prüfung 2 (Gegenprobe)
- Seitenständer einklappen, Getriebe auf NEUTRAL schalten und Motor starten.
- Kupplung ziehen und Gang einlegen.
- Seitenständer ausklappen.
- Kupplung vorsichtig ausrücken lassen.

➔ Motor muss ausgehen.

! Defekten Schalter umgehend erneuern!

Schalter-Prüfung 3 (Messung an den Schaltersteckern)
- Siehe Bilder 3 und 4 Seite 103.
- Seitenständer ausgeklappt:
  Durchgang zwischen weißem und rotem Kabel
- Seitenständer eingeklappt:
  Durchgang zwischen weißem und braunem Kabel

Im Verbund mit dem Seitenständer-Schalter arbeitet neben dem Kupplungsschalter auch der NEUTRAL-Anzeigeschalter.
Dieser muss natürlich auch richtig funktionieren, d.h. das grüne Anzeigelämpchen muss bei Getriebestellung NEUTRAL eben aufleuchten. Andernfalls Leuchtmittel (Lämpchen) und Verkabelung prüfen.

3.19.2
Kupplungsschalter

Um sicherzugehen, dass nicht ein defekter Kupplungsschalter (am Handhebel) die Testbedingungen verfälscht hat, Stecker des Schalters in der Elektrik- und Stecker-Box (CS Bild 5 Seite 231) trennen und am Stecker Stromdurchgang prüfen:
- Kupplungshebel gezogen: Stromdurchgang.
- Kupplungshebel in Ruhestellung: Kein Stromdurchgang.

! Defekten Schalter umgehend erneuern!

2

GS Kupplungsschalter-Stecker
- CS-Stecker siehe Bild 5 Seite 231 (Elektrik- und Stecker-Box).

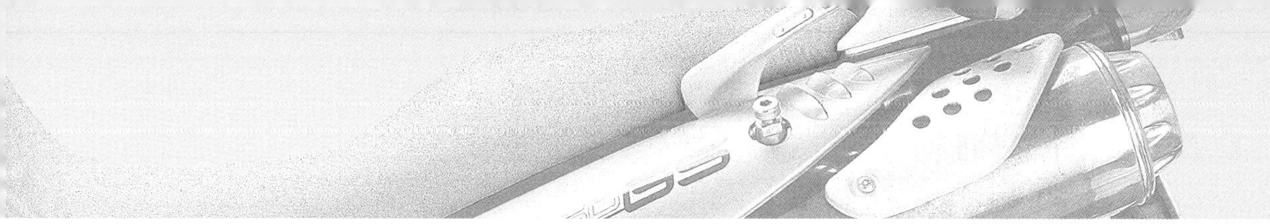

Ausbau Seitenständer-Schalter

- **GS**: Motorschutz abnehmen (Bild 1 Seite 58).
- Stecker **1** trennen und Kabel freilegen (Kabelbinder mit Seitenschneider trennen; Bild 3).
- **GS**: Lambdasondenstecker ausclipsen.
- Rahmenunterzug ausbauen (Kapitel 14 Seite 174/175).
- **CS**: Steckerabdeckung abnehmen und Stecker trennen (Bild 4). Kabel freilegen.
- **CS**: Splint entfernen und Schalter anheben.
- **GS**: Sicherungsring abziehen und Schalter anheben.
- In umgekehrter Ausbaureihenfolge gut gefettet einbauen.
- **CS**: Mit neuem Splint sichern.
- **GS**: Sicherungsring muss sicher einrasten.

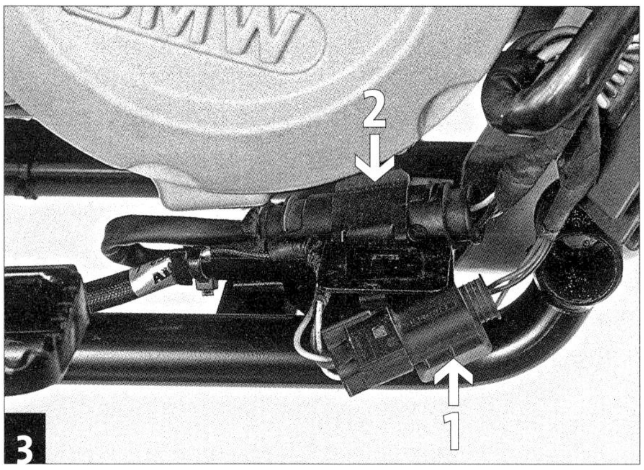

GS Stecker des Seitenständers
1 Seitenständerstecker
2 Lambdasondenstecker

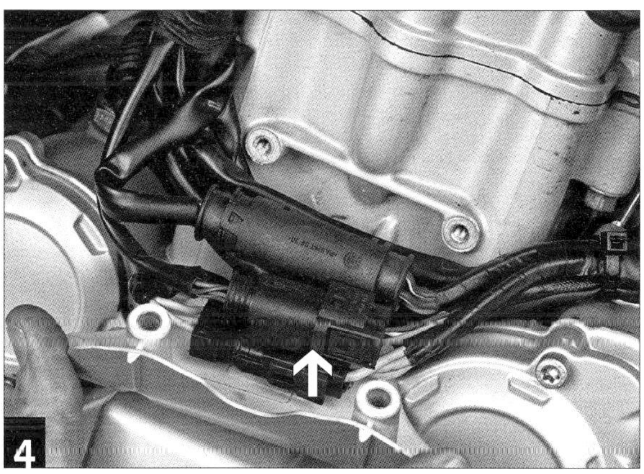

CS Stecker des Seitenständers
Anzugsmoment der Deckelschrauben 9 Nm

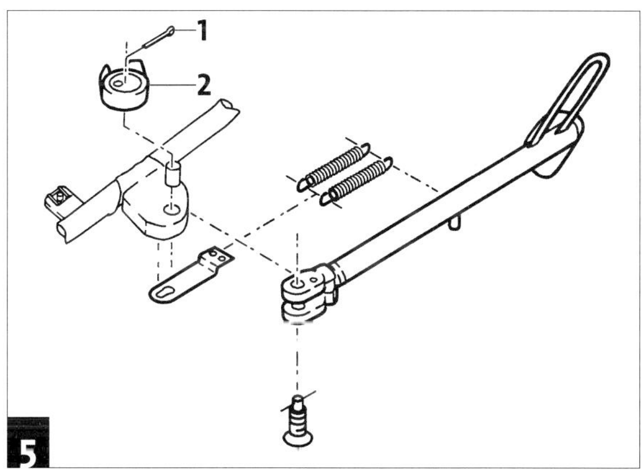

Seitenständer und -Schalter
1 Splint (GS: Sicherungsring)
2 Schalter

3.20
Hauptständer

Wie bereits im Vorwort erwähnt: Der Hauptständer gehört zur Grundausrüstung der Maschinen, auch wenn der für die CS nicht beim BMW Motorrad Partner zu bekommen ist.

- Ständerfedern auf Beschädigung und Spannungsverlust untersuchen (Ständer muss zügig einklappen).
- Schmierstellen des Ständers mit Fettpresse abschmieren, bis seitlich frisches Fett austritt.

Hauptständer

- Federn auf Beschädigung und Spannungsverlust (zügiges Einklappen) prüfen.
- Schmierstellen (Pfeile)

3 Wartung

3.21 Lenkkopflager

3.21.1 Lenkkopflager prüfen

Wenn es beim kurzen Antippen der Vorderradbremse verdächtig im Lenker knackt, dann hat das Lenkkopflager zu viel Spiel.

! Ein zu locker eingestelltes Lager verursacht Pendeln bei höheren Geschwindigkeiten.

! Ein zu strammes Lager verursacht Pendeln bei niedrigen Geschwindigkeiten.

- Lenkkopflager prüfen:
- Maschine mit Wagenheber o. Ä. so aufbocken, dass Vorderrad freikommt.
- Lenker von Anschlag zu Anschlag schwenken und auf ungleichmäßige Bewegung oder Rastung in Lenkbewegung achten. Darauf achten, dass Seilzüge oder Kabelstränge Lenkereinschlag nicht behindern.
- Falls sich der Lenker ungleich bewegt, schleift oder Vertikalspiel aufweist, Lager nachstellen.
- Rastet Lenker in Mittelstellung ein, ist Lenkkopflager defekt, Lager ersetzen (ab Seite 214).
- Falls Lager beim Vor- und Zurückdrücken der Tauchrohre knackt (Vertikalspiel bei freiem Vorderrad prüfen), Lager nachstellen.

! Das Knacken der Tauchrohre kann natürlich auch von ausgeschlagenen Gleitbuchsen der Gabel herrühren, tritt aber erst bei extrem hoher Laufleistung auf und ist sehr selten.

- Zur Probe beim Hin- und Herdrücken der Gabel einmal Tauch- und Standrohr mit einer Hand umfassen und auf Spiel kontrollieren, ein weiteres Mal Spiel zwischen Lenkkopf und oberer Gabelbrücke durch Erfassen erfühlen.
- Gegebenenfalls Lager einstellen oder erneuern.

Maschine aufbocken
- Maschine so aufbocken, dass Vorderrad freikommt

Lenkkopflager prüfen
- Vor- und Zurückdrücken der Tauchrohre

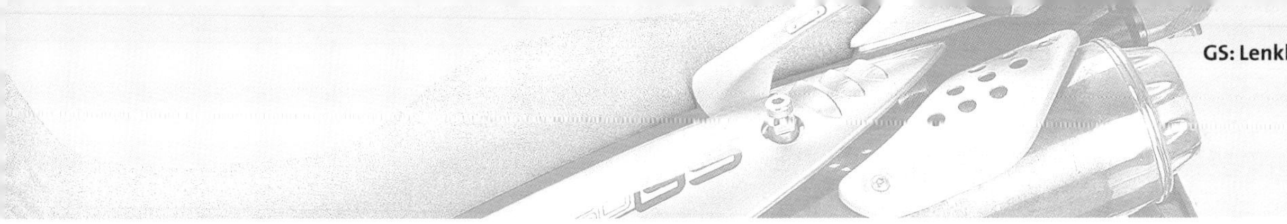

3

3.21.2
F 650 GS: Lenkkopflager einstellen

! Instrumente und Verkleidung mit alter Decke o. Ä. vor Kratzern und Lackschäden schützen.

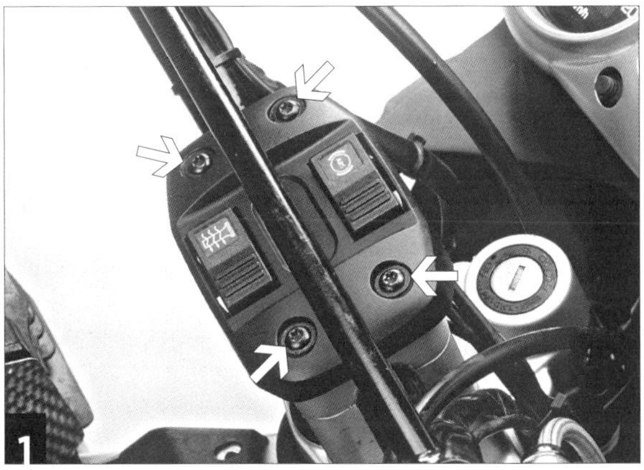

1

Prallplatte
- Prallplatte abnehmen (vier Befestigungsschrauben). **Anzugsmoment** 9 Nm

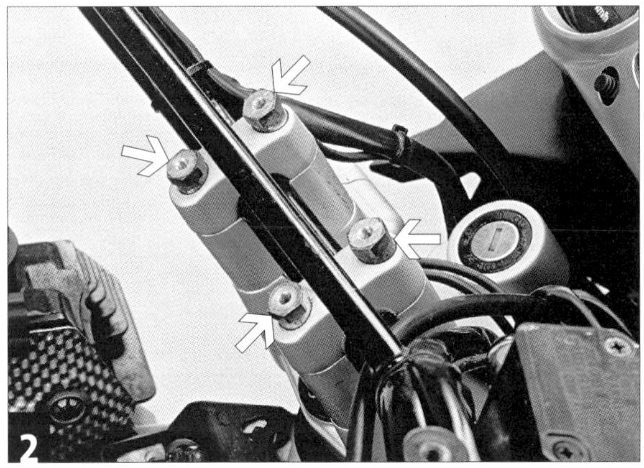

2

Lenkerklemmschrauben
- Vier Lenkerklemmschrauben ausdrehen. Lenker abnehmen und nach vorn auf Frontverkleidung ablegen. Lenker mit Gummispanner o. Ä. sichern.

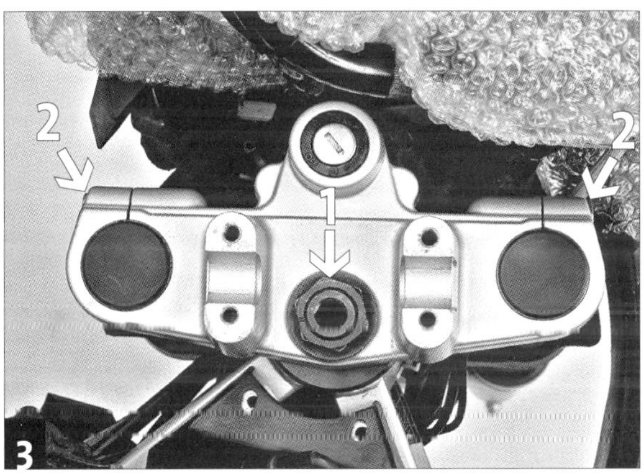

3

Obere Gabelbrücke
- Gegenmutter **1** ausdrehen.
- Standrohr-Klemmschrauben **2** lockern und obere Gabelbrücke mit Zündschloss abnehmen.

4

Gegenrohr
- Gegenrohr mit Innensechskant SW8 ausdrehen.

5

Rändelmutter
- SW32-Nuss mit 4 mm breiter Trennscheibe und Winkelschleifer zum Spezialwerkzeug umgerüstet.

- Rändelmutter lockern, dann mit 25 Nm wieder anziehen.
- BMW-Mechanikern steht das Spezialwerkzeug 31 6 521 (Bild **1** Seite 50) zur Verfügung.
  Wir Hobbymechaniker müssen dazu eine Nuss SW32 anflexen und die Rändelmutter mit zwei 4-mm-Stiften versehen (Bild 5).
- Gabel zweimal von Anschlag zu Anschlag schwenken und auf Linksanschlag stehen lassen.

→

3.21.2
GS Lenkkopflager einstellen
Fortsetzung

- Lenkkopflager folgendermaßen wieder lockern: Am Umfang des Verriegelungsblechs 40 mm langen Klebestreifen **1** Bild 6 (entspricht einem Drehwinkel von 60°) anbringen.
  An der Nuss SW32 zum Anziehen der Rändelmutter mit Draht o. Ä. einen Zeiger so anbringen, dass er auf rechten Anfang des Klebestreifens weist (Bild 6).
  Rändelmutter bis zum Ende des Klebestreifens nach links drehen (lockern), bis Zeiger auf linkes Ende des Klebestreifens weist. Klebestreifen entfernen.
- Auflageflächen an Gabelbrücke und Rundmutter auf Aufwerfungen und Grate prüfen. Gegebenenfalls mit Ölstein abziehen und reinigen.
- Gegenrohr festziehen und obere Gabelbrücke aufsetzen.
- Gabelklemmschrauben (23 Nm) und Gegenmutter (65 Nm) anziehen.
- Spiel und Leichtgängigkeit des Lenkkopflagers prüfen.

6

Lenkkopflager vorspannen
- Macht der BMW Motorrad Partner mit Werkzeug Nr. 31 6 521. Zeiger an Nuss (Bild 5 Seite 105) anbasteln.
- Drehwinkel 60°

7

Lenkermontage 1
- Lenker so anbringen, dass Körnerpunkt auf Lenker mit Klemmspalt fluchtet.

- **Endkontrolle** durchführen: Lenker muss bei freiem Vorderrad aus Mittelstellung leicht nach links und rechts bis zum Anschlag fallen.

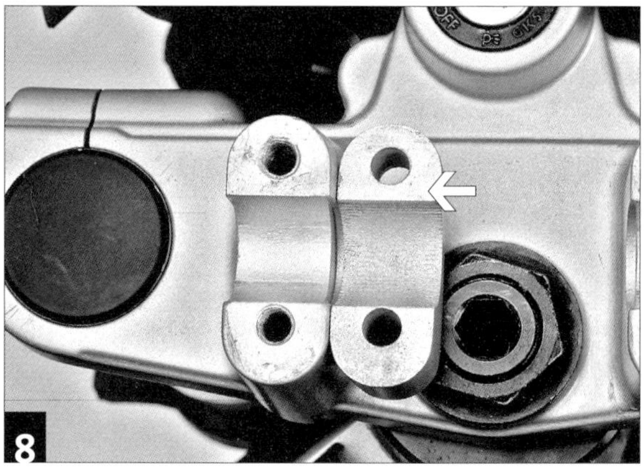
8

Lenkermontage 2
- Klemmbock so anbringen, dass der große Bohrungsabstand (Pfeil) nach vorn weist.
- Zuerst vordere Klemmschrauben anziehen, dann hintere (Klemmspalt der Klemmböcke liegt hinten).

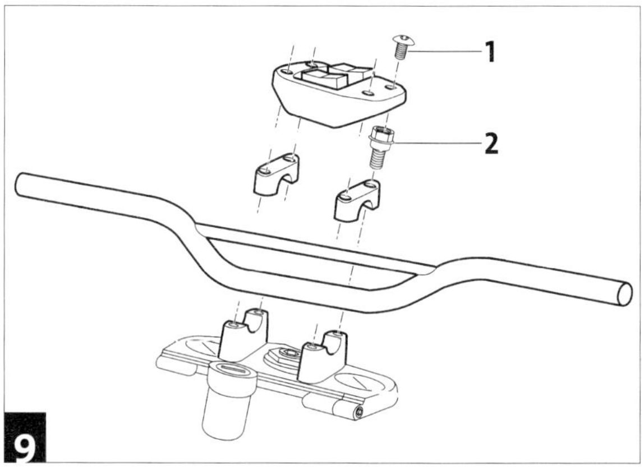

9

Lenker und Prallplatte montieren
Anzugsmomente
1 9 Nm
2 23 Nm (leicht gefettet)

3.21.3
CS Lenkkopflager einstellen

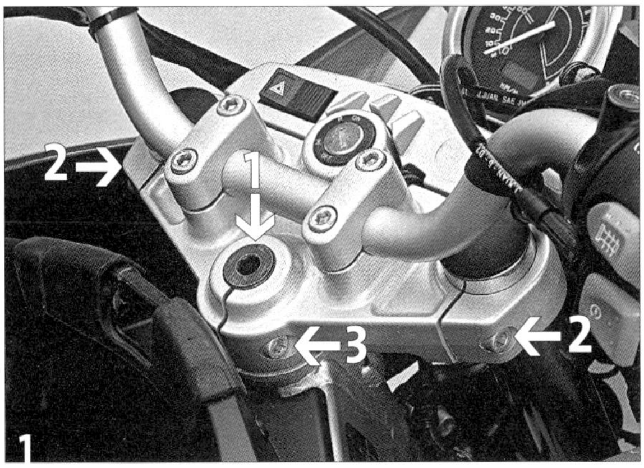

Obere Gabelbrücke
1 Lenkrohr
2 Klemmschrauben der Standrohre 23 Nm
3 Klemmschraube des Lenkrohrs 23 Nm

- Verkleidung mit alter Decke o. Ä. vor Kratzern und Lackschäden schützen.
- Abdeckkappe (BMW-Signet) abnehmen.
- Klemmschrauben **2** der Standrohre lockern.
- Klemmschraube **3** des Lenkrohrs lockern.
- Lenkrohr **1** lockern, dann mit 25 Nm anziehen.
- Gabel zweimal von Anschlag zu Anschlag schwenken und auf Linksanschlag stehen lassen.
- Lenkkopflager wieder lockern:
  Mit Winkelmesser und Filzstift (wasserlöslich) Drehwinkel markieren (Bild 2).
  Lenkrohr um 60° wieder nach links drehen (lockern).
- Standrohr-Klemmschrauben **2** und Lenkrohr-Klemmschraube **3** anziehen.
- Spiel und Leichtgängigkeit prüfen.
- Endkontrolle durchführen: Lenker muss bei freiem Vorderrad aus Mittelstellung leicht nach links und rechts bis zum Anschlag fallen.

Lenkrohr
- Lenkrohr nach Anziehen wieder um 60° zurückdrehen (entspricht einer Flanke des Sechskants).

3.22
Federbein

- Maschine am Heck mehrmals kräftig einfedern und die Federbewegung in Hinsicht auf Dämpferwirkung beobachten (Einfedern geht schneller als Ausfedern).
- 👁 Falls Heck unkontrolliert nachfedert (Gummiball-Effekt), ist Federbeindämpfer verschlissen oder nicht richtig eingestellt (GS; siehe folgender Abschnitt).
- 👁 Federbein auf Ölverlust kontrollieren.

3.22.1
GS Federbein

Bei den GS-Modellen bietet sich die Möglichkeit die Federvorspannung und die Zugstufendämpfung der Zuladung und den Straßenverhältnissen anzupassen.

Einsteller der Federvorspannung

0 Clicks	Weich; geringe Vorspannung
5 Clicks	Normal
40 Clicks	Hart; hohe Vorspannung

Einsteller der Zugstufendämpfung
- Richtung **S**: weiche Dämpfung bei geringer Federvorspannung
- Richtung **H**: harte Dämpfung bei hoher Federvorspannung

3.23 Endantrieb

Der Endantrieb der F 650 GS- und CS-Modelle zeigen deutlich den Einsatzzweck der unterschiedlichen Geschwister auf: einmal der Antrieb per Rollenkette, der vergleichsweise tolerant ist gegenüber unterschiedlichen Achsabständen (Motorritzel/Hinterrad). Dagegen benötigt der Antrieb mittels Zahnriemen einen möglichst konstanten Achsabstand, er muss ständig unter Spannung stehen, damit die relativ kleinen Zähnchen nicht überspringen. Und der konstruktive Aufwand, dies über einen großen Federweg zu ermöglichen, ist unangemessen hoch. Dafür spielt der Zahnriemen im Asphaltbetrieb seine Vorteile des geringen Gewichts und der einfachen Pflege aus.

3.23.1 Rollenkette

- Kette putzen lohnt, bei der Leistung und beim Sprit. Und natürlich bei der Lebensdauer der Kette.
- ! Antriebskette niemals bei laufendem Motor prüfen oder einstellen.
- ! Kette nicht mit Hochdruckreiniger (Dampfstrahler) reinigen, da das Wasser an den O-Ringen vorbei zwischen die Bolzen und Rollen dringt.
- Getriebe in NEUTRAL schalten und auf Hauptständer stellen (Hinterrad frei), so ein Hauptständer vorhanden. Andernfalls mit einem Lift aus dem Geländesport behelfen, oder ein rüstiges Weinkistchen passend machen. Auf jeden Fall für sicheren Stand sorgen!
- Auffanggefäß für abspritzende Reinigungsflüssigkeit unter Kette stellen (Reifen mit Pappe o. Ä. abdecken).
- Je nach Verschmutzungsgrad Kette mit Spray-Öl oder Diesel-Kraftstoff und hartem Pinsel reinigen. Anschließend Kette mit handelsüblichem O-Ringketten-Spray balsamieren und Spray einziehen lassen. Überschüssige Spray-Rückstände abwischen.
- 👁 Durchhang in der Mitte zwischen Motorritzel und Kettenblatt an mehreren Stellen der Kette prüfen, um die Stelle mit straffster Kettenposition zu finden, da sich Kette meist ungleichmäßig längt.
- Kette darf sich an straffster Stelle etwa 35 – 45 (GS) bzw. 40 – 50 mm (Dakar) von Hand nach oben und unten drücken lassen (Bild 1).
- ! Bei zu großem Kettendurchhang kann die Schwinge beschädigt werden.
- ! Der Kettendurchhang darf keinesfalls weniger als 35 mm (GS) bzw. 40 mm (Dakar) betragen: Gefahr durch stoßartige Drücke für Getriebe-Abtriebslager!

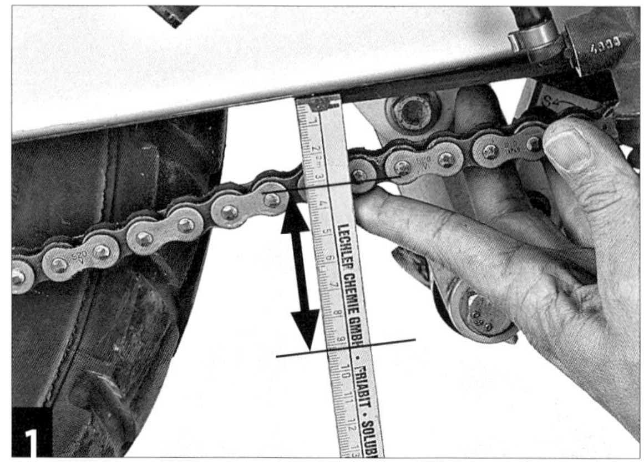

Kettendurchhang prüfen

- Sollwert

GS	35 – 45 mm
GS Dakar	40 – 50 mm

Kettendurchhang einstellen

1 Achsmutter 100 Nm
2 Markierungsfenster
3 Einsteller

- Zum Einstellen des Durchhangs rechts Achsmutter **1** lockern.
- Einsteller **3** auf beiden Seiten im Uhrzeigersinn um gleiche Anzahl von Umdrehungen weiterdrehen, bis Kette korrekten Durchhang erreicht.
- Darauf achten, dass die Positionen der Einstellmarken auf Führungsstück im Markierungsfenster **2** links und rechts übereinstimmen.
- Hinterachsmutter **1** (100 Nm) anziehen. Einsteller **3** anziehen (10 Nm).
- Als letzte Kontrolle Motorrad vom Ständer nehmen, aufsitzen und Durchhang prüfen.
- ! Kette darf keinesfalls voll gespannt sein. Die Kette hat den geringsten Durchhang, wenn die Achsen von Ritzel, Schwinge und Hinterrad auf einer Linie liegen – also weit eingefedert –, und auch so muss noch ausreichendes Spiel vorhanden sein!

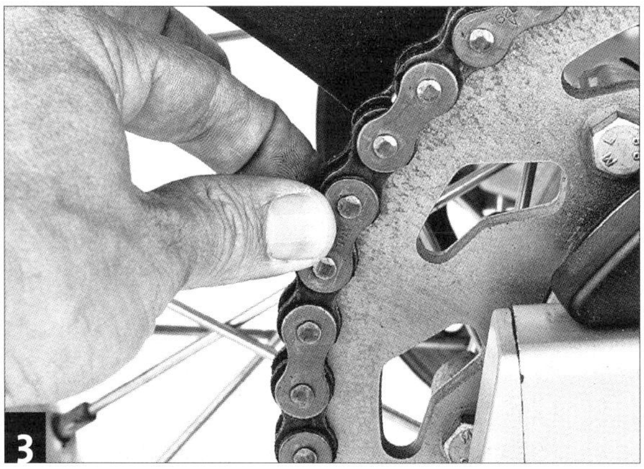

Kettensatz-Verschleiß
- Kette darf sich maximal 4 mm weit abziehen lassen

Motorritzel-Deckel
- Drei Befestigungsschrauben ausdrehen.
  Anzugsmoment 9 Nm

Ritzelkontrolle
- Sicherungsblech muss einwandfrei anliegen.
- Ritzelmontage:
  Anzugsmoment 140 Nm
  Loctite 243 auf saubere Gewinde beigeben

! Bei korrektem Kettendurchhang darf sich die Kette in der Mitte vom Kettenblatt nicht mehr als 4 mm von Hand abziehen lassen.
! Eine übermäßig gelängte Kette muss erneuert werden.
- Zum Wechsel der Antriebskette handelsüblichen Antriebsketten-Werkzeugsatz verwenden.
! Lassen Sie im Zweifelsfall diese sicherheitsrelevante Arbeit von BMW- oder Fachwerkstatt erledigen. Es ist nicht nur mit dem Werkzeug getan.
  Abgesehen davon lohnt sich die Anschaffung dieses Werkzeugs bei einem Einsatz-Intervall von drei bis vier Jahren kaum.
  Zum Wechsel mit Endloskette Schwinge ausbauen wie auf Seite 224 beschrieben.

TIPP
- Natürlich können Sie auch die alte Kette mit einem Winkelschleifer auftrennen und eine neue Kette mit EK-Enuma-Schraubschloss (erhältlich im Fachhandel) provisorisch vernieten und anschließend in Fachwerkstatt korrekt vernieten lassen.

Standardkette	5/8" x 1/4" 112 Glieder
Standardübersetzung	16/47

- Ritzelzähne und -befestigung kontrollieren:
- Motorritzel-Abdeckung abnehmen (Bild 4).
- Spielfreies Anliegen der Sicherungsblechlasche an Flanke der Ritzelmutter kontrollieren.
- Zähne des Kettenrads und Ritzels auf Abnutzung und Beschädigung untersuchen.

Kettensatz-Wechsel:
- Falls verschlissen, Kettenrad und Ritzel zusammen mit Kette im Satz wechseln (vorderes Ritzel Seite 172, hinteres Kettenrad Seite 219).

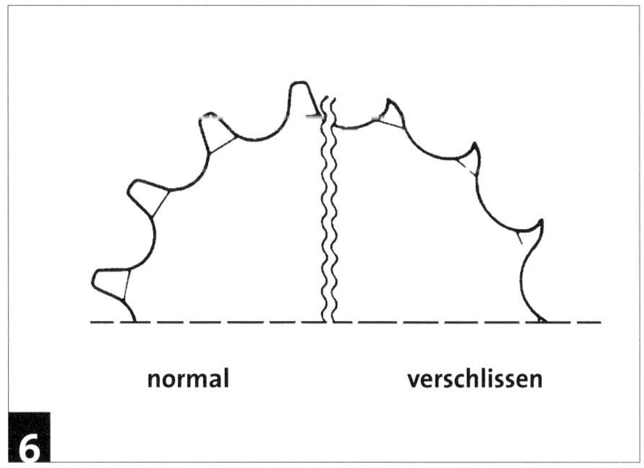

Ritzel- und Kettenblattverschleiß
- Wenn sich schon solche Haifischzähne wie rechts im Bild gebildet haben, war der Austausch schon lange überfällig.

! Niemals neue Kette mit alten Kettenrädern oder umgekehrt kombinieren, da sich Teile gegenseitig extrem schnell verschleißen.

- Bei abgenommener Ritzelabdeckung Kettengleitschutz der Schwinge kontrollieren.

! Kettengleitschutz auswechseln, bevor Kette auf der Schwinge scheuert!

- Kettengleitschutz bei gelegentlichem Kettenwechsel erneuern.
- Kettengleitschutz am Rahmen im Auge behalten (Bild 2).

3.23.2 Kettengleitschutz

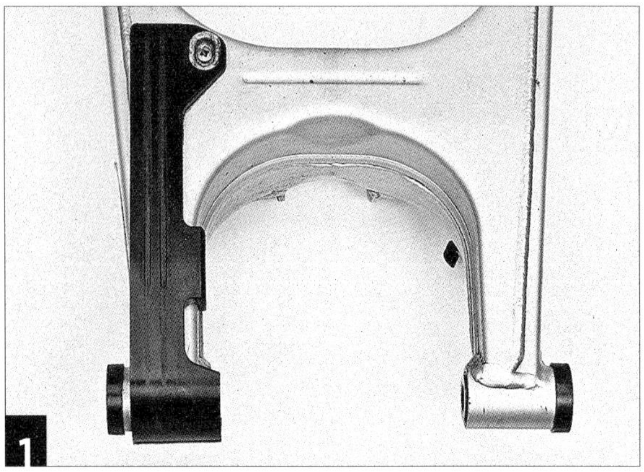

Kettengleitschutz kontrollieren

- Kettengleitschutz der Schwinge wechseln, bevor Kette auf Schwinge schleift. (Schwinge zur Sichtkontrolle nicht ausbauen.)

Kettengleitschutz am Rahmen

- Bei Beschädigung oder Verschleiß Kettengleitschutz nach Ausdrehen der Befestigungsschraube erneueren.

3.23.3 Antriebsriemen

Wesentlich pflegeleichter als eine Rollenkette gibt sich der Antriebsriemen der F 650 CS.
Die Riemenpflege beschränkt sich auf das gelegentliche Waschen mit Schwämmchen und Spüli-Wasser.

! Riemen nicht mit Hochdruckreiniger (Dampfstrahler) reinigen.

👁 Ritzelzähne und -Befestigung kontrollieren:

- Motorritzel-Abdeckung abnehmen (Bild 4 Seite 109).

👁 Ritzelmutter auf Festsitz kontrollieren.

👁 Zähne der Räder und des Riemens auf Abnutzung, eingearbeitete Steinchen und Beschädigung untersuchen. Siehe Schadensbilder Seite 111.

- Falls verschlissen, Riemenräder und Riemen wechseln (vorderes Ritzel Seite 172, hinteres Riemenrad Seite 221).

Das sensible **Einstellen der Riemenspannung** (im Gegensatz zur Kette muss der Riemen unter Spannung stehen) ist der BMW-Werkstatt vorbehalten, die über das richtige Messgerät zur Riemenspannung verfügt (Bilder 1 und 2).

! Folgendes Verfahren ist nur eine grobe Schätzmethode, die den außerplanmäßigen Gang zur BMW-Werkstatt anzeigt. Der planmäßige Besuch ist alle 10 000 Kilometer vorgesehen.

! Antriebsriemen niemals bei laufendem Motor prüfen oder einstellen.

! Riemenspannung bei Raumtemperatur prüfen.

- Motorrad in Neutral schalten und auf Hauptständer stellen (so vorhanden; Hinterrad frei drehbar). Auf jeden Fall für sicheren Stand sorgen!
- Farbmarkierung auf dem Riemenrad muss nach hinten weisen. Die Farbmarkierung stellt den niedrigsten Punkt der Unrundheit des Riemenrads dar.
- Falls diese Markierung nicht mehr vorhanden ist, muss zuerst dieser Punkt wieder ermittelt werden.

Prüfung der Riemenspannung mit Profiwerkzeug

- Beim BMW Motorrad Partner wird die Spannung mit Werkzeug Nr. 27 0 502 und 27 0 501 (Seite 6) gemessen und schnell eingestellt.

Riemenspannung prüfen

- Die Unterkante der Riemenabdeckung muss sich innerhalb des grünen Bereichs (Pfeil) der Skala befinden.

3

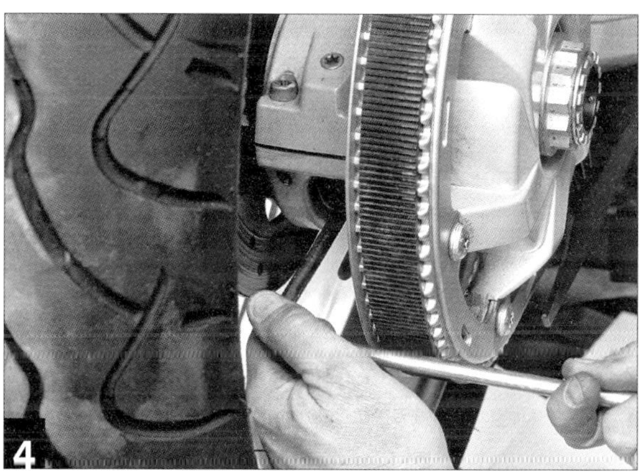

4

Exzenter lockern

- Exzenter mit »Spezialwerkzeug« zurücksetzen, um den Riemen zu entspannen.

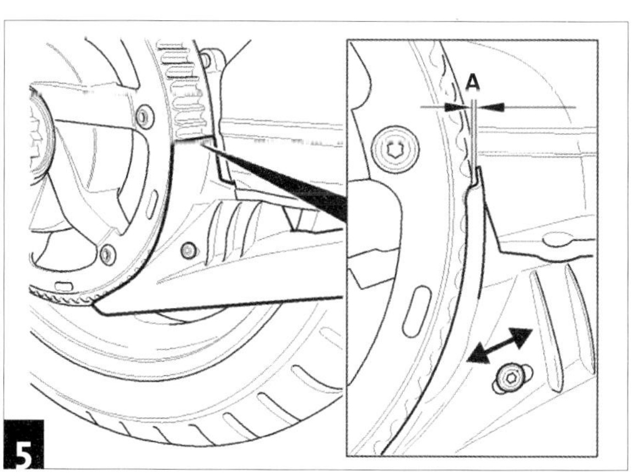

5

Abstand der Riemenabdeckung einstellen (ab 2004)

- Abstand A muss 1,5 – 2 mm betragen.
  Ggf. Befestigungsschraube lockern und Abdeckung verschieben, bis Abstand stimmt.

Antriebsriemen-Einstellung

1 Klemmschrauben
2 Einstellschraube
3 Bohrung für »Spezialwerkzeug«

Dazu wird eine Messuhr mit speziellem Schlitten benötigt.
Lassen Sie das in einer BMW-Werkstatt erledigen.

- Hinterrad in dieser Stellung mit Bremse blockieren.
- Spannung am vorderen Ende der unteren Riemenabdeckung, auf Höhe der Ecke im Schwingenholm, prüfen.
- Der Riemen darf sich hier nur bis zur unteren Kante der Riemenabdeckung ziehen lassen, wenn Sie mit etwa acht Kilogramm mit dem Finger nach unten ziehen.
- Zum Nachstellen der Spannung an der Achsklemmfaust die Klemmschrauben **1** um halbe bis eine Umdrehung lockern.
- Einstellschraube **2** ausdrehen
- Abgewinkeltes 10-mm-Rundmaterial in Bohrung **3** am Exzenter einführen. Exzenter mit Rundmaterial zurücksetzen, damit sich Riemen entspannt. Rundmaterial (Spezialwerkzeug) wieder entnehmen (Bild 3).
- Einstellschraube **2** wieder eindrehen, bis sich die korrekte Riemenspannung einstellt.
- Klemmschrauben der Achsklemmfaust wechselweise in zwei Durchgängen anziehen.
  Anzugsmoment 10 Nm und 21 Nm
- Einstellschraube **2** festziehen (10 Nm).

! Die planmäßige **Erneuerung des Riemens** steht alle 20 000 Kilometer an.

! Es sind aber auch Fälle bekannt, wo nach eigenem Ermessen problemlos erst nach der doppelten Distanz gewechselt wurde. Hängt natürlich auch mit Optik und Pflegezustand des Riemens zusammen.

! Lassen Sie diese sicherheitsrelevante Arbeit im Zweifelsfall von einer BMW- oder Fachwerkstatt erledigen. Die Anschaffung des teuren Messwerkzeugs zum Ermitteln des Riemenradschlags lohnt sich bei einem Einsatz-Intervall von vier bis fünf Jahren nicht.

Zahnriemen-Schadensbilder (siehe Randstreifen rechts)

- Beschädigte Zahnriemen mit Fehler **2**, **3**, **6** und **7** (wenn Durchdrücke auf der Außenseite des Riemens erkennbar sind) müssen erneuert werden.
- Bei Beschädigung **1**, **4**, **5** und **8** kann der Zahnriemen unter Beobachtung weiterlaufen.

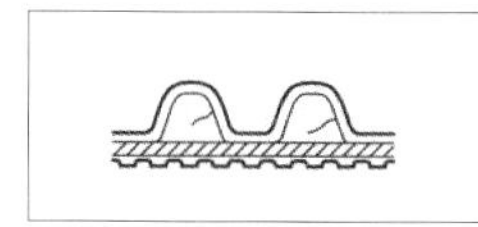

1 Haarriss innerhalb des Zahnprofils

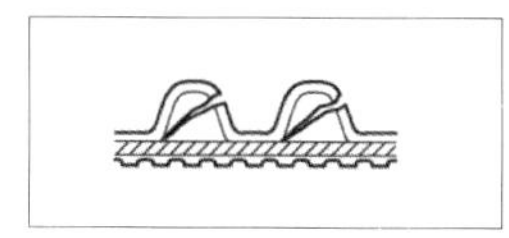

2 Äußerer Haarriss

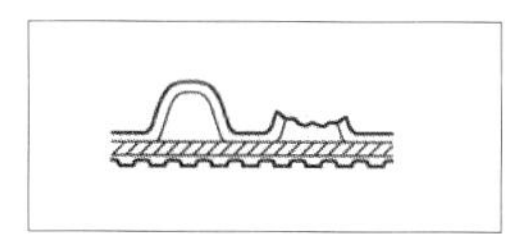

3 Zahnabbruch

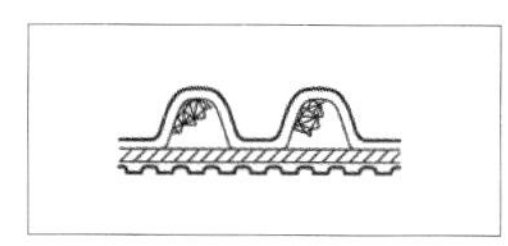

4 Zahnabplatzung

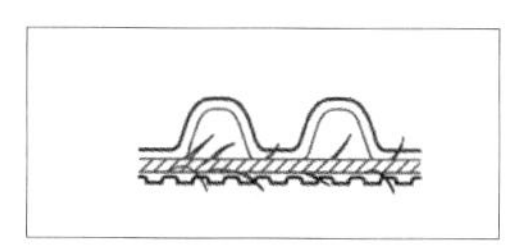

5 Ausgefranster Rand

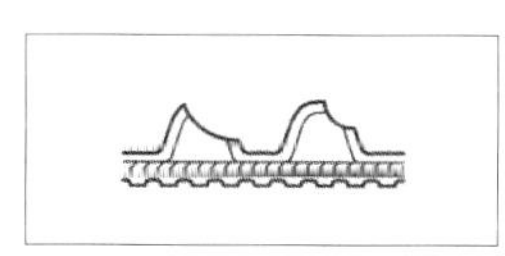

6 Zahnverschleiß

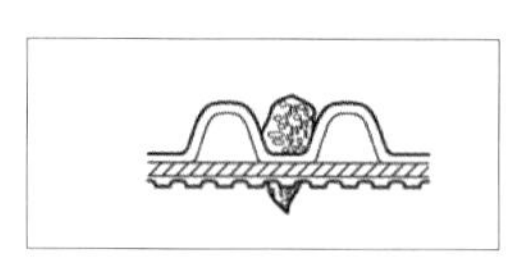

7 Steinschaden

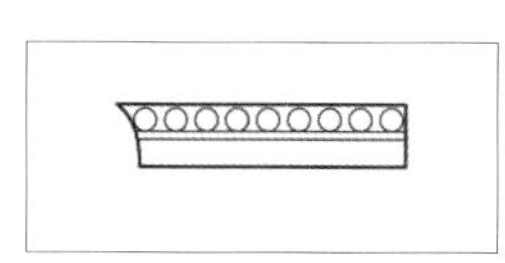

8 Angeschrägter Rand

3 Wartung

3.24
Räder und Reifen

Es ist ratsam, größere Wartungen der Drahtspeichenräder die BMW- oder Fachwerkstatt durchführen zu lassen. Eine einfache Kontrolle, ob dies nötig ist, alle 10 000 Kilometer wie folgt durchführen:

- Klangprobe: Speichen mit Schraubendreher einzeln zum Klingen bringen, indem sie leicht angeschlagen werden.
- Speichen abweichender Tonhöhe entsprechend markieren (hoch/tief).
- Ergibt sich ein eindeutiges Klangbild, d.h. hohe Speiche liegt tiefer gegenüber, kann mit aller zu gebotenen Feinfühligkeit am Speichennippel mit Nippelspanner nachgestimmt werden.
  Beim geringsten Zweifel an den eigenen Fähigkeiten: siehe oben.

! Auch beim harten Aufprall auf einen Randstein können die Laufräder Schaden nehmen.

- Felgenhörner und Felgen auf Beschädigungen und Haarrisse untersuchen.
- Eine behelfsmäßige Ermittlung des Felgenschlags folgendermaßen durchführen:
- Maschine so aufbocken, dass Rad frei dreht.
- Stift oder Schraubendreher so positionieren, dass er einen festen Abstand (etwa 2 – 3 mm) zur Felge hat. (Am Hinterrad bietet sich Schwinge als Auflage an, vorn muss improvisiert werden.)
- Rad langsam drehen und gleichbleibenden Abstand zwischen Felge und Stift kontrollieren.
  Falls sich bei dieser Methode schon Auffälligkeiten zeigen, Rad ausbauen und »Werkstatt-mäßig« prüfen wie ab Seite 199 beschrieben.
- Reifen auf Risse, Beschädigung und eingearbeitete Fremdteile absuchen.
- Reifenluftdruck in »kaltem« Zustand messen (Reifentemperatur gleich Umgebungstemperatur).

Höhenschlag prüfen

Seitenschlag prüfen

Luftdruckwerte

solo/voll beladen	
vorn	1,9/2,1 kg/cm^2
hinten	2,1/2,3 kg/cm^2
bei Gelände-Betrieb	
vorn	1,8 kg/cm^2
hinten	1,9 kg/cm^2

Profiltiefe

! Reifen erneuern, wenn Profiltiefe in der Mitte gemessen vorn nur noch 2 mm und hinten 3 mm beträgt.
(Der Gesetzgeber in Deutschland toleriert als Minimum 1,6 mm.)

- Darauf achten, dass die Felgenlinie auf dem Reifen parallel zur Felge verläuft.

Reifenmontage

- Farbmarkierung befindet sich auf Höhe des Ventils.

3

3.25
Scheinwerfereinstellung

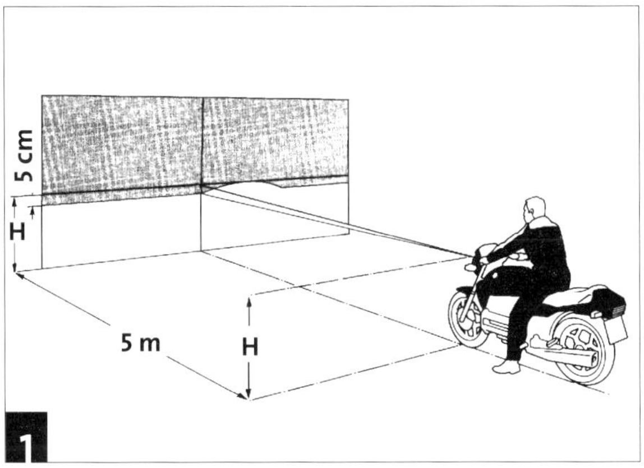

Scheinwerfer-Einstellung
! Auf korrekten Reifenluftdruck und Fahrwerkseinstellung (solo) achten.

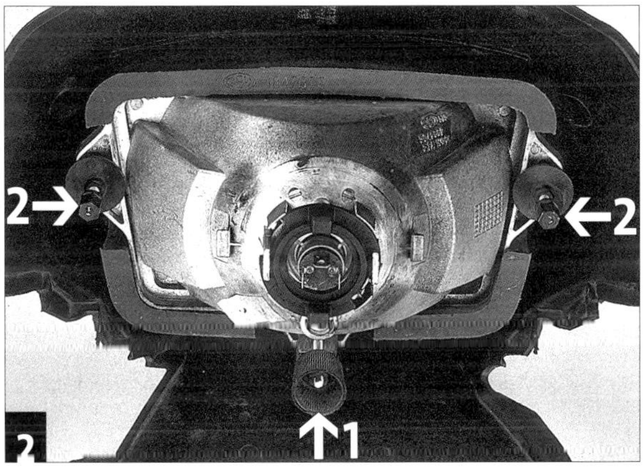

GS: Scheinwerfer-Einsteller
1 Höhen-Einsteller (Leuchtweite)
2 Seiten-Einsteller

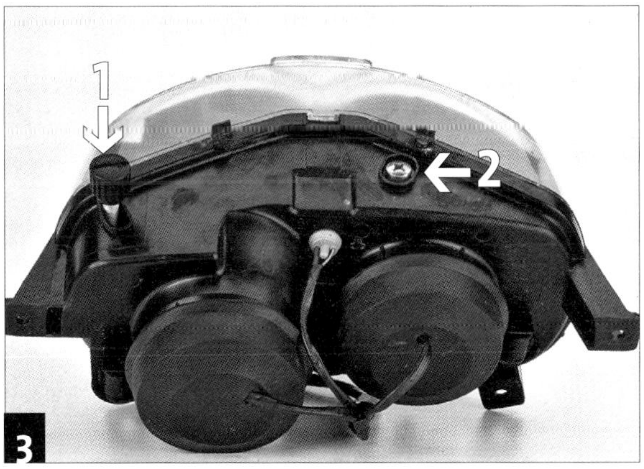

CS: Scheinwerfer-Einsteller (von unten)
1 Höhen-Einsteller (Leuchtweite)
2 Seiten-Einsteller

Die Kontrolle der Beleuchtungs- und Signalanlage gehört zu den unbedingt sicherheitsrelevanten Tätigkeiten am Motorrad.
Ein Beleuchtungs- und Blinkercheck ist schnell gemacht – Aufwand und Nutzen stehen für den Fahrer in äußerst günstiger Relation, und bringt ein unverzichtbares Sicherheitspolster – freilich ohne Gewähr!

! Wesentlicher Sicherheitsfaktor bei Nachtfahrten ist ein korrekt eingestellter Scheinwerfer.
1 Motorrad mit korrektem Reifenluftdruck und Federbeineinstellung auf Solobetrieb auf Rädern stehend und mit Fahrer belastet im Abstand von 5 m (ab Vorderradmitte) vor heller Wand auf ebenen Boden aufstellen.
- Abstand Boden/Scheinwerfermitte auf die Wand übertragen und mit Kreuz markieren.
- Fünf Zentimeter unter diesem Kreuz ein zweites Kreuz zeichnen.
- Abblendlicht einschalten.
- Scheinwerfer mittels Stellmechanismus so einstellen, dass in der Mitte des unteren Kreuzes die »Hell-Dunkel-Grenze« beginnt, bis zur Höhe des oberen Kreuzes nach rechts ansteigt und dann wieder abfällt.
- Lenker genau geradeaus richten, bis Scheinwerfer genau geradeaus zeigt.
- Seiteneinstellung und Höheneinstellung des Scheinwerfers durch Ein- oder Ausdrehen der Einstellschrauben (ausprobieren) vornehmen, bis Scheinwerfer die in Bild 1 gezeigte Höhe einhält.

➔ Hinweise zum Wechsel der Leuchtmittel erhalten Sie ab Seite 114.

4 Licht & Leuchtmittel

4
Licht & Leuchtmittel

! Beim Einsetzen neuer Leuchtmittel (besser bekannt als Birnchen und Lämpchen) diese grundsätzlich nicht mit der bloßen Hand einsetzen.
Ggf. Fettabdrücke mit Aceton oder Bremsenreiniger entfernen.

! Zündung ausschalten!

TIPP

Manchmal bekommt man ein Birnchen wieder zum Leuchten, wenn die elektrischen Kontakte der Fassung nachgebogen werden.

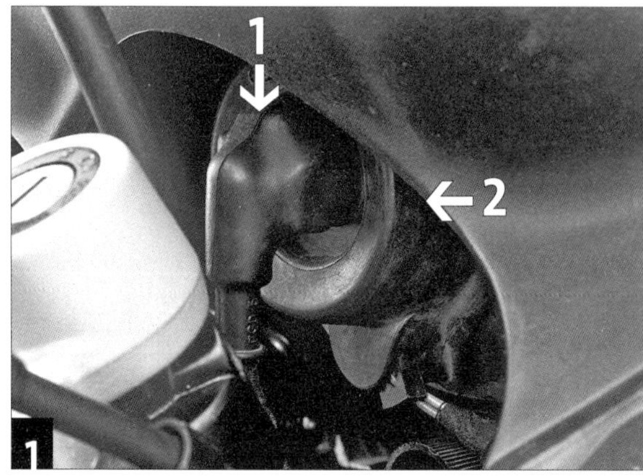

1

GS Abblend-, Fern- und Standlicht

1 Abblendlicht-Stecker abziehen.
2 Gummimanschette abziehen.

4.1
F 650 GS

Abblend-, Fern- und Standlicht

1 Stecker und Abdeckung abnehmen, dann Halterscheibe mit Linksdrehung lockern und Lampe entnehmen.

- Einbau in umgekehrter Reihenfolge.
- Auf korrekten Sitz der Gummimanschette achten.
- Der Aus- und Einbau des Scheinwerfers ist ab Seite 57 beschrieben.
- Kontrollleuchten wie bei CS (Seite 117) beschrieben wechseln.

Abblend-/Fernlicht	H4 12 V 60/55 W
Standlicht	12 V 5 W Typ T8/4

2

GS Abblend-/Fernlicht

- Halterscheibe mit Linksdrehung entriegeln und abnehmen (umgekehrt montieren).

3

GS Abblend-/Fernlicht

- Einbaulage der Halogenlampe

1 Aufnahme für Standlicht

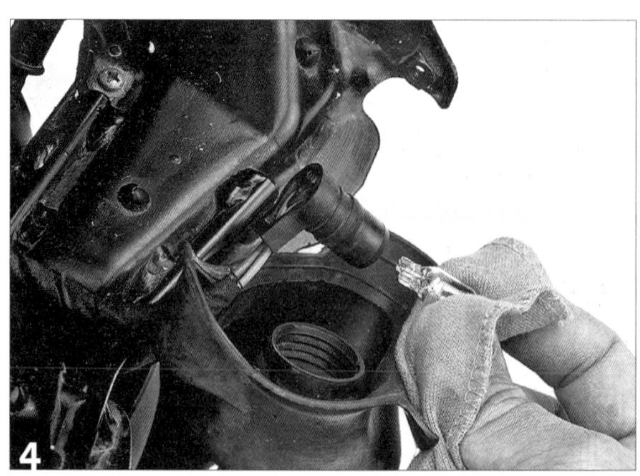

4

GS Standlicht

- Birnchen in Fassung einsetzen und mit Fassung und Gummimanschette in Reflektor einsetzen (**1** Bild 3).

Rücklicht und Blinker

Blinker
12 V 10 W Typ 25-1

Brems-/Rücklicht
12 V 21/5 W Typ 25-2

1

2

Rücklicht-»Glas« und Leuchtmittel

- Zwei Schrauben ausdrehen und »Glas« abnehmen.
- Leuchtmittel leicht eindrücken und mit Linksdrehung aus Bajonett ausbauen.
  Anzugsmoment 2 Nm

Rücklicht

- Staufachdeckel und obere Schrauben **1** lockern.
- Schrauben **2** lockern und Heckteil abnehmen.
- Drei Muttern **3** ausdrehen und Rücklicht abnehmen.
- Kabel freilegen und Stecker trennen.

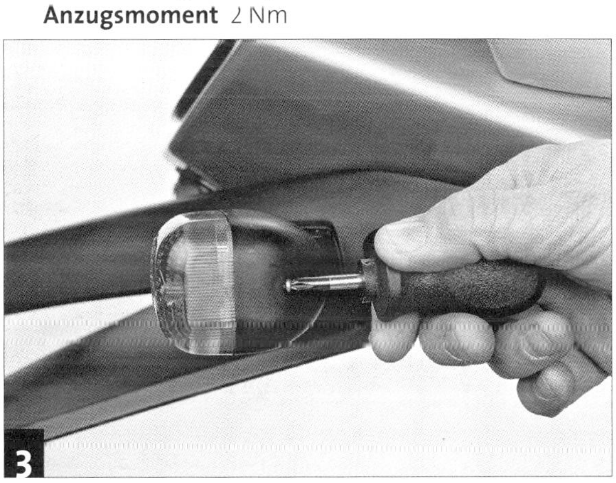

3

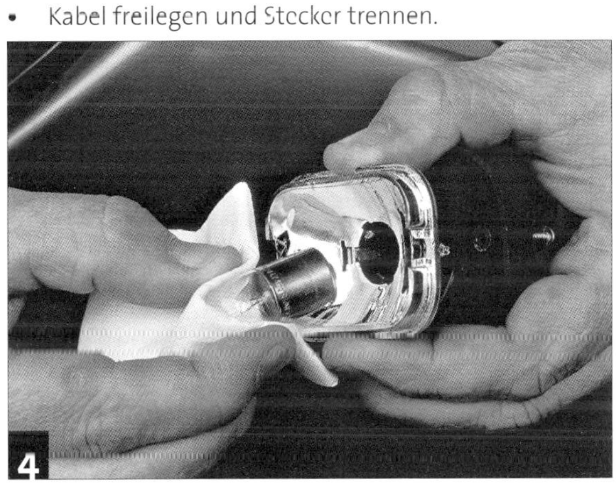

4

Blinker-»Glas«

- Streuglas nach Ausdrehen einer Schraube abnehmen.
  Anzugsmoment 2 Nm

Leuchtmittel wechseln

- Leuchtmittel leicht eindrücken und mit Linksdrehung aus Bajonett ausbauen.
- Leuchtmittel leicht eindrücken und mit Rechtsdrehung in Bajonett verriegeln.

5

6

Blinker-Reflektor (GS & CS)

- Kabel trennen und Reflektor abnehmen.

Blinker-Gehäuse (GS & CS)

- Gehäuse nach Ausdrehen einer Schraube abnehmen.

4 Licht & Leuchtmittel

4.2
F 650 CS

Abblend-, Fern-, Standlicht und Kennzeichenleuchte

Abblendlicht	H3 12V 55 W
Fernlicht	H1 12 V 55 W
Standlicht	12 V 5 W Typ T8/4
Kennzeichenleuchte	Halogen 12 V 6 W
Blinklicht	12 V 10 W Typ P 25/1

- Blinklicht-Montage siehe GS/Dakar.

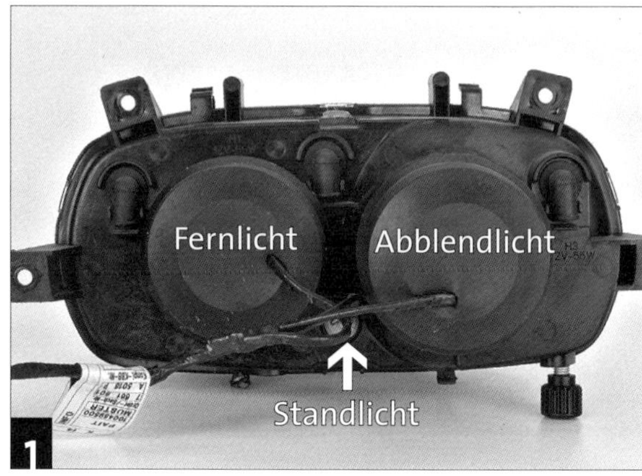

Abblendlicht, Fernlicht und Standlicht
- Standlicht am Kabel mit Fassung aus Gehäuse ziehen und Birnchen aus Fassung nehmen.
- Abdeckungen abziehen.

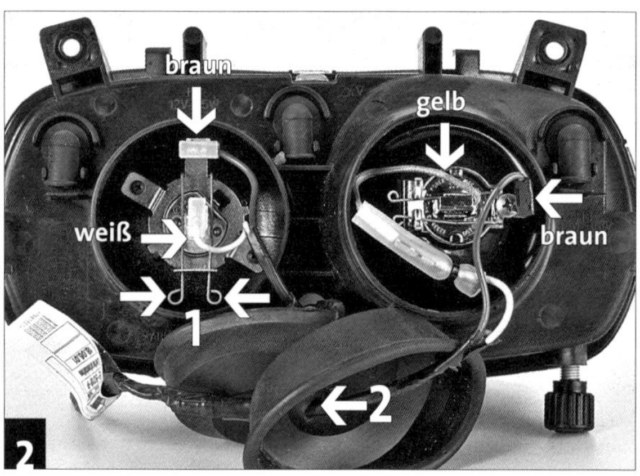

Abblend- und Fernlicht
- Stecker abziehen.
- Bügel **1** zusammendrücken und aus Haken nehmen.
- Lampe entnehmen.
- 👁 Beim Einbau Kabelöffnung **2** nach unten legen.

Kennzeichen-Beleuchtung
- Zwei Schrauben ausdrehen

Kennzeichen-Beleuchtung
- Kennzeichenleuchte entnehmen
- Stecker abziehen.

Kennzeichen-Beleuchtung
- Abdeckung abnehmen und Birnchen aus Steckfassung ziehen.
- In umgekehrter Reihenfolge montieren.

6

Rücklichtglas
- Zwei Schrauben ausdrehen und »Glas« abnehmen.
- Leuchtmittel leicht eindrücken und mit Linksdrehung aus Bajonett ausbauen.

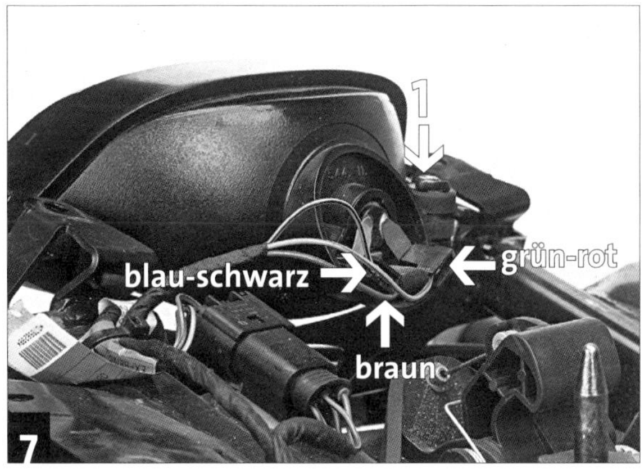

7

Rücklichtgehäuse
- Heckverkleidung abnehmen.
- Zwei Befestigungsschrauben ausdrehen und einen Sicherungsring **1** ausklipsen.

Brems-/Rücklicht

12 V 5/21 W
Typ P 21/5 W

Scheinwerfer Aus- und Einbau

Ausbau
- Windschild, -Halter und Instrumenten-Abdeckung ausbauen (Seite 62).
- Scheinwerferstecker trennen.

Einbau
- In umgekehrter Reihenfolge montieren.
- Auf korrekten Sitz der Blende (Bild 1) achten.
Anzugsmoment 9 Nm

1

Scheinwerferblende
- Befestigungsschrauben oben (Pfeile) ausdrehen und Blende unten aushaken.

2

Scheinwerfer
- Vier Befestigungsschrauben (Pfeil) der Scheinwerfer-Abdeckung ausdrehen.
- Abdeckung und Scheinwerfer abnehmen.

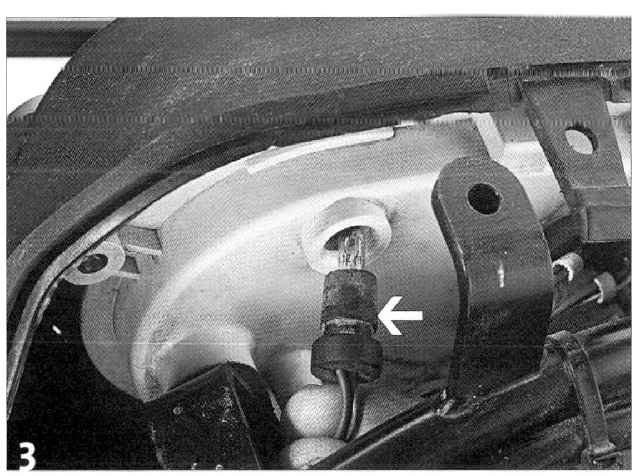
3

Instrumente-Beleuchtung/Kontrollleuchten
- Gummitülle (Pfeil) herausziehen und Kontrollleuchte aus Fassung ziehen.
- Bei schwerer Zugänglichkeit Instrumente ausbauen.

Kontrollleuchten

Alle	12V 1,2W Typ W5/1,2

5 Einspritzsystem & Tank

5.1 Aus- und Einbau

Das, was früher unter der Rubrik »Vergaser« abgehandelt wurde, ist heute ein komplexes System, das nicht nur die Gemischaufbereitung, sondern auch die Auslösung des Zündfunkens steuert.
Zeitgemäß wird dies an den Einzylindern, wie an allen anderen BMWs auch, durch die BMS (**B**MW-**M**otor-**S**teuerung) besorgt.
Im Folgenden wird der Aus- und Einbau seiner Komponenten behandelt.
Die **Prüfung** des Systems wird alle 10 000 km sowie einmal im Jahr in der BMW-Werkstatt mit dem MODiTeC (Diagnosegerät) durchgeführt (oder mit dem GS-911 Bild 8 Seite 49).

! Vorsicht beim Umgang mit Benzin (leicht entzündlich).
! Einschlägige Sicherheitsvorkehrungen beachten (Rauchen, offenes Feuer und Funkenflug vermeiden, geschlossene Räume ausgiebig belüften).

1

MODiTeC-Stecker
- Einbaulage rechts am Kühler.

BMS-Steuergerät
- **GS**: Sitzbank abnehmen.
- **CS**: Sitzbank und Cover abbauen (Seite 60). Staufach und Luftfiltergehäuse abnehmen (Seite 80).
- Verriegelungsgriff nach links ziehen und gleichzeitig Stecker nach oben vom Steuergerät abziehen.
- Gummispanner aushängen und Steuergerät abnehmen, bzw. drei Schrauben ausdrehen (BMS II; Bild 2).

1

GS BMS-Steuergerät
- Rote Verriegelung nach links herausziehen (Pfeil).

2

GS BMS II-Steuergerät ab 2004
- Verriegelung nach links herausziehen (Pfeil).
- Drei Schrauben ausdrehen und Steuergerät abnehmen.

3

CS BMS-Steuergerät
- Einbaulage: Hinter Lenkkopf
- Rote Verriegelung nach links herausziehen (Pfeil).

4

Einbau
- Nuten des Steckers auf Stifte am Steuergerät ausrichten.
- Stecker aufsetzen und verriegeln.

Lufttemperaturfühler-Stecker
- Cover rechts ausbauen (Kapitel 2).
- Klammer eindrücken und Stecker abnehmen.

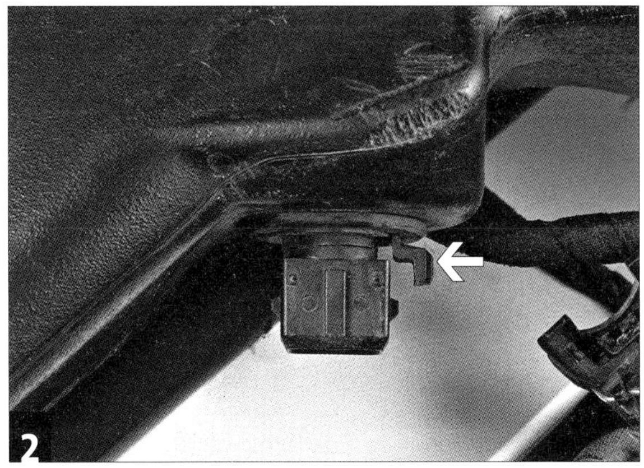

Lufttemperaturfühler
- Nase (Pfeil) eindrücken und Fühler aus Ansaugschnorchel entnehmen.

Lufttemperaturfühler
- Fühler mit leicht geöltem O-Ring montieren.

Einspritzdüse
- Klammer eindrücken und Stecker **1** abnehmen.
- Zulaufschlauch **2** abklemmen und abnehmen.
- Befestigungsschrauben **3** ausdrehen.
  Anzugsmoment 5 Nm

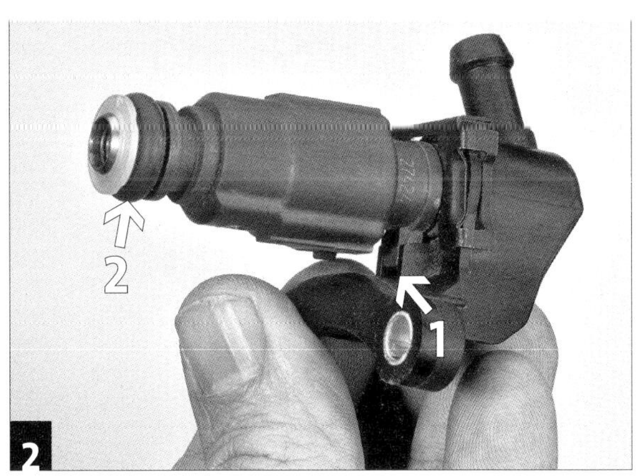

Einspritzdüse
- Einspritzdüse so in Halter einbauen, dass Nase in Nut **1** eingreift.

! Immer mit neuem O-Ring **2** (leicht gefettet) montieren.

Drosselklappen-Gehäuse – Vorarbeiten
- Cover abbauen (Seite 54/GS; Seite 60/CS).
- Ansaugschnorchel abbauen (Seite 72/GS; Seite 73/CS).
- **GS**: Batteriespannband lösen (Bild 2 Seite 74).
- **GS**: Luftfiltergehäuse ausbauen (Seite 79).
- **CS**: Staufachrahmen und Luftfiltergehäuse ausbauen (Seite 80).

→

5 Einspritzsystem & Tank

5.1
Aus- und Einbau
Fortsetzung

Drosselklappen-Ansteller
- Der Ansteller sorgt für die Anhebung der Leerlaufdrehzahl bei kaltem Motor.

Drosselklappen-Sensor
- Der Sensor meldet die Drosselklappenstellung an die Motorsteuerung.

Drosselklappen-Gehäuse
1 Drosselklappen-Ansteller: Stecker abnehmen und zwei Schrauben ausdrehen.
2 Drosselklappen-Sensor: Klammer des Steckers eindrücken und abziehen. Zwei Schrauben ausdrehen.

Einbau
- Drosselklappen-Ansteller: Gewinde reinigen.
  Anzugsmoment mit Loctite 243 5 Nm
- Drosselklappen-Sensor: Sensor muss nicht eingestellt werden (selbstlernendes System).
  Anzugsmoment 3 Nm
- Drosselklappen-Gehäuse: Ansaugstutzen innen leicht mit Sprayöl benetzen und Gehäuse auf Stutzen aufdrücken. Schlauchschelle nicht zu fest anziehen.

Ausbau Drosselklappen-Gehäuse
- Ansteller, Sensor (Bild 1) und Einspritzdüse ausbauen bzw. Stecker und Schlauch abnehmen (Bild 1 unten Seite 119).
- Gasseilzug aushängen (siehe Seite 81/82).
- Schelle lösen und Gehäuse vom Stutzen abziehen.

Kraftstoffpumpe und Benzinstandgeber

! Gefahrenhinweise für den Umgang mit Kraftstoff beachten.
- Masseleitung an Batterie lösen und isolieren.
- Sitzbank abnehmen.

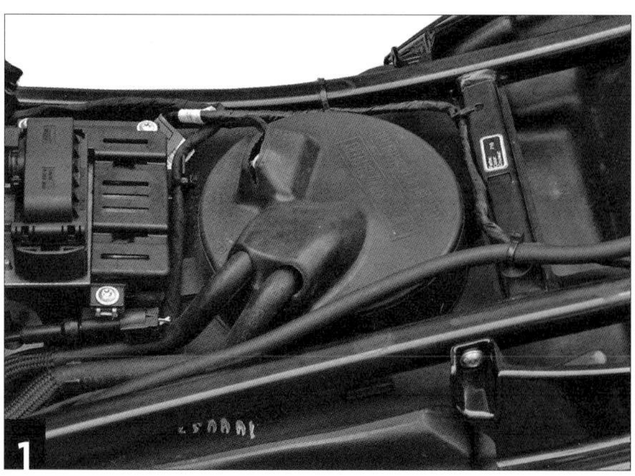

- Bei der letzten Ausführung der F 650 GS ist eine Gummiabdeckung an den Anschlüssen angebracht.
- Gummiabdeckung so weit abziehen, dass Tankanschlüsse freiliegen.

- Steckverbindungen Kraftstoffpumpe **1** und Benzinstandgeber **2** trennen.
- Rück- **3** und Vorlaufschlauch **4** abklemmen.
- Schlauchschellen öffnen und Kraftstoffschläuche von Kraftstoffpumpeneinheit abziehen.

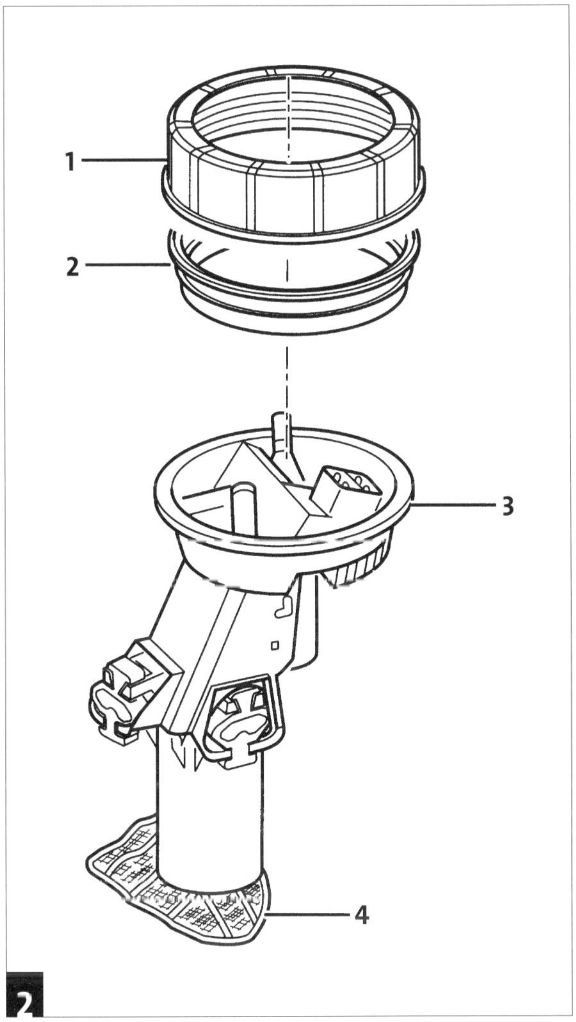

2

Kraftstoffpumpe und Benzinstandgeber

- Verschluss **1** mit BMW-Schlüssel 16 1 021 ausdrehen. (Kann man natürlich auch mit leichten Stößen mit großem Schlitzschraubendreher, der an den Überständen am Umfang angreift, lösen und dann von Hand ausdrehen.)
- Pumpenkörper **3** mit Dichtung **2** entnehmen.
- Gegebenenfalls Ansaugsieb **4** mit Schraubendreher vom Stutzen hebeln.
- Der Einbau erfolgt in umgekehrter Reihenfolge. Dabei nur neuwertigen Dichtring verwenden.

1

Roll-over-Ventil/Tankentlüftung

- Sitzbank abnehmen.
- Entlüftungsschlauch abnehmen und sechs Befestigungsschrauben ausdrehen.
- Roll-over-Ventil **1** mit Dichtung abnehmen.

2

Roll-over-Ventil/Tankentlüftung

- Dichtflächen vor Einbau säubern.
- Ventil mit neuwertigem Dichtring montieren.
  Anzugsmoment 3 Nm

→

5 Einspritzsystem & Tank

5.1
Aus- und Einbau
Fortsetzung

Tankdeckel
- Befestigungsschrauben des Tankdeckels ausdrehen und Deckel samt Einfüllstutzen und Dichtring ausbauen.
- Der Einbau erfolgt in umgekehrter Reihenfolge.
- Neuen Dichtring verwenden.

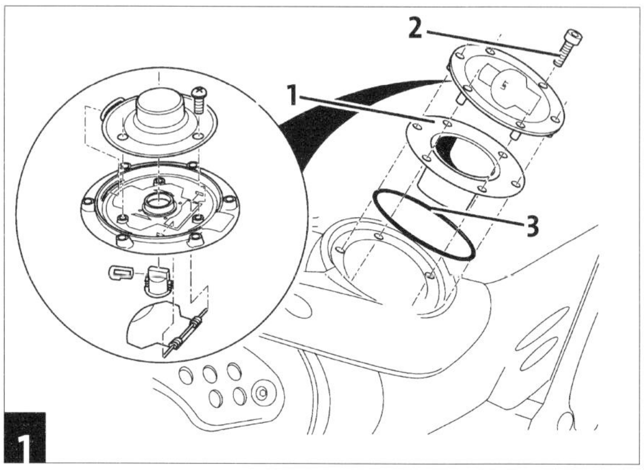

Tankdeckel aus- und einbauen
1 Einfüllstutzen
2 Befestigungsschraube
Anzugsmoment 3 Nm
3 Dichtring

Kraftstofftank

Vorarbeiten
! Vorsicht beim Umgang mit Benzin (leicht entzündlich).
! Einschlägige Sicherheitsvorkehrungen beachten (Rauchen, offenes Feuer und Funkenflug vermeiden, geschlossene Räume ausgiebig belüften).
- Motorrad auf Hauptständer stellen und Vorderrad fixieren.
- Sitzbank und Bordwerkzeug abnehmen.
- Masseleitung der Batterie abnehmen und isolieren.
- Auspuffdämpfer abbauen (Seite 138).
- Heckverkleidung abbauen (Seite 59/GS; Seite 65/CS).
- **GS**: Kettengleitschutz abnehmen (Bild 2 Seite 110).
- Bremsleitung zum Bremssattel unterhalb des Tanks im Bereich der unteren Heckrahmen-Befestigung abkleben.
- Vor- und Rücklaufschlauch abklemmen, Schlauchschellen lockern und Schläuche von der Benzinpumpe abziehen (Bild 1 unten Seite 120).
- Entlüftungsschlauch vom Rollover-Ventil abziehen.
- Stecker der Benzinpumpe und des Benzinstandgebers abziehen (Bild 1 und 2 Seite 120 unten).

GS
- Stecker des BMS-Steuergeräts **1** muss nicht abgezogen werden.
- Gummizug **2** abnehmen, bzw. drei Schrauben ausdrehen (Bild 2 Seite 71) und BMS-Steuergerät **1** herausnehmen.
- Stecker **3** (Rücklicht/Blinker) trennen.
- Halter des BMS-Steuergeräts **4** vom Tank abschrauben.
- ABS-Stecker **5** trennen und abbauen.
- Kabelbinder **6** trennen.

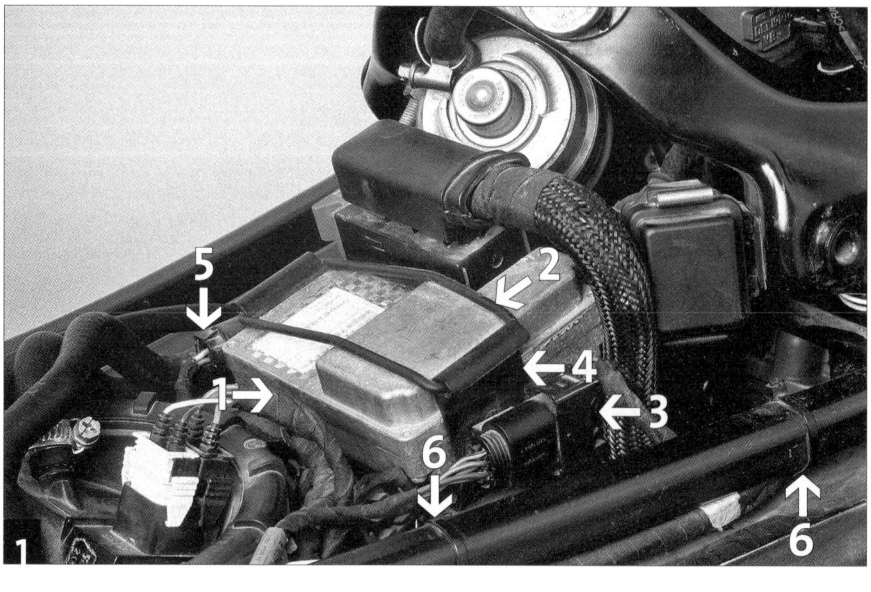

2

GS

- Rücklicht/Blinker-Stecker von Steuergerät-Halter abnehmen. Dazu Steckerzunge eindrücken und von Halter abnehmen.

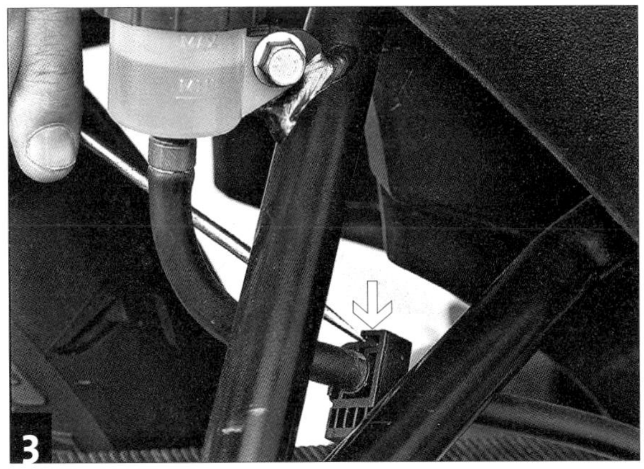

3

GS & CS

- **CS**: Schlauch freilegen (Pfeil).
- **GS & CS**: Ausgleichsbehälter abnehmen.

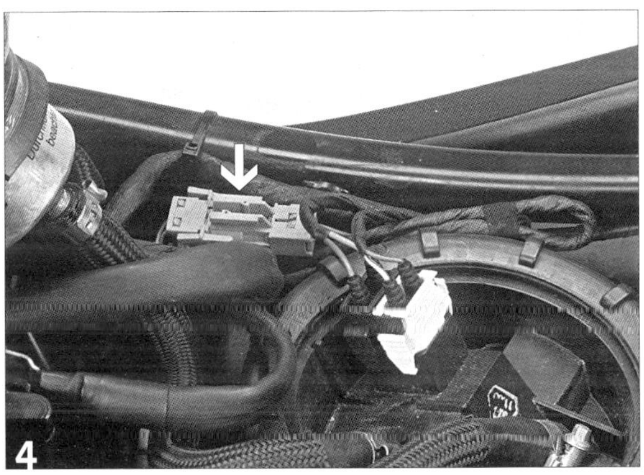

4

CS

- Bremslichtschalter-Stecker trennen.

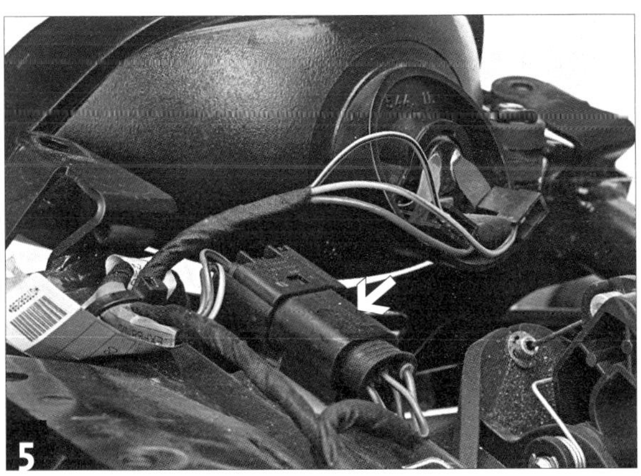

5

CS

- Kennzeichen- und Blinkerstecker trennen (Pfeil).
- Rücklichtstecker an Fassung trennen.
- Kabelbinder trennen.

→

5 Einspritzsystem & Tank

5.1
Aus- und Einbau
Fortsetzung

6

7

- Heckrahmen und Tank mit Helfer entlasten.
- Untere und obere Befestigung des Heckrahmens ausdrehen.

- Auf die Bremsleitung über der Fußpumpe achten!
- Heckrahmen und Tank mit Helfer abnehmen.

- Schrauben **1** ausdrehen und Tank vom Heckrahmen abnehmen.

Einbau

! Auf Bremsleitung im Bereich des Hauptbremszylinders achten. Heckrahmen keinesfalls auf Bremsleitung abstützen (Bild 7).

- Bei Einbau von Tank und Heckrahmen darauf achten, dass sich alle Leitungen und Schläuche auf der Oberseite des Tanks befinden.

Anzugsmomente

1 21 Nm
2 21 Nm
3 21 Nm

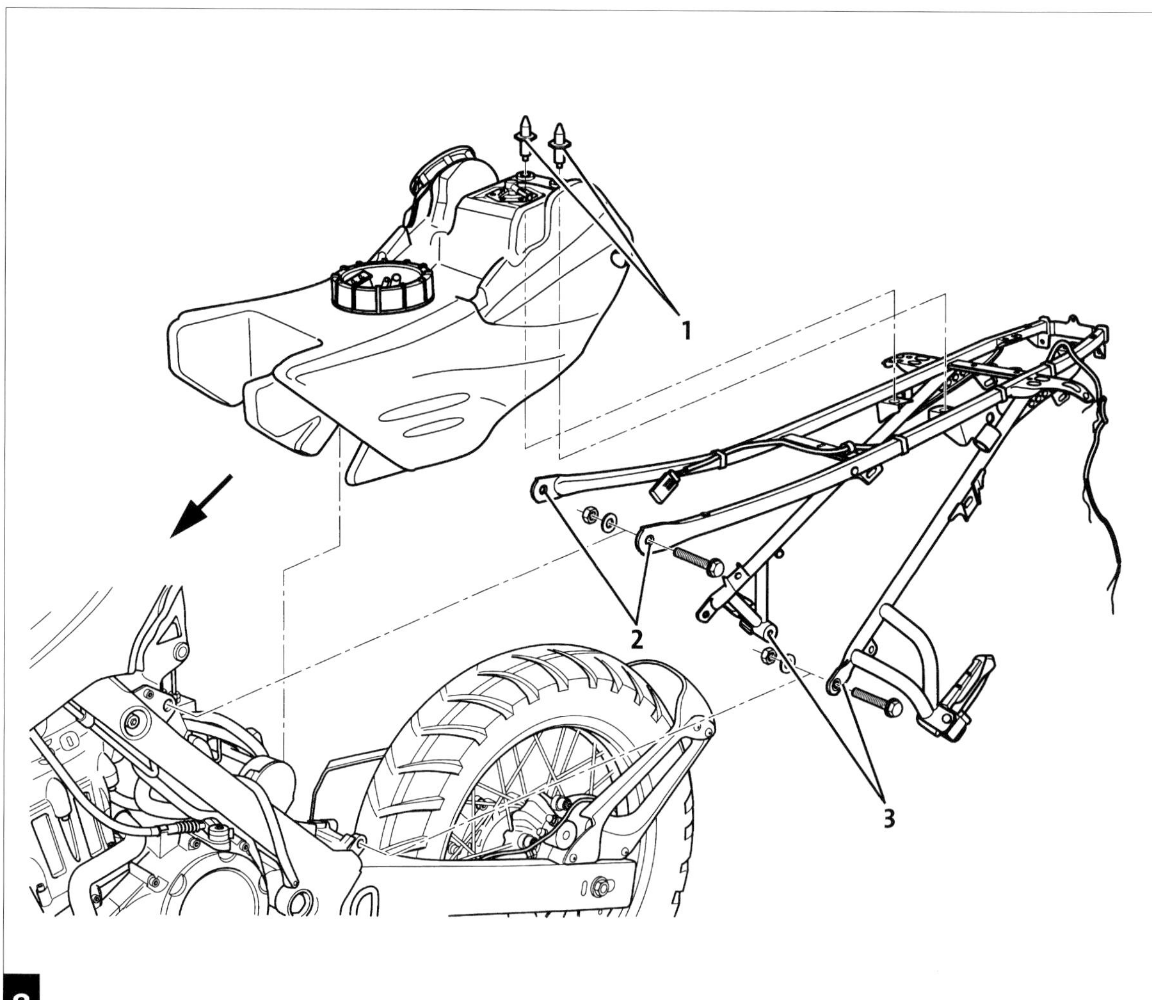

8

5.2
Prüfen und Vermessen

1

- Der Förderdruck wird mit Manometer und T-Stück in der Druckleitung bei laufendem Motor (Leerlauf) geprüft und ist der BMW-Werkstatt vorbehalten. **Sollwert** Förderdruck 3,5 bar

- Im Bild ist eine provisorische Prüfung der Kraftstoffpumpe dargestellt. Hier muss bei Betätigung des Starterknopfs Benzin sprudeln.

6 Generator & Zündung

6
Generator & Zündung

- Generatorleistung und Reglerfunktion werden im montierten Zustand am Stecker geprüft, ebenso der Spulenwiderstand (Zündpickup und Zündspule) oder die Erdung der Spulen/Kabel (ab Seite 128).
- Der Ausbau des Rotors macht Spezialwerkzeug notwendig und ist Voraussetzung zum Ausbau der Kurbelwelle.
  Das Motorgehäuse kann zur Getriebereparatur bei montiertem Rotor geöffnet werden.

Steckerdeckel
- Zwei Befestigungsschrauben ausdrehen.
  Anzugsmoment 9 Nm

6.1
Ausbau

- Der Ausbau des Rotors erfordert Rotor-Abdrücker BMW-Nr. 12 5 510.
- **GS**: Motorschutz abnehmen (Seite 58).
- Ritzeldeckel abnehmen (Bild 4 Seite 109).
- Steckerdeckel abnehmen (Bild 1).
- Stecker trennen und Kabel freilegen (Bild 2).
- Beim Abnehmen des Generatordeckels kann Motoröl austreten, d.h. geeignetes Auffanggefäß unterstellen und nach Einbau Ölstand korrigieren (Seite 88).
- Motorrad auf Seitenständer abstellen (diesen mit Vorderrad verzurren), damit möglichst wenig Öl verkleckert wird.
  Trotzdem Auffanggefäß für Lecköl unter Gehäusedeckel bereitstellen.
- Entlüftungsschlauch abnehmen (das bekannte Schlauchschellen-Problem) oder so mit Spanngurt o. Ä. fixieren, dass Schlauch nicht unter Zug steht (Bild 2).
- Gehäusedeckelschrauben schrittweise über Kreuz ausdrehen und Deckel abziehen (Deckel klebt nicht nur wegen der alten Dichtung, bzw. Dichtmasse, sondern auch wegen der Magnetwirkung des Rotors).
- Gegebenenfalls helfen auch leichte und bedachte Gummihammerschläge dem Deckel auf die Sprünge (!).

Generatordeckel
- Gehäusedeckelschrauben (Pfeile)
1 Generator-Stecker (3pol, gelb)
2 Pickup-Stecker (2pol)
3 Stutzen des Entlüftungsschlauchs

Starter-Zwischenrad

- Auf Anlaufscheibe **1** und Distanzhülse achten.
- Zwischenzahnräder (Pfeile) des Starters abnehmen (zuerst Achse **2**, dann Zahnrad).

Rotormutter

- Mutter ist mit 180 Nm angezogen!
  Entsprechend kräftig mit Bremse (bei eingelegtem Gang) und allem, was geht, gegenhalten.

Rotor-Ausbau

- Rotor auf 80 °C erwärmen.
- Rotor-Abdrücker BMW-Nr. 12 5 510 anbringen und abdrücken.

Generatordeckel

1 Stator (drei Befestigungsschrauben; Pfeile)
Anzugsmoment 10 Nm, Loctite 243 auf saubere Gewinde geben.

2 Pickup (zwei Befestigungsschrauben; Pfeile)
Anzugsmoment 8 Nm

! Erfahrungsgemäß sitzt der Rotor verdammt fest auf dem Kurbelwellenstumpf – dank des bei der Montage beigegebenen Loctite 648.
In hartnäckigen Fällen kann neben dem Erwärmen des Rotors zusätzlich das Behandeln des Kurbelwellenstumpfs mit Kältespray hilfreich sein.

- Rotor abnehmen und Abdrücker ausdrehen.
- Wellenkeil aus Nut entfernen, bzw. dessen sicheren Sitz kontrollieren.

→

6 Generator & Zündung

6.1
Ausbau
Fortsetzung

- Falls Freilaufkupplung des Starters defekt ist (Startermotor dreht ohne Kraftschluss durch oder rattert), Befestigungsschrauben ausdrehen (sehr hohes Lösemoment – sind mit Loctite 648 gesichert!).
- Sicherungsring **4** mit Seegerring-Zange ausfedern und Freilauf an der Rückseite des Rotors abnehmen.

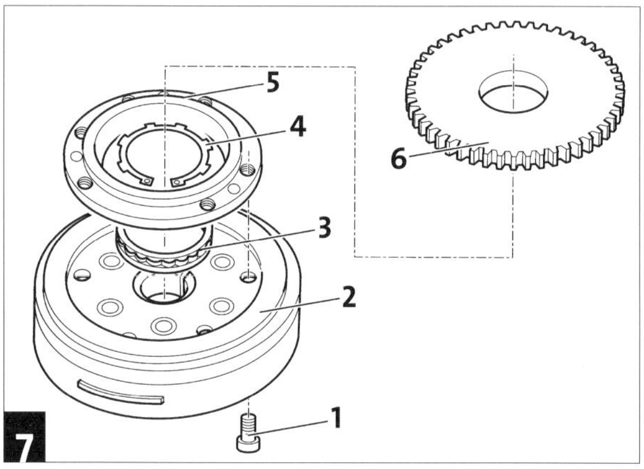

7

Starterfreilauf
1 35 Nm/Loctite 648
2 Rotor
3 Freilaufkörper
4 Sicherungsring
5 Freilaufgehäuse
6 Freilaufzahnrad

6.1.1
Regler GS

- Motorschutz abnehmen (Seite 58).
- Massekabel von der Batterie abnehmen.
- Abdeckung rechts am Zylinder abnehmen (Bild 1).
- Regler- und Generatorstecker trennen (Bild 2).
- Zwei Befestigungsschrauben ausdrehen und Regler abnehmen.

1

Steckerdeckel
- Zwei Befestigungsschrauben ausdrehen.
Anzugsmoment 9 Nm

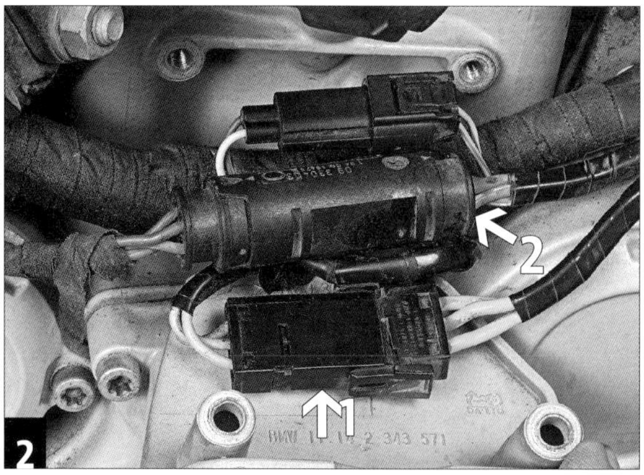

2

Reglerstecker
1 Regler/Generator (3pol)
2 Regler/Bordnetz (4pol)

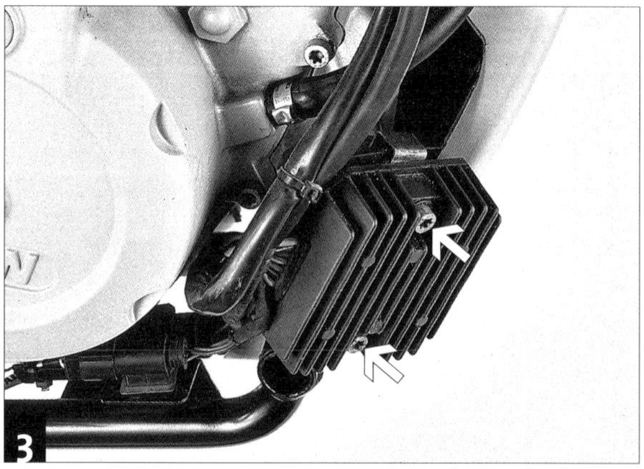
3

Regler GS
- Zwei Befestigungsschrauben ausdrehen.
Anzugsmoment 7 Nm

6.1.2
Regler CS

- Massekabel von der Batterie abnehmen.

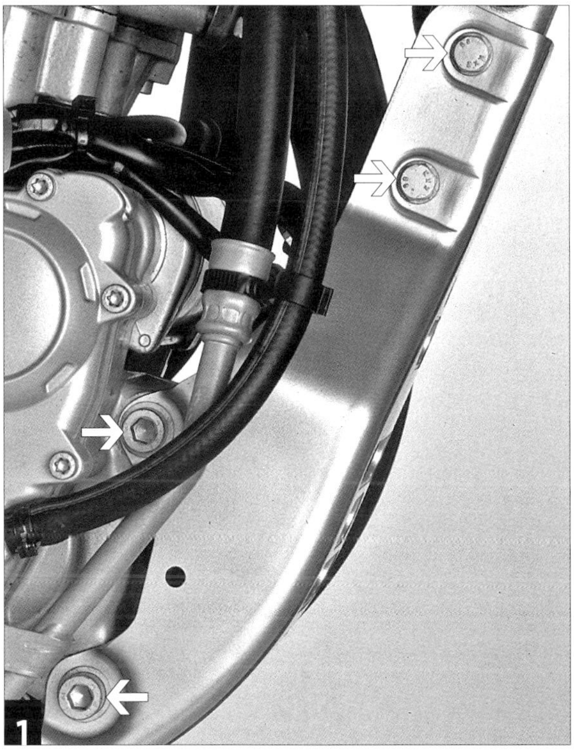

Rahmenschale ausbauen CS

- Vier Befestigungen ausdrehen.
  Anzugsmoment am Rahmen 25 Nm
  Anzugsmoment am Motor 55 Nm

Regler-Stecker und –Einbaulage CS

1 Regler/Generator (3pol, gelb)
2 Regler/Bordnetz (4pol)
3 Lambdasonde

- Zwei Schrauben der Stecker-Abdeckung ausdrehen (Bild 1 Seite 128).
  Anzugsmoment 9 Nm
- Regler- und Generatorstecker trennen.

6 Generator & Zündung

6.2 Prüfen und Vermessen

- Stromlaufpläne siehe letzte Ausklappseiten.
- Sämtliche im Folgenden angegebenen Widerstandswerte verstehen sich mit 10% Toleranz bei 20 °C Umgebungstemperatur.
- Vor Prüfung des Ladesystems und der Zündung müssen Stecker auf Wackelkontakte oder korrodierte Kontaktstifte untersucht werden.

Regelspannung

! Zur Messung der Regelspannung müssen die Batterie in gutem Zustand (Batteriespannung mindestens 12,8 V) und der Motor auf Betriebstemperatur sein.
- Voltmeter bei ausgeschalteter Zündung (!) an Batterie anschließen (positive Messspitze an Pluspol; negative an Minuspol).
- Motor starten und Drehzahl allmählich erhöhen.

! Spannung muss sich mit eingeschaltetem Fernlicht bei etwa 5000/min auf etwa 14 Volt einregeln.
- Falls sich Regelspannung nicht einstellt und auch die Ladespulen in Ordnung sind (siehe unten, Generator), die Regler/Gleichrichter-Einheit ersetzen bzw. in BMW-Werkstatt überprüfen lassen.
- Der einfachste Test ist der Probetausch gegen ein bekanntermaßen funktionierendesTeil.

Generator

- Ladespulen des Generators sind in Ordnung, wenn kein Masseschluss vorliegt und Stromdurchgang (Sollwert unter 1 Ω = Durchgang) zwischen den Kabelanschlüssen des Steckers besteht.
  Andernfalls Ladespulen erneuern.
  Falls keine losen oder korrodierte Stecker ausgemacht werden können und die übrigen Komponenten o.k. sind, Regler ersetzen.

Starterfreilauf

- Freilaufrad auf Verschleiß und Beschädigung (Ausbrüche in der Härteschicht) untersuchen.
- Zwischenzahnrad und Achse auf Verschleiß und Beschädigung (Ausbrüche in der Härteschicht) untersuchen.
- Freilauf mit Zahnrad in Rotor einsetzen und von Hand drehen.

👁 Zahnrad darf sich nur in einer Richtung frei drehen und muss entgegengesetzt sperren.

Zündspule und Zündpickup (Induktivgeber)

- **GS bis 2001** (externe Zündspule):
  Widerstand der Primärwicklung an den Anschlusssteckern messen.
  Sollwert 500 mΩ ± 50 mΩ
  Für den Widerstand der Sekundärwicklung werden keine Angaben gemacht.
- Widerstand des Zündpickups am Stecker messen.
  Sollwert 190 – 300 Ω
- **GS und CS ab 2002** (eine Schachtzündspule):
  Primärwiderstand zwischen Klemme 15 und 1 messen.
  Sollwert 500 – 530 Ω
  Sekundärwiderstand zwischen Klemme 4a und 4b messen.
  Sollwert 20 kΩ
  Für den Widerstand des Pickups werden keine Angaben gemacht.
- **GS und CS ab 2004** (zwei Schachtzündspulen):
  Primärwiderstand zwischen Klemme 15 und 1 messen.
  Sollwert 0,87 Ω
  Der Sekundärwiderstand ist nicht messbar.
  Für den Widerstand des Pickups werden keine Angaben gemacht.

HINWEIS

Im Fall der Spulen kann selbst bei korrekten Messwerten ein Defekt vorliegen. Auch hier gilt:
Der sicherste Test ist der Probetausch gegen ein bekanntermaßen funktionierendes Teil.

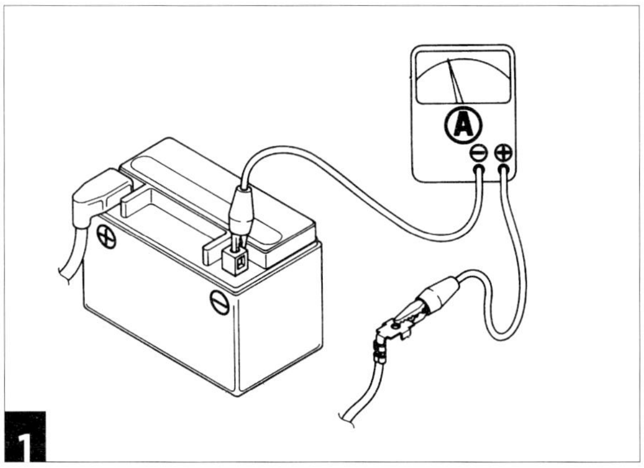

1

Mit Ampère-Meter auf Kriechstrom prüfen

- Um das Messgerät nicht zu beschädigen, zuerst großen Messbereich wählen, dann Messbereich schrittweise verkleinern.

Kabelbaum

Bei häufig entladener Batterie, auch nach kürzerer Standzeit, Kabelbaum auf Kriech- oder Verluststrom prüfen.

- Zündung ausschalten und negatives Kabel (Massekabel) von Batterie abnehmen.
- ! Messgerät zuerst auf hohen Messbereich einstellen, um Sicherung des Messgeräts nicht zu beschädigen, dann auf kleinere Messbereiche umschalten.
- Bei ausgeschalteter Zündung Ampèremeter zwischen Batterie und Massekabel anschließen.
- ! Ampèremeter darf maximal 1 mA anzeigen.
- Falls höherer Strom messbar ist, systematisch Kabelbaum-Stecker nacheinander trennen, bis »Leckbereich« im Kabelbaum lokalisiert ist und dieses Teilstück des Kabelbaums erneuern bzw. reparieren.

6 Generator & Zündung

6.3
Einbau

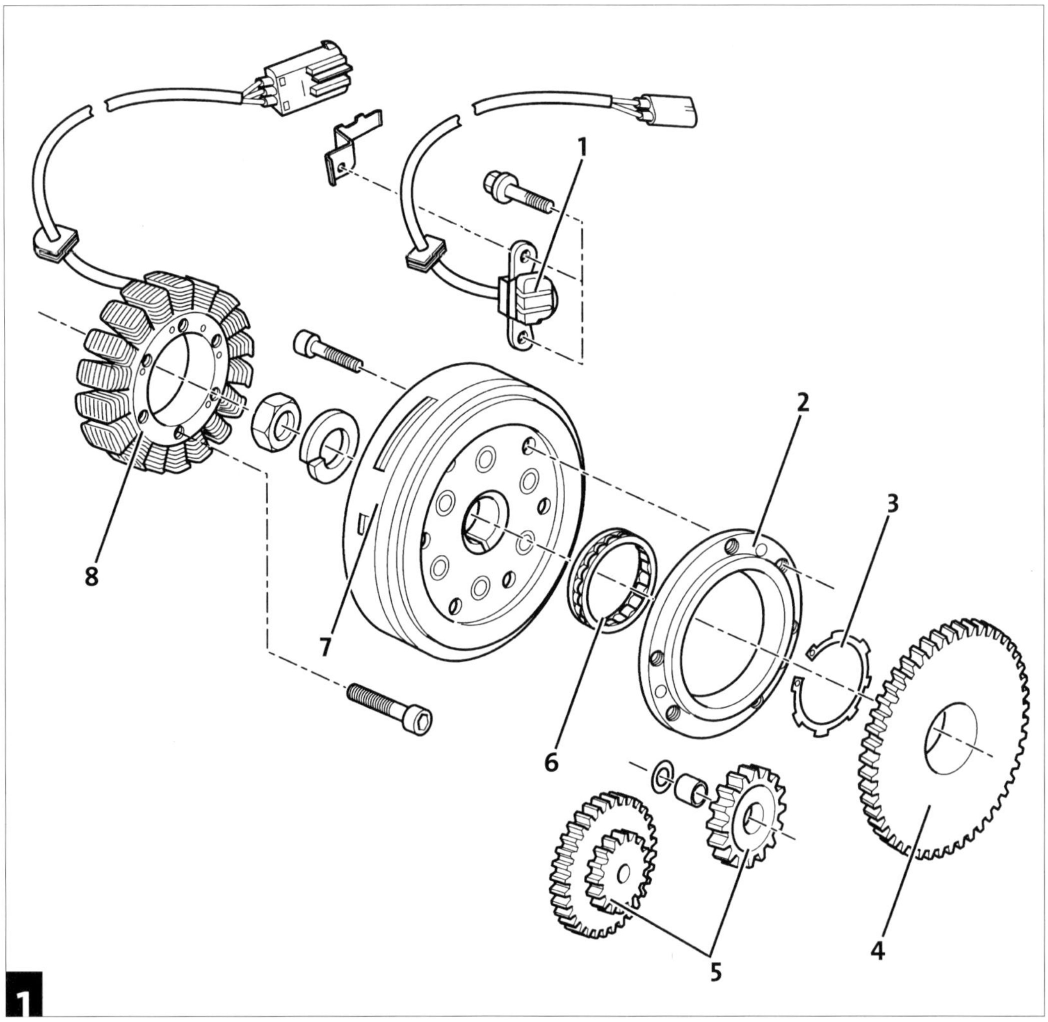

1

Generator und Starterfreilauf
1 Zündpickup
2 Freilaufgehäuse
3 Sicherungsring
4 Freilaufrad
5 Starterzwischen-räder
6 Freilaufkörper
7 Rotor
8 Statorspulen

Starterfreilauf

- Freilaufkörper ölen und so einsetzen, dass Pfeil nach unten weist – bei liegendem Motorgehäuse (Bild 2).
- Gewinde der Befestigungsschrauben und Muttergewinde im Freilaufgehäuse säubern und Loctite 648 auftragen.
- Rotor gut festhalten und Freilaufgehäuse **2** Bild 1 mit Flanschseite zum Rotor weisend an diesem befestigen.
  Anzugsmoment mit Loctite 648 35 Nm
- Sicherungsring mit Seegerring-Zange einfedern und auf sauberen Sitz kontrollieren.

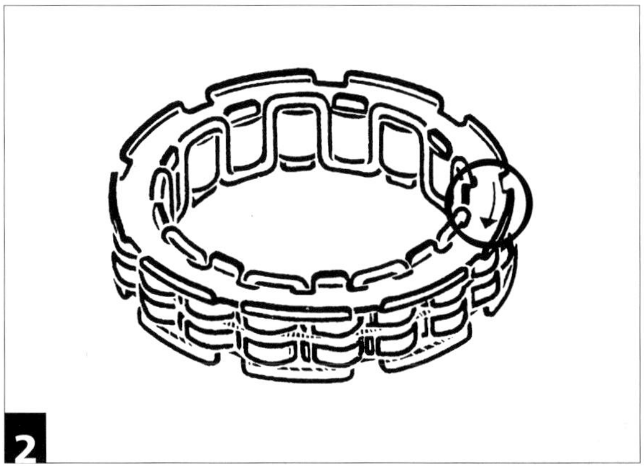

2

Freilaufkörper
- Pfeil auf Freilaufkörper befindet sich bei Montage innen/unten.

3

- Freilaufrad **4** Bild 1 (Lager leicht gefettet) auf Kurbelstumpf aufsetzen.
- Kurbelwellenstumpf (Gewinde und Konus) und Innenkonus des Rotors säubern und entfetten (Aceton/Bremsenreiniger).
- Nutenstein so einsetzen, dass flache Oberseite leicht nach unten weist (parallel zur Konusoberfläche).
  Falls Nutenstein sehr fest sitzt, vorsichtig mit leichtem Hämmerchen nachhelfen.
- Kurbelwellenkonus dünn mit Loctite 648 bestreichen.
- Nut des Rotors auf Nutenstein im Kurbelwellenstumpf ausrichten.
- Rotor mit Freilaufrad auf Kurbelwellenkonus aufsetzen. Dabei Freilaufkörper mit Linksdrehung des Freilaufrads (gegen den Uhrzeigersinn) auf Bund des Freilaufrads aufsetzen.
- Sperrfunktion am Zahnrad prüfen.
- Rotor auf sicheren Sitz auf Konus kontrollieren.
- Rotormutter und Gewinde am Kurbelkonus reinigen (öl- und fettfrei).
- Gewinde mit Loctite 243 versehen (Bild 3).
- Rotormutter mit neuer Sprengscheibe anziehen. Dabei Rotor gegebenenfalls mit gebremstem Hinterrad und eingelegtem Gang oder mit Putzlappenblockierung (Bild 2 Seite 178) gegenhalten.
  Anzugsmoment mit Loctite 243 180 Nm
- Statorspulen montieren (10 Nm/Loctite 243 auf gereinigte Gewinde beigeben; Bild 4 Seite 127).
- Pickup mit Kabelhalterblech (8 Nm) im Gehäusedeckel anbringen (Bild 4).

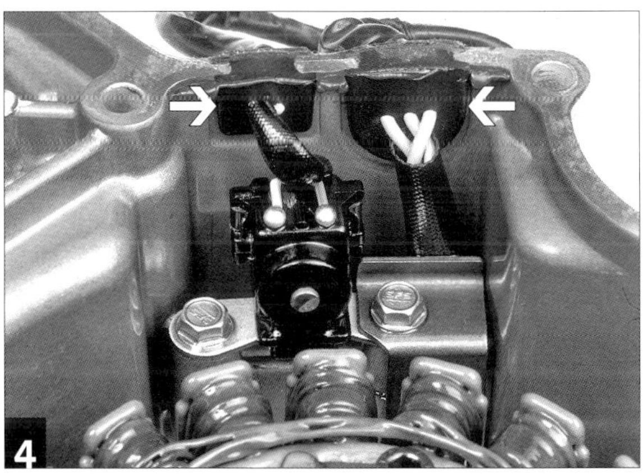

4

Zündpickup- und Statorkabel

- Aussparung der Kabel-Gummitüllen im Deckel mit flüssiger Dichtmasse (Silikondichtmasse) bestreichen und Gummitüllen (Pfeile) eindrücken.

5

- Zwischenzahnräder (Bild 3 Seite 127) und Achse einsetzen.
- Dichtflächen reinigen (öl- und fettfrei).
- Neue Dichtung anbringen und einen Passstift (Pfeil) einsetzen.
- Deckelschrauben schrittweise über Kreuz anziehen (Bild 2 Seite 126).
- Stecker wieder koppeln und Kabel sorgfältig verlegen.
- Motoröl auffüllen (Seite 88).
- Ritzeldeckel anbringen.
- **GS**: Motorschutz anbringen.

7 Starter

7 Starter

7.1 Aus- und Einbau

- Ausbau und Prüfung des Starterfreilaufs ist in Kapitel 6 beschrieben.
- ! Bei ausgeschalteter Zündung zuerst Massekabel von Batterie abnehmen.
- ! Vorsicht heiß: Gegebenenfalls warmen Motor, bzw. Krümmer abkühlen lassen.
- Starter ausbauen (Bild 1).
- Gehäuseschrauben **11** ausdrehen und Schrauben herausführen. Rückdeckel **10** abnehmen.
- ! Auf Verbleib der Anlaufscheiben **2** achten. Lage und Anzahl der Scheiben notieren.
- Frontdeckel **5** abnehmen. Anker **3** herausführen.
- Anschlussmutter ausdrehen und Bürstenhalterplatte **8** herausführen.
- Kugellager **4** ggf. mit passendem Abzieher aus-bauen (ruhigen und leichten Lauf mit Finger prüfen).

1

Aus- und Einbau
- Kappe abziehen und Anschlusskabel **1** von Starter trennen. Schrauben **2** ausdrehen.
- Starter unter Ruckeln zur Seite abnehmen.
Anzugsmomente 1 und **2** 10 Nm

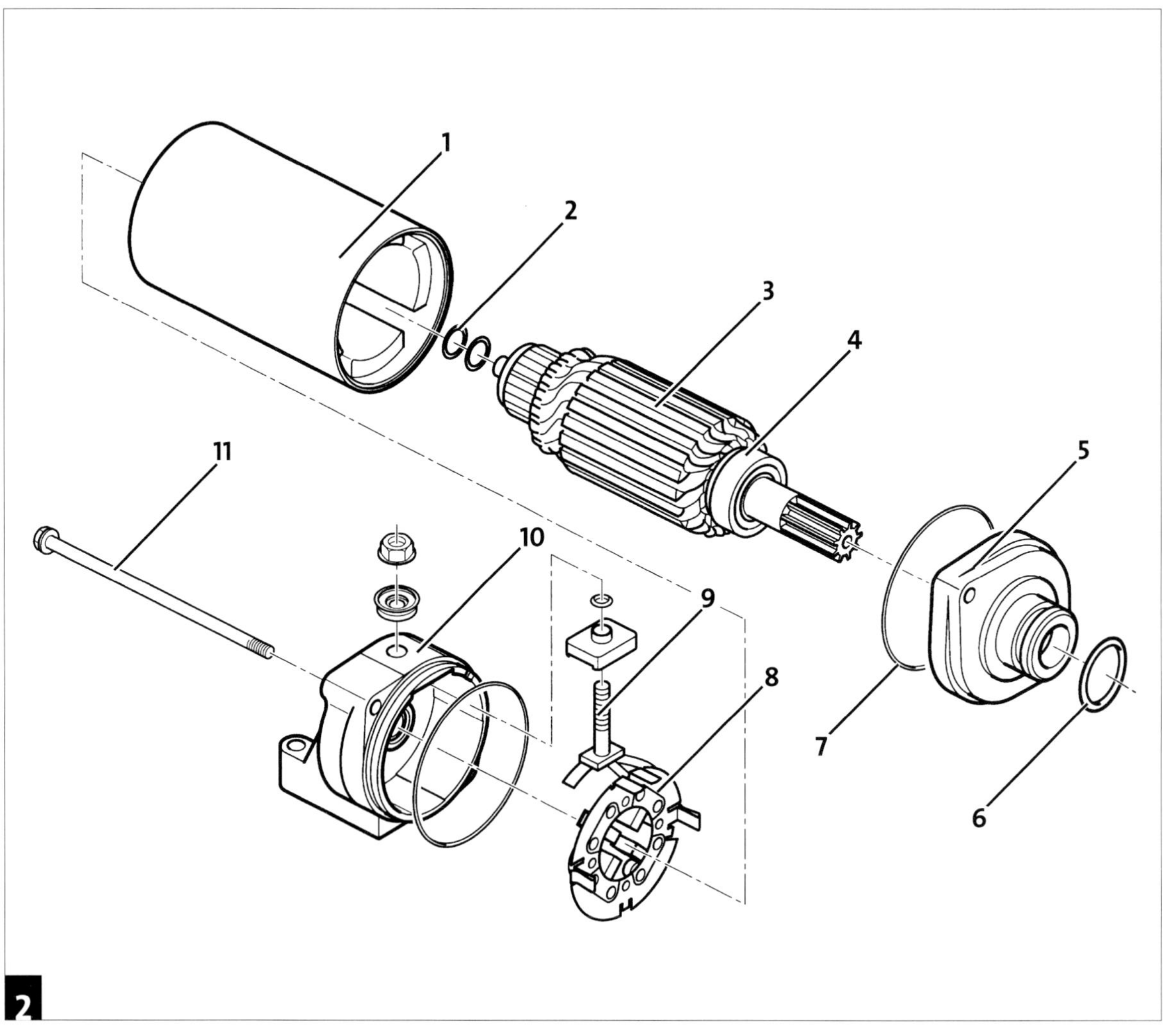

2

Starter
- **1** Gehäuse
- **2** Anlaufscheiben
- **3** Anker
- **4** Kugellager
- **5** Frontdeckel
- **6** O-Ring
- **7** O-Ring
- **8** Bürstenhalterplatte
- **9** Anschlussgewinde (Pluskontakt)
- **10** Rückdeckel
- **11** Gehäuseschraube

Anzugsmomente
5 Nm

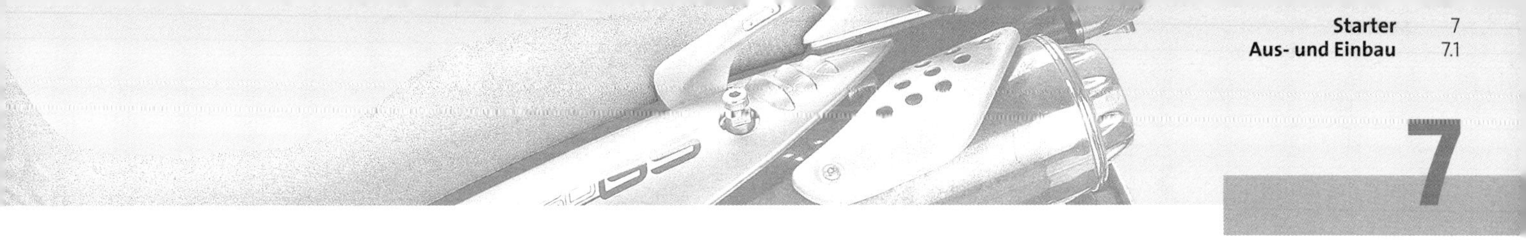

Einbau

1 Bürstenhalterplatte auf Rückdeckel ausrichten.
2 Marke an Gehäuse auf Anschlussgewinde und Spalt **3** der Bürstenhalterplatte ausrichten.
Anzugsmomente Gehäuseschrauben 5 Nm

- Der **Einbau** erfolgt in umgekehrter Reihenfolge. Dabei folgende Punkte beachten:
- Ggf. neues Kugellager mit passendem Rohr am Innenring bis zum Aufsitzen auftreiben.
- Gleitager im Rückdeckel leicht (!) fetten (MoS_2-haltig).
- Bürstenhalterplatte so in Rückdeckel einsetzen, dass Nase der Platte in die entsprchende Aussparung **1** Bild 3 des Rückdeckels eingreift.
- Anker mit Schutzbacken in Schraubstock einspannen.
- Sicherungs- und Anlaufscheiben in der bei der Demontage notierten Anzahl anbringen.
- Bürstenhalterplatte montieren: Kohlebürsten gegen Federdruck in ihre Führungen einschieben, um für den Kollektor Platz zu machen (geht am besten mit vier extrem dünnen Händen) und vorsichtig auf Kollektor des Ankers aufschieben.
- Anker aus Schutzbacken nehmen.
- Gehäuse vorsichtig auf Anker aufschieben (starke Magnetwirkung!). Dabei Marke **2** Bild 3 auf Spalt **3** und Anschlussgewinde ausrichten.
- Gehäuseschrauben eindrehen (**11** Bild 2; 5 Nm).

Starter anschließen

- Gefettete Mutter (Batteriepolfett) aufdrehen (10 Nm).
- Kappe innen leicht fetten (Batteriepolfett) und auf Anschluss überstülpen.

Einbau

- O-Ring geölt in die Nut des Frontdeckels einsetzen und Starter in Motor einbauen.
Anzugsmomente der Befestigungsschrauben 10 Nm

7 Starter

7.2 Prüfen und Vermessen

Anker

- Kollektorlamellen dürfen keine Verfärbungen aufweisen; paarweise verfärbt deuten sie auf geerdete Ankerwicklungen hin (Starter komplett wechseln).
- Die Glimmerunterschneidung (die Tiefe der Isolation zwischen den Kollektorlamellen) soll mindestens 0,5 mm betragen.
  Gegebenenfalls mit Kollektorsäge (oder feinem Metallsägeblatt) auf richtige Tiefe bringen.
- Anschließend Kollektor mit feinem Schmirgelleinen (400er oder 600er-Körnung) »abziehen«, d. h. eventuell entstandene Aufwerfungen abnehmen.

Gehäuse

- Profil- und O-Ringe des Starters auf Beschädigung prüfen.
- Es darf kein Durchgang zwischen Kabelanschluss und Gehäuse bestehen.
  Stromdurchgang zur schwarzen Minusbürste ist normal.

Starterrelais

- Relais mit Gummi-Aufnahme aus Halter nehmen (Bilder 3 & 4).
- Abdeckungen der Anschlüsse abziehen.
- Messungen bei eingeschalteter Zündung und Getriebe in NEUTRAL-Stellung vornehmen.

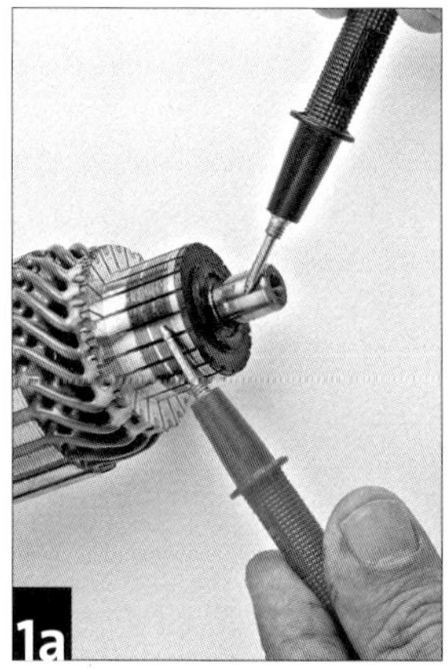

Anker und Kollektor prüfen

1a Bei Stromdurchgang zwischen Kollektorlamellen und Ankerwelle Anker auswechseln.

1b Stromdurchgang zwischen einzelnen Lamellen ist normal.

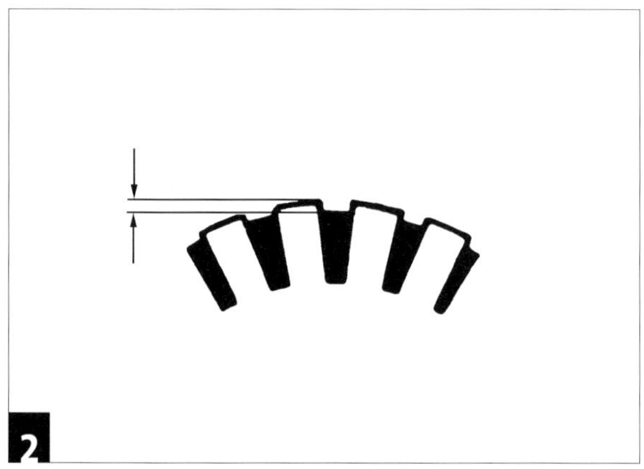

Glimmerunterschneidung

- Sollwert 0,5 mm

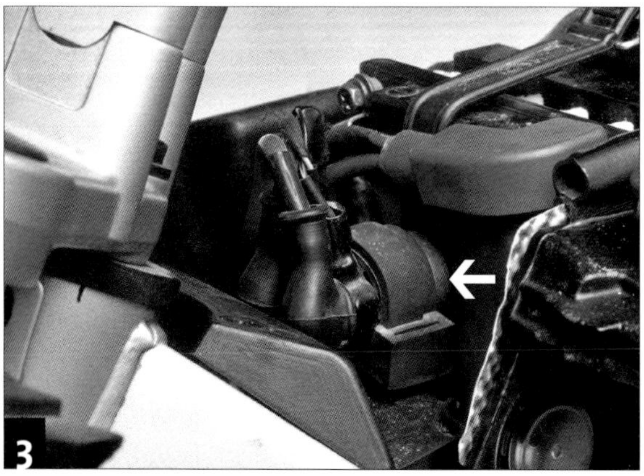

GS-Starterrelais

- Einbaulage hinter Lenkkopf (Cover Seite 54).
- Relais mit Gummi-Aufnahme aus Halter nehmen und Gummi-Aufnahme abziehen.

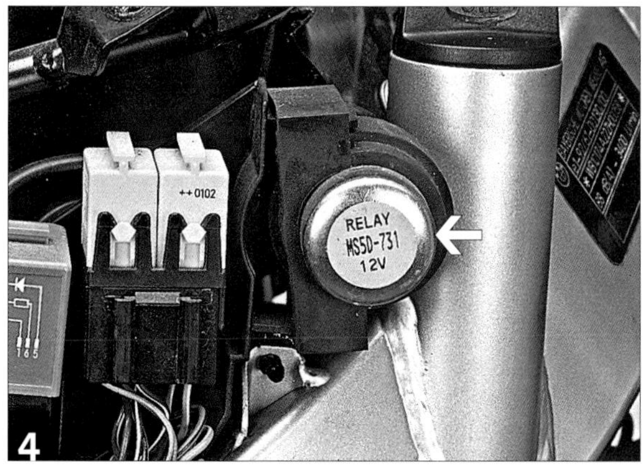

CS-Starterrelais

- Einbaulage neben Öltank-Stutzen (Cover Seite 60).
- Relais mit Gummi-Aufnahme aus Halter nehmen und Gummi-Aufnahme abziehen.

Starterrelais

1 Steueranschlüsse

- Zwischen den Stromanschlüssen **2** muss bei korrekter Funktion des Starterrelais Durchgang (0 Ω) gemessen werden.

Messung 1

- Messgerät auf Spannungsmessung einstellen (Bereich bis 20 V) und Spannung zwischen den Steueranschlüssen **1** messen.
- Starterknopf betätigen.

→ An den Steueranschlüssen **1** muss Batteriespannung anliegen.

Messung 2

! An einem der Stromanschlüsse **2** liegt Batteriespannung an!

- Batterie abklemmen und Kabelschuhe der Anschlüsse **2** abnehmen und sorgfältig isolieren.
- Batterie anklemmen.
- Ohmmeter an Anschlüsse **2** zur Durchgangsprüfung anschließen.
- Starterknopf betätigen.

→ Zwischen den Anschlüssen **2** muss Durchgang (0 Ω) gemessen werden.

! Voraussetzung für das Funktionieren des Starterrelais ist die einwandfreie Funktion des Seitenständer- und Kupplungsschalters (Seite 102).

! Zur Montage der Anschlüsse Batterie wieder abklemmen.

8 Auspuffanlage

8.1 Aus- und Einbau

- Maschine sicher aufbocken.
  Evtl. Hauptständer mit Vorderrad verzurren, da sich die Rohrverbindungen manchmal nicht einfach lösen lassen.
- **GS**: Motorschutz abnehmen (Bild 1 Seite 58).
- **GS**: Heckverkleidung abnehmen (Seite 59).

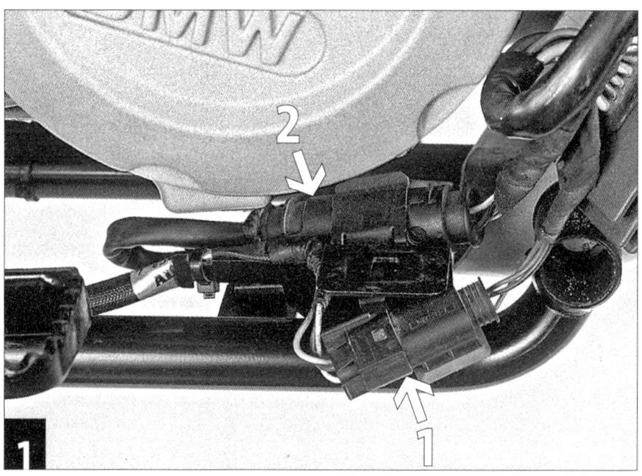

GS: Aus- und Einbau

1 Seitenständerstecker
2 Lambdasondenstecker

- Lambdasondenstecker und Kabelbinder trennen.

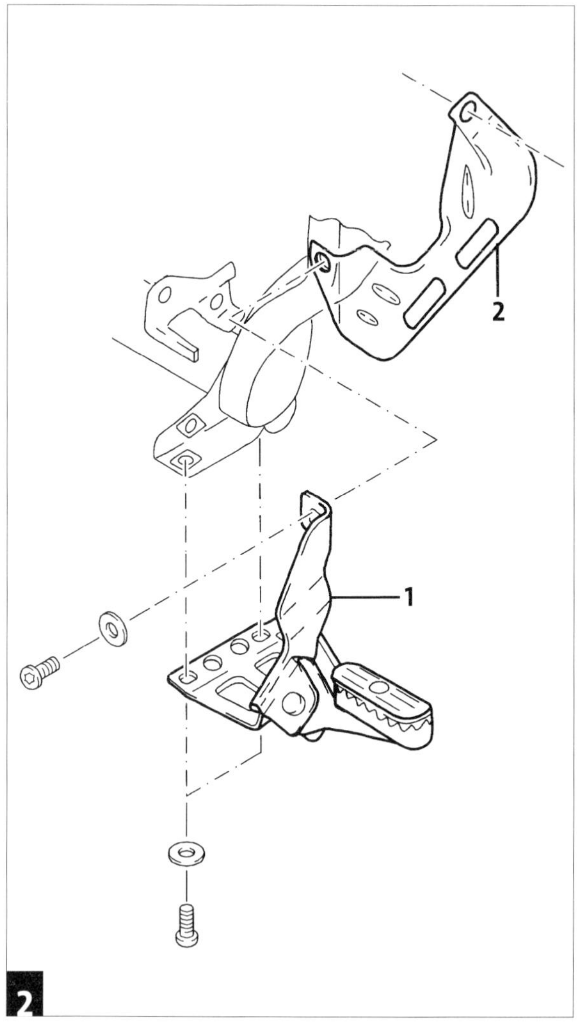

GS: Aus- und Einbau

- Linken Fußrastenhalter **1** mit Hitzeschild **2** abnehmen.
  Anzugsmoment 21 Nm

CS: Aus- und Einbau

- Lambdasondenstecker an der Frontschale ausclipsen und trennen.
- Kabelbinder trennen.

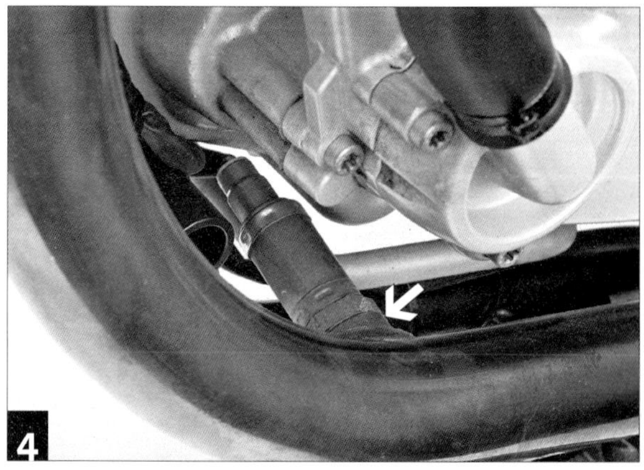

Lambdasonde

- Falls defekt, am Sechskant ausdrehen.
- Beim Einbau Gewinde dünn mit Optimoly TA bestreichen (nicht bei Neuteil).
  Anzugsmoment 45 Nm

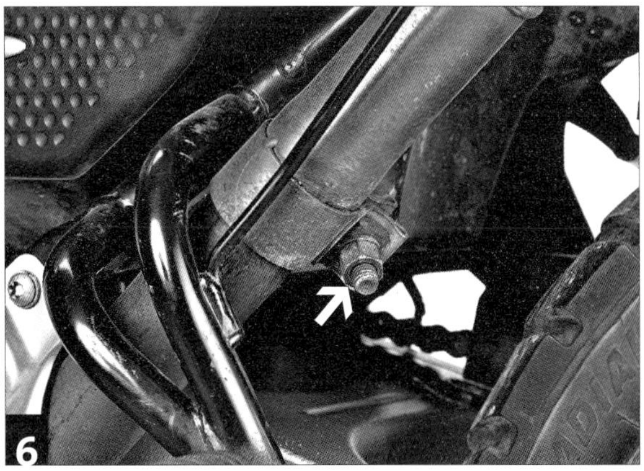

GS: Rechter Dämpfer
- Befestigungsschraube **1** des rechten Dämpfers ausdrehen und Dämpfer von Verbindungsrohr (Steckverbindung) und Gummilager **2** abziehen.

GS: Linker Dämpfer
- Mutter lockern. (Evtl. zuerst Sprayöl einwirken lassen.)
- Dämpfer aus oberem Gummilager und vom Krümmer abziehen.

CS: Aus- und Einbau Dämpfer
- Fahrzeug auf Hilfsständer aufbocken und Seitenständer ausklappen.
- Mutter **1** der Klemmschelle lockern. (Evtl. zuerst Sprayöl einwirken lassen.) **Anzugsmoment** 55 Nm
- Befestigungsschraube **2** am Sozius-Fußrastenausleger ausdrehen. **Anzugsmoment** 41 Nm
- Dämpfer vom Krümmer abziehen. Dabei darauf achten, Hilfsrahmen, Felge und Speiche nicht zu zerkratzen (Lackschäden).

GS und CS Krümmer-Befestigung am Zylinderkopf
- Zwei Befestigungsmuttern ausdrehen.
- Krümmer abnehmen und alte Dichtung entsorgen. **Anzugsmoment** 20 Nm

8 Auspuffanlage

8.1
Aus- und Einbau
Fortsetzung

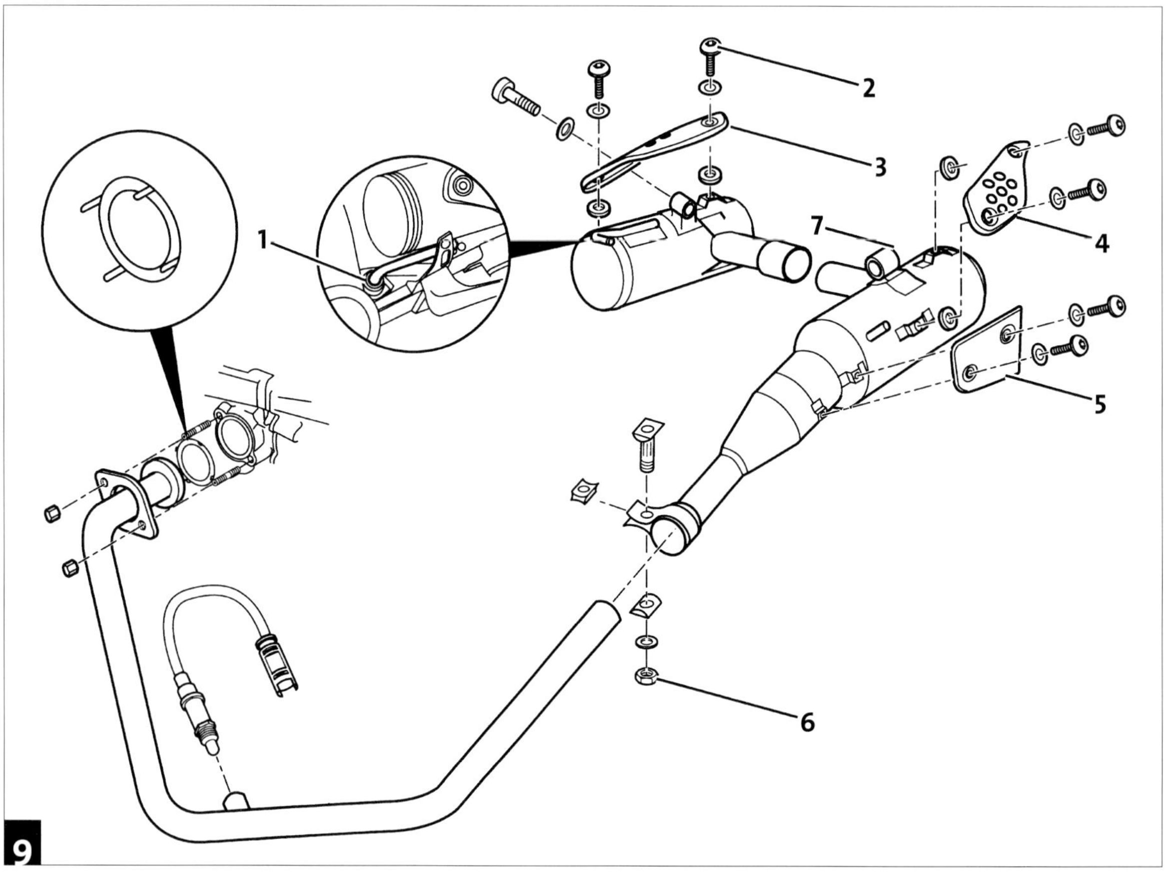

9

Einbau GS

- Darauf achten, dass Krümmer nicht auf Seitenständerschalter aufliegt.
- Alle Teile zuerst lose befestigen und ausrichten, dann Befestigungen der Teile von vorn nach hinten anziehen, d.h. zuerst Krümmer am Zylinderkopf (Bild 8 Seite 139) richtig anziehen und dann Dämpfer.
- Neue Dichtung am Krümmer befestigen und Krümmer zuerst locker befestigen.
- Innenseite des Schalldämpfers im Bereich der Schraubschelle leicht mit Hochtemperatur-Montagepaste (Optimoly TA oder Kupferpaste) bestreichen.

Auspuffanlage GS

1 In Gummilager einstecken (Bild 5 Seite 139)
2 **Anzugsmoment** 9 Nm
3 Schalldämpferblende
4 Schalldämpferblende
5 Katalysatorblende
6 **Anzugsmoment** 55 Nm
7 Halterung

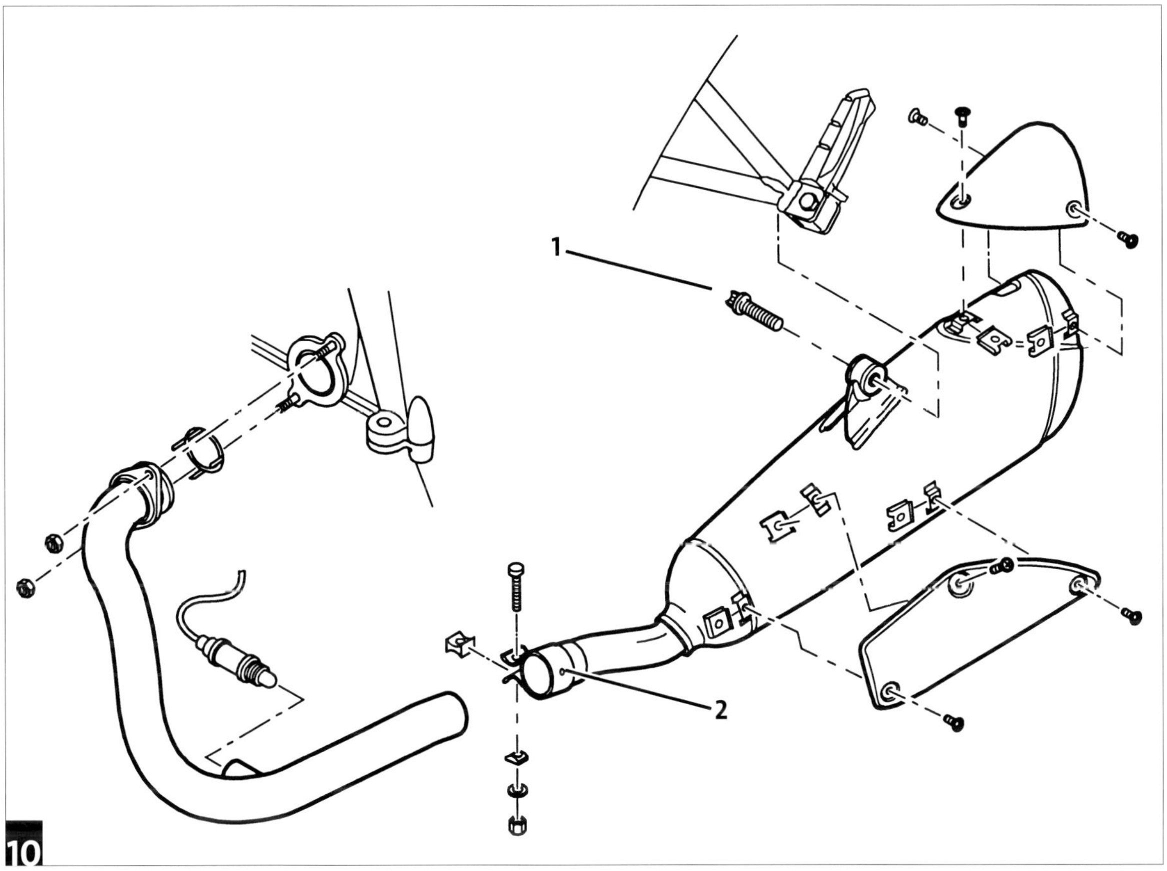

10

Einbau CS

- Darauf achten, dass Krümmer nicht auf Seitenständerschalter aufliegt.
- Alle Teile zuerst lose befestigen und ausrichten, dann Befestigungen der Teile von vorn nach hinten anziehen, d.h. zuerst Krümmer am Zylinderkopf (Bild 8 Seite 139) und dann Dämpfer richtig anziehen.
- Neue Dichtung am Krümmer befestigen und Krümmer zuerst locker befestigen.
- Innenseite des Schalldämpfers im Bereich der Schraubschelle leicht mit Hochtemperatur-Montagepaste (Optimoly TA oder Kupferpaste) bestreichen.

Auspuffanlage CS

1 **Anzugsmoment** 41 Nm

2 Bohrung in Schelle auf Schweißpunkt ausrichten
Anzugsmoment 55 Nm

9 Zylinderkopf

9.1 Ausbau

Der Zylinderkopf wird im Normalfall lediglich zum Ausbau des Kolbens und Zylinders demontiert. Der Ausbau der Ventile ist nur bei entsprechendem »Schadensbild« notwendig, d. h. bei »rauchendem« Motor, und zwar im Schiebebetrieb. Dabei »saugt« der Motor durch ausgeschlagene Ventilführungen bzw. verschlissene Ventilschäfte Öl in den Verbrennungsraum.
Damit einher geht oft auch der undichte Ventilsitz: der Ventilteller wandert und verbreitert immer mehr seine Dichtfläche, dichtet nicht mehr richtig gegen seinen Sitz ab und der Druck entweicht. Was sich in nachlassender Leistung bemerkbar macht.

Das Erneuern der Ventile und Führungen muss der BMW-Fachwerkstatt überlassen werden, die über das entsprechende Spezialwerkzeug zum genauen Einpassen der Führungen und Nachfräsen der Ventilsitze verfügt.
Allerdings bleibt der F 650-Treiber von solcher Unbill extrem lange verschont, da die Betätigung der Ventile über Tassenstößel die schonendste – und nebenbei die »schnellste« – Betätigung der Ventile darstellt, da die Verschleiß verursachenden Seitenkräfte auf die Ventilschäfte hier nicht auftreten (im Gegensatz zur Betätigung per Hebel).

Vorarbeiten

- 👁 Verschleiß der Steuerkette mit montierten Nockenwellen messen (Seite 149). Dazu aber am besten den Motor komplett mit Zylinderkopf ausbauen, da der Messvorgang bei eingebautem Motor nur umständlich möglich ist. Und zwar sehr umständlich bei der GS mit ABS und etwas einfacher bei der CS. Hartnäckig aber zahlt sich aus, wenn ein Motorausbau vermieden werden kann. (GS: Befestigungsschraube **1** Bild 3 des Ölrohrs ausdrehen, dann Verschlussschraube des Kettenspanners.) Die gute Nachricht: Verschleiß tritt kaum auf, und wenn doch, ist er gut hörbar!

- ! Für sicheren Stand der Maschine sorgen.
- Sämtliche Vorarbeiten wie bei der Ventilspielkontrolle (ab Seite 79) durchführen und Nockenwellen ausbauen. Dabei Kettenräder nicht von den Nockenwellen lösen und Steuerkette nicht an Kettenrädern befestigen, sondern Nockenwellen samt Kettenrädern abnehmen.
- Auspuffkrümmer mit Lambdasonde ausbauen (Seite 138/139). Besser gleich komplette Anlage ausbauen.
- Kühlmittel ablassen (Seite 94).
- Thermosensor-Stecker **1** Bild 1 trennen. Kühlmittelschlauch **2** vom Stutzen abnehmen.
- Kühler ausbauen (Seite 161/162).
- Starter ausbauen (Seite 134).
- Drosselklappengehäuse abnehmen (Seite 120).

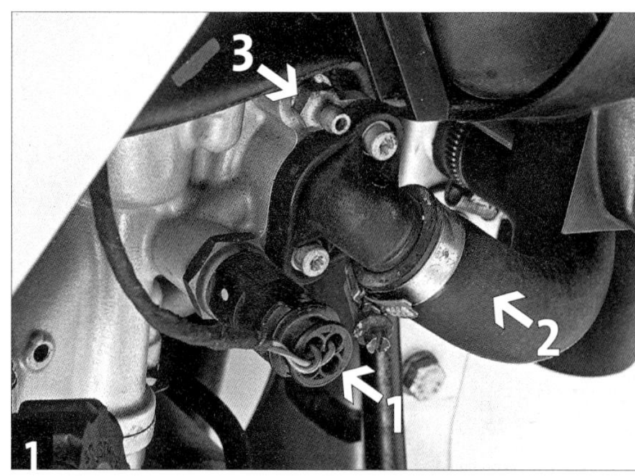

Kühlsystem-Teile am Zylinderkopf rechts
1 Thermosensor-Stecker
2 Kühlerschlauch
3 Entlüfterventil

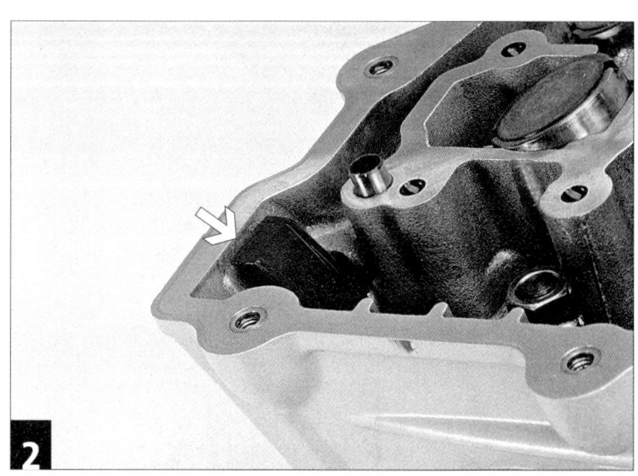

- Vordere starre Steuerkettenschiene aus Schacht herausnehmen.

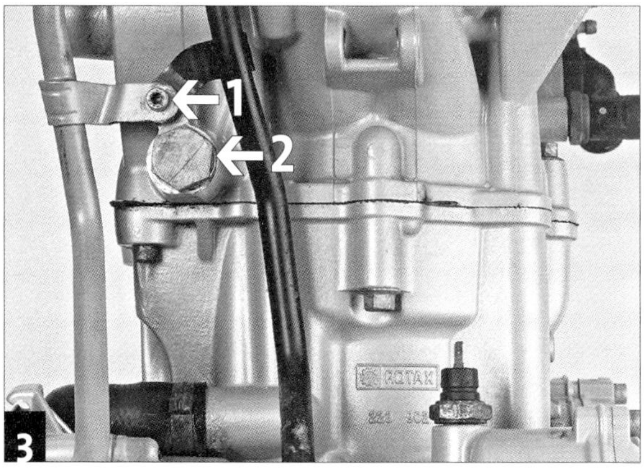

GS: Befestigungsschraube des Ölrohrs

1 Befestigungsschraube des Ölrohrs ausdrehen.
Anzugsmoment 9 Nm

2 Verschlussschraube des Steuerkettenspanners

GS: Federbein-Vorspannungseinsteller

- Halterung des Federbein-Vorspannungseinstellers vom Rahmen abnehmen. Kabelbinder trennen.
Anzugsmoment 9 Nm

CS: Rahmenabdeckung links und rechts

- Befestigungsschrauben (Pfeile) ausdrehen und Abdeckung abnehmen.
Anzugsmoment 3 Nm

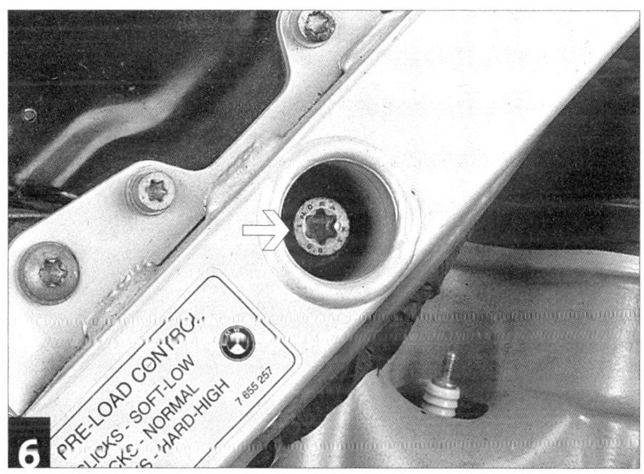

- Befestigungsschrauben des Zylinderkopfs am Rahmen links und rechts ausdrehen. (Im Bild rechte Schraube.)
Anzugsmoment 23 Nm

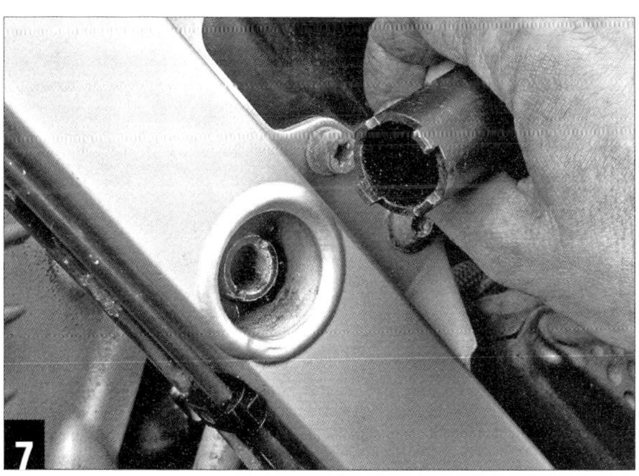

- Gegenmutter der Einstellhülse mit BMW-Zapfenschlüssel 11 6 661 (Maße Seite 50) lockern und Einstellhülse zurückdrehen (nach außen).
- Auf Verbleib der Scheiben achten.

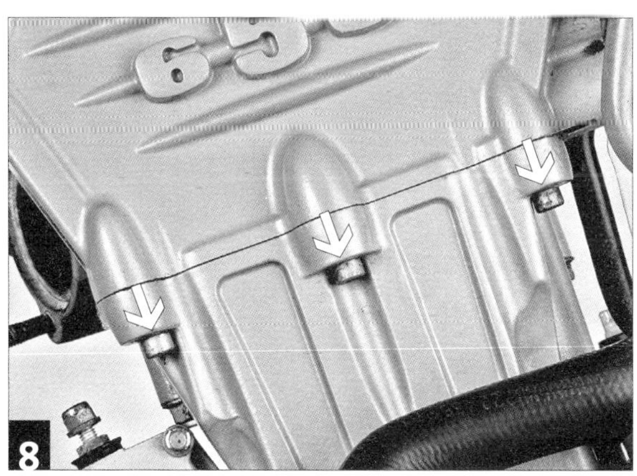

- Drei Zylinderkopfschrauben am Kettenschacht ausdrehen.
Anzugsmoment 10 Nm

→

9 Zylinderkopf

9.1 Ausbau
Fortsetzung

9

- Zwei Bundschrauben vorn ausdrehen. (Besser Starter ausbauen; Seite 134.)
  Anzugsmoment 33 Nm

10

- Bundschraube hinten ausdrehen.
  Anzugsmoment 33 Nm

- Zwei Bundschrauben **1** ausdrehen.
- Vier Bundmuttern **2** ausdrehen. Dabei Muttern schrittweise über Kreuz zuerst um jeweils $\frac{1}{4}$ Umdrehung lockern, dann erst ganz ausdrehen.
- Zylinderkopf über die Stehbolzen anheben, bis er frei ist.

! Bei festgebackenem Zylinderkopf sind leichte Gummihammerschläge hilfreich, um den Kopf zu lockern.

11

- Zylinderkopf drehen und nach oben abnehmen.
- Dichtung abnehmen.

👁 Dabei auf Verbleib der Passhülsen achten.

- Ggf. Tassenstößel und Einstellplättchen abnehmen.

! Stößel und Einstellplättchen so aufbewahren, dass sie wieder an ihrem ursprünglichen Platz eingebaut werden können.

→ Dichtheit der Ventile in diesem Zustand prüfen (Seite 146).

12

- Ventile mit Ventilfeder-Spanner ausbauen.

! Stößelbohrungen nicht zerschrammen!

! Ventile so aufbewahren, dass sie wieder an ihrem ursprünglichen Platz eingebaut werden können.

TIPP

Zum Schutz der Stößelbohrung z. B. Kleinbildfilm-Döschen aufschneiden und zwischen Ventilfeder und Bohrung einpassen.

- Ventilfedern nur so weit zusammendrücken, bis die Ventilkeile (Pfeil) aus ihren Nuten entnommen werden können. Magnetheber oder Pinzette benutzen.

! Federn nicht weiter als nötig zusammendrücken.

- Bevor Ventile entnommen werden, Ventilkeilnuten mit feinem Ölstein entgraten. Hier bilden sich gern Aufwerfungen, die beim Herausziehen der Ventile die Führungen zerfurchen (→ erhöhter Ölverbrauch).

- Ventilschaftdichtungen mit Zängchen abziehen.

! Unbedingt Neuteile montieren!

9 Zylinderkopf

9.2 Prüfen und Vermessen

Dichtheit der Ventilsitze

Dichte Ventilsitze sind grundsätzliche Voraussetzung für die souveräne Leistungsabgabe des F 650-Aggregats.
Die folgende Prüfung und das eventuelle »Reparaturverfahren« sind meist nur für Motoren mit extrem hoher Laufleistung angezeigt. Und extrem hohe Laufleistung heißt, dass diese die Laufleistung der Kolben/Zylinder-Garnitur leicht übertrifft.

1 Zylinderkopf mit eingebauten Ventilen so halten, dass der Ventilsitz des zu prüfenden Ventils unter dem Pegel der Prüfflüssigkeit steht und Prüfflüssigkeit in den betreffenden Kanal gießen:

👁 Am Ventilteller darf nichts auslaufen.
Dabei darf sich bei Alltagsmotoren – nicht bei Wettbewerbsmotoren! – mit der Zeit schon mal leichte Feuchtigkeit am Ventilsitz zeigen.

! Als »Prüfflüssigkeit« bietet sich Kraftstoff an. Dann aber die einschlägigen Sicherheitsmaßnahmen im Umgang mit Kraftstoff beachten!

- Wer mag, kann die »Feuchte« mit folgender Methode wieder in einigermaßen erträgliche Bereiche zurückführen. Wobei sich das beschriebene »Einläppen« der Ventilsitze für den Privatmann durchaus lohnen kann, wenn es darum geht, die anfällige Erneuerung der Ventile und Führungen vielleicht um zehntausend Kilometer hinauszuschieben, wenn die übrigen Verschleißdaten in Ordnung sind.

! Für präzise eingepasste neue Ventile und Führungen empfiehlt sich Ihre BMW-Fachwerkstatt, wo die neuen Ventile so präzise eingepasst werden, dass sich das Einläppen erübrigt.

- Betreffendes Ventil ausbauen und Ventil und Ventilsitz aufeinander einläppen:
- Läppmittel (fein) dünn auf Ventilsitz auftragen, Ventil einführen und von der Brennraumseite her mit Gummisauger quirlen (mit etwa 2 kg Druck). (Läpppaste und Gummisauger sind im Werkzeughandel erhältlich.)

! Läpppaste darf keinesfalls zwischen Ventilschaft und Führung geraten!

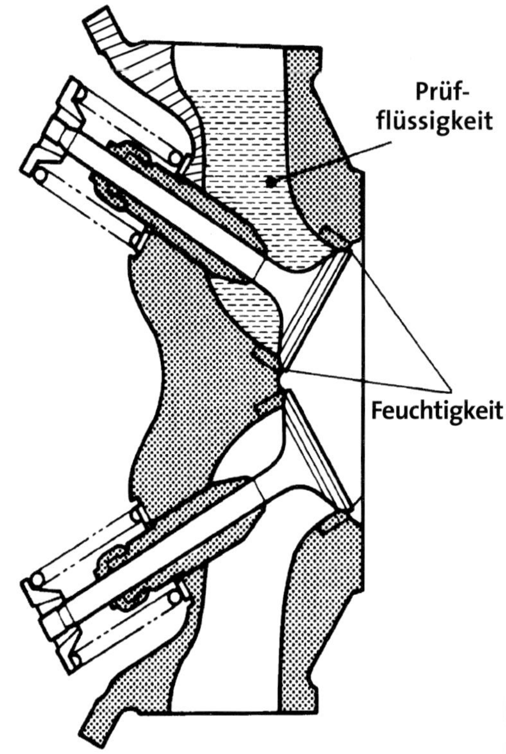

1

- Ventile wieder einbauen und Prüfung nochmals durchführen.
- Genügt Nachläppen nicht zum Abdichten, Ventil im Fachbetrieb erneuern lassen (inklusive Einfräsen der Ventilsitzflächen; Ventilsitzbreiten und Ventilsitzwinkel siehe Technische Daten Seite 234).

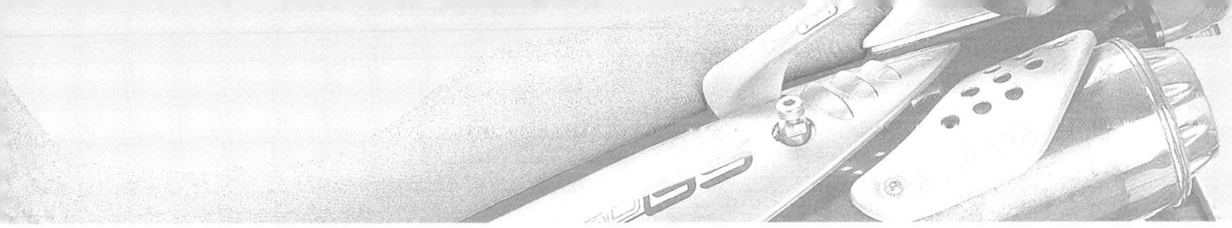

Nockenwellen-Verschleiß

- Nockenlauffläche auf Ausbrüche in der Härteschicht (Pitting → unzureichende Schmierung) untersuchen. Bei Beschädigung der Lauffläche auch Einstellplättchen nicht mehr verwenden.

- Lagerflächen der Nockenwellen und -Lagerdeckel auf Riefen, Kratzer oder Anzeichen unzureichender Schmierung untersuchen.
- Höhe der einzelnen Nocken mit Mikrometer messen.
  Verschleißgrenze
  Einlass ....39,25 mm
  Auslass................39,05 mm

Nockenwellen-Lagerspiel

Lagerspiel der Nockenwellen messen
- Plastigage-Messstreifen (Pfeil) einlegen.
- ! Messstreifen nicht über Ölbohrung legen!
- ! Nockenwellen nicht mehr drehen!

- Nockenwellen-Lagerspiel mit »Plastigage« (Typ PG-1, grün; im gut sortierten Werkzeughandel erhältlich) messen:
- Öl und Fett von Lagerzapfen der Nockenwellen, Lagerlaufflächen und Passflächen der Nockenwellenträger (Lagerdeckel) abwischen.
- Unteren Nockenwellenträger einsetzen.
- Nockenwellen so einlegen, dass Nocken nicht auf Tassenstößel drücken (falls montiert).

Lagerspiel der Nockenwellen messen
- Messstreifen mit Skala vergleichen (je breiter der Messstreifen gequetscht ist, desto weniger Spiel besteht).

- Oberen Nockenwellenträger ölfrei mit korrektem Anzugsmoment montieren (10 Nm).
- Lagerdeckel-Schrauben wieder ausdrehen und Lagerdeckel wieder abnehmen.
  Verschleißgrenze 0,090 mm
- Der Durchmesser der Nockenwellen-Lagerflächen soll mindestens 21,95 mm betragen.
- Manchmal genügt eine neue Nockenwelle, um Spiel wieder in die Toleranz zu bringen. Andernfalls Nockenwelle und Lagerbock im Satz erneuern.

9 Zylinderkopf

9.2
Prüfen und Vermessen
Fortsetzung

Ventilausheber

- Im aktivierten Zustand (wenn Ausheber an der Nockenwelle ruht) muss der Ventilausheber mindestens 0,6 mm über den Nockengrundkreis überstehen (Bild 1).
- Zum Ausbau des Aushebers Achse **1** mit passendem Durchschlag herausschlagen (Bild 2).
- Ventilausheber-Feder **3** bei jedem Zerlegen grundsätzlich erneuern (Bild 2).
- ! Feder auf keinen Fall dehnen, dadurch ändert sich die genau definierte Federkraft.
- In umgekehrter Reihenfolge Ausheber montieren.
- ! Leichtgängigkeit des Aushebers kontrollieren.

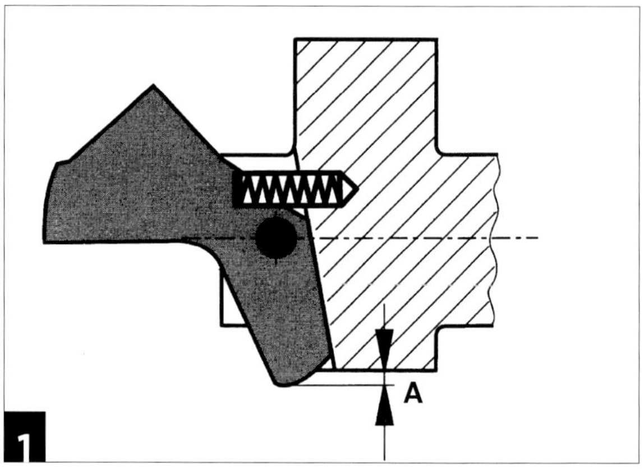

Ventilausheber
Überstand A muss mindestens 0,6 mm betragen

Tassenstößel

- Geschliffene Gleitflächen von Stößel und Einstellplättchen auf Beschädigung (Ausbrüche) kontrollieren. Gegebenenfalls auch Gleitfläche im Zylinderkopf untersuchen (Fremdkörper).
- Innendurchmesser der Stößelbohrungen (maximal 33,60 mm) und Außendurchmesser der Tassenstößel messen.
  Spiel der Stößel in ihrer Bohrung darf maximal 0,20 mm betragen.

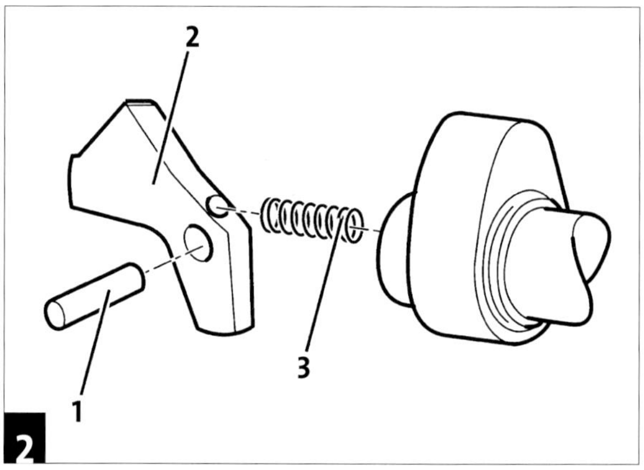

Ventilausheber
1 Achse
2 Ventilausheber
3 Feder

Ventilfedern

- Ungespannte Länge der Ventilfedern mit Messschieber (früher: Schieblehre) messen (Verschleißgrenze 39,0 mm).

Ventile und Ventilführungen

- Ventildichtflächen am Ventil und Zylinderkopf auf Verschleiß (Grübchenbildung oder Ausbrüche) untersuchen.
- ! Ventilsitz muss glattes und riefenfreies Tragbild zeigen. Falls Sitzfläche am Ventilteller verbrannt oder ungleichmäßigen Kontakt mit Ventilsitz hat, Ventil erneuern. Gegebenenfalls das Ventil erneuern und den Sitz im Kopf neu fräsen lassen.
- Das Ventilschaftende darf keinen anormalen Verschleiß (Ausbrüche oder Aufwerfungen) aufweisen. Eventuell kann das Schaftende im Fachbetrieb nachgeschliffen werden (Härteschicht nicht komplett abschleifen – Ventilspiel!).

Zylinderkopf

- Mit passendem Hartholzstückchen Ölkohle-Ablagerungen aus Brennraum entfernen (keine Kratzer hinterlassen!).
- 👁 Besonders den Bereich zwischen den Ventilsitzringen und Zündkerzenbohrung(en) auf feine Haarrisse kontrollieren. Gegebenenfalls in Fachbetrieb um Reparaturmöglichkeit nachfragen.
- Zylinderkopfdichtfläche wie Zylinder mit Haarlineal in mehreren Richtungen auf Verzug prüfen (wie Bild 4 Seite 157; Verschleißgrenze 0,09 mm).

Ventilschaftspiel

- Beim Hin- und Herdrücken darf kein »Knacken« spürbar sein.

- Das Spiel zwischen dem Ventilschaft und der Ventilführung im Zweifel in Fachbetrieb begutachten lassen, der über entsprechend feines (d. h. teures) Messwerkzeug verfügt.
  Mit etwas Gefühl kann aber auch an Hand des »Knackens« des Ventilschafts beim Hin- und Herdrücken in der Führung schon eine Diagnose gemacht werden (Verschleißmaße siehe Technische Daten ab Seite 234).
- Gegebenenfalls Führungen in BMW- oder Fachwerkstatt erneuern lassen, was auf jeden Fall das Nachfräsen der Ventilsitze nach sich zieht!
- Ventile auf Kratzer, Verbiegung und übermäßigen Verschleiß am Schaft untersuchen.
- Jedes Ventil muss sauber in seiner Führung gleiten.

Steuerkette und -spanner

Steuerketten-Schienen

- Steuerketten-Führungsschiene und -Spannerschiene auf Beschädigung und übermäßigen Verschleiß prüfen.

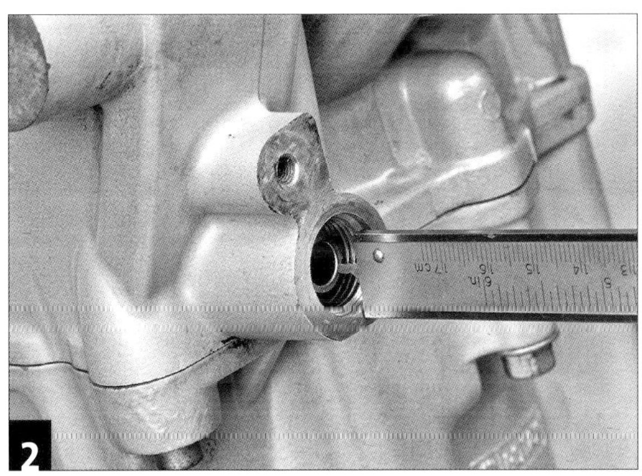

Steuerketten- und Schienen-Verschleiß

- Kettenspanner-Kolben auf freie Beweglichkeit kontrollieren.
- Verschleiß der Steuerkette mit montierten Nockenwellen messen.
- Kettenspanner-Kolben in seinen Zylinder eindrücken, bis Widerstand spürbar ist.
- Abstand von der Dichtfäche zum Kolben darf maximal 9 mm betragen.
- Falls Verschleißmaß nur geringfügig überschritten wird, kann mit neuer Spannerschiene, eventuell auch neuer Führungsschiene, Abstand wieder auf den richtigen Wert gebracht werden.
  Andernfalls Steuerkette mitsamt Kettenrädern und Schienen im Satz erneuern.

9 Zylinderkopf

9.3 Einbau

- Zylinderkopf aufs Peinlichste säubern.
- Ölkanäle mit Druckluft freiblasen.
- Tassenstößel und Ventile wieder an ihrem angestammten Platz einbauen.
- Neue Ventilschaftdichtungen gefettet von Hand auf Ventilführungen schieben (dazu gibt es natürlich auch einen speziellen Schlagdorn: BMW-Nr. 11 6 650).
- Ventile vollständig geölt einschieben.

! Um die empfindlichen Dichtlippen der Schaftdichtungen nicht zu verletzen, wenden vorsichtige Naturen folgende Methode an, die sich auf jeden Fall dann empfiehlt, wenn nicht die BMW-Ventile mit abgerundeten Keilnuten verwendet werden, sondern etwa solche mit scharfkantiger Keilnut.

- Ventile vollständig geölt einschieben.
- Knapp passenden Schrumpfschlauch aufschieben, bis er die Keilnut abdeckt.
- Schrumpfschlauch erwärmen.
- Ventilschaftdichtung gefettet von Hand auf Schrumpfschlauch und Ventilführung schieben.
- Schrumpfschlauch abziehen.
- Statt Schrumpfschlauch zu verwenden, kann auch mit Klebefilm improvisiert werden, um die Dichtlippen zu schützen.
- Federsitze, Federn und Federteller einsetzen.
- Damit die Federn nicht frühzeitig erlahmen, diese nicht weiter als nötig zusammendrücken.
- Ventilkeile einsetzen (leicht fetten). Federspanner vorsichtig entlasten und abnehmen (Stößelbohrung nicht zerschrammen).

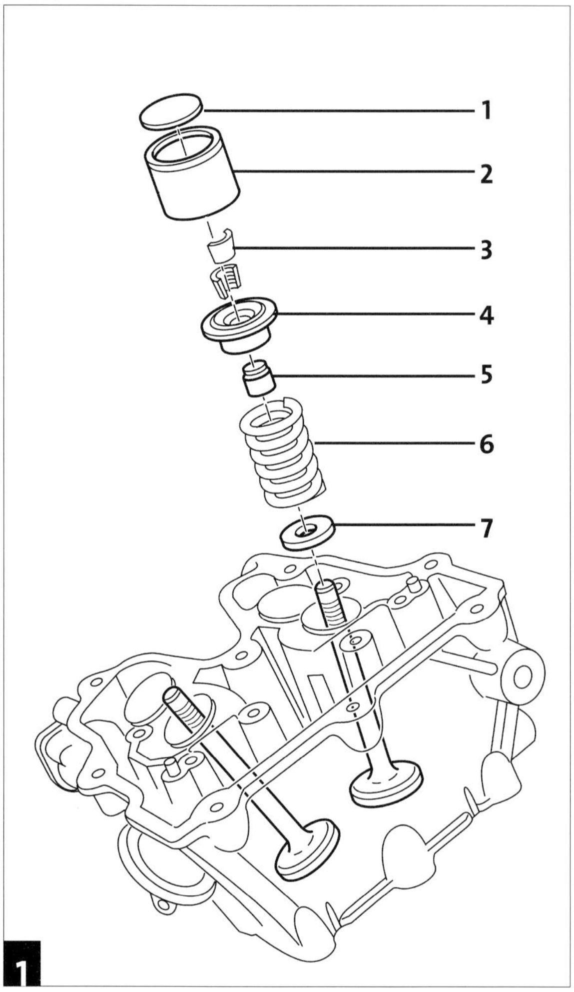

1

Ventil-Montage
1 Einstellplättchen
2 Tassenstößel
3 Ventilkeile
4 Oberer Federteller
5 Schaftdichtung
6 Feder
7 Unterer Federteller

2

Ventil-Montage
- Damit sich Keile sauber in ihre Nuten setzen, mit Gummihammer leicht auf Ventilschäfte klopfen.

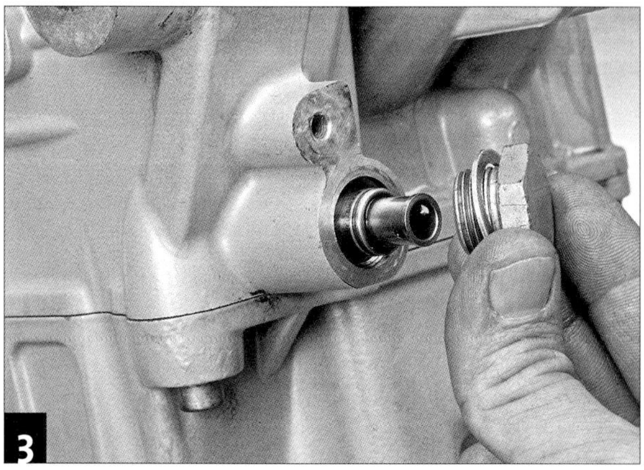

3

Steuerkettenspanner montieren
- Bei eingebautem Motor nur schwer zugänglich, deshalb vor Aufsetzen des Zylinderkopfs montieren! **Anzugsmoment** mit neuer Dichtscheibe 40 Nm

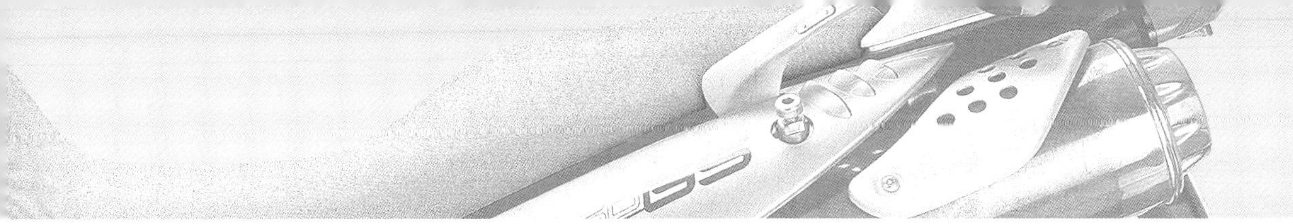

4

- Steuerkette so im Kettenschacht verstauen, dass sie später mit Drahthaken oder Magnetheber wieder hochgezogen werden kann.
- Bei eingebautem Motor Zylinderkopf von oben wieder einfädeln und auf die Stehbolzen ausrichten. Zylinderkopf auf Zylinder absenken.
- Saubere Dichtfläche des Zylinders ein letztes Mal entfetten (Bremsenreiniger oder Aceton) und neue Dichtung auflegen.
- Auf Passstifte (Pfeile) achten.

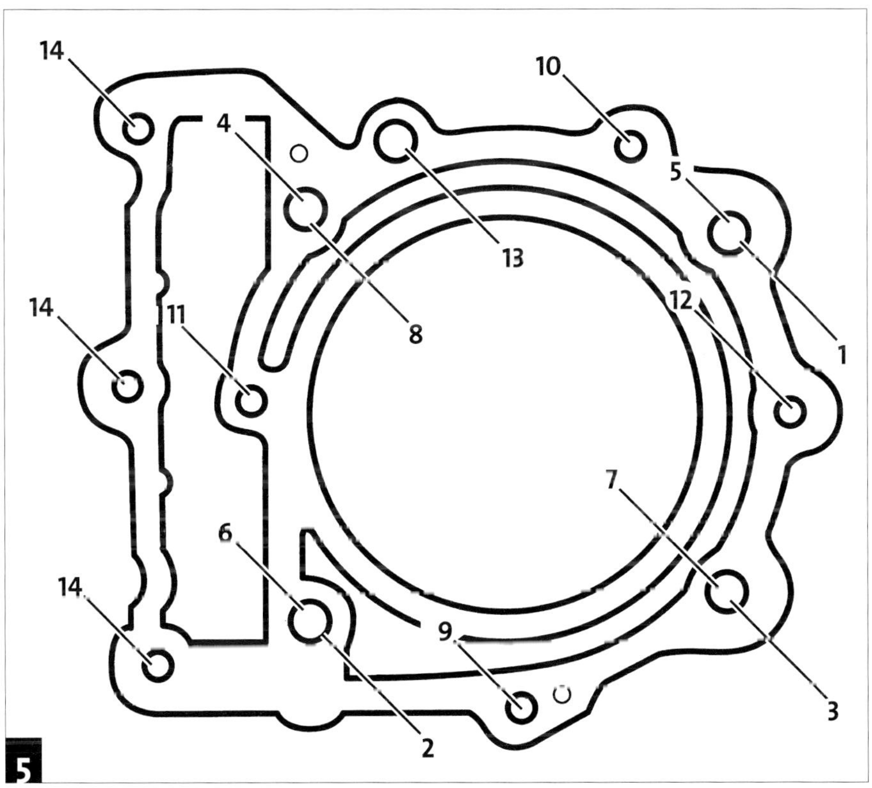

5

Zylinderkopf-Montage — Anzugsreihenfolge

- Bundmuttern und -schrauben locker eindrehen.
- Durchgang **1 – 4**: Bundmuttern
  Anzugsmomente 20 Nm
- Durchgang **5 – 8**: Bundmuttern
  Anzugsmomente 60 Nm
- Durchgang **9 – 13**: Bundschrauben
  Anzugsmomente 33 Nm
- Drei Kettenschachtschrauben **14**
  Anzugsmomente 10 Nm
- Kettenführungsschiene einsetzen.

9 Zylinderkopf

9.3 Einbau
Fortsetzung

Nockenwellen einbauen

- Folgender Arbeitsgang dient zum provisorischen Ermitteln des Ventilspiels, wenn der Ventilsitz, der Teller oder das Ventilschaftende nachgearbeitet wurden. Ansonsten Einstellplättchen wieder an ursprünglichem Stößel einsetzen und mit dem Einsetzen der Nockenwellen und der Ventilspielkontrolle wie im Wartungskapitel Seite 85 beschrieben fortfahren und Zylinderkopf an Rahmen anbauen (Seite 153).
- Dicke der Ventilspiel-Einstellplättchen messen und notieren.
- Tassenstößel (Gleitflächen geölt) an ihrem ursprünglichen Platz einbauen.
- Unteren Nockenwellen-Lagerdeckel auf Zylinderkopf aufsetzen.
- Nockenwellen so einsetzen, dass Nocken nach oben weisen.
- Nockenwellen von Hand in Lagerdeckel drücken und Ventilspiel messen.

! Bei der Auslassseite darauf achten, dass der Ventilausheber nicht auf Tassenstößel drückt (verfälscht Ventilspielwert).

- Maße notieren.
- Gegebenenfalls Einstellplättchen gegen dickeres oder dünneres tauschen, um Ventilspiel in Sollbereich einzustellen.

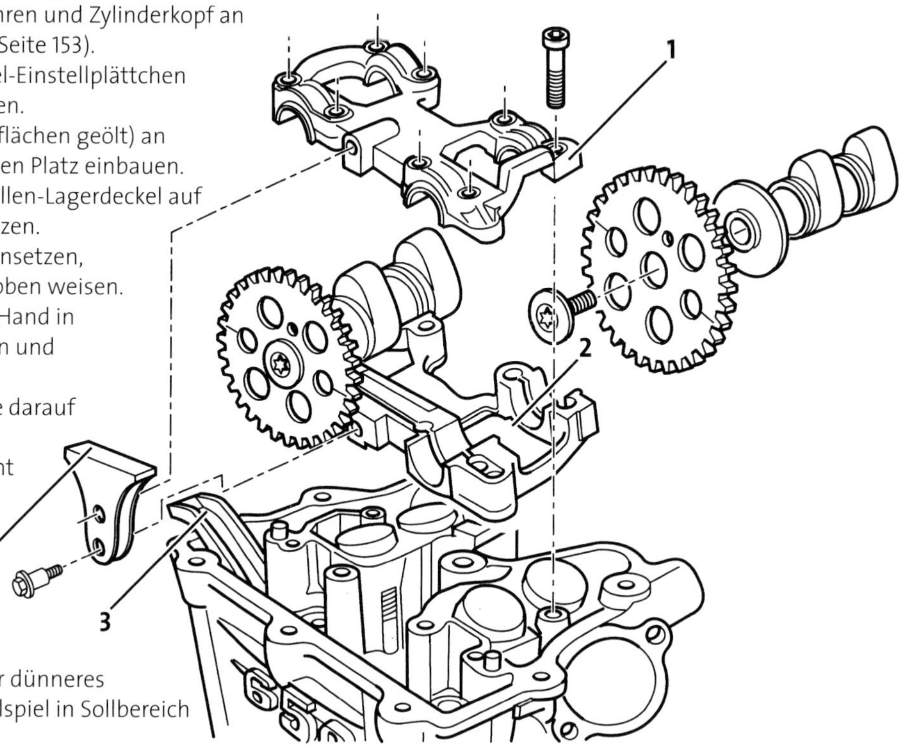

1

Nockenwellen einbauen

1 Oberer Lagerdeckel
2 Unterer Lagerdeckel
3 Spannerschiene
4 Kettenführung

Ventilspiel

- Bis 2004 – eine Zündkerze
  Einlass 0,10 – 0,15 mm
  Auslass 0,25 – 0,30 mm

- Ab 2004 – zwei Zündkerzen
  Einlass 0,03 – 0,11 mm
  Auslass 0,25 – 0,33 mm

- Nockenwellen einsetzen (Lagerstellen geölt) und Steuerkette so auffädeln, dass Markierungen der Kettenräder wie gezeigt fluchten und Bohrungen nach oben weisen (Bild 2).
- Steuerkette auffädeln.
- Zuerst Auslass-, dann Einlass-Nockenwelle montieren.
- Oberen Lagerdeckel montieren (10 Nm).
- Steuerketten-Führungsschiene **4** (Bild 1) anbringen (Gewinde reinigen und Loctite 243 auftragen; 10 Nm).
- Steuerketten-Spannerkolben geölt einsetzen und Spannerschraube mit neuwertigem Dichtring eindrehen (40 Nm).
- Ventilspiel nochmals messen/einstellen.
- Zylinderkopfdeckel mit neuwertiger Dichtung anbringen.

2

Steuerkettenräder montieren

- Zuerst Auslass-Nockenwelle mit Kettenrad einsetzen. Bohrungen (Pfeile) weisen nach oben.
- Steuerkette auffädeln und straff ziehen, dann Einlass-Nockenwelle montieren.

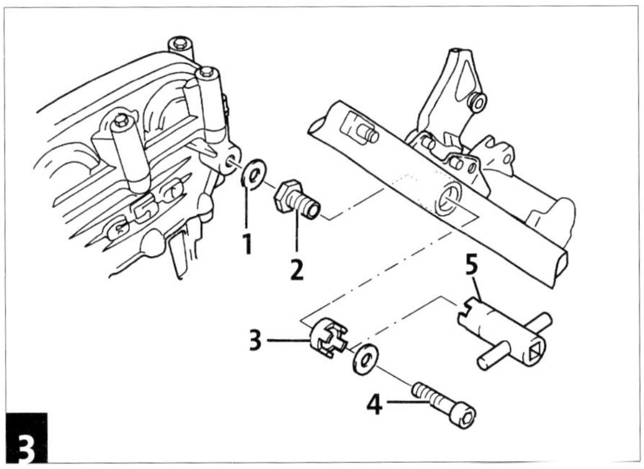

Zylinderkopf an Rahmen
1 Scheibe
2 Einstellhülse spielfrei/ maximal 5 Nm
3 Gegenmutter 100 Nm
4 Schraube 41 Nm
5 Zapfenschlüssel

Zylinderkopf an Rahmen montieren

- Schrauben **4** (Rahmen/Zylinderkopf) mit Scheibe **1** provisorisch eindrehen (Bild 3).
- Einstellhülsen **2** am Rahmen so weit herausdrehen, bis sie beidseitig mit Scheibe am Zylinderkopf anliegen.
- Gegenmutter **3** mit Zapfenschlüssel BMW-Nr. 11 6 661 anziehen (100 Nm) und Schrauben Rahmen/Zylinderkopf eindrehen (41 Nm).
- Übrige Arbeitsschritte (Vorarbeiten) in umgekehrter Ausbau-Reihenfolge durchführen.

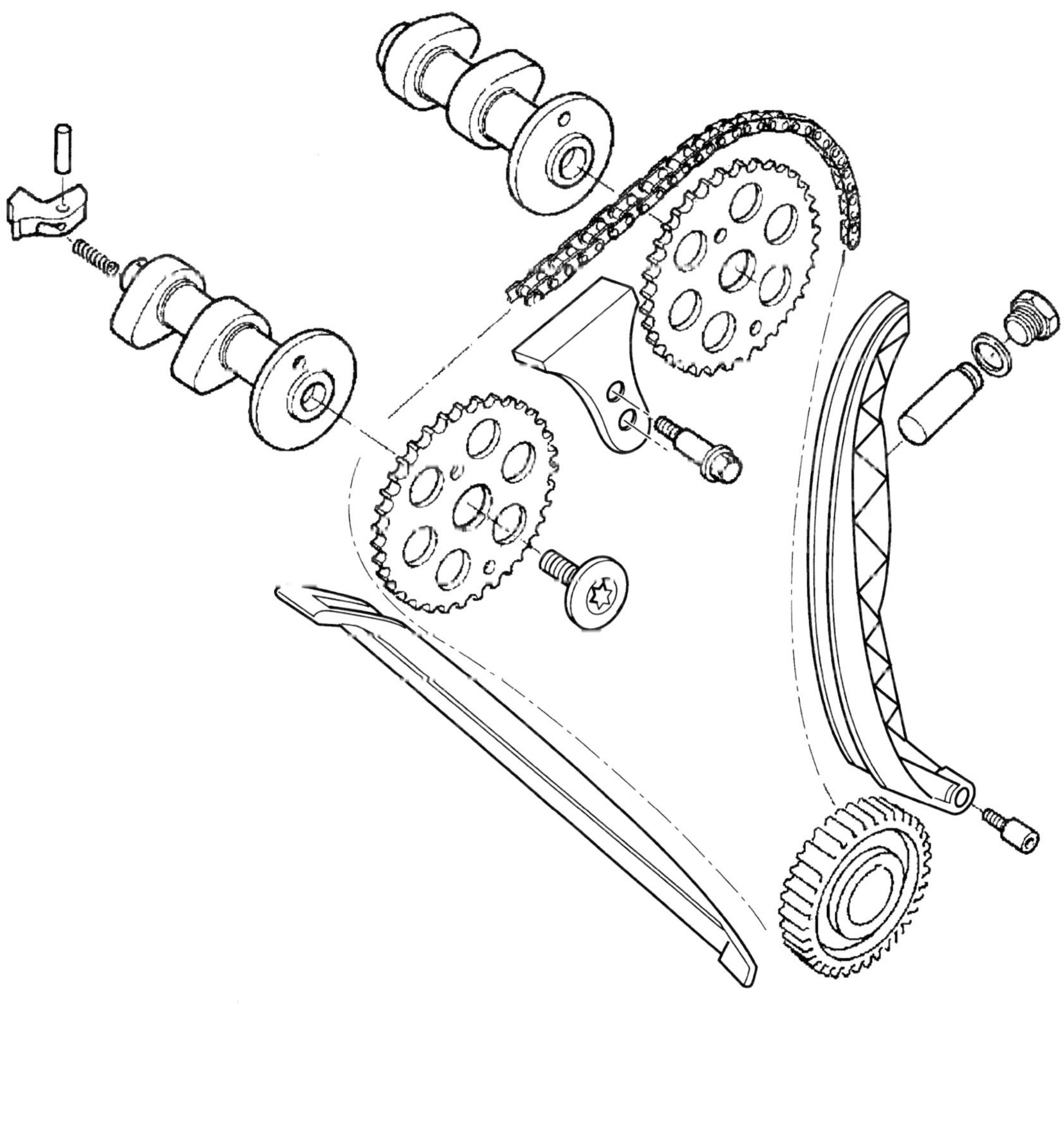

10 Zylinder & Kolben

10.1 Ausbau

- Zylinderkopf ausbauen (Kapitel 9).

! Beim Ausbau des Kolbens darauf achten, dass Bruchstücke eines eventuell gebrochenen Kolbenrings nicht ins Kurbelgehäuse fallen (sobald Gehäuseöffnung zugänglich ist, Öffnung mit sauberem fusselfreien Baumwolllappen abdecken).

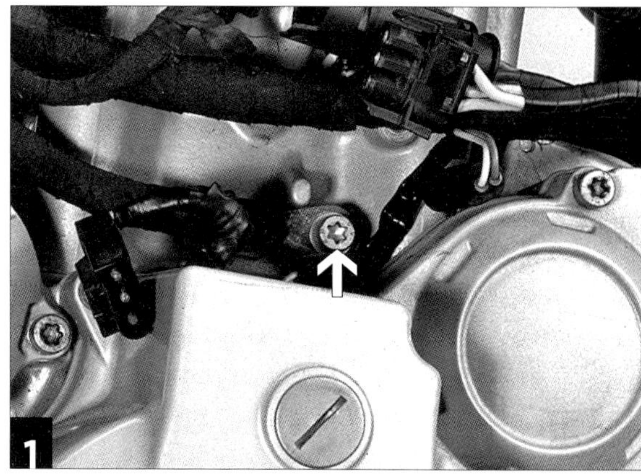

1

Masseanschluss am Zylinder
- Steckerdeckel rechts am Zylinder abnehmen.
- Masseanschluss (Pfeil) abschrauben.

2

Zylinder
- Wasserschlauch ausbauen.
- Zylinderfußschrauben (Pfeile) ausdrehen und Zylinder abziehen. Spannerschiene der Steuerkette dabei leicht nach vorn drücken.

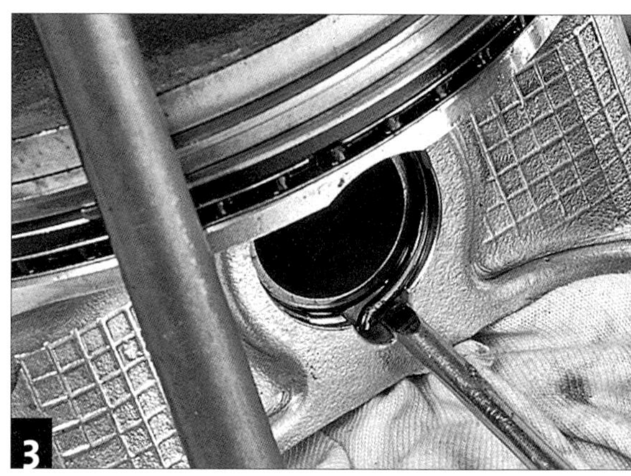

3

Kolben
- Bolzen-Sicherungsring aushebeln. Kolbenbolzen von Hand herausdrücken.

- Am ausgebauten Kolben Kolbenboden mit Dreikantschaber vorsichtig entkohlen (keine Riefen hinterlassen!). Ringnuten mit eventuell gebrochenem Kolbenring entkohlen.

4

Einbaurichtung markieren
- Einbaurichtung des Kolbens für Montage mit Filzstift o. Ä. markieren.

5

Kolbenringe abnehmen
- Kolbenringe mit Daumen etwas aufweiten und über Kolben schieben.

! Ringe nicht zu weit aufbiegen, da sie leicht brechen.

10.2 Prüfen und Vermessen

Kolben und Ringe

! Kolbenbolzen darf leicht eingeölt weder im Pleuelauge noch in der Kolbenbohrung spürbares Spiel aufweisen und muss frei beweglich sein.

- Kolbenhemd (-Lauffläche) darf keine Ausbrüche, Riefen, Kratzer oder Anzeichen von »Durchblasen« aufweisen.
- Zumindest soll das Kolbenhemd keine allzu großen Riefen aufweisen. Aber so lange sie klein sind, dienen sie als Öltaschen und verbessern die Schmierung.
  Deshalb sind auch auf einem neuen Kolben mit dem Fingernagel noch Bearbeitungsspuren des Drehmeißels spürbar.
  Bitte nicht auspolieren, sie erfüllen den oben genannten Zweck!

1

Kolbenringspiel 1

- Kompressionsringe (erster und zweiter Ring) müssen ohne Klemmen durch ihre Nut durchrollen.

2

Kolbenringspiel 2

- Mit Fühlerlehre Spiel des Kolbenrings in seiner Nut messen (Kolbenringe an Messstelle ganz in Nut).
  Verschleißgrenze 0,150 mm

3

Ringspalt

- Kompressionsringe »nackt« in Zylinder montieren und mit Tiefenmaß (60 mm von Oberkante) rechtwinklig zur Bohrung ausrichten.
- Mit Fühlerlehre Kolbenringspalt der Kompressionsringe messen.
  Verschleißgrenze 1,0 mm

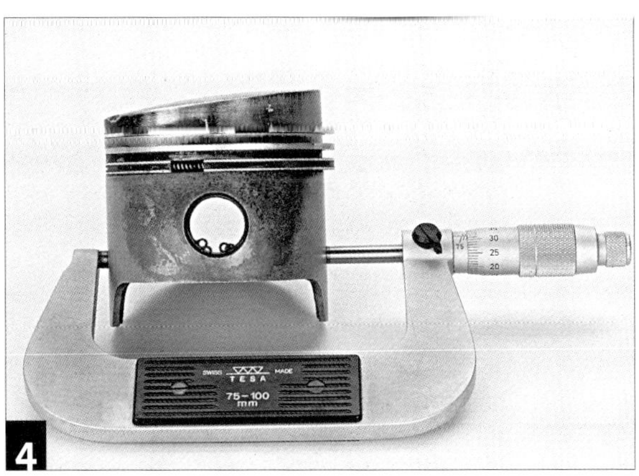

4

Kolbendurchmesser

- Kolbendurchmesser im rechten Winkel zur Bolzenachse und 16 mm von der Unterkante entfernt am Kolbenhemd messen. Maß notieren.

Kolbenbolzenspiel

- Der leicht geölte Kolbenbolzen darf weder im Kolben noch im Pleuelauge spürbares Spiel aufweisen (Verschleißmaße siehe ab Seite 234).

10 Zylinder & Kolben

10.2
Prüfen und Vermessen
Fortsetzung

Zylinder
- Zylinder-Lauffläche darf keine Ausbrüche, Riefen oder Kratzer aufweisen.
- Zum Messen des Zylinder-Durchmessers wird eine Messschraube 75 – 100 mm und eine Messuhr mit Innentaster benötigt.

Innentaster kalibrieren:
- Messschraube im Halter oder Schraubstock befestigen und auf 100,00 mm einstellen. Innentaster mit Messuhr in der Messschraube so ausrichten, bis sich der geringste Ausschlag an der Messuhr einstellt. Diese Zeigerstellung als Nullpunkt einstellen (Skala entsprechend drehen).

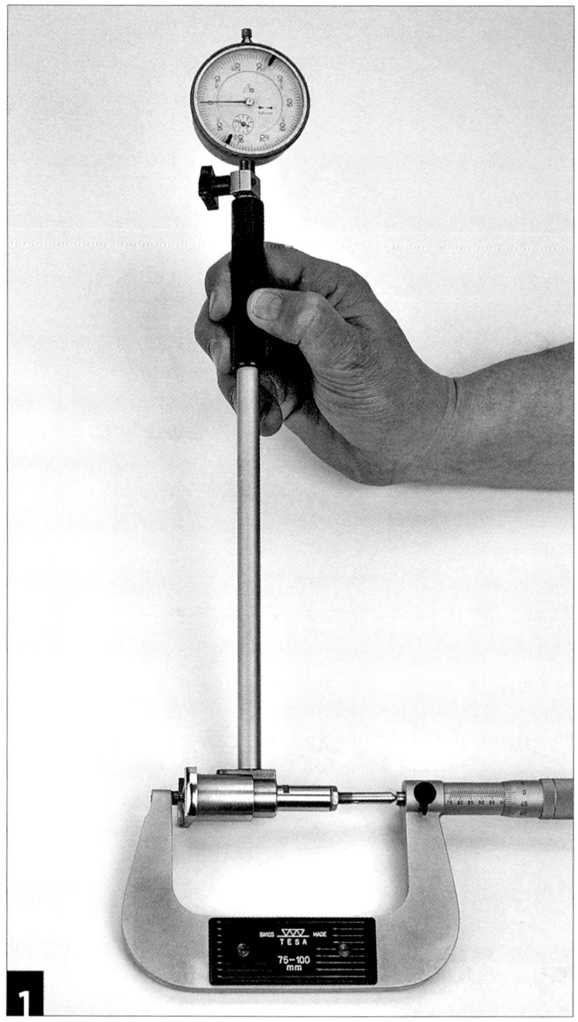

Messuhr und Innentaster kalibrieren
- Messschraube auf 100,00 mm einstellen.
- Der geringste Zeigerausschlag markiert den Nullpunkt an der Messuhr.

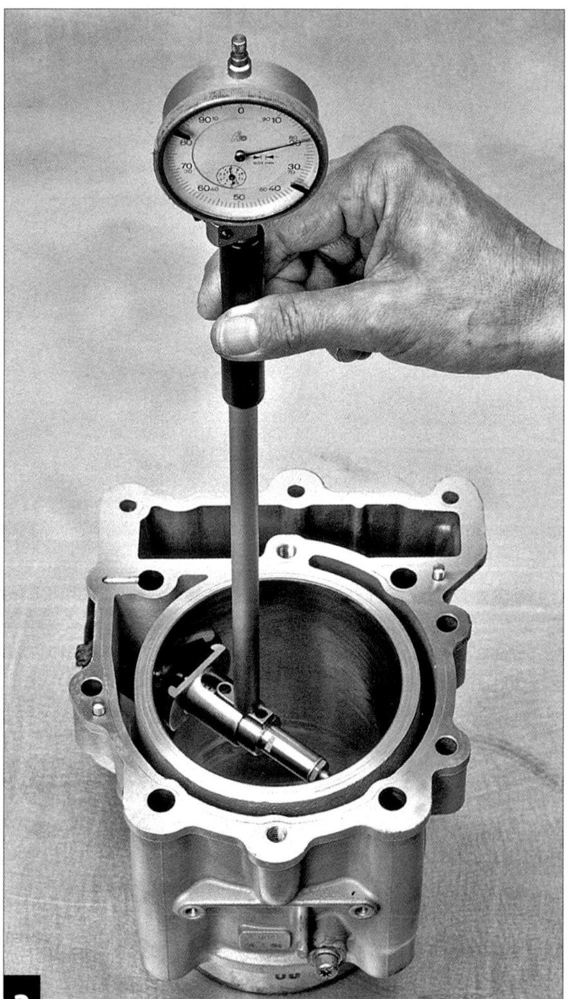

Zylinder-Durchmesser
- 55 – 65 mm unter der Zylinder-Oberkante messen.
- Maßgebend ist der geringste Zeigerausschlag.

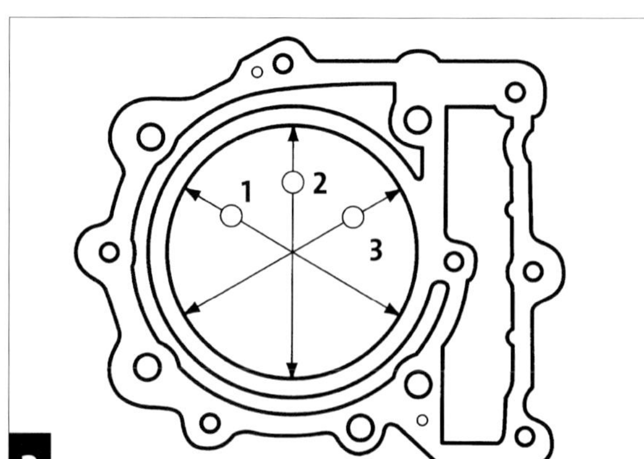

Zylinder-Durchmesser
- Zylinder in drei Richtungen messen.

! Der Durchmesser darf für Zylinder Typ A maximal 100,03 mm betragen; für Zylinder Typ B maximal 100,04 mm.
Ausschlaggebend ist der größte gemessene Wert.

- Differenz zwischen Kolbendurchmesser (Bild 4 Seite 155) und Zylinder-Durchmesser berechnen.
- Errechnetes Spiel des Kolbens im Zylinder beträgt im Einbauzustand (neu) 0,024 – 0,040 mm.
- Falls das Spiel über 0,100 mm hinausgeht, Zylinder, Kolben und Ringe als Satz erneuern.
  Es werden beschichtete Zylinder verwendet, die ein »Aufbohren« nicht erlauben.
  Ob die Verwendung von neuen Ringen und/oder neuem Kolben im alten Zylinder lange Spaß macht, darf bezweifelt werden.

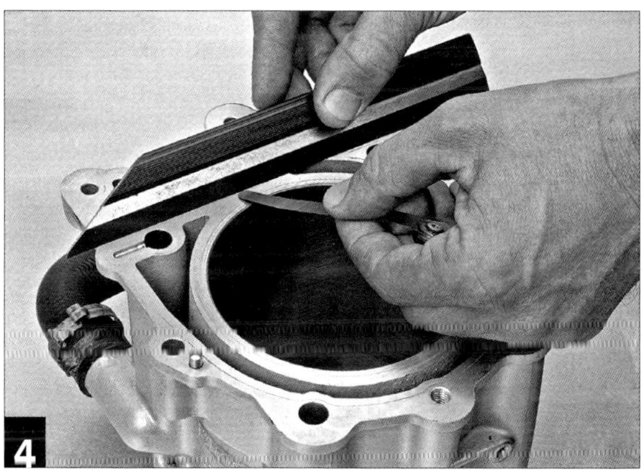
4

Dichtfläche auf Verzug prüfen

- Mit Haarlineal und Fühlerlehre in mehreren Richtungen auf Ebenheit prüfen.
  Verschleißgrenze 0,05 mm

10 Zylinder & Kolben

10.3 Einbau

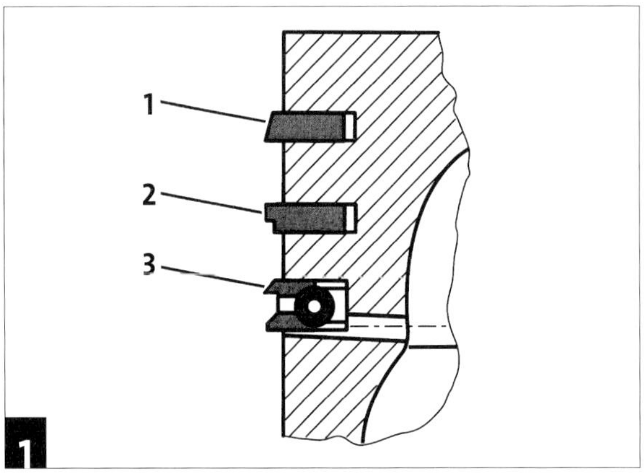

Kolbenringe im Profil
1 Erster Ring
2 Zweiter Ring
3 Ölabstreifring

- Kolbenringe gut geölt in Nuten einsetzen.
- ◉ Kolbenringe nicht verwechseln – Ringe haben unterschiedliches Profil (Bild 1).
- ◉ Kolbenringe mit Aufschrift »TOP« nach oben weisend an Kolben montieren. Dabei Ringe nicht weiter als unbedingt nötig aufweiten, da sie leicht brechen.
- Kolbenringstöße um 120° versetzt am Umfang verteilen.
- ◉ Kolbenringe auf freie Drehbarkeit kontrollieren.
- Mit Lappen Öffnung des Kurbelgehäuses abdecken, damit Sicherungsringe nicht hineinfallen können.
- Kolben entsprechend der beim Ausbau gemachten Markierung einbauen (Pfeil weist in Fahrtrichtung; Bild 4 Seite 154).
- Pleuelauge und Bolzenbohrung des Kolbens mit MoS_2-Fett schmieren und Kolbenbolzen durch Kolben und Pleuelauge einschieben.
- ! Neue Kolbenbolzen-Sicherungsringe so einsetzen, dass die Enden der Sicherungsringe nicht in die Aussparungen zum Aushebeln der Ringe ragen.
- ◉ Korrekten Sitz der Sicherungsringe in ihren Nuten kontrollieren.
- Dichtflächen entfetten (Aceton oder Bremsenreiniger verwenden).
- Neue Fußdichtung auflegen.

Kolben-Einbau
- ◉ Auf Verbleib der zwei Passstifte achten (Pfeile).
- Kolben mit passenden Holzleisten »untermauern«.
- Kolben und Zylinder gut geölt aufeinanderschieben.
- Kolbenringe mit Fingern zusammendrücken.
- Sobald alle Ringe im Zylinder sind, Holzleisten herausziehen und Zylinder vollständig absenken.
- Übrige Arbeitsgänge in umgekehrter Ausbaureihenfolge.

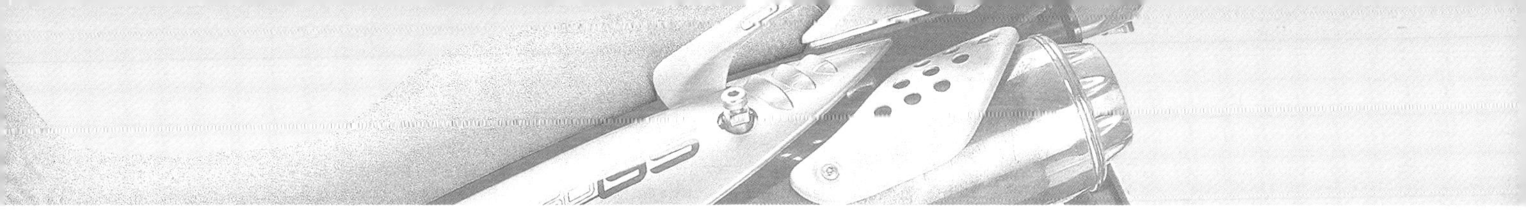

11 Kühlsystem

11.1 Ausbau

! Maschine auf ebenem Untergrund sicher aufbocken.
- Kühlmittel ablassen wie in Kapitel 3.15.2 ab Seite 94 beschrieben.

Wasserpumpe

Eine defekte Wasserpumpe ist an der Ablaufbohrung an der Unterseite der Wasserpumpe erkennbar (Bild 1 unten Seite 162).

Wasserpumpen-Deckel

- Schlauchschellen lockern und Kühlmittelschläuche vom Pumpendeckel abnehmen (Bild 1).
- Drei Deckelschrauben (Pfeile; untere Schraube dient auch als Ablassschraube) ausdrehen und Pumpendeckel abnehmen.

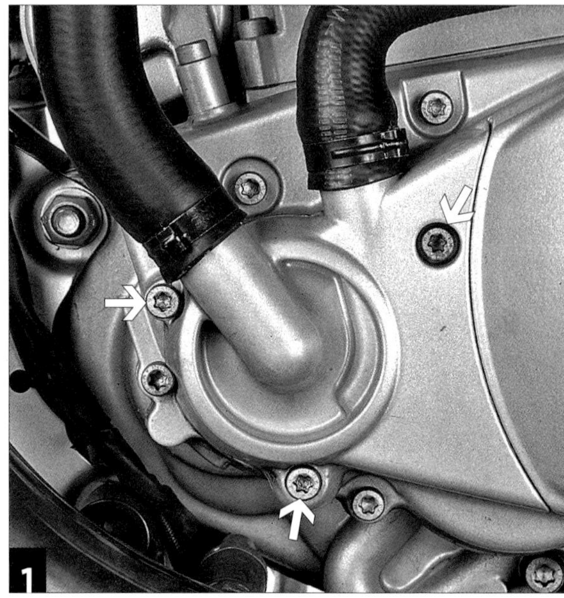

1

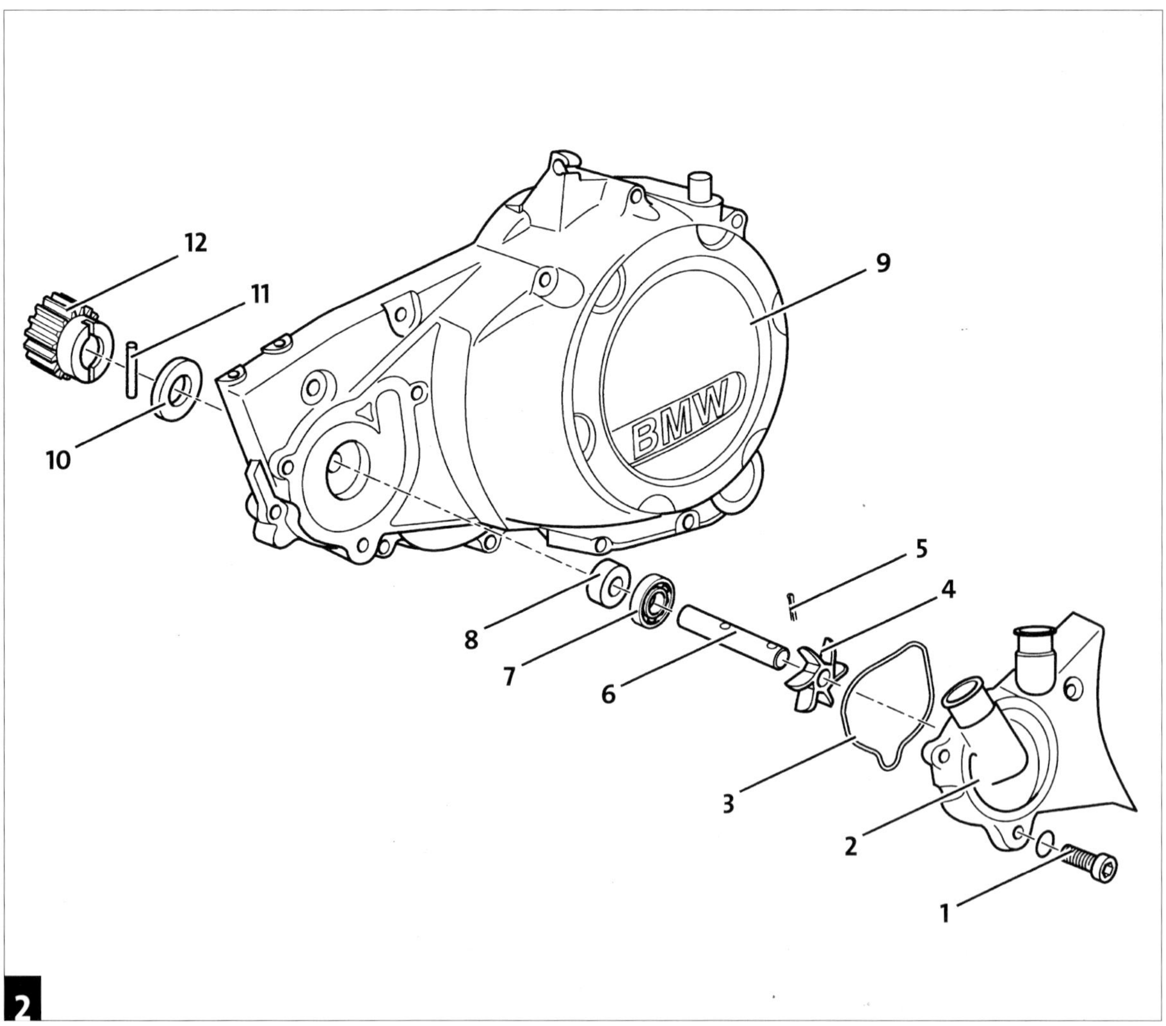

2

Wasserpumpe

1 Ablassschraube 10 Nm mit neuer Dichtscheibe
2 Pumpendeckel
3 O-Ring
4 Flügelrad
5 Spannstift
6 Welle
7 Wellendichtring
8 Wellendichtring
9 Kupplungsdeckel
10 Scheibe
11 Mitnehmerstift
12 Zahnrad

Ausbau

- Kupplungsdeckel ausbauen (ab Seite 164).
- Spannstift **5** mit passendem Dorn herausschlagen und Flügelrad **4** abnehmen.
- Welle **6** nach innen herausziehen.
- Zahnrad, Scheibe und Stift abnehmen.
- Dichtringe **7** und **8** herausschlagen.

Thermostat

Ein defekter Thermostat ist an der Überhitzung des Motors erkennbar (korrekter Kühlmittelstand und einwandfreier mechanischer Zustand des Triebwerks vorausgesetzt). Der Thermostat ist ein wärmegesteuertes Ventil, das ab einer bestimmten Temperatur den Kühlkreislauf durch den Kühler freigibt (Bild Kühlkreislauf Seite 233).

Bei Überhitzung kann der Thermostat zur Probe ausgebaut werden, um ihn im Fahrversuch als Übeltäter zu überführen.

- Cover links abbauen (GS Seite 54; CS Seite 60).
- Kühlmittel ablassen (Seite 94) und Kühlerverschluss offen lassen.
- Federklammer **1** aushebeln.
- Mit Schraubendreher in Gehäusenut **2** Anschlussdeckel aushebeln.
- Thermostat mit Einsatz entnehmen.

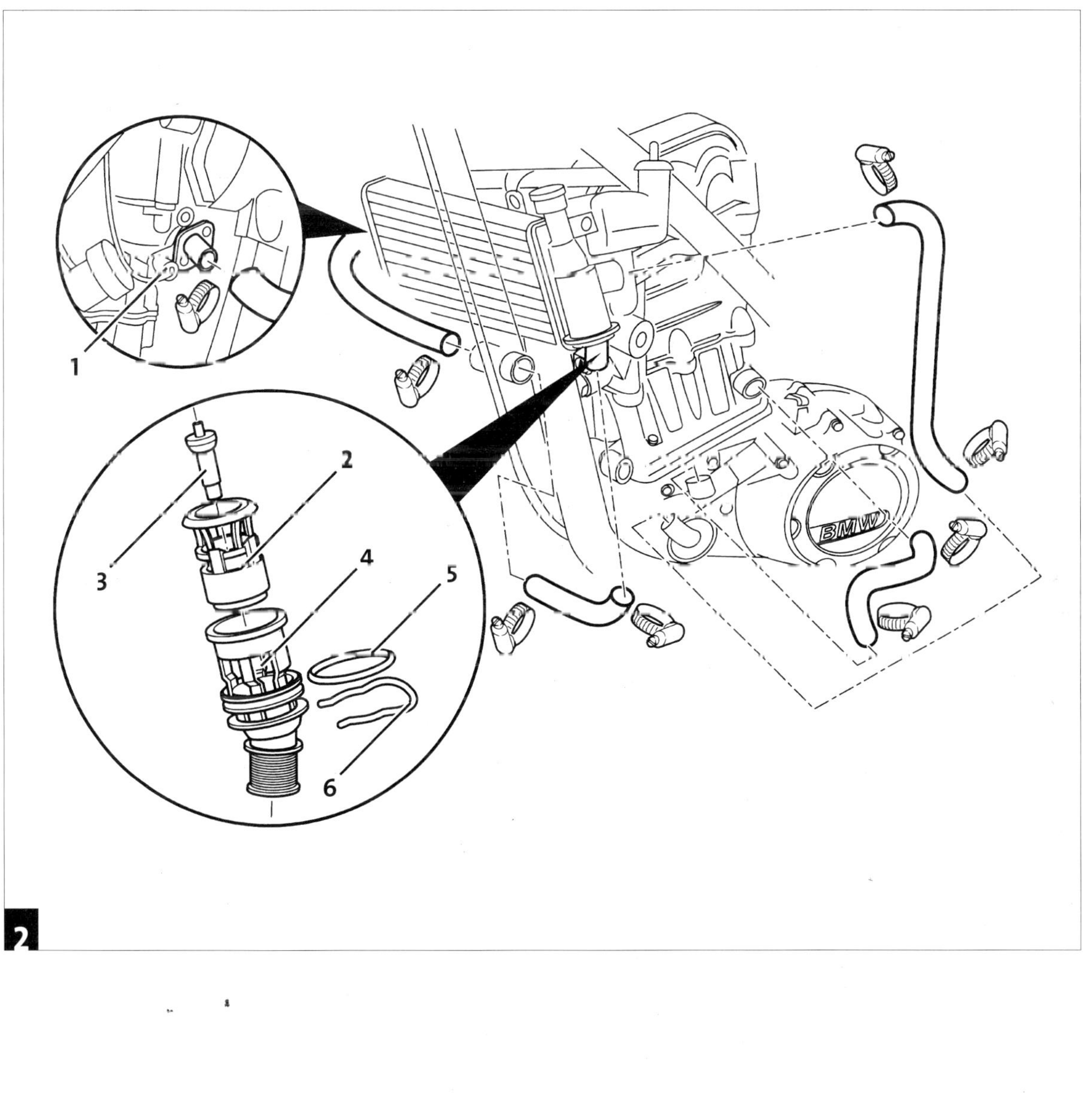

Thermostat
1 Thermosensor
2 Thermostat-Einsatz
3 Thermostat
4 Anschlussdeckel
5 O-Ring
6 Federklammer

11 Kühlsystem

11.1 Ausbau
Fortsetzung

Lüftermotor
- Cover links und rechts abnehmen (Seite 54/60).
- Ausgleichsbehälter abnehmen (Seite 81).

Einbau-Hinweis
- Nase **1** Bild 2 greift in Vorsprung von Kühler einen.

Lüftermotor Ein-/Ausbau
1 MoDiTec-Stecker ausklinken.
2 Lüftermotor-Stecker ausstecken.

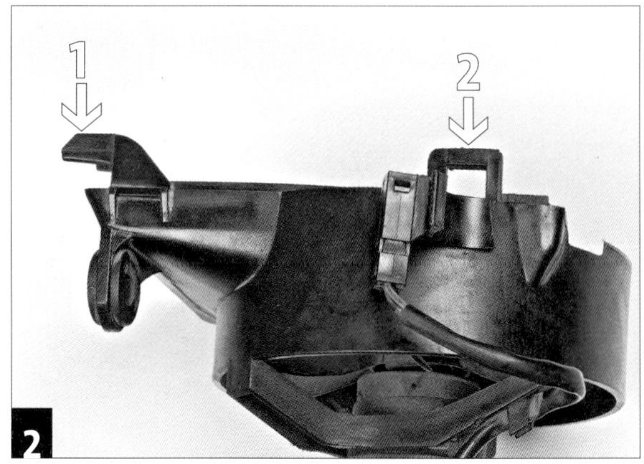

Lüftermotor Ein-/Ausbau
- Hutze oben und unten am Kühler ausklinken (Pfeil 2) und Lüftermotor nach rechts herausnehmen. Dabei auf Kabelbaum achten, nicht beschädigen!

Kühler
- Lüftermotor abnehmen (s. o.).
- Schläuche vom Kühler abnehmen.

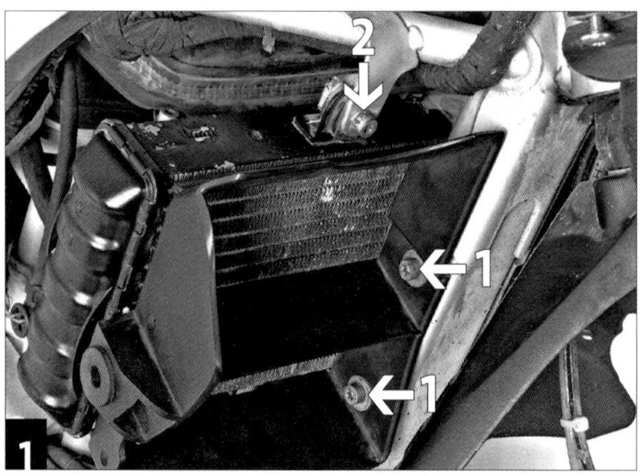

Kühler Ein-/Ausbau
1 Luftführung abnehmen (zwei Schrauben je Seite).
2 Kühler abnehmen (eine Schraube je Seite).
- Kühler vorsichtig nach links herausnehmen.

Thermosensor
- Stecker abnehmen (mit kleinem Schraubendreher ausrasten) und Thermosensor ausdrehen.
Anzugsmoment 15 Nm

11.2 Prüfen und Vermessen

Ablaufbohrung
- An der Unterseite der Wasserpumpe befindet sich eine Ablaufbohrung (Pfeil Bild 1). Wenn sich hier Wasser sammelt bzw. austritt, ist der Wellendichtring defekt, der das Kühlmittel vom Motoröl trennt.
  Damit das Kühlmittel nicht das Motoröl verdünnt, tritt das Kühlmittel hier aus.
- Bei Leckage nicht nur den Dichtring erneuern, sondern auch die Welle auf eine Einlaufspur der Dichtlippe untersuchen.
  Im Zweifelsfall – wenn eventuelle Einlaufspuren nicht mit feinem Ölstein »ausgebügelt« werden können – Welle ersetzen.

Ablaufbohrug der Wasserpumpe

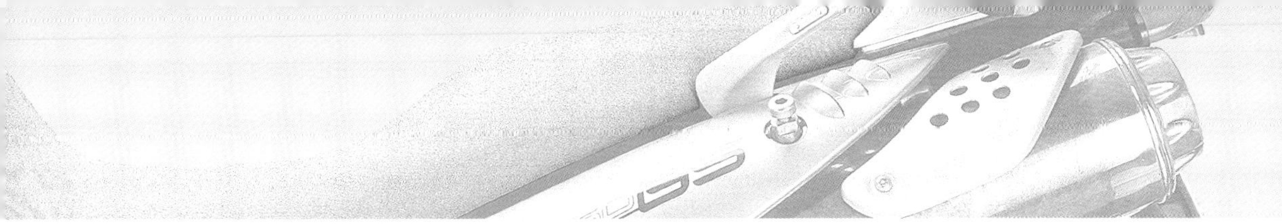

11.3 Einbau

Thermostat

- Thermostat-Einsatz mit Thermostat und neuwertigem O-Ring (mit Kühlmittel geschmiert) in Gehäuse einsetzen.
- Anschlussdeckel eindrücken und mit Federklammer sichern.

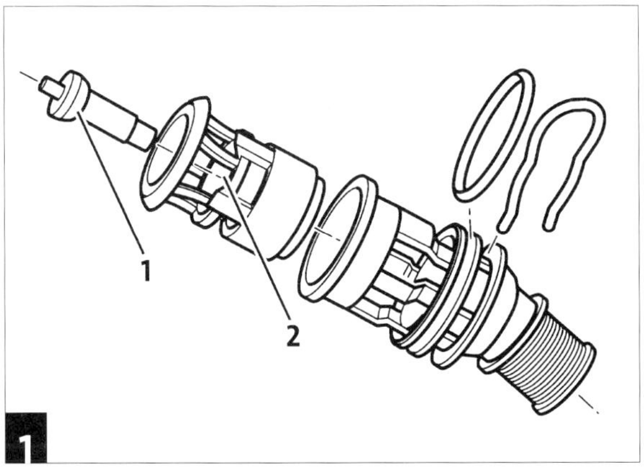

1

Thermostat
1 Thermostat
2 Thermostat-Einsatz

Wasserpumpe – Bild 2 Seite 160

- Den Raum zwischen den Dichtringen **7** und **8** mit Fett (Shell Retinax EP2) füllen.
- Dichtringe **7** und **8** mit passender Nuss bündig bis zur Lauffläche eintreiben.
- Zahnrad **12**, Stift **11**, Scheibe **10** und Welle **6** in Kupplungsdeckel **9** einbauen.
- Kupplungsdeckel **9** einbauen (auch Bild 4 Seite 165).
- Pumpendeckel **2** montieren.

  Anzugsmomente
  Deckelschrauben 10 Nm
  Ablassschraube **1** mit neuer Dichtscheibe 10 Nm

2

Wasserpumpendeckel

- Neuwertigen O-Ring (vollständig dünn geölt) in Deckelnut einsetzen.

Schläuche

- Schläuche innen leicht mit Kühlmittel benetzen, damit sie leichter auf Stutzen schlupfen.
- Schlauchschellen nach Montage auf korrekten Sitz kontrollieren.
- Kühlmittel auffüllen und System entlüften (Kapitel 3.15 ab Seite 93).
- 👁 Komplettes System bei betriebswarmer Maschine im Leerlauf auf Dichtheit sichtprüfen.

3

Schläuche

- Schlauchschellen nicht zu fest anziehen, damit die Schellen nicht ins Schlauchmaterial einschneiden.

12 Kupplung

12.1 Ausbau

- Die Kupplungsbeläge und -federn können bei eingebautem Motor ohne Spezialwerkzeug (Kupplungshalter) gewechselt werden.

Vorarbeiten
- **GS**: Cover links abbauen.
- Starter ausbauen (Kapitel 7 Seite 134).
- Kühlmittel ablassen (Kapitel 3.15.2 Seite 94).
- Wasserpumpendeckel abbauen (Kapitel 11 Seite 160; Schläuche können auf Stutzen verbleiben).
- Auspuff-Krümmer abnehmen, bzw. besser gleich Auspuffanlage komplett abnehmen (Kapitel 8 Seite 138).
- Motoröl ablassen (Seite 89) oder Maschine weit nach rechts lehnen und sicher abstützen.
- Kupplungshebel unten mit Gabelschlüssel SW23 aushebeln und Seilzugnippel aus Aufnahme entnehmen (Seite 92).

1

Schaltpedal/-hebel
- Klemmschraube (Pfeil) vollständig ausdrehen und Schaltpedal/-hebel abnehmen.
  Im Bild GS, Hebelausbau der CS ist prinzipgleich.

2

Ausbau GS
- Befestigung der Ölrücklaufleitung am Zylinderkopf abnehmen (Einbaulage siehe Bild 3).
  Anzugsmoment 9 Nm

3

Ausbau GS
- Hohlschraube unten ausdrehen und Ölrücklaufleitung am Öltank abnehmen.
  Anzugsmoment mit neuer Dichtscheibe 35 Nm

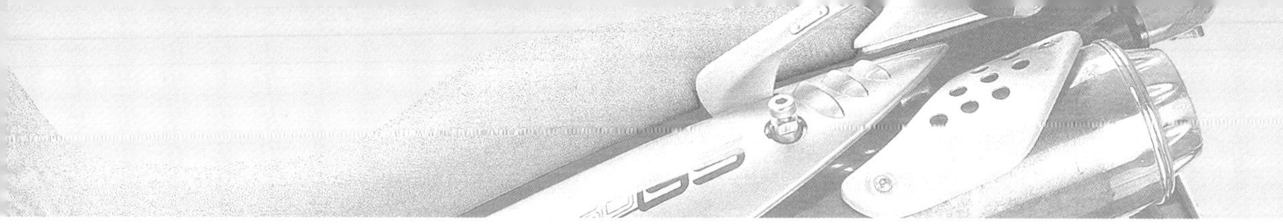

4

Gehäusedeckelschrauben
- Schrauben (Pfeile) schrittweise über Kreuz ausdrehen.
- Falls schwergängig, Deckel vorsichtig mit Gummihammer lockern.

5

Deckel abnehmen
- **GS**: Deckel gemeinsam mit Ölleitung abnehmen.
- 👁 Auf Verbleib der zwei Passstifte achten (bleiben in der Regel im Gehäuse stecken)

6

Wellendichtring der Schalthebelwelle
- Wellendichtring grundsätzlich erneuern.

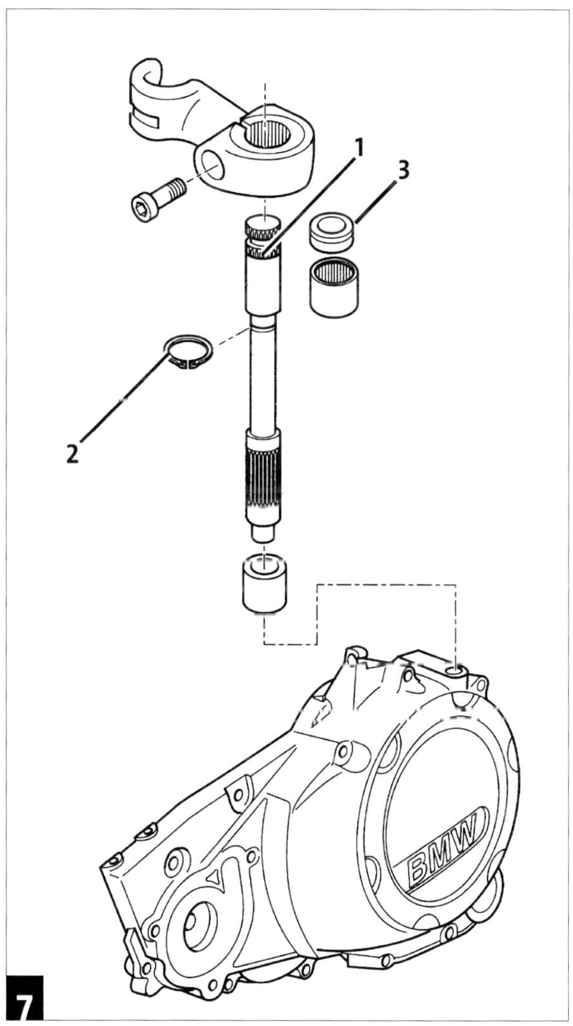

7

Ausrückwelle
- Falls Spiel in der Lagerung der Ausrückwelle **1** spürbar ist oder der Dichtring sabbert, Seegerring **2** austedern und mit Ausrückarm aus Deckel entnehmen.

Aus- und Einbau der Ausrückwelle
- Beide Nadellager und Dichtring **3** gemeinsam mit Auszieher BMW-Nr. 21 4 610 aus Deckel herausziehen. (Ggf. von BMW-Werkstatt durchführen lassen.)
- Neue Lager und Dichtring mit passendem Rundmaterial einschlagen.

→

12 Kupplung

12.1 Ausbau
Fortsetzung

Kupplungsdruckplatte
- Sechs Kupplungsfederschrauben schrittweise über Kreuz ausdrehen und Scheiben mit Federn abnehmen.
- Druckplatte abnehmen .

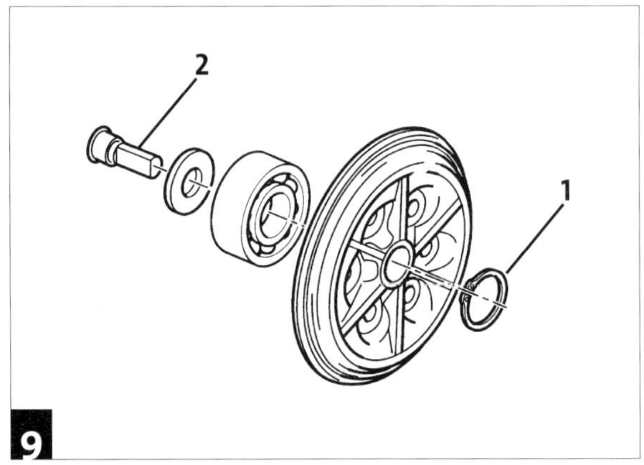

Ausrücklager
- Falls Lager schwergängig ist oder Spiel hat, Seegerring **1** ausfedern und Ausrückpilz **2** entnehmen.
- Druckplatte auf etwa 80°C erwärmen und Lager mit passender Nuss herausschlagen.

Sicherungsblech der Kupplungsmutter
- Sicherungsblech mit Meißel und Dorn von der Mutterflanke lösen.

Kupplungsmutter aus-/einbauen
- Kupplungsmutter ist mit Schraubensicherung montiert, deshalb Mutter erwärmen (etwa 80°C), um das Lösen zu erleichtern.

1 Mit Kupplungshalter gegenhalten.

Druckscheibe
- Kupplungsnabe und dahinter liegende Druckscheibe (Pfeil) abnehmen.

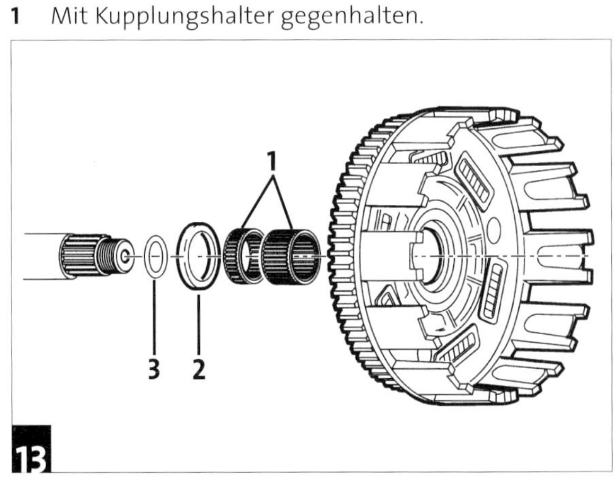

Kupplungskorb
- Kupplungskorb herausführen und zwei Nadellager **1**, Stützscheibe **2** und O-Ring **3** (erneuern) von Hauptwelle abnehmen.

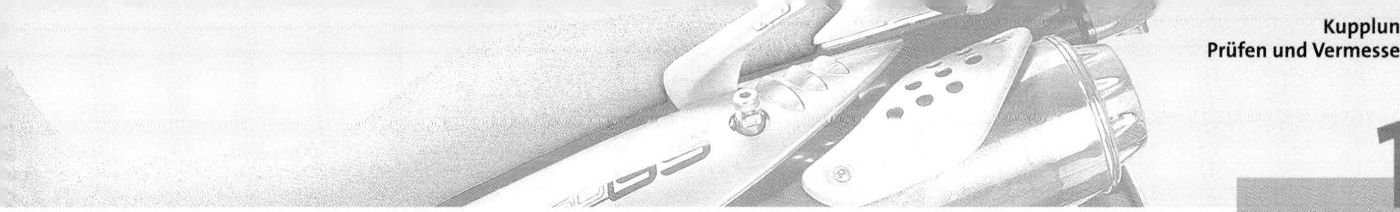

12.2
Prüfen und Vermessen

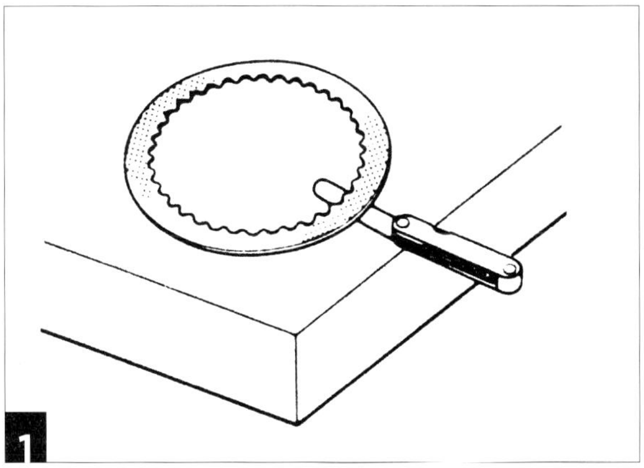

- Belag- und Stahlscheiben auf Richtplatte mit Fühlerlehre auf Verzug prüfen.
  Verschleißgrenze Stahlscheiben 0,15 mm
  Verschleißgrenze Belagscheiben 0,25 mm

! Höhe des kompletten gepressten Scheibenpakets (Belag- und Stahlscheiben)messen.
Verschleißgrenze 39,1 mm

! Höhe des gepressten Belagscheibenpakets messen.
Verschleißgrenze 27,5 mm

- Reib- und Stahlscheiben auswechseln, wenn sie Anzeichen von Riefen oder Verfärbung aufweisen.

! Scheiben immer im Satz auswechseln.

! Kupplungsfedern bei jeder Kupplungsreparatur im Satz wechseln.

- Nadellager auf lockeren Sitz, Beschädigung oder Abnutzung untersuchen.
- Kupplungsausrücklager auf ruckfreien und ungehinderten Lauf prüfen(Fingerprobe).
- Schlitze in Kupplungskorb und -nabe dürfen keine von Scheiben verursachten Riefen, Kerben oder Scharten aufweisen.
  Gegebenenfalls mit Schlüsselfeile begradigen.
- Bei außergewöhnlichen Geräuschen beim Ablaufen des Primärtriebs Primärzahnrad und Kupplungskorb ersetzen.

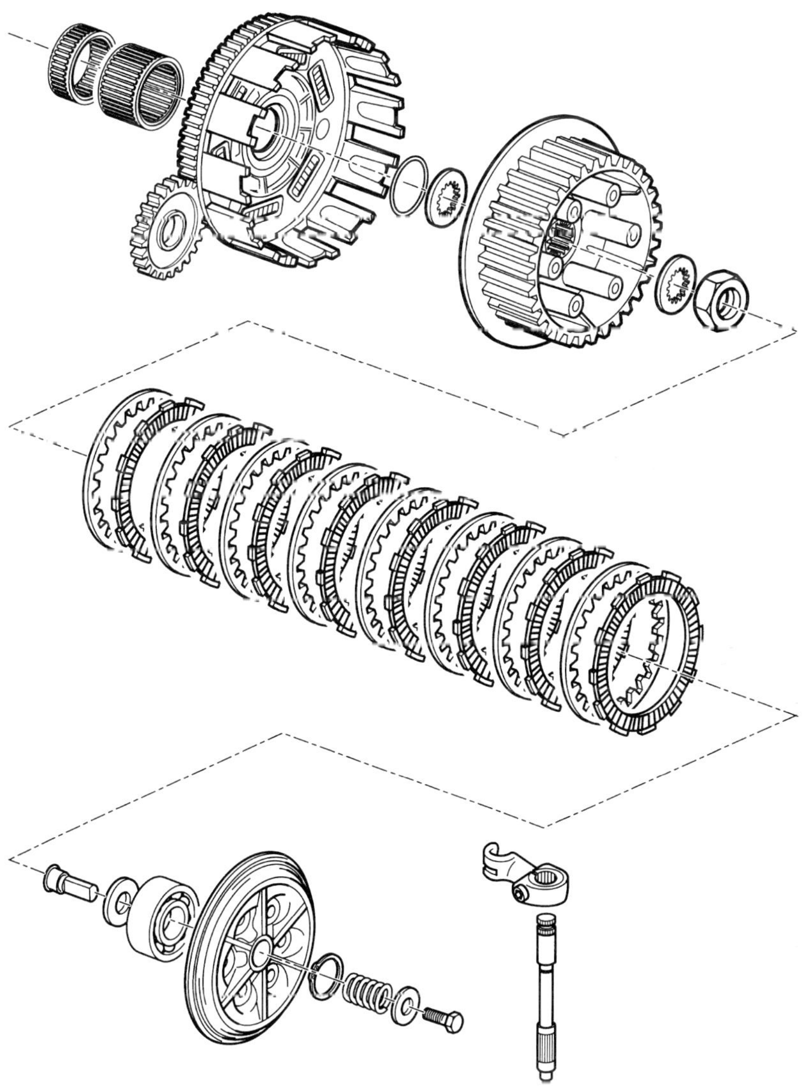

12 Kupplung

12.3 Einbau

! Bei jeder Kupplungsreparatur Kupplungsfedern und Dichtring der Schaltwelle im Deckel erneuern.
- Stützscheibe **1** Bild 1 auf Hauptwelle aufschieben. Es folgen zwei geölte Nadellager (schmales innen).
- O-Ring **2** leicht geölt in Nut hinter Keilbahn setzen.

1

Montage
- Kupplungskorb vorsichtig auf Hauptwelle aufsetzen. Dabei Korb leicht hin- und herdrehen, damit er leichter in Primärtriebzahnrad und Ölpumpenräder eingreift.

2

- Scheibe (Pfeil) aufschieben und gegen O-Ring drücken, bis Scheibe nicht mehr zurückfedert.
- Innenverzahnung der Kupplungsnabe mit Optimoly MP 3 bestreichen und Nabe auf Hauptwelle aufschieben.

3

- Sicherungsblech **1** auf Verzahnung schieben.
- Mutter (Gewinde gereinigt und mit Loctite 243 versehen) aufdrehen (Absatz **2** weist nach innen).
- Nabe gegenhalten und Mutter anziehen (140 Nm).
- Blechlasche an Mutterflanke anlegen.

4

Scheiben einsetzen
- Neue Belagscheiben geölt einbauen.
- Scheiben abwechselnd einsetzen, beginnend mit Stahlscheibe (Pfeil).

5

Scheiben einsetzen
- Letzte Scheibe so aufsetzen, dass sie in separate kurze Nut eingreift (Pfeil).
- Druckplatte mit Ausrücklager einsetzen.

6

- Ggf. neues Ausrücklager (kalt) in warmen Druckdeckel (80 °C) einschlagen.
- Ausrückpilz **1** in Druckdeckel/Lager einschieben und mit Seegerring **2** sichern.
- Druckdeckel aufsetzen und Federn einsetzen. Schrauben mit Scheiben schrittweise über Kreuz anziehen (10 Nm).
- Druckpilz **1** mit etwas Fett so fixieren, dass er beim Aufsetzen des Deckels in die Verzahnung der Welle eingreift.
- Ggf. Ausrückwelle frisch gefettet in Kupplungsdeckel einsetzen und mit Seegerring sichern (Bild 7 Seite 165).

7

- Ggf. Wasserpumpe montieren (Seite 160).
- Dichtflächen von Kupplungsgehäuse und -deckel säubern (öl- und fettfrei).
- Zwei Passstifte (Pfeile) und neue Dichtung anbringen.
- Deckel aufsetzen (**GS** zusammen mit Ölsteigleitung).
- Deckelschrauben über Kreuz anziehen (10 Nm; Seite 125).
- **GS** (Bild 3 Seite 164): Hohlschraube der Ölleitung mit zwei so gut wie neuen Dichtscheiben anbringen.
- **GS**: Ölleitung befestigen (Bild 2 Seite 164).

8

GS: Schaltpedal Einbaulage

- Schaltpedal so aufsetzen, dass korrekte Schaltfunktion gewährleistet ist.
- Klemmschraube eindrehen.

9

CS: Schalthebel Einbaulage

- Schalthebel **1** so aufsetzen, dass er senkrecht nach unten weist.
- Feineinstellung des Pedals kann am Gestange nach Lösen der Gegenmutter vorgenommen werden.

- Kupplungsseilzug montieren und Spieleinstellung vornehmen (Seite 92).
- Auspuffanlage montieren (Seite 140).
- Deckel der Wasserpumpe und ggf. Schläuche montieren (Bild 1 Seite 160).
- Kühlwasser auffüllen (Seite 94).
- Motoröl auffüllen (Seite 88).
- Kühlkreislauf entlüften (Seite 94).

13 Ölpumpe

13.1 Aus- und Einbau

- Kupplung ausbauen (ab Seite 164).
- Seegerringe der Ölpumpenzahnräder (Pfeile) ausfedern und abnehmen.
  Bei Beschädigung Zwischenrad (weiß) genauso abnehmen.
- Zahnräder von Welle abziehen (ausclipsen vom Mitnehmerstift).

1

2

Aus- und Einbau

- Mitnehmerstifte (Pfeile) und dahinter liegende Anlaufscheiben abnehmen.
- Je Pumpe drei Deckelschrauben ausdrehen und Deckel abnehmen.
- Gewinde der Deckelschrauben und deren Muttergewinde reinigen.
  Anzugsmoment (mit Loctite 243) 6 Nm
- 👁 Welle von Hand auf freie Drehbarkeit prüfen.

3

Aus- und Einbau
- Innen-, Außenrotor und Welle abnehmen.
- Körnerpunkte (Pfeile) weisen nach außen.

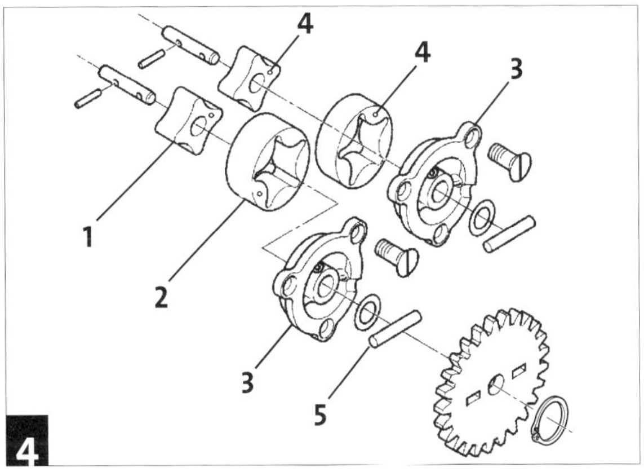

4

Ölpumpen
1 Innenrotor
2 Außenrotor
3 Deckel
4 Körnerpunkte
5 Mitnehmerstift

Aus- und Einbau
- Pumpengehäuse und Rotoren vor Einbau reichlich ölen.

13.2
Prüfen und Vermessen

- Das Spitzenspiel der Rotoren und das Rotorspiel im Gehäuse (Radialspiel) mit Fühlerlehre messen.
  Verschleißgrenze
  Spitzenspiel (Innen-/Außenrotor) 0,25 mm
  Spiel Außenrotor/Gehäuse 0,25 mm

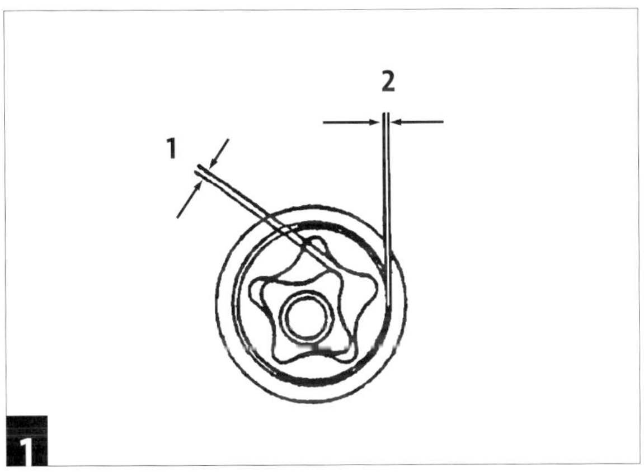

1

Prüfen und Vermessen
1 Spitzenspiel
2 Radialspiel

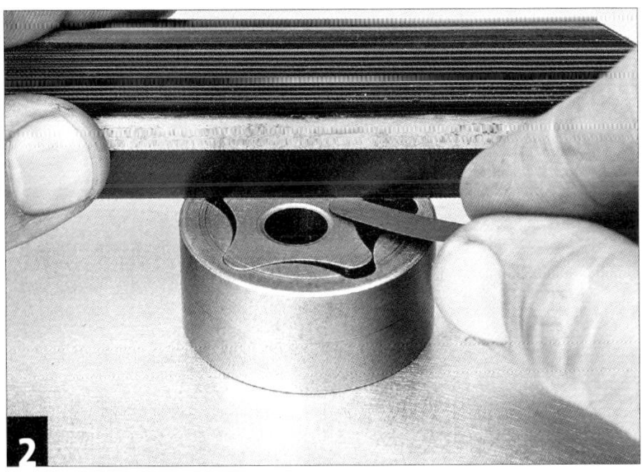

2

Prüfen und Vermessen
- Das Axialspiel (Seitenspiel) der Innenrotoren im Außenrotor mit Haarlineal und Fühlerlehre messen.
  Verschleißgrenze 0,25 mm

14 Motor

14.1 Ausbau

Der Motor muss zur Reparatur der folgenden Baugruppen ausgebaut werden:

- Kurbelgehäuse
- Getriebe
- Kurbelwelle

Vorarbeiten

- Fahrzeug sicher auf Hauptständer aufbocken und Vorderrad fixieren.
- Motoröl ablassen (Seite 89 und 90).
- Verkleidung abnehmen (Kapitel 2 Seite 54).
- Batterie ausbauen (Seite 74).
- Ventildeckel freilegen wie ab Seite 79 beschrieben.
- Drosselklappengehäuse ausbauen (Seite 120).
- Zylinderkopf vom Rahmen lösen. Siehe Arbeitsschritte 5, 6 und 7 Seite 143.
- Zündkerzenstecker abziehen, Zündspulenstecker trennen und Zündspule abnehmen (so vorhanden) (Seite 81).
- Kühlmittel ablassen (Seite 94) und Kühler ausbauen (Seite 162).
- Stecker des Thermosensors und Kühlmittelschlauch rechts vom Zylinderkopf abnehmen (Bild 1 Seite 142).
- Kupplungsseilzug am Ausrückhebel abnehmen (Seite 92).
- Pluskabel vom Starter abnehmen (Seite 134).
- **GS**: Fußrastenhalter links und rechts abbauen (Seite 138).
- Schalldämpfer und Krümmer ausbauen (Seite 138). Siehe auch dort: Seitenständerstecker/GS ausclipsen.
- Regler/Gleichrichter ausbauen (Seite 128/129).
- **GS**: Entlüftungsschlauch vom Generatordeckel abnehmen und aus Blechlasche am Rahmen herausführen.
- **CS**: Entlüftungsschlauch vom Generatordeckel abnehmen und aus Kunststoffhalter abnehmen.
- Ritzelmutter lockern (Bild 2 und 3).
- Größtmöglichen Kettendurchhang bzw. geringste Riemenspannung einstellen.
- Ritzel abnehmen und mit Kette/Riemen mittels Kabelbinder am Rahmen befestigen. →Kette/Riemen mit Hinterrad müssen zum Motorausbau nicht ausgebaut werden.
- Schaltpedal abnehmen (Seite 164).
- Bremspedal abbauen (Seite 196).

1

Ausbau

- Ritzeldeckel abnehmen: Drei Schrauben ausdrehen. **Anzugsmoment** 10 Nm

2

GS Kettenritzel

- Sicherungsblechlasche der Ritzelmutter flachklopfen und Mutter ausdrehen. **Anzugsmoment** 140 Nm

CS Ritzel
Das Ritzel ab Baujahr 2002 ist mit Sicherungsblech versehen (Bild 2). Ab Baujahr 2004 ist eine Unterlagscheibe verbaut (Bild 3). Dieses Ritzel wird mit Abzieher ausgebaut (Bild 4).

3

CS Riemenritzel ab Baujahr 2004

- Sicherungsblechlasche der Ritzelmutter flachklopfen und Mutter ausdrehen (mit Bremse blockieren). **Anzugsmoment** mit Loctite 638 180 Nm

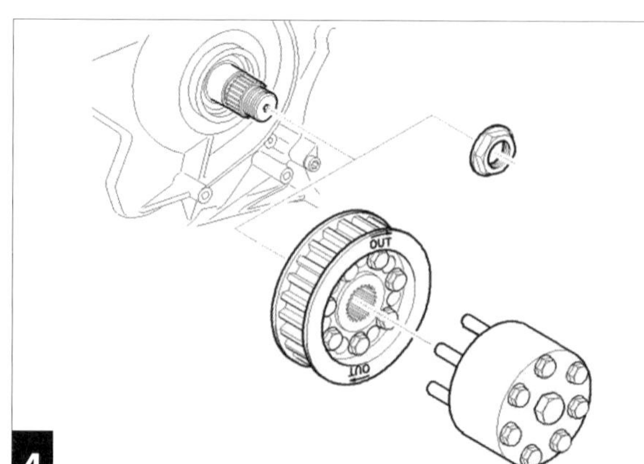

4

CS Riemenritzel-Abzieher ab Baujahr 2004

- Ritzel blockieren (BMW-Blockierer 271511).
- Ritzel mit Abzieher 271521 ausbauen.

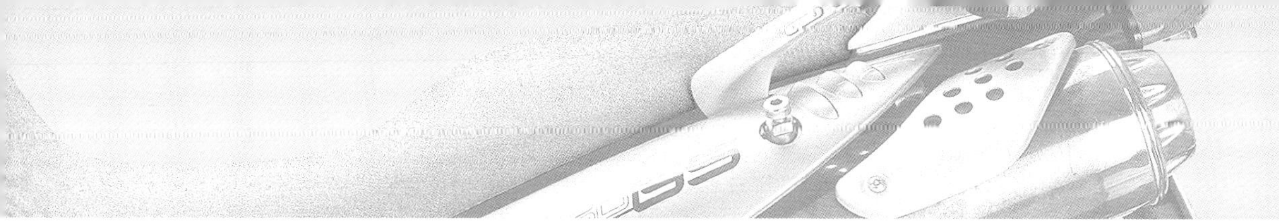

GS Öltank-Anschlüsse

- Zulaufschlauch **1** und Ablaufschlauch **2** vom Öltank abnehmen.

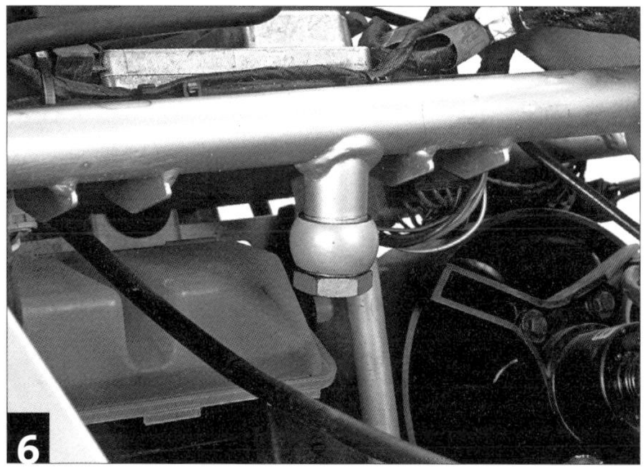

CS Zulaufanschluss am Rahmentank

- Zulaufschlauch von Rahmenquerstrebe abnehmen.
  Anzugsmoment mit neuen Dichtscheiben 10 Nm

CS Ölleitung am Motorgehäuse

- Ölleitung vom Motorgehäuse abnehmen.
  Anzugsmoment mit neuen Dichtscheiben 42 Nm

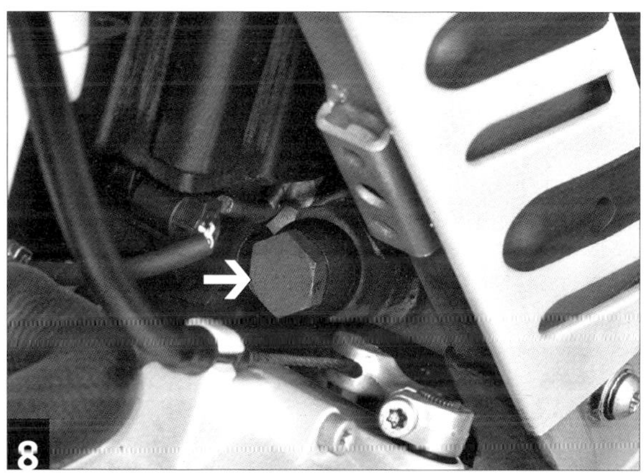

CS Ablaufanschluss am Rahmentank

- Hohlschraube (Pfeil) ausdrehen.
- Ölleitung abnehmen und Filtersieb ausdrehen.
- Filtersieb reinigen (Seite 91).
  Anzugsmoment mit neuen Dichtscheiben 42 Nm

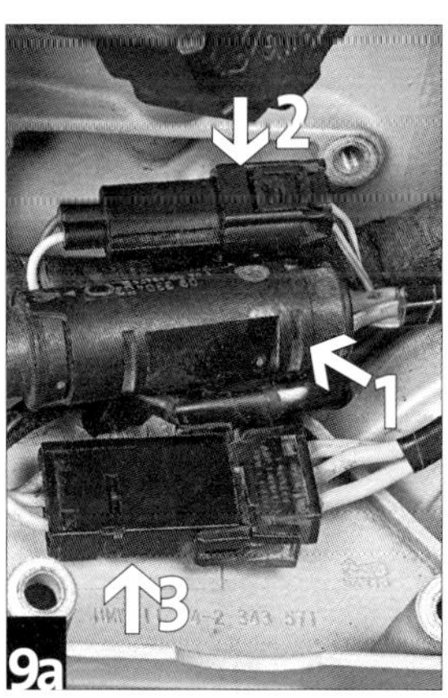

GS Stecker trennen

1 Regler (4pol)
2 Pickup (2pol)
3 Generator (3pol/gelb)

CS Stecker trennen

1 Regler (4pol)
2 Seitenständer (3pol)
3 Generator (3pol/gelb)

Stecker und Anschlüsse trennen

1 Massekabel
2 NEUTRAL-Anzeigekabel
3 Öldruckschalter-Stecker

Stecker-Einbau

- Stecker und Anschlüsse dünn mit Batteriepolfett balsamieren.

→

14 Motor

14.1 Ausbau
Fortsetzung

GS Federbein-Vorspannungseinsteller
- Halterung des Federbein-Vorspannungseinstellers vom Rahmen abnehmen. Kabelbinder trennen.
  Anzugsmoment 9 Nm

GS Federbein-Ausgleichsbehälter
- Federbein-Ausgleichsbehälter vom Rahmen abnehmen.

GS Motorbefestigungen im Überblick
- Schwingachsmutter **1** und untere Motorbefestigung **2** hinten noch nicht ausbauen.

! Auf Verbleib der Distanzscheibe(n) am Unterzug hinten achten.

CS Motorbefestigungen
- Bei der CS ist die vordere Rahmenschale (Regler/Gleichrichter-Ausbau Seite 129) schon ausgebaut.
- Schwingachsmutter **1** und untere Motorbefestigung **2** hinten noch nicht ausbauen.

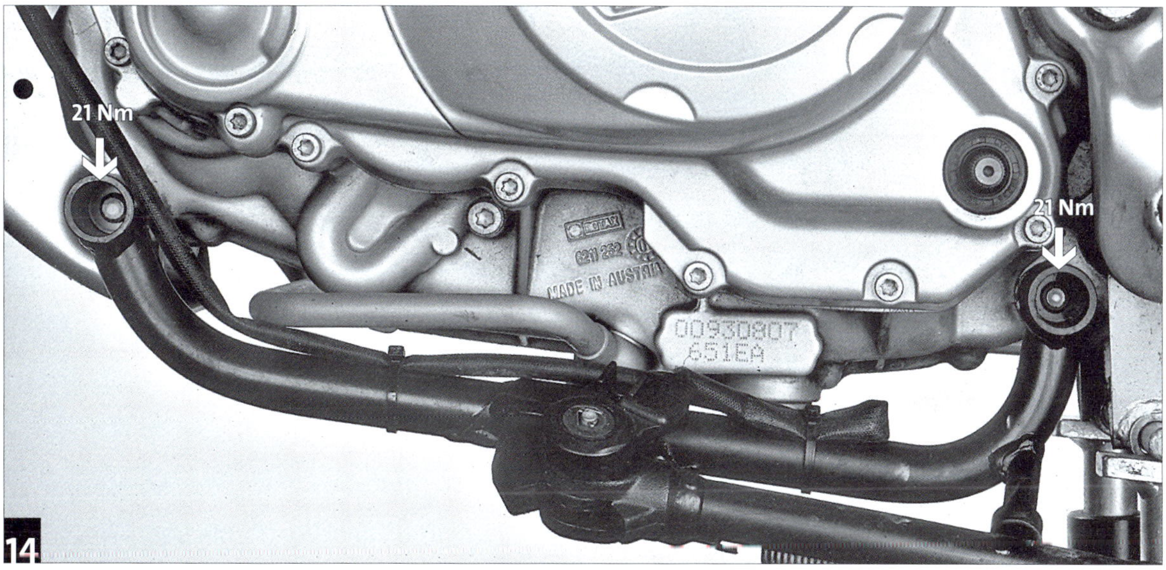

14

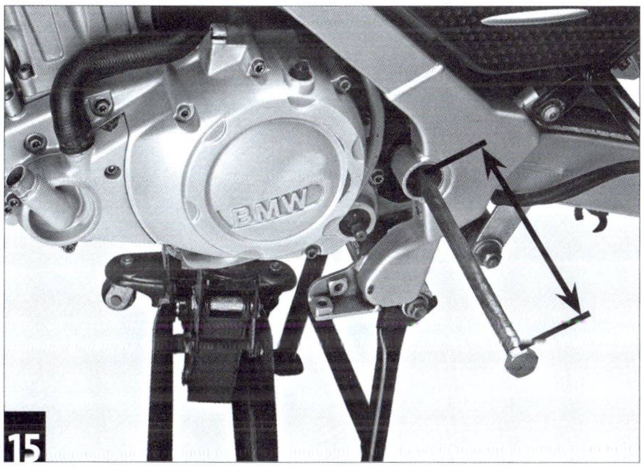

15

Schwingenachse stecken lassen

- Zur Fixierung der Schwinge Schwingenachse nicht ganz herausziehen.
  GS: 22,5 cm
  CS: 24 cm

16

Motorbefestigung hinten unten

Anzugsmoment 41 Nm

CS Rahmenunterzug (Seitenständer-Befestigung)

- Rahmenunterzug mit Seitenständer abnehmen.
- Motor beim Ausdrehen der Schrauben und Muttern anheben (hydraulischer Wagenheber mit Holzauflage), um sie zu entlasten.
- Mutter **1** Bild 13 der Schwingachse lösen.
- Mit Fixierdorn, BMW Nr. 11 0 661, oder Knebel des Rätschenkastens Schwingenachse aus Rahmen drücken. Fixierdorn/Knebel so weit stecken lassen, dass Schwinge rechts fixiert bleibt.

! Achse nicht ganz aus Rahmen herausziehen (Bild 15).
Dadurch bleibt die Hinterradschwinge weiter im Rahmen fixiert, während der Motor frei ist.

- Motorbefestigung hinten unten lösen (Bild 16).
- Motor herablassen bis Zylinderkopf auf der Befestigungslasche des Kühlers aufliegt.
- Motor weiter herablassen damit Motor nach hinten kippt.
- Motor weiter absenken bis sich die Befestigungslasche des Kühlers über der Zylinderkopfhaube befindet.
- Motor in Fahrtrichtung nach rechts (GS) bzw. links (CS) drehen und herausschieben.

14

14.2 Einbau

! Nach Motor-Einbau beim neu aufgebauten Motor unbedingt den Motoröl-Kreislauf entlüften – siehe nächste Seite!

- Der Einbau geschieht in umgekehrter Ausbau-Reihenfolge.
- Motor auf Motorheber von rechts (GS) bzw. links (CS) unter Motorrad hineindrehen.
- 👁 Auf Hauptkabelbaum im Bereich des Zylinderkopfs achten.
- Motor anheben und nach hinten kippen.
- Untere Motorbefestigung positionieren (Bild 16 Seite 175).
- Motor anheben und Befestigungen am Zylinderkopf positionieren, noch nicht festdrehen (Arbeitsschritte 5, 6 und 7 Seite 143.).
- Befestigung hinten unten montieren (Bild 13 Seite 174).
- Schwingenachse leicht gefettet einschieben und Achsmutter anziehen (Bild 13 Seite 174) .

GS-Rahmenunterzug

! Beim Einbau müssen die Scheibe(n) **2** (bis zu 3 Scheiben) unbedingt wieder verwendet werden. Sollten Unklarheiten über Anzahl oder Dicke der Scheibe bestehen, Unterzug ausdistanziern. Die Scheibe **2** ist in 3 Stärken verfügbar.

- Unterzug mit Scheibe **2** einbauen, ggf. ausdistanzieren.
- Zum Ausdistanzieren Spiel zwischen Unterzug und Rahmen ermitteln und Spiel mittels Scheibe(n) auf ca. 0,1 mm einstellen.

CS-Rahmenunterzug

- Siehe Bild 14 Seite 175.

Kettenritzel

- Ritzel und Sicherungsblech auf leicht gefettete Verzahnung aufschieben.
- Mutter anziehen (140 Nm) und Sicherungsblechlasche an Mutterflanke anlegen.

17

Ritzelkennzeichnung

- **GS**: EXT weist nach außen
- **CS**: OUT weist nach außen

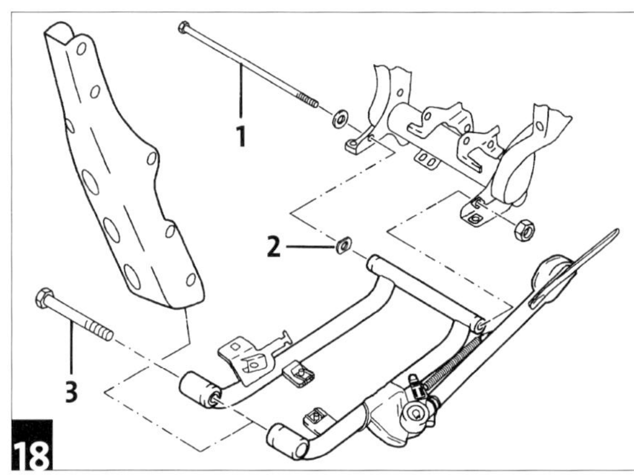

18

GS-Rahmenunterzug

1 Unterzug an Rahmen 21 Nm
2 Scheibe(n)
3 Unterzug an Motorschale 21 Nm

Riemenritzel bis 2003

- Halbringe **1** mit etwas Fett fixieren. Riemenrad **2** (OUT weist nach außen) und Sicherungsblech **3** auf leicht gefettete Verzahnung aufschieben.
- Mutter **4** anziehen (180 Nm) und Sicherungsblechlasche an Mutterflanke anlegen.

Riemenritzel ab 2004

- Neue Mutter verwenden (mikroverkapselt).
- Mutter anziehen (220 Nm) und Schraubensicherung sechs Stunden aushärten lassen.

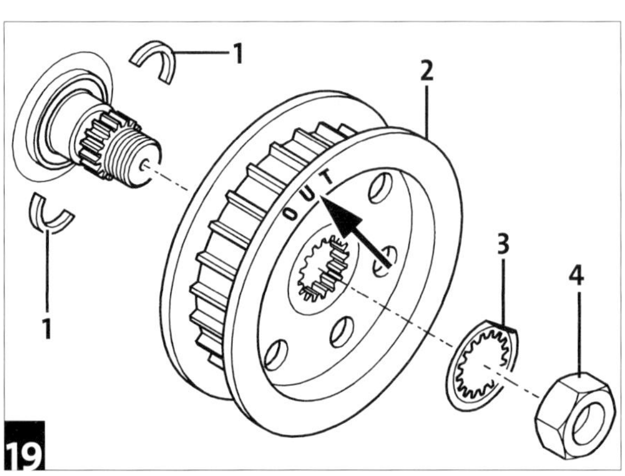

19

1 Halbringe
2 Riemenrad
3 Sicherungsblech
4 Mutter **Anzugsmoment** 180 Nm

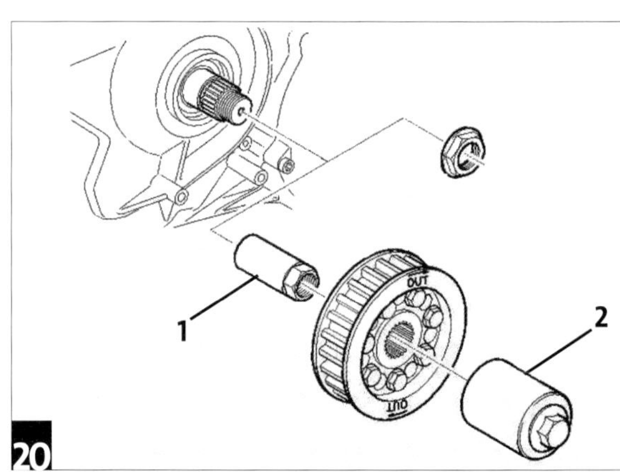

20

Riemenritzel ab 2004

- Hülse **1** (BMW-Nr. 271532) aufschrauben. Ritzel (OUT weist nach außen) und Sicherungsblech auf leicht gefettete Verzahnung mit Aufdrückwerkzeug **2** (BMW-Nr. 271521) aufschieben.

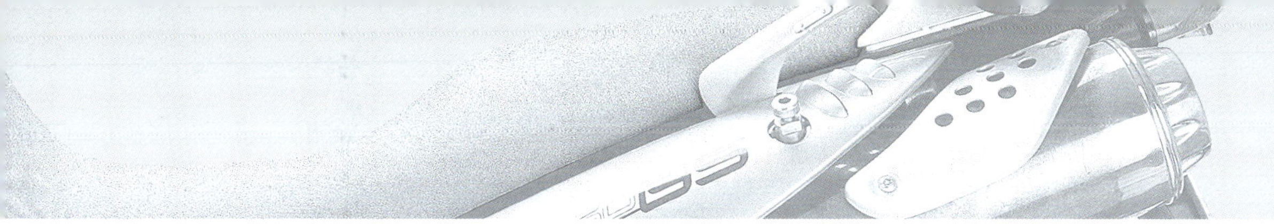

Anzugsmomente

Ablassschraube Wasserpumpe .... 10 Nm
Ansauggeräuschdämpfer an Rahmen .... 9 Nm
Motorunterfahrschutz an Rahmen .... 9 Nm
Ölablassschraube Motor .... 40 Nm
Steckachse Hinterrad.......................... 100 Nm
Spannschrauben Antriebskette.................. 10 Nm
Auspuffkrümmer an Zylinderkopf .... 20 Nm
Schalldämpfer an Auspuffkrümmer .... 55 Nm
Fußrastenplatte an Hauptrahmen li/re .... 30 Nm
Kabelabdeckung an Motor .... 5 Nm
Spannungsregler an Halter....................... 7 Nm
Kettenritzel an Hauptwelle
(Gewinde reinigen + Loctite 243) .... 140 Nm
Riemenritzel an Hauptwelle bis 2003
(Gewinde reinigen + Loctite 638) .... 180 Nm
Riemenritzel an Hauptwelle ab 2004
neue Mutter verwenden (mikroverkapselt) ..... 220 Nm
Ritzelabdeckung an Motor .... 2 Nm
Masseverschraubung an Motorgehäuse.......... 8 Nm
Anschlussleitung NEUTRAL-Anzeige.............. 2 Nm
Motorschale an Motor .... 41 Nm
Motorschale an Frontrohr .... 21 Nm
Rahmenunterzug an Motorschale............... 21 Nm
Rahmenunterzug an Hauptrahmen .... 21 Nm
Federbeinverstellradhalter an Rahmen .... 9 Nm
Kühler an Hauptrahmen oben.................... 9 Nm
Schwingenachse .... 100 Nm
Rahmen an Motor hinten .... 41 Nm
Fußschalthebel an Motor......................... 15 Nm
Fußbremshebel an Rahmen .... 21 Nm
Zylinderkopf an Rahmen .... 41 Nm
Zylinderkopf an Rahmen Verstellhülse
.... spielfrei max. 5 Nm
Zylinderkopf an Rahmen Kontermutter......... 100 Nm

20

Motoröl-Kreislauf entlüften

- Ölfilter ausbauen.
- Rückhalteventil lösen (Bild 3).
- Zündkerze herausschrauben.
- Motor mit Anlasser durchdrehen, bis Öl im Filterraum austritt.
- Rückhalteventil festziehen.
- Ölfilter einbauen.
- Motor mit Anlasser so lange durchdrehen, bis aus der Rücklaufleitung im Öltank Öl austritt.
- Motor starten, einige Minuten laufen lassen, dann abstellen.

👁 Öl und Kühlflüssigkeit kontrollieren, ggf. nachfüllen.

Anzugsmomente

Rückhalteventil	24 Nm
Ölfilterdeckel	10 Nm

21

Ölkontrolle am Rücklaufschlauch

- Bei der CS entsprechend Bild 6 Seite 173 durchführen.

! Lappen für Lecköl bereithalten.

15 Kurbelgehäuse

15.1 Kurbelgehäuse trennen

- Das Kurbelgehäuse muss zur Reparatur von Getriebe, Kurbelwelle, Pleuel und Ausgleicherwelle getrennt werden.
- Kurbelgehäuse nach Ausbau von Zylinderkopf (Seite 142), Zylinder (Seite 154) und Kupplung (Seite 164) trennen.
- Der Generator-Rotor kann montiert bleiben, allerdings kann dann die Kurbelwelle nicht ausgebaut werden.

! Sämtliche Bauteile so aufbewahren, dass sie an ihrem ursprünglichen Platz wieder eingebaut werden können.

Antriebszahnrad der Wasserpumpe
- Zahnrad mit Schraubendreher aushebeln. Nadelrolle abziehen.

! Schraubendreher-Schaft dabei polstern, damit nichts vermackt wird.

Primärtrieb-Zahnrad ausbauen (Putzlappenblockierung)
- Sauberen Lappen verdrillen, zwischen aufgesetzten Kupplungskorb klemmen und Mutter ausdrehen.
- Zahnrad und Nutenstein abnehmen.
  Anzugsmoment 140 Nm

Zwischenzahnrad der Ölpumpen
- Seegerring ausfedern (so wenig wie möglich aufbiegen) und Zwischenzahnrad abnehmen.

4

Kurbelgehäuse trennen/zusammenbauen

- Gehäuseschrauben rechts schrittweise über Kreuz ausdrehen.
- Linke Gehäusehälfte von rechter abnehmen.
- Getriebe-, Ausgleicher- und Kurbelwelle bleiben in rechter Hälfte. Gegebenenfalls helfen leichte Prellschläge mit dem Gummihammer auf die Wellen, damit die Wellen in rechter Gehäusehälfte verbleiben.

  Anzugsmoment der Gehäuseschrauben 10 Nm

5

Wellendichtringe

- Wellendichtringe grundsätzlich immer erneuern (mit passender Nuss herausschlagen und eintreiben – nicht verkanten).
- Siehe auch Seite 52.

15 Kurbelgehäuse

15.1
Kurbelgehäuse trennen
Fortsetzung

6

Ölleitblech
- Ölleitblech nach Ausdrehen der zwei Befestigungsschrauben abnehmen.
  Anzugsmoment mit Schraubensicherung 9 Nm

7

Ölsieb
- Ölsieb entnehmen und säubern.

15.2
Prüfen und Vermessen

- Durchmesser der Getriebe-Lagersitze im Gehäuse kontrollieren. Dazu bedarf es allerdings feiner Messwerkzeuge wie zur Kontrolle der Ventilführungen und des Zylinders (Messuhr und/ oder Innentaster).
  Gegebenenfalls also BMW- oder Fachwerkstatt beauftragen.

Verschleißgrenzen/Generatorseite

Nebenwelle	max. 46,99 mm
Hauptwelle	max. 62,02 mm

Verschleißgrenzen/Kupplungsseite

Nebenwelle	max. 51,99 mm
Hauptwelle	max. 46,99 mm

15.3
Montage

- Kurbelwelle, Ausgleicherwelle und Getriebe montieren (Kapitel 16 und 17).
- Dichtflächen mit Bremsenreiniger oder Aceton reinigen (öl- und fettfrei).
- Anlaufscheiben nicht vergessen:

1 Ausgleicherwelle (je nach Ausdistanzierung)
2 Kurbelwelle (je nach Ausdistanzierung)
3 Getriebewelle
4 Schaltwelle

1

Montage
- Passstifte (Pfeile) und neue Dichtung auflegen.
- Linke Gehäusehälfte aufsetzen. Dabei sind leichte (!) Gummihammerschläge hilfreich.
- Gehäuseschrauben (Bild 4 Seite 179) eindrehen (10 Nm).

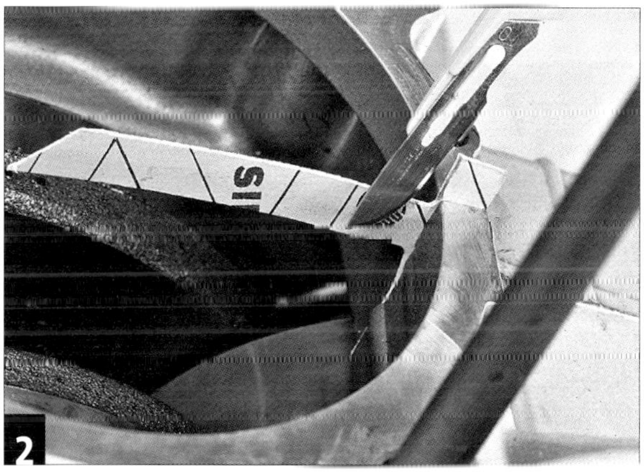

2

Montage
- Überstehende Dichtung mit scharfem Messer oder Cutter abschneiden.
- Übrige Arbeitsschritte in umgekehrter Ausbaureihenfolge durchführen.

16 Kurbelwelle

16.1 Ausbau

- Kurbelgehäuse trennen (Kapitel 15).
- Markierungen von Gehäuse, Ausgleicher- und Kurbelwelle aufeinander ausrichten (Bild 1). Zuerst Kurbelwelle ohne Verkanten aus Lager herausziehen, dann Ausgleicherwelle.
- Auf Verbleib der Distanzscheiben achten.
- Lagerschalen im Motorgehäuse (auf 100°C erwärmen) mit passendem Rundmaterial herausschlagen (Arbeit für die BMW-Werkstatt). Auch das Erneuern der Zahnräder der Ausgleicher- und Kubelwelle übersteigt den Hobbymechaniker-Werkzeugrahmen.
- Die Lager der Ausgleicherwelle wie die Kugellager des Getriebes ausbauen.

Ausbau
- Markierungen der Ausgleicherwelle und der Kurbelwelle auf Gehäusemarkierung ausrichten.

16.2 Prüfen und Vermessen

Kurbelwellen-Schlag

- Kurbelwelle in Prismenblöcke lagern und mit Messuhr Schlag an den Wellenzapfen messen. Dabei beachten, dass tatsächlicher Schlag nur der Hälfte des Anzeigewerts entspricht (Bild 2).

Verschleißgrenze

Generatorseite	0,05 mm
Kupplungsseite	0,03 mm

- Pleuellager-Spiel von Hand durch Hoch- und Runterdrücken der Pleuel erfühlen. Es darf kein Knacken spürbar sein und nur eine minimale Ausweichung beim Hin- und Herdrücken. Diese Messmethode setzt freilich gewisse Erfahrung voraus.

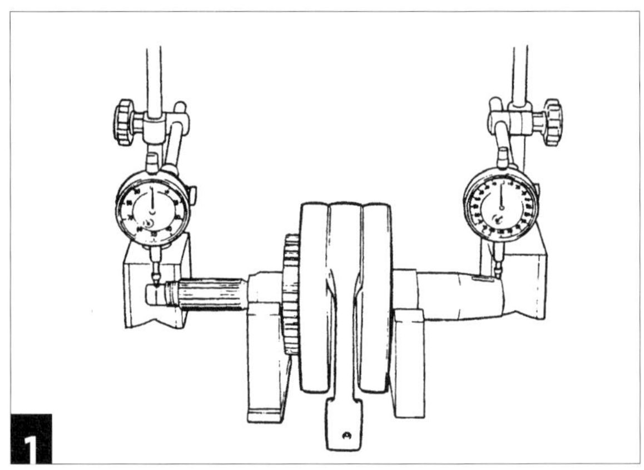

Prüfen und Vermessen
- Kurbelwellenschlag messen.

Kurbelwellen-Lagerspiel

- Durchmesser der Lager im Motorgehäuse mit Innentaster und Messuhr messen (Bild 2).
- Durchmesser der Lagerzapfen der Kurbelwelle mit Messschraube (Mikrometer) messen (Bild 3).
- Differenz beider Messungen darf maximal 0,10 mm betragen (Verschleißgrenze).
- Falls Verschleißgrenze überschritten ist, Lager in BMW-Werkstatt erneuern lassen (erfordert u. a. genaue Stempel zum Aus- und Einpressen der Lagerschalen).

Lagerspiel ermitteln: Lagerdurchmesser messen
- Durchmesser mit Innentaster messen.
- Die Erneuerung der Kurbelwellenlager ist Sache der BMW-Werkstatt.

3

Lagerspiel ermitteln: Kurbelzapfen messen

- Durchmesser der Lagerzapfen mit Messschraube prüfen.
  Verschleißgrenze 45,97 mm

4

Seitenspiel des Pleuels

- Seitenspiel des Pleuels mit Fühlerlehre messen.
  Verschleißgrenze 0,80 mm

16.3 Montage

- Falls Kurbelgehäuse, Ausgleicher- oder Kurbelwelle ersetzt wurden, müssen Ausgleicher- und/oder Kurbelwelle neu ausdistanziert werden:
- Distanzscheibe auf Generatorseite ist immer 1 Millimeter dick.
- Kurbelwelle mit montierter 1-mm-Distanzscheibe ohne Verkanten in rechte Gehäusehälfte (Generatorseite) einsetzen.
- Mit passendem Tiefenmaß Abstand der Kurbelwange zur Dichtfläche messen (Maß B).
- In linker Gehäusehälfte mit Tiefenmaß Abstand der Dichtfläche zur Anlagefläche der Distanzscheiben am Kurbelwellenlager messen (Maß A).
- Maß A minus Maß B ergibt Axialspiel der Kurbelwelle.
- Axialspiel mittels auf dem Ersatzteilweg erhältlicher Distanzscheiben einstellen.
  Das Sollspiel beträgt 0,1 – 0,3 mm.
  Die Dicke der Papierdichtung wird mit 0,4 mm berücksichtigt.
- Ausgleicherwelle wie Kurbelwelle ausdistanzieren.
- Kurbelwellenlager dünn mit MoS_2 Fett schmieren.
- Ölbohrungen der Kurbelwelle freizügig mit Öl befüllen (Anfangsschmierung!).
- Kurbelwelle mit montierter 1-mm-Distanzscheibe ohne Verkanten in rechte Gehäusehälfte (Generatorseite) einsetzen.
- Lagerzapfen der Ausgleicherwelle dünn mit MoS_2-Fett schmieren.
- Kurbelwelle auf Markierungen ausrichten und Ausgleicherwelle (Markierung ebenfalls ausgerichtet) einschieben (Bild 1 Seite 182).
- Kurbelgehäuse auf vollständige Bestückung kontrollieren (Bild 1 Seite 181).
- Kurbelgehäuse schließen (Bild 4 Seite 179).

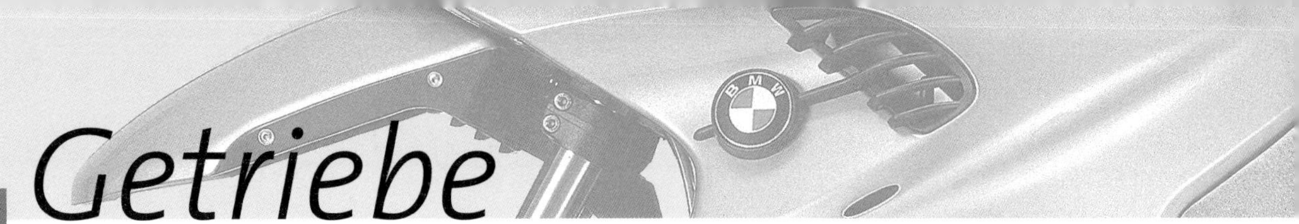

17 Getriebe

17.1 Ausbau

- Getriebe bei getrenntem Motorgehäuse aus- und einbauen.

1

Bild 1

- Schaltklinke **6** von Schaltwalze **7** abziehen und Schaltwelle **3** mit Schaltklinke **6** herausziehen. Es folgt Arretierungshebel **5** mit Feder.
- Schaltgabelschienen **4** heraus ziehen. Es folgen Schaltgabeln **8** (nach außen schwenken) und Schaltwalze **7**.

Bild 3

- Zahnräder **13**, **16** (Losräder) mit Lager **15** und Scheibe **14** von der Hauptwelle abnehmen.
- Getriebewellen gemeinsam entnehmen. Dabei sind leichte Prellschläge mit dem Gummihammer hilfreich.
- Lager auf Festsitz im Sitz, ruhigen Lauf und auf Spielfreiheit prüfen (Fingerprobe Bild 1 Seite 199). Ggf. Defekte Lager mit Innenauszieher ausbauen (Bild 8 Seite 215). Gehäusehälften dazu gleichmäßig auf 80 – 100 °C erwärmen.

Bauteile

1	Hauptwelle	**5**	Arretierungshebel
2	Nebenwelle	**6**	Schaltklinke
3	Schaltwelle	**7**	Schaltwalze
4	Schaltgabelschiene (2x)	**8**	Schaltgabel (3x)

2

Ausbau

- Wellen mit passender Seegerringzange zerlegen.

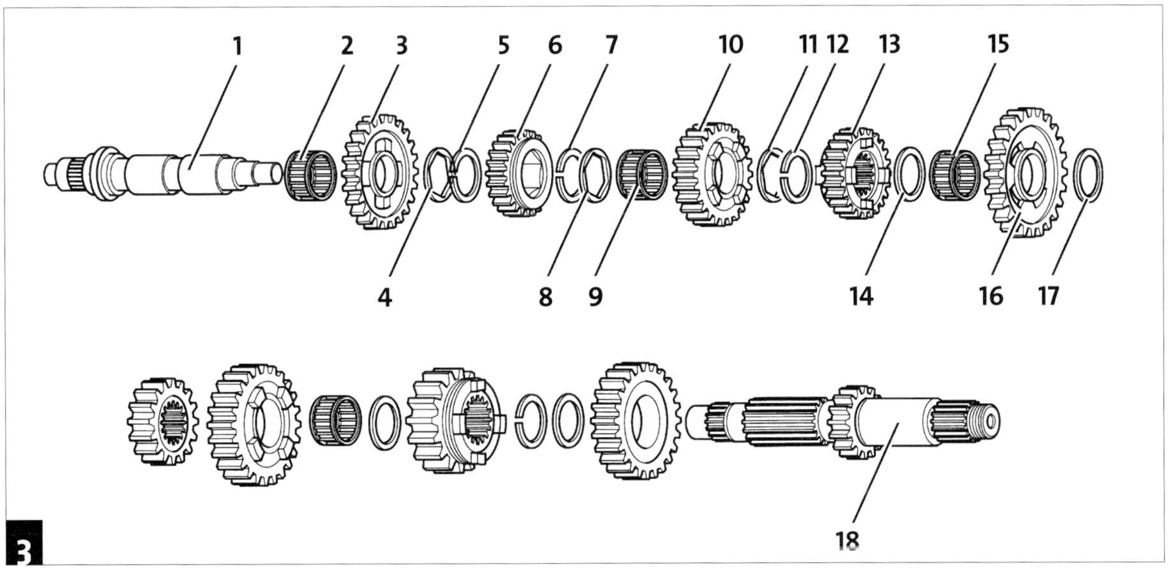

3

Getriebewellen

1 Hauptwelle
2 Nadellager
3 Zahnrad
4 Winkelscheibe
5 Keilscheibe
6 Zahnrad
7 Sicherungsscheibe
8 Druckscheibe
9 Nadellager
10 Zahnrad
11 Winkelscheibe
12 Sicherungsring
13 Zahnrad
14 Scheibe
15 Nadellager
16 Zahnrad
17 Anlaufscheibe
18 Nebenwelle

Zerlegen

- Hauptwelle mit Schutzbacken in Schraubstock einspannen.
- Sicherungsscheibe **7** etwas zurückschieben, um Sicherungsring **12** auszubauen, der mit Winkelscheibe **11** gesichert ist.
- Bauteile in Ausbaureihenfolge auf saubere Unterlage ablegen.

17.2
Prüfen und Vermessen

Lagersitze

- Falls die Lager erneuert werden, Durchmesser der Lagersitze ermitteln (Kapitel 15.2 Seite 180).

Schaltgabeln

- Schaltgabeln auf Beschädigung und Verschleiß an den Anlageflächen und den Führungszapfen untersuchen (Bild 1).

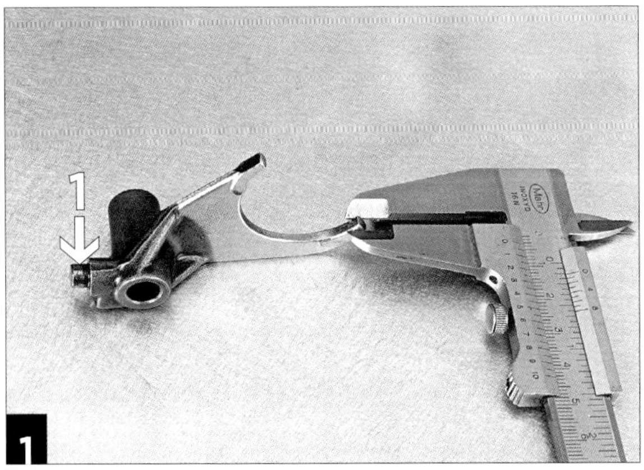

1

Schaltgabeln

- Die Dicke der Schaltgabeln muss mindestens 3,45 mm betragen, der Durchmesser der Führungszapfen **1** mindestens 5,85 mm.

17 Getriebe

17.2
Prüfen und Vermessen
Fortsetzung

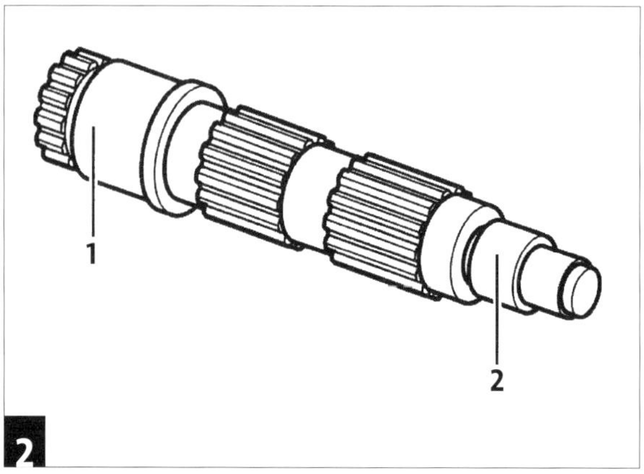

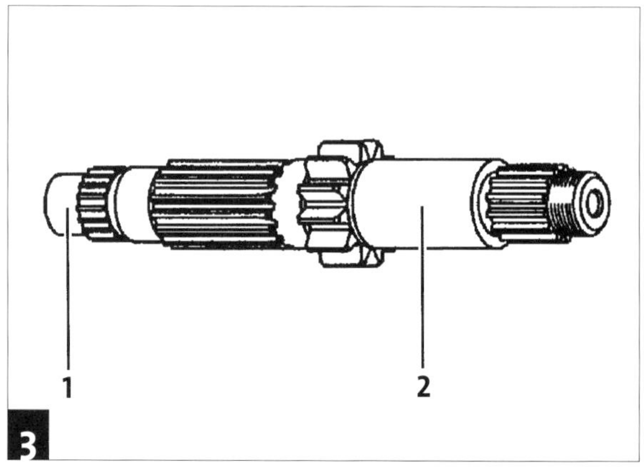

Hauptwelle
Durchmesser an den relevanten Stellen messen.
1 Generatorseite min. 24,98 mm
2 Kupplungsseite min. 16,98 mm

Nebenwelle
Durchmesser an den relevanten Stellen messen.
1 Generatorseite mind. 16,98 mm
2 Kupplungsseite mind. 24,97 mm

Schaltwalze
- Isolierscheibe und Neutralanzeige-Kontaktstift **1** der Schaltwalze auf Verschleiß und Beschädigung überprüfen.
- Schaltwalzennuten **2** auf Verschleiß und Beschädigung überprüfen.

Schaltwalze
1 Neutralanzeige-Kontaktstift
2 Schaltwalzennuten

Zahnräder
👁 Schaltgabelnut, Mitnehmer **1** und Zähne **2**: Bei Verschleiß und Beschädigung (Pitting) Zahnräder paarweise ersetzen.
2 Pitting (Ausbrüche der Härteschicht)

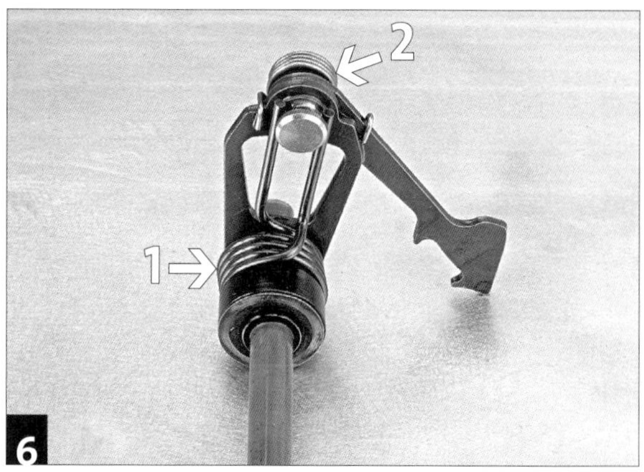

Schaltwelle
- Schenkelfeder **1** und Feder der Schaltklinke **2** auf Ermüdung und Verschleiß prüfen.

17.3
Einbau

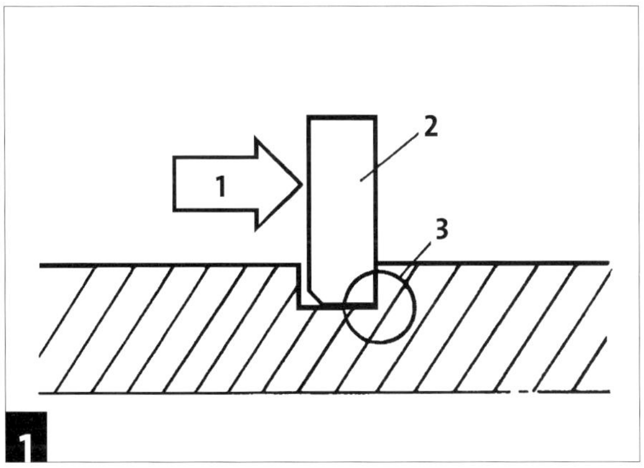

Seegerring-Einbau
1 Druckrichtung
2 Seegerring
3 Scharfe Kante

- Getriebewellen und Zahnräder mit sauberem Motoröl balsamieren und mit passender Seegerringzange (vorzugsweise BMW-Nr. 23 4 500; diese ist mit einem Anschlag ausgestattet, der nicht verändert werden soll und ein übermäßiges Aufweiten der Sicherungsringe verhindert) und Schraubendreher zusammenbauen.

! Neue Seegerringe verwenden!

- Seegerringe mit der scharfen Kante gegen die Druckrichtung einbauen (Bild 1).
- Sicherungsring **7** etwa 3 mm unterhalb seiner Nut anbringen und nach Montage von Sicherungsring **12** Sicherungsring **7** mit Zahnrad **6** nach oben in seine Nut zurückschieben.
- Seeger- und Sicherungsringe auf vollständigen und korrekten Sitz in ihrer Nut kontrollieren.

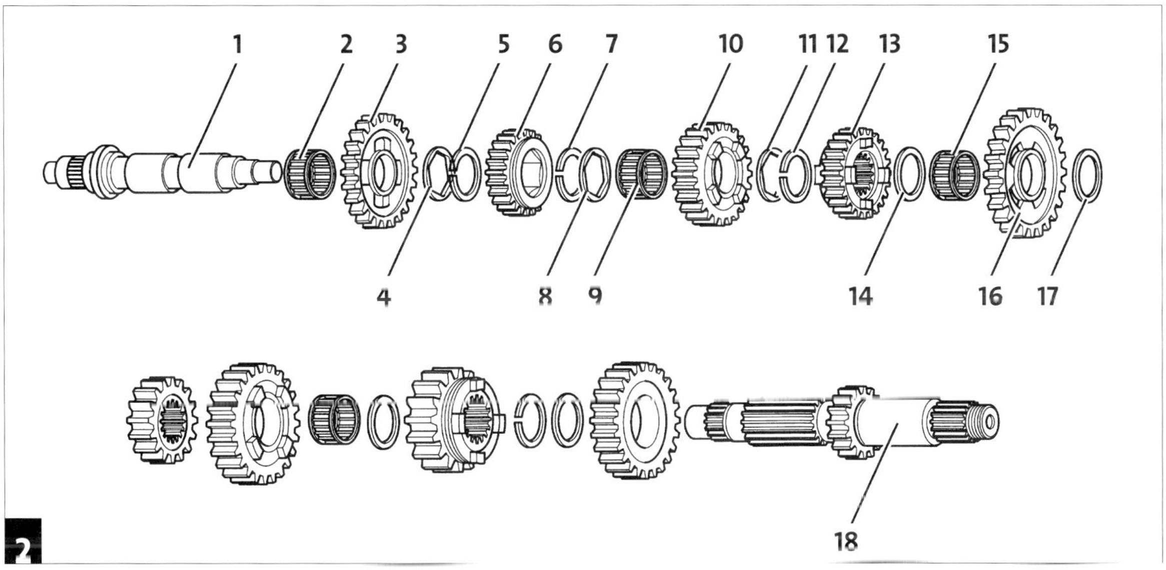

Getriebewellen

1	Hauptwelle	**10**	Zahnrad
2	Nadellager	**11**	Winkelscheibe
3	Zahnrad	**12**	Sicherungsring
4	Winkelscheibe	**13**	Zahnrad
5	Keilscheibe	**14**	Scheibe
6	Zahnrad	**15**	Nadellager
7	Sicherungsring	**16**	Zahnrad
8	Druckscheibe	**17**	Scheibe
9	Nadellager	**18**	Nebenwelle

Getriebewellen einsetzen
- Getriebewellen eingespurt gemeinsam einsetzen.
- Getriebewellen mit leichten Prellschlägen (Gummihammer) bis zum Sitzgrund schlagen.

→

17 Getriebe

17.3
Einbau
Fortsetzung

Schaltwalze und -welle
1 Arretierungshebel
2 Schaltwelle
3 Schenkelfeder
4 Hülse
5 Klinkenfeder
6 Schaltklinke
7 Scheibe

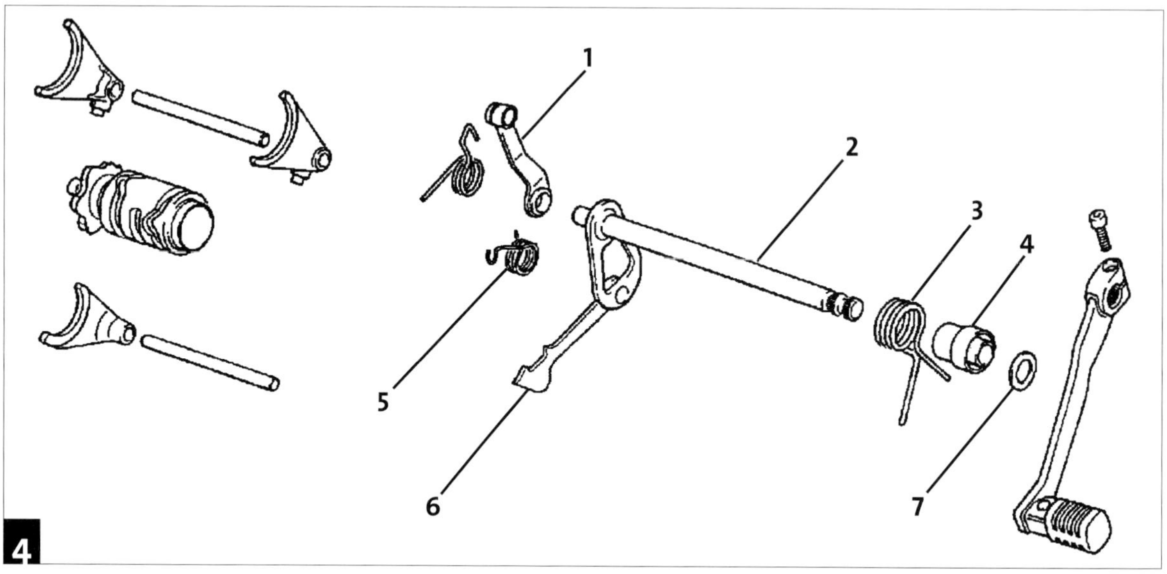

Schaltwalze und Schaltwelle
- Schaltwelle vormontieren.
- Falls demontiert, Klinkenfeder **5** an Schaltklinke **6** einhängen.
- Schenkelfeder **3** mit Hülse **4** an Schaltwelle **2** anbringen.

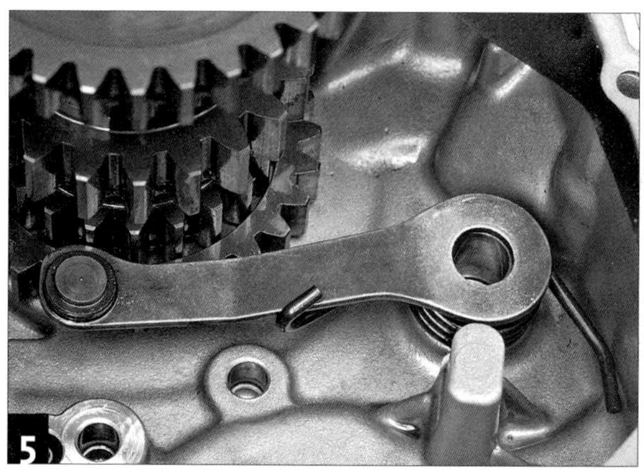

Arretierungshebel
- Arretierungshebel mit Feder einsetzen.

Einbau
- Schaltwelle einsetzen und so Arretierungshebel befestigen.
- Schenkelfeder an Gehäusezapfen **1** anbringen (muss beidseitig anliegen; Pfeile).

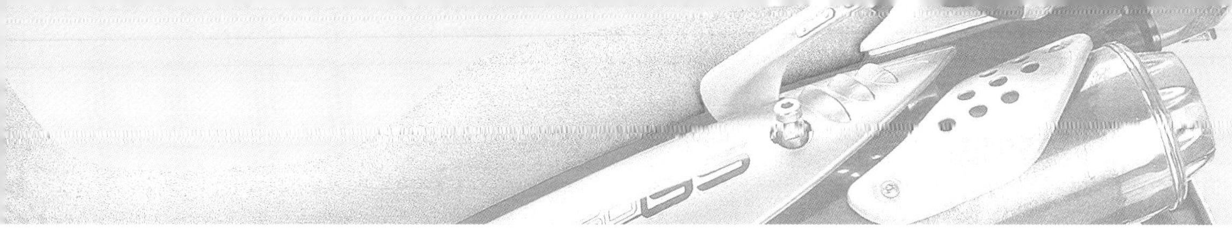

7

Schaltwalze einsetzen

- Arretierungshebel und Schaltklinke nach außen ziehen.
- Schaltwalze mit geöltem Lagerzapfen **2** Bild 8 einsetzen.

8

Schaltwalze einsetzen

- Schaltwalze so drehen, dass Arretierungshebel in die NEUTRAL-Rastung **1** eingreift.
- Schaltklinke mit Schaltwalze in Eingriff bringen.

2 Lagerzapfen

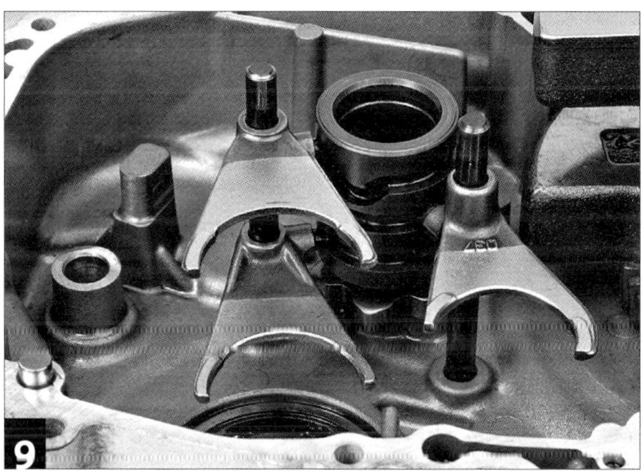

9

Einbaulage Schaltgabeln und Schaltgabelschienen

- Einbaulage der Schaltgabeln ohne Getriebewellen.

10

Schaltgabeln ansetzen

- Schaltgabeln an den zugehörigen Zahnrädern ansetzen.

11

Schaltgabeln einspuren

- Schaltgabeln einschwenken und geölte Schaltgabelschienen einschieben.
- Schaltgabel **1** zum Einspuren leicht anheben.

- Schaltgabelschienen **2** Bild 11 mit Gummihammer leicht anklopfen, damit sie fest in Bohrungen sitzen.
- Alle Gänge von Hand durchschalten (Schaltpedal provisorisch anbringen und Wellen dabei von Hand drehen).
- Schaltklinke muss sich in allen Gängen von der Schaltwalze abziehen lassen und das Klicken des Arretierungshebels muss deutlich hörbar sein.

18 Bremsen

18.1 Ausbau

! Arbeiten an Maschinen, die mit ABS ausgerüstet sind, sind grundsätzlich der BMW-Werkstatt vorbehalten, die für das korrekte Entlüften des Hydrauliksystems ausgerüstet ist! Andernfalls besteht die Gefahr des Verbleibens von Restluft in den Regelkreisen des ABS-Systems.

! Das Befüllen (Seite 196) und Entlüften (Seite 99) »von Hand« am Hebel oder Pedal dauert mit ABS wesentlich länger als bei einem normalen Bremsystem.

! Wer nicht das Entlüften der Bremsanlage aus dem »FF« versteht und durchführen kann, sollte das Wechseln der Bremsleitung oder das Ersetzen der Manschetten und Dichtringe an Pumpe und Sattel der BMW-Fachwerkstatt anvertrauen.

! Einmal ausgebaut gehören Dichtringe und Staubkappen zum Schrott.
Unbedingt Neuteile zur Montage verwenden!

- Arbeitsschritte gelten gleichermaßen für Vorder- und Hinterradbremse.
- Maschine so sichern, dass sie nicht unversehens nach vorne kippt (Ständer mit Vorderrad verzurren).
- Der Ausbau der Bremsscheiben und ABS-Sensorräder ist in Kapitel 19 beschrieben.
- **Bremsscheibe** wie am Vorderrad beschrieben ausbauen (Seite 200).

Bremssattel

- Bremsbeläge ausbauen (Kapitel 3.16.3 ab Seite 96) und Bremsflüssigkeit ablassen (Kapitel 3.17 ab Seite 98).
- Bremsflüssigkeit aus Vorratsbehälter absaugen (z. B. mit Einwegspritze aus der Apotheke).
  Im Folgenden wird von »trockener« Bremsanlage ausgegangen!
- Bremsschlauch schon am montierten Sattel entfernen und Bremsflüssigkeit geduldig in Auffanggefäß austropfen lassen.
  Ein paar Tröpfchen, die da immer noch herauskleckern, können großen Lackschaden anrichten!

! Verkleckerte Bremsflüssigkeit von lackierten Flächen sofort abwischen!

Bremssattel vorn

- Schlauch abnehmen und restliche Bremsflüssigkeit in Auffanggefäß austropfen lassen.

1 Befestigung 41 Nm
2 Anschluss-Hohlschraube (neue Dichtringe) 18 Nm

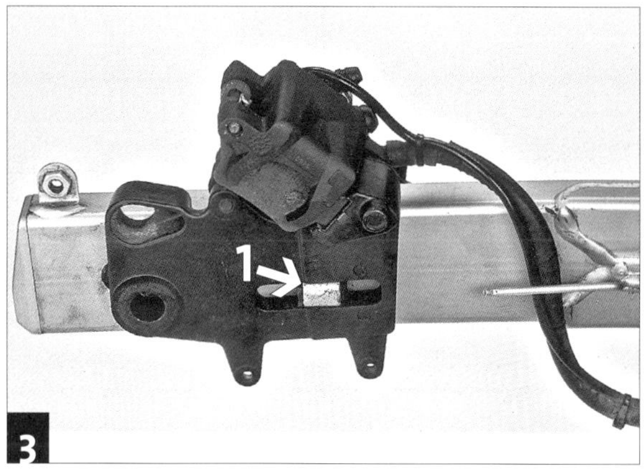

Bremssattel hinten

1 Anschluss-Hohlschraube (neue Dichtringe) 18 Nm
2 ABS-Sensor Befestigungssschraube 9 Nm

Bremssattel GS

- Hinterrad ausbauen (Kapitel 23 Seite 218).
- Kabelbinder des ABS-Sensorkabels trennen und Sattel mit Halter von der Schwinge abnehmen.

1 Führungszapfen

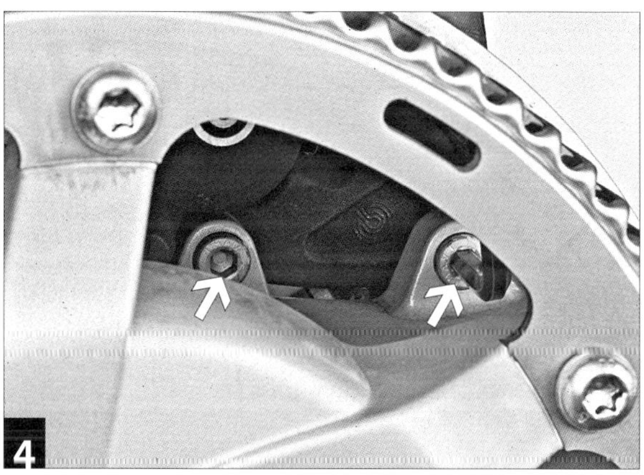

Bremssattel CS

- Leicht knifflig geht's bei der CS daher, wenn der Antrieb noch eingebaut ist. Innensechskantschlüssel mit kurzer Kröpfung verwenden.

ABS-Sensor hinten/Einbaulage CS

- Hinterrad ist zu Fotozwecken ausgebaut. **Anzugsmoment** 9 Nm

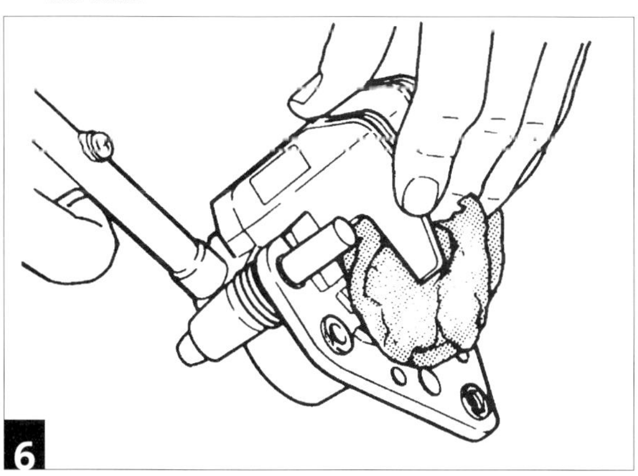

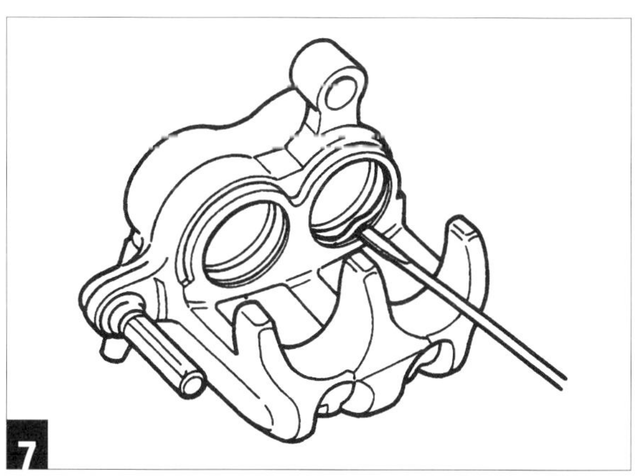

Kolben herausstoßen

- Druckluft in das Anschlussgewinde blasen. Dabei Mündung der Blaspistole nicht zu dicht an Anschluss halten, Kolben fährt sonst geschossartig aus Zylinder! Kolben mit Lappen weich auffangen!

Dichtringe aushebeln

- Staubdichtungen und Dichtringe mit kleinem Schraubendreher vorsichtig aushebeln.

18 Bremsen

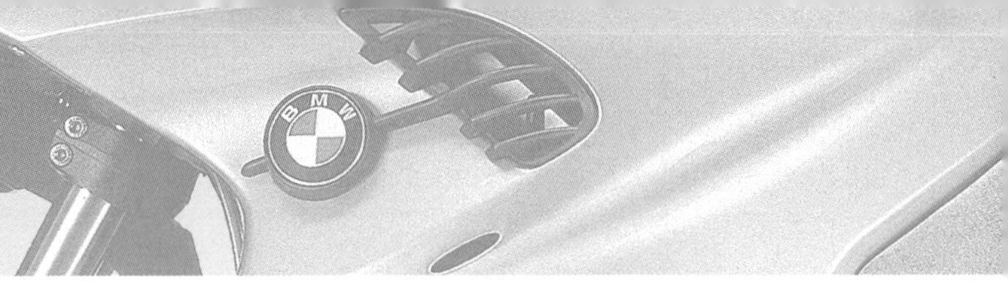

18.1 Ausbau
Fortsetzung

Hand- und Fußpumpe

- ! Beim Zerlegen der Hand- und Fußpumpe gelten natürlich dieselben Vorsichtsmaßnahmen bezüglich der Bremsflüssigkeit.
- ! Es wird von »trockenem« Hydrauliksystem ausgegangen.
- ! Ausgebaute Dichtringe grundsätzlich nicht wieder verwenden.

Ausbau
- Verbindungsbolzen ausclipsen und abnehmen.

Fußpumpe
- Verbindungsbolzen lösen (Bild 1).
- Überwurfmutter der Druckleitung **1** Bild 2 ausdrehen und Leitung abnehmen.
- Nachlaufschlauch **2** kann, muss aber nicht abgenommen werden – Vorratsbehälter entleeren.
- Befestigungsschrauben **3** ausdrehen und Pumpe abnehmen.
- Staubkappe **4** von Hand abnehmen.
- Ggf. Schraube **5** ausdrehen und Pedal abnehmen.

1 **Anzugsmoment** 9 Nm
2 Nachlaufschlauch
3 **Anzugsmoment** 18 Nm
4 Staubkappe
5 **Anzugsmoment** 21 Nm

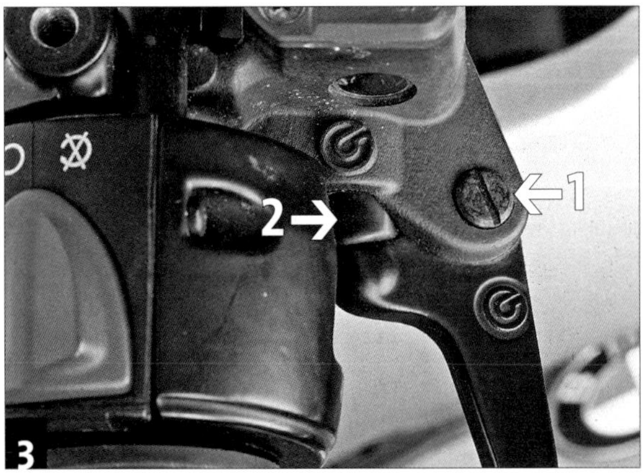

Handpumpe
- Bremshebel abnehmen. (Gegenmutter und Schraube **1** ausdrehen.)
- Staubkappe **2** mit zarter Spitzzange »herauspopeln«.

1 Schraube und Gegenmutter **Anzugsmoment** 7 Nm

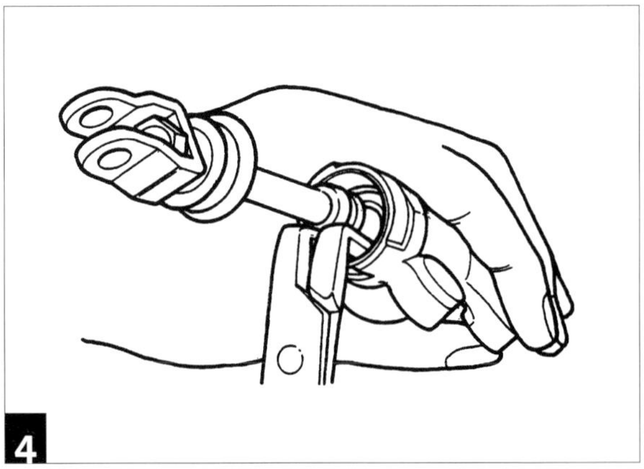

Hand- und Fußpumpe
- Seegerring mit entsprechender Zange entfernen. Dabei mit dritter Hand Druckstange/Kolben gegen Feder eindrücken. (Im Bild Fußpumpe als Beispiel.)
- Kolben und Feder entnehmen → Bilder 1 & 2 Seite 194.

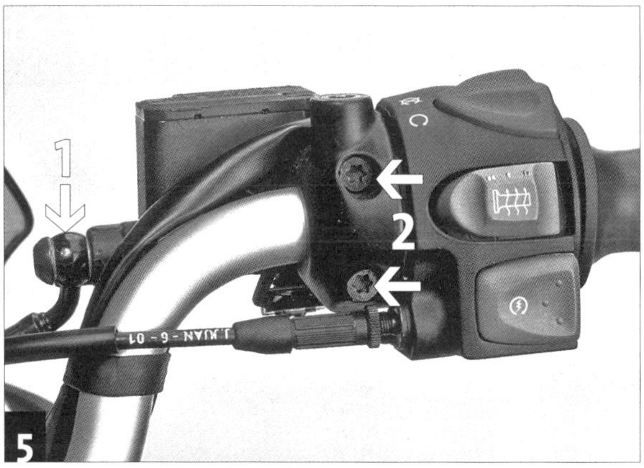

Handpumpe

- Bremslichtschalter abnehmen (Bild 1 Seite 100).

1 Schlauchverbindung lösen.
Anzugsmoment mit neuen Dichtscheiben 18 Nm

2 Pumpe vom Lenker abnehmen. **Anzugsmoment** 9 Nm

ABS-Sensor vorn

- Schraube (Pfeil) ausdrehen und Sensor abnehmen. Auf Verbleib einer eventuellen Distanzscheibe achten. **Anzugsmoment** 9 Nm

ABS-Sensorstecker vorn GS

- Einbaulage am Lenkkopf

ABS-Sensorstecker vorn CS

- Einbaulage am Lenkkopf.

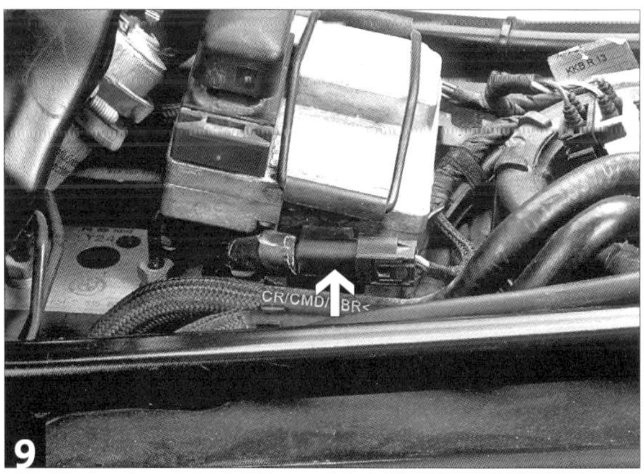

ABS-Sensorstecker hinten GS

- Einbaulage neben Motorsteuerung.

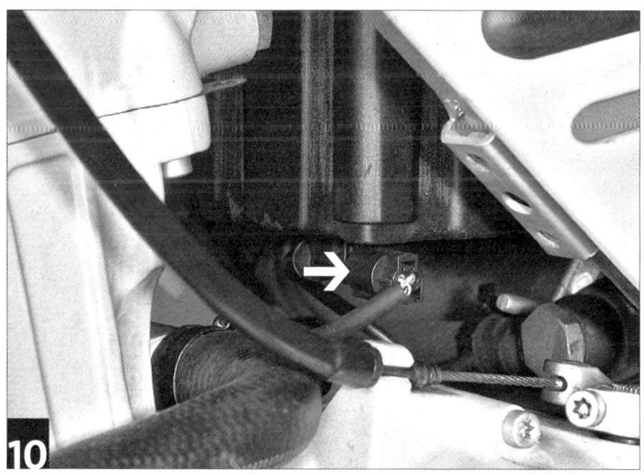

ABS-Sensorstecker hinten CS

- Einbaulage unter ABS-Modulator.

18 Bremsen

18.2 Prüfen und Vermessen

- Prüfen und einstellen des Druckstangenspiels der Fußpumpe siehe Seite 197.
- Prüfen und einstellen des ABS-Sensorabstands siehe Seite 196.

! Verschmierte Bremsscheiben mit Aceton oder Bremsenreiniger reinigen.

👁 Verzug an ausgebauter Bremsscheibe auf Richtplatte mit Fühlerlehre oder bei eingebauter Scheibe mit Messuhr messen.
Verschleißgrenze 0,25 mm

👁 Pumpenzylinder und -kolben dürfen keine Riefen oder Kratzer aufweisen.

👁 Kolben und Zylinder der Bremssättel auf Riefen, Kratzer oder sonstige Beschädigungen untersuchen.

👁 Dichtmanschetten (oder Kolbenringe) der Bremskolben (Hand- und Fußpumpe) und Sattelzylinder müssen in einwandfreiem Zustand sein.
Diese Teile werden zwar intervallmäßig gewechselt, geben aber auch Aufschluss über den Zustand der dazugehörigen Zylinder.

! Ausgebaute Dichtringe grundsätzlich nicht wieder verwenden.

18.3 Einbau

! Einmal ausgebaut, müssen Kolben- und Staubdichtringe des Bremssattels grundsätzlich durch neue ersetzt werden.

! Vor Zusammenbau Bohrung im Sattel und Kolben mit sauberer Bremsflüssigkeit reinigen und anfeuchten.

! Dichtlippen und O-Ringe mit sauberer Bremsflüssigkeit anfeuchten.

! Beim Kauf neuer Dichtringe ist Montage-Paste beigelegt, die diesen Zweck hervorragend erfüllt.

Hand- und Fußpumpe

- Feder und Kolben in Zylinder einsetzen. Dabei darauf achten, dass O-Ring perfekt in seiner Nut sitzt und nicht verklemmt.

👁 Darauf achten, dass Dichtlippen nicht umgewendet werden. Feder so einsetzen, dass ihr breites Ende innen liegt.

- Druckstangenkopf leicht gefettet montieren.
- Druckstange bzw. Kolben gegen Feder eindrücken und Seegerring einsetzen (Bild 4 Seite 192).
- Übrige Arbeitsschritte in umgekehrter Ausbaureihenfolge ausführen.
- Einstellen des Druckstangenspiels der Fußpumpe siehe Seite 197.

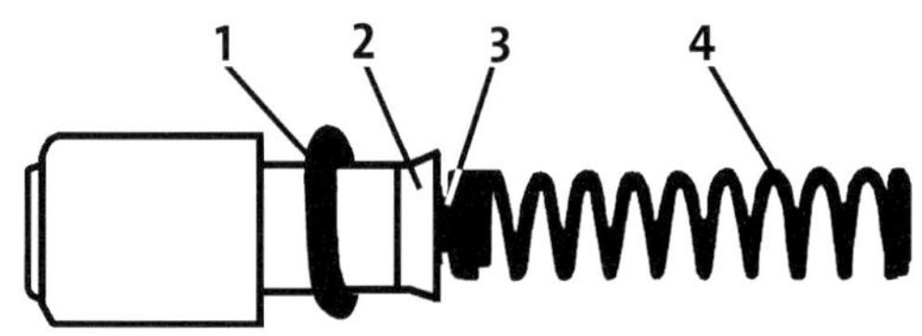

1

Kolben Fußpumpe
1 O-Ring
2 Dichtmanschette
3 Einsatz
4 Feder

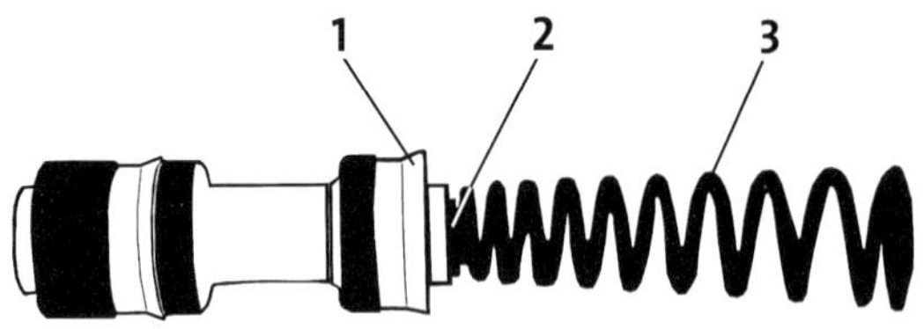

2

Kolben Fußpumpe
1 Dichtmanschette
2 Einsatz
3 Feder

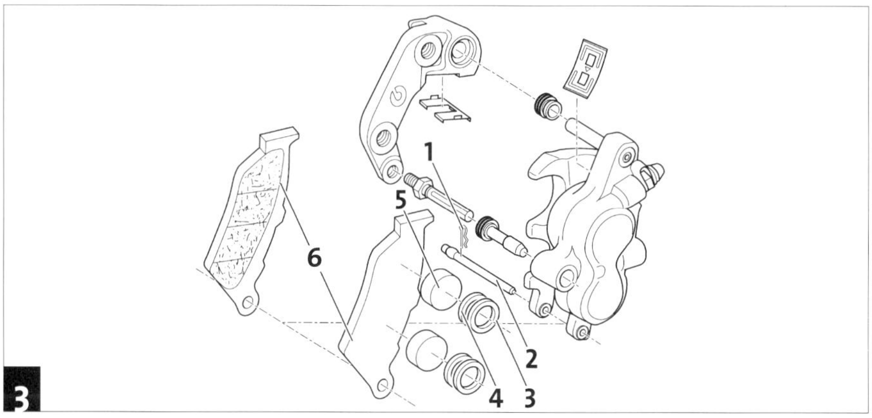

3

Bremssattel vorn
1 Splint
2 Belagstift
3 Dichtring
4 Dichtring
5 Kolben
6 Bremsbelag

Bremssattel vorn
- Dichtringe **3** und **4** vor Einsetzen mit Bremsflüssigkeit schmieren.
- Kolben **5** so einbauen, dass offene Seite auf Bremsbeläge gerichtet ist.
- Belagfeder, Beläge, Haltestift und Bremssattel anbringen.
- Bremsschlauchverbindung mit neuen Dichtscheiben anbringen und anziehen (18 Nm).

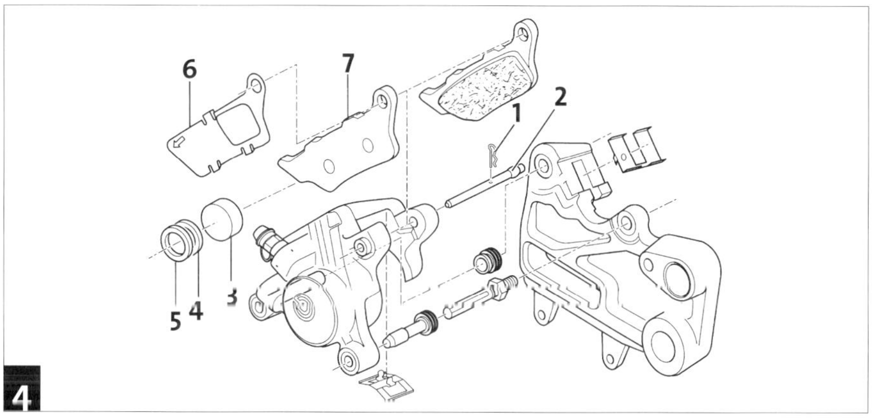

4

Bremssattel hinten
1 Splint
2 Belagstift
3 Kolben
4 Dichtring
5 Dichtring
6 Beilagblech
7 Bremsbelag

Bremssattel hinten
- Dichtringe **4** und **5** vor Einsetzen mit Bremsflüssigkeit schmieren.
- Kolben **3** so einbauen, dass offene Seite auf Bremsbeläge gerichtet ist.
- Belagfeder, Beläge, Haltestift und Bremssattel anbringen.
- Bremsschlauchverbindung mit neuen Dichtscheiben anbringen und anziehen (18 Nm).

5

Einbaulage Belagfeder
- Der eingestanzte Pfeil weist in Fahrtrichtung/Drehrichtung.

→

18 Bremsen

18.3 Einbau

Fortsetzung

- Hydrauliksystem nach dargestelltem Ablauf-Schema befüllen.
  Dabei Schlauch vom Entlüftungsventil in Behälter mit Bremsflüssigkeit enden (damit keine Luft »rückwärts« wieder angesaugt wird).
- Anlage entlüften (Seite 99).

! Vor Teilnahme am Straßenverkehr unbedingt Funktionsprobe der Bremse durchführen.

! Erst wenn Druckpunkt und Bremswirkung deutlich spürbar sind, ist Bremse betriebsbereit.

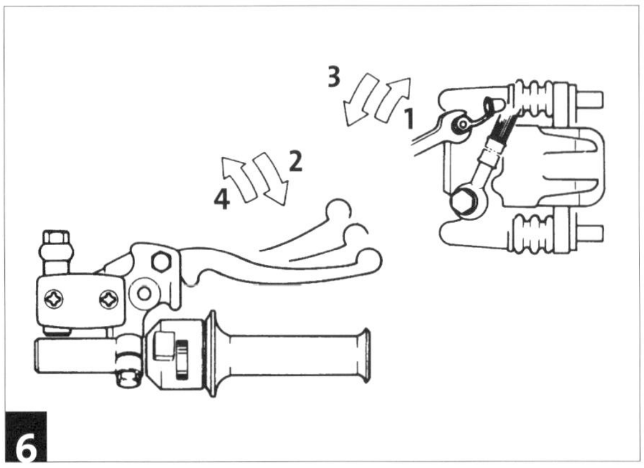

6

Hydrauliksystems befüllen: Ablaufschema
1 Entlüfterventil öffnen
2 Hebel anziehen
3 Entlüfterventil schließen
4 Hebel schnell rauslassen

ABS-Sensorabstand
Der Abstand muss kontrolliert werden, wenn ABS-Sensor, Radlager, Vorderrad, Teleskopgabel, Distanzscheibe, Steckachse oder Bremsscheibe ersetzt wurden.

7

ABS-Sensor-Abstand
- Mit Fühlerlehre Abstand zwischen Sensor und Sensorrad messen
  (drei Messungen um 120° versetzt).
  Sollwert 0,1 – 1,0 mm

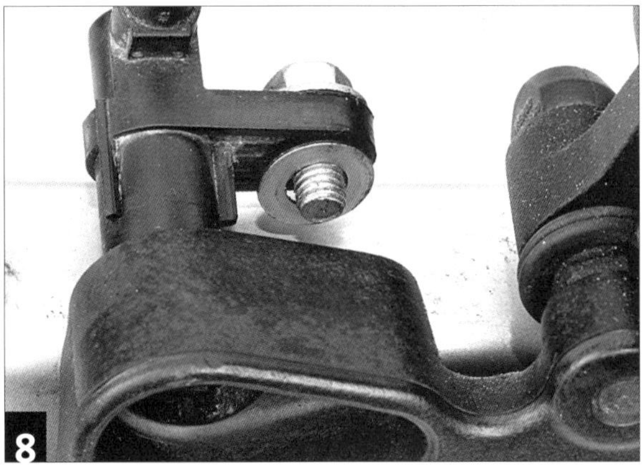

8

ABS-Sensor-Abstand
- Abstand ggf. mittels Distanzscheibe einstellen.
  Anzugsmoment Befestigungsschraube 9 Nm

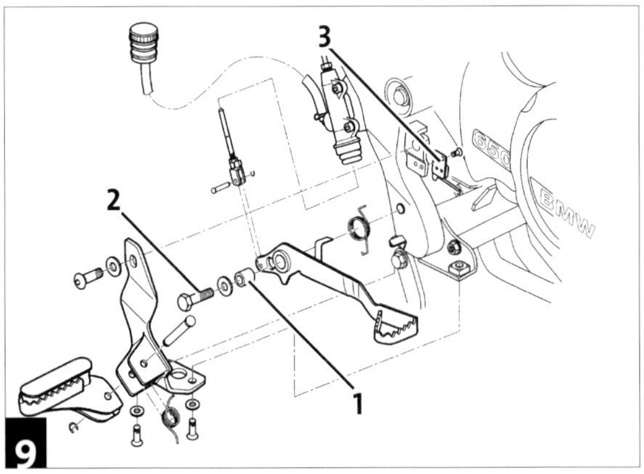

9

Bremspedal GS
1 Pedal-Drehlager gefettet montieren
2 Befestigungsschraube **Anzugsmoment** 21 Nm
3 Bremslichtschalter

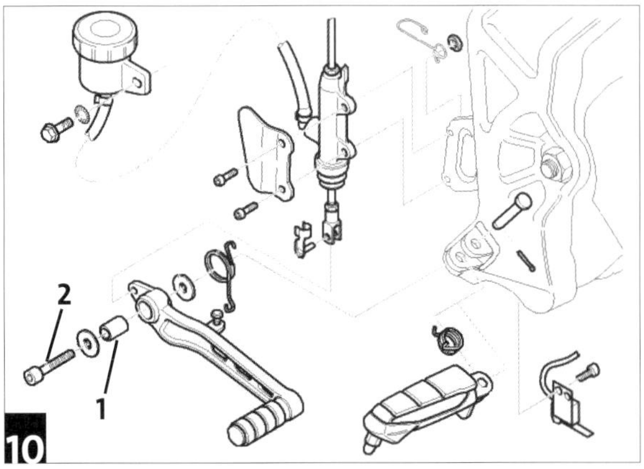

10

Bremspedal CS
1 Pedal-Drehlager gefettet montieren
2 Befestigungsschraube **Anzugsmoment** 21 Nm

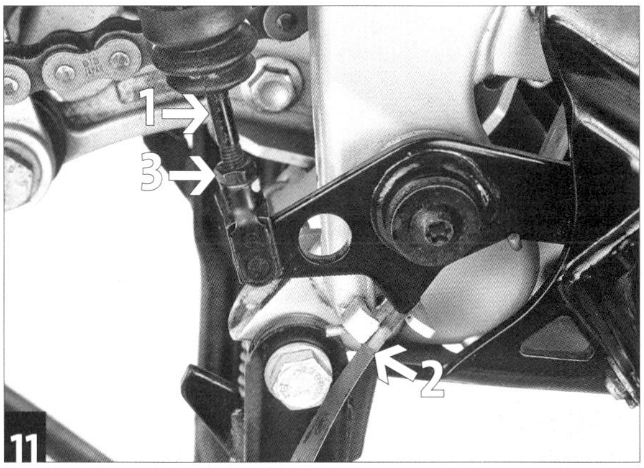

11

Druckstangen-Spiel GS

- Bei unbelastetem Pedal und Pedalnase am Rahmenanschlag anliegend, muss an der Druckstange **1** Spiel spürbar sein.
- Falls kein Spiel spürbar ist, 0,2-mm-Fühler-lehren-blatt **2** zwischen Pedalnase und Rahmenanschlag legen.

Druckstangen-Spiel einstellen GS

- Gegenmutter **3** der Druckstange lockern und Stange eindrehen, bis Spiel spürbar ist. Anschließend Stange ausdrehen, bis kein Spiel mehr spürbar ist.
  Anzugsmoment Gegenmutter 9 Nm

12

Druckstangen-Spiel prüfen CS

- Mit 0,15-mm-Lehrenblatt: Spiel an Stange spürbar
- Mit 0,35-mm-Lehrenblatt: kein Spiel spürbar

Druckstangen-Spiel CS

- Bei unbelastetem Pedal und Fühlerlehrenblatt zwischen Rahmenanschlag und Einstellschraube Spiel an der Druckstange prüfen.

13

Druckstangen-Spiel prüfen CS

A 12,2 ± 0,2 mm (Unterkante Bremspedal bis Oberkante Einstellschraube)

1 Gegenmutter der Druckstange
Anzugsmoment 9 Nm

Druckstangen-Spiel prüfen: Pedallage einstellen CS

- Einstellschraube auf Maß A 12,2 ± 0,2 mm (Unterkante Bremspedal bis Oberkante Einstellschraube) einstellen.
- 0,2-mm-Fühlerlehrenblatt zwischen Einstellschraube und Rahmen einschieben (Bild 12).
- Gegenmutter **1** der Druckstange lockern und Druckstange eindrehen, bis Spiel an der Druckstange fühlbar wird.
- Druckstange ausdrehen, bis kein Spiel mehr spürbar ist und Gegenmutter anziehen.
- Fühlerlehrenblatt abnehmen.

19 Frontpartie-Rad

19.1 Aus- und Einbau

! Bei ausgebautem Vorderrad Handbremse nicht mehr betätigen!
Die Kolben im Bremssattel könnten sonst vollständig herausfahren, was eine hübsche Sauerei mit Bremsflüssigkeit gibt!

! **CS**: Wenn der Bremssattel nicht abgenommen wird, geht es beim Herausnehmen des Vorderrads recht eng zu, deshalb die Felge mit Klebeband abkleben, um Lackschäden zu vermeiden.

! Maschine sicher aufbocken, ggf. mit improvisiertem Hilfsständer.

- Vorderrad mit Wagenheber am Rahmen anheben und sichern.
- **GS**: Achsklemmschraube **2** lockern und Achse **3** herausdrehen. Auf Verbleib der Distanzhülsen achten (Bild 1 und 2). Rad nach vorn herausnehmen.
- **CS** (Bild 3): Achsschraube **2** herausdrehen, Klemmschrauben **1** lockern. Übrige Arbeitsschritte siehe Bild 3.
  Auf Verbleib der Distanzhülsen achten.

Vorderrad-Befestigung rechts GS
- Beim Einbau Dichtlippe des Wellendichtrings fetten.

1 Distanzhülse lang		
2 Achsklemmschraube	**Anzugsmoment** 21 Nm	
3 Achse	**Anzugsmoment** 45 Nm	

Kurze Distanzhülse links GS
- Beim Einbau Dichtlippe des Wellendichtrings fetten.

Einbau

- Dichtlippen des Wellendichtrings, Lauffläche der Dichtlippen und Radachse reinigen und dünn mit MoS_2-Fett balsamieren (Optimoly TA).
- Distanzhülsen einsetzen.
- Rad vorsichtig (Bremsbeläge nicht beschädigen) in Gabel und Bremssattel einsetzen und Achse durchschieben. Auf Distanzhülsen achten.
- Achse (GS) bzw. Achsschraube (CS) anziehen.
- Vorderrad absenken.
- Bei blockiertem Vorderrad Gabel mehrmals »zusammenstauchen« (nicht mit Bremse blockieren, sondern gegen festen Widerstand/Mauer), damit sich Achse setzt.
- Achsklemmschraube(n) anziehen (Bild 1 und 3).

! ABS-Sensor-Abstand prüfen, wenn ABS-Sensor, Sensorrad, Radlager, Vorderrad, Teleskopgabel oder Bremsscheibe ersetzt wurde (Seite 196).

! Bremsdruck durch Pumpen am Hebel aufbauen, bevor Fahrzeug in Bewegung gesetzt wird.

! Bremse ist erst betriebsbereit, wenn Druckpunkt spürbar ist.

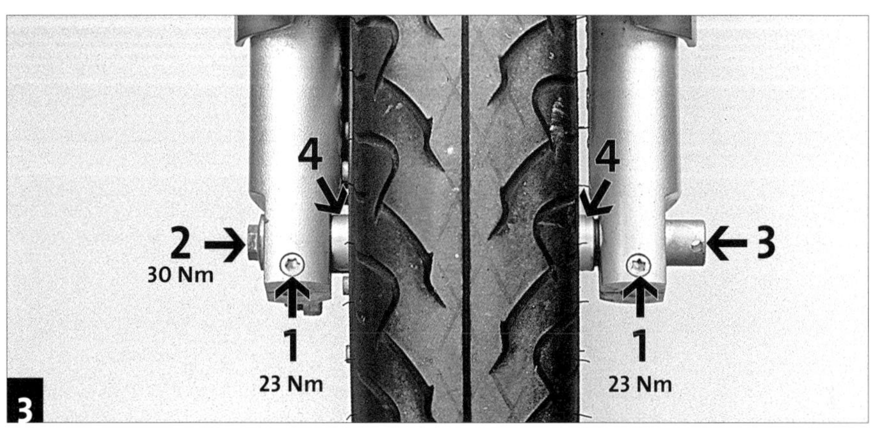

Vorderrad-Aus- und -Einbau CS
- Achsschraube **2** ausdrehen, Klemmschrauben **1** lockern und Achse **3** herausziehen.
- Auf Verbleib der Distanzstücke **4** achten.
- Rad vorsichtig nach vorn entnehmen.

19

19.2 Prüfen und Vermessen

1

Lagertest – Fingerprobe

- Innenlaufringe mit Finger auf spielfreien und geräuschlosen Lauf und festen Sitz prüfen.
- Außenlaufring muss fest in der Nabe sitzen.

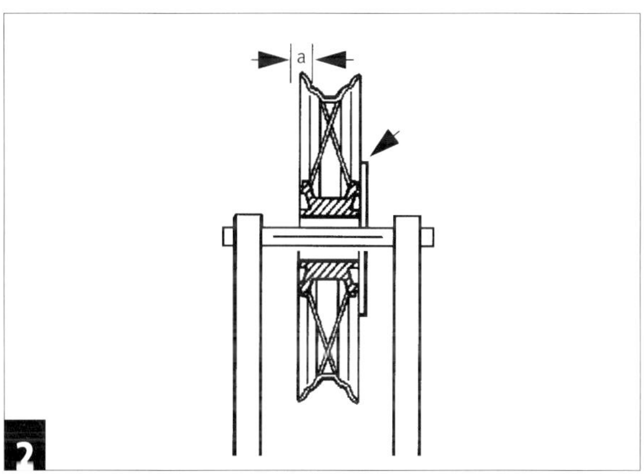

2

Seitenschlag

- Seitenschlag **a** an gegenüberliegender Speiche korrigieren.

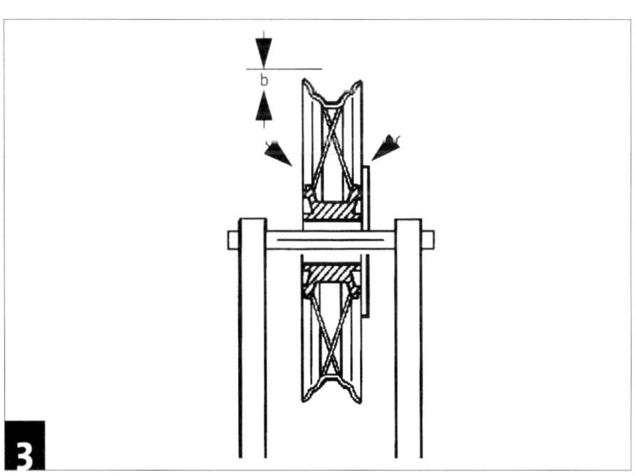

3

Höhenschlag

- Der Höhenschlag **b** wird beiderseits an den Speichen auf der Höhe des Schlags korrigiert und ist nur in leichten Fällen machbar.

- **Wellendichtring(e)** erneuern, wenn sie erkennbar »sabbern«.
  Bei ausgebautem Rad Dichtlippen auf Geschmeidigkeit prüfen.
  Ausgehärtete Dichtringe ersetzen.
- **Felgenschlag-Prüfung** siehe auch Seite 112 Kapitel Wartung.
- Auf Zentrierständer Schlag der Radfelge feststellen (einen solchen Stützbock kann man leicht improvisieren oder selbst herstellen).
  Ein stabiler Schraubstock reicht oft schon aus, um die verschraubte Radachse einzuspannen.
  Seiten- und Höhenschlag mit Messuhr prüfen.
  Verschleißgrenze 2,0 mm

! **GS**: Unrunde Felgen in Fachbetrieb (BMW-Werkstatt) richten lassen.

! **CS**: Unrunde Felgen/Räder erneuern. Motorrad-Gussfelgen können nicht gerichtet werden.

! Wuchtung des Rades nach jedem Reifenwechsel prüfen.

- Reifenhersteller markieren leichteste Stelle des Reifens mit Farbpunkt. Dieser muss in Höhe des Ventils stehen (Bild 3 Seite 112).

! An der Vorderradfelge nicht mehr als 60 Gramm Wuchtgewichte anbringen.

- Radachsen in Prismenblöcke legen und Achsschlag mit Messuhr messen.

! Bei Verzug Achse erneuern.
Niemals versuchen, Achse gerade zu richten!

19 Frontpartie-Rad

19.3 Aus- und Einbau: Wellendichtringe, Lager und Bremsscheibe

- **Wellendichtringe** mit passendem Schraubendreher o. Ä. aushebeln.
- Dichtring trocken mit passender Stecknuss ohne Verkanten bis zum Aufsitzen einschlagen.

- **Radlager** nur bei Beschädigung oder Verschleiß ausbauen (Prüfung siehe Bild 1 Seite 199). Einmal ausgebaut wandern Radlager auf den Schrott!
- Die schonendste Methode des Lagerausbaus ist die mit Spreizdorn und Abziehbrücke (entsprechend Bild 8 Seite 215). Am weitesten verbreitet ist die folgende Methode:
- Radnabe auf einer Heizplatte auf etwa 100°C Erwärmen (erleichtert den Aus- und Einbau).
- Distanzhülse zwischen den Innenringen der Lager mit langem Dorn zur Seite drücken und Lager am Innenring schrittweise über Kreuz austreiben, um das Aufweiten der Lagersitze zu vermeiden (Bild 2).
- Distanzhülse entnehmen und gegenüberliegendes Lager schrittweise über Kreuz austreiben.

Einbau

TIPP

Neue Radlager über Nacht ins Tiefkühlfach legen – schont die Lagersitze!

- Radnabe auf einer Heizplatte auf etwa 100°C erwärmen.
- Radlager trocken mit passender Stecknuss ohne Verkanten bis zum Aufsitzen einschlagen.
- Lager nur am Außenring eintreiben, nicht auf Innenring oder gar Kugeln schlagen!
- Radlager schlüpfen dann fast von selbst in ihren Sitz (Schonung des Lagersitzes).
- Distanzhülse einsetzen (Bilder Seite 201) und gegenüberliegendes Lager eintreiben.

! Distanzhülse darf kein oder nur wenig Spiel haben (Fingerprobe).

Ausbau der Wellendichtringe
- Wellendichtringe z. B. mit passendem Schraubendreher und Unterlage (im Bild Holzleiste) aushebeln.

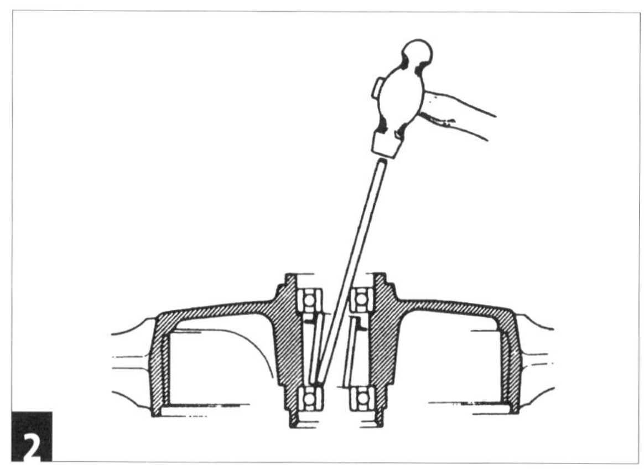

Ausbau der Radlager
- Lager schrittweise über Kreuz austreiben.

Bremsscheibe: Aus- und Einbau
- Bei entsprechendem Verschleiß oder Verzug Bremsscheibe und Sensorring abnehmen.

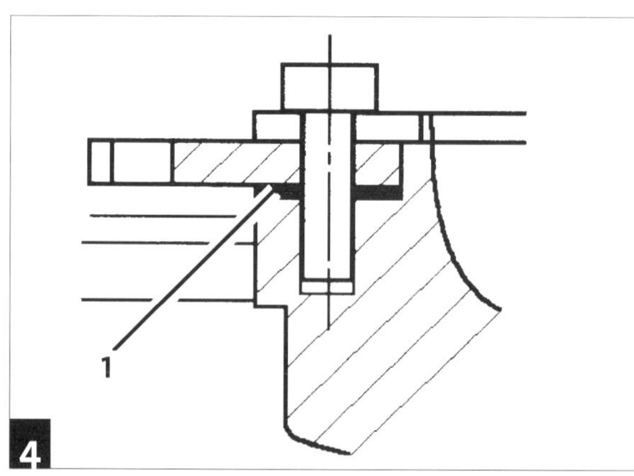

Bremsscheibe montieren
- Neue Entkoppelungsscheiben **1** einsetzen.
- Beschriftung auf Bremsscheibe weist nach außen. **Anzugsmoment** mit Loctite 243 9 Nm

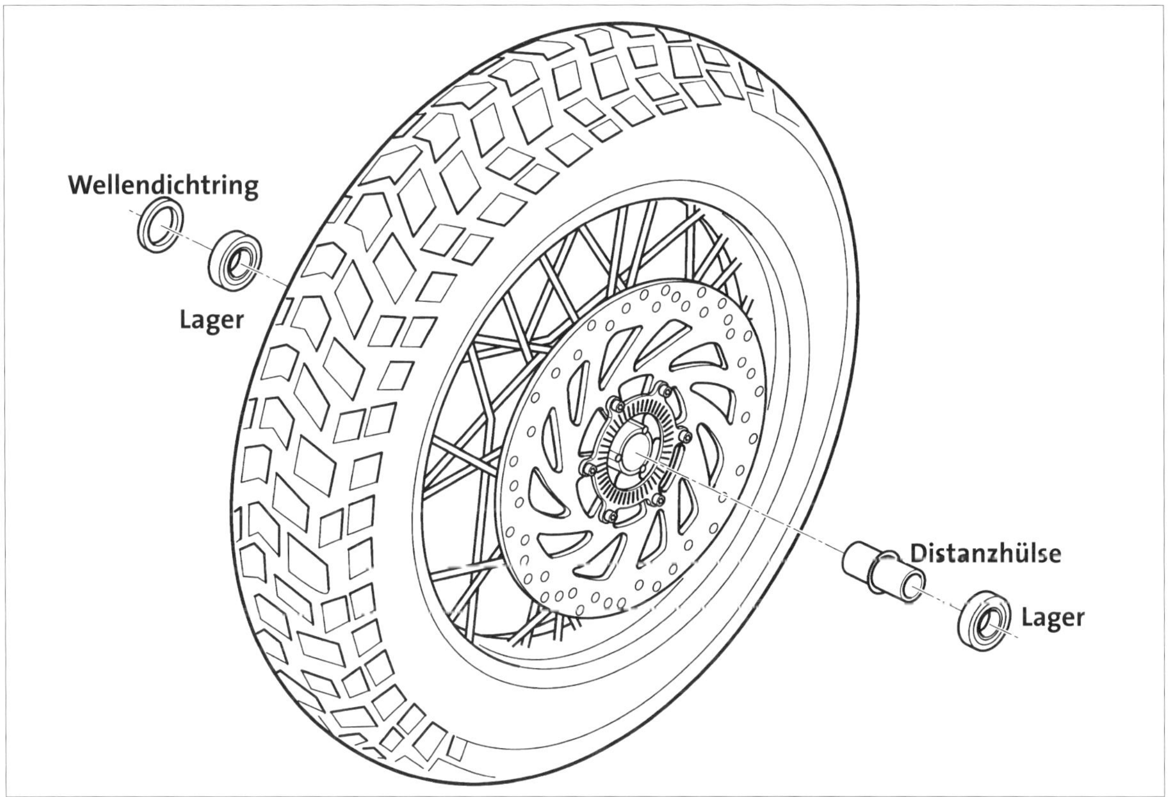
Wellendichtring
Lager
Distanzhülse
Lager

GS

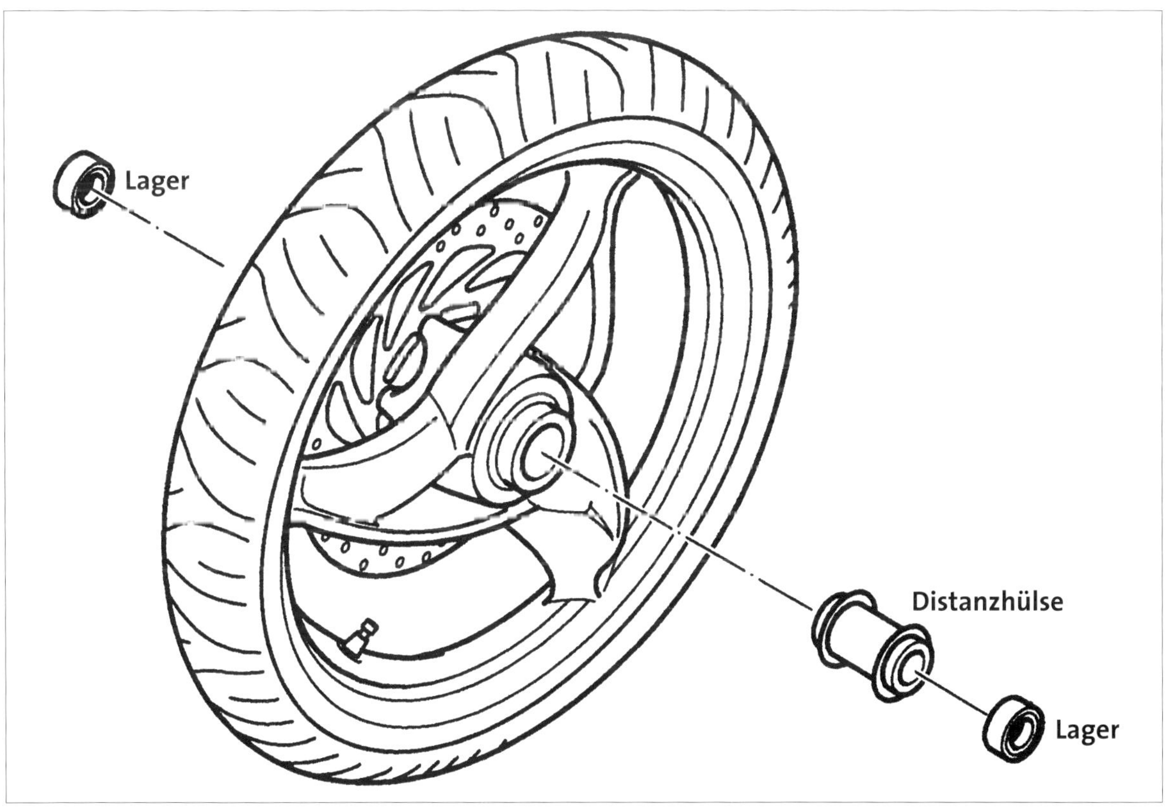
Lager
Distanzhülse
Lager

CS

20 Frontpartie-Gabel

20.1 Gabelölwechsel

CS: Es ist kein periodischer Wechsel des Gabelöls vorgesehen und auch keine Ablassschraube angebracht. Gabelöl also nach Ausbau der Standrohre und Abnehmen des Gabelstopfens (Bilder 6 und 7) ausgießen.
TIPP: Gabelöl nach eigenem Ermessen alle 3 bis 4 Jahre wechseln.

! **GS** & **GS Dakar**: Der Wechsel des Gabelöls beschränkt sich auf das sichere Aufbocken (Vorderrad entlastet) und die Arbeitsschritte Bild 5, 6, 7 und 8 Seite 203. Ggf. Lenker abnehmen, um die Vorspannhülse zu entnehmen.

GS: Es ist kein periodischer Wechsel des Gabelöls vorgesehen, jedoch ist eine Ablassschraube angebracht. Gabelöl kann so mit montierten Standrohren abgelassen werden. Also Ablassschrauben links/rechts ausdrehen (Bild 5) und Gabelstopfen abnehmen (Bilder 6 und 7) .

TIPP: Gabelöl nach eigenem Ermessen alle 3 bis 4 Jahre wechseln.

GS Dakar: Der Wechsel des Gabelöls ist alle 20 000 Kilometer vorgesehen. Gabelöl kann mit montierten Standrohren abgelassen werden. Also Ablassschrauben links/rechts ausdrehen (Bild 5) und Gabelstopfen ausdrehen (Bild 8).

Ölmenge pro Gabelbein

bei Wechsel	
GS Normalfahrwerk	0,60 l
GS Tiefergelegtes Fahrwerk	0,61 l
GS Dakar	0,55 l
CS	0,47 l
bei Neubefüllung	
GS Normalfahrwerk	0,61 l
GS Tiefergelegtes Fahrwerk	0,62 l
GS Dakar	0,56 l
CS	0,48 l
Ölsorte	BMW-Telegabelöl

20.2 Ausbau

TIPP

Wenn der Wechsel der Gabeldichtringe ansteht, ist ein dritter Stützring **3** Bild 3 Seite 168 hilfreich, mit dem die Dichtringe eingeschlagen werden können, anstelle des Schlaggewichts, den die BMW-Werkstatt dazu verwendet.

! Bei ausgebautem Vorderrad Handbremse nicht mehr betätigen!
Die Kolben könnten sonst aus dem Bremssattel herausfahren!

- Maschine sichern und Vorderrad ausbauen (Seite 198).
- Radabdeckung und Spritzschutz (so vorhanden) ausbauen (GS Seite 58; CS Seite 64).

! Bremssattel nach Abnehmen (Bild 1) mit Kabelbinder z. B. an der Frontschale befestigen. Bremssattel so befestigen, dass der Schlauch nicht unter Zug steht.

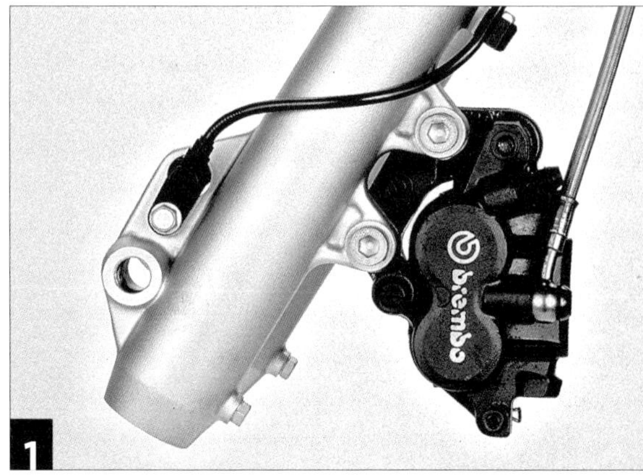

Ausbau: Bremssatttel und ABS-Sensor (Beispiel GS)
- Bremsschlauch und Kabel freilegen.
  Anzugsmoment ABS-Sensor 9 Nm
  Anzugsmoment Bremssattel 41 Nm

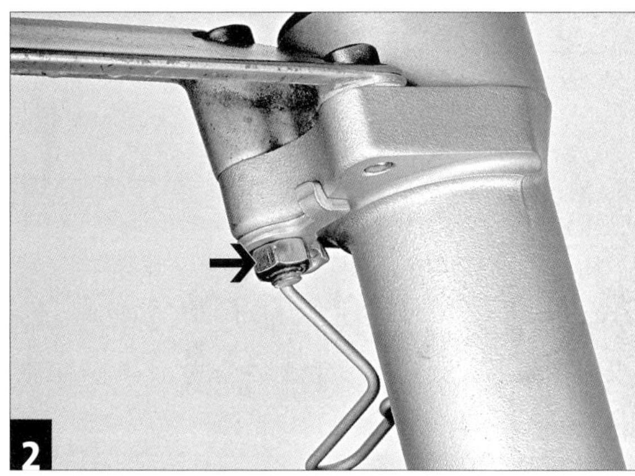

Ausbau GS: Gabelversteifung
- Mutter (Pfeil) ausdrehen und Bremsschlauchhalter abnehmen.

Ausbau GS: Gabelversteifung
Anzugsmoment 21 Nm

4

Ausbau Gabelklemmschrauben
- Standrohr unter Drehen nach unten herausnehmen.
  Anzugsmoment GS 21 Nm
  Anzugsmoment CS 23 Nm

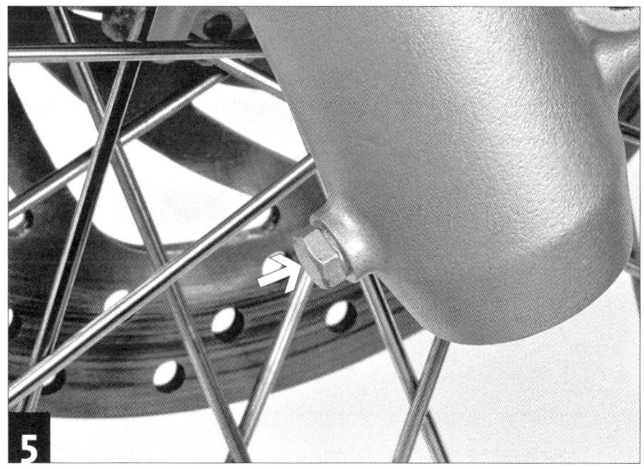

5

GS und GS Dakar: Gabelöl ablassen
- Öl-Auffangwanne unter Teleskopgabel stellen.
- Ablassschrauben links/rechts lösen.
- Öl vollständig auslaufen lassen.
  Anzugsmoment mit neuen Dichtringen 6 Nm

6

GS und CS
- Abdeckkappe aushebeln.

7

GS und CS
- Gabelstopfen eindrücken und Federring mit Helfer (falls ausgebaut) und Schraubendreher aushebeln.
- ! Stopfen langsam und vorsichtig herauslassen, Stopfen steht unter Federdruck.

8

GS Dakar
- ! Gabelstopfen langsam und vorsichtig herausdrehen, Stopfen steht unter Federdruck.
  Anzugsmoment mit geöltem O-Ring 25 Nm

Bild 7 und 8
- ! Schutzbrille tragen!
- Distanzhülse, Federsitz und Feder entnehmen.

→

20 Frontpartie-Gabel

20.2
Ausbau
Fortsetzung

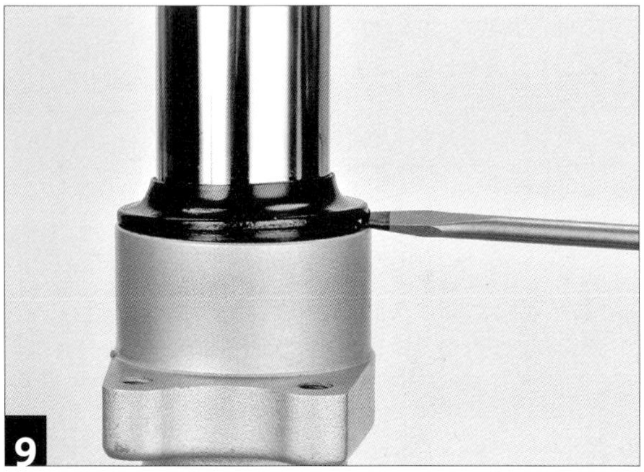

Staubkappe
- Staubkappe mit kleinem Schraubendreher schrittweise über Kreuz aushebeln.

Federring
- Federring mit kleinem Schraubendreher aus Sitz hebeln.

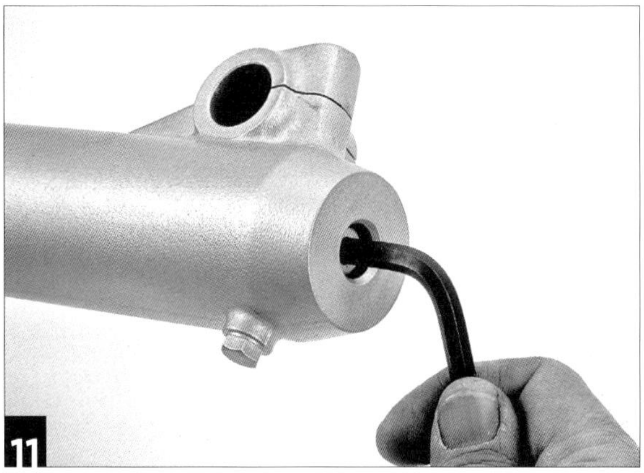

Gabelverschlussschraube
- CS: Achsklemmschraube vollständig ausdrehen.
- Gabelbein mit Schutzbacken in Schraubstock einspannen und untere Gabelverschlussschraube ausdrehen.
- Falls sich Dämpferstange mitdreht, Feder, Federhülse und Federsitz zum Gegenhalten provisorisch montieren.

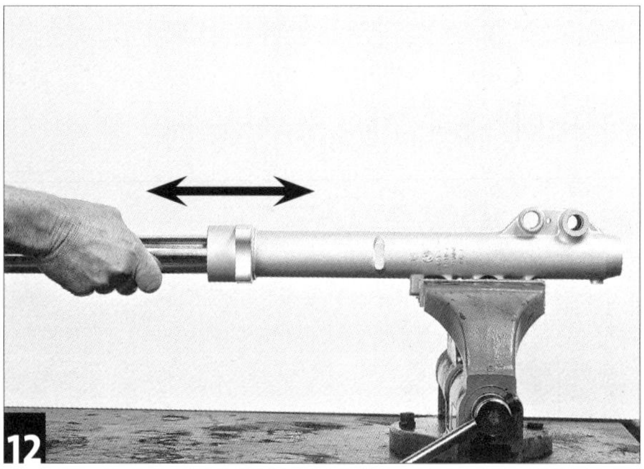

Stand- und Tauchrohr trennen
- Standrohr herausziehen bis es aufsitzt.
- Mit möglichst leichtem »Klopfen« (Ziehhammer-Prinzip) Standrohr aus Tauchrohr herausziehen.

Gabelbuchse
- Gabelbuchsen nur bei Beschädigung/Verschleiß mit Schraubendreher aufspreizen und von Hand abnehmen.

20.3
Prüfen und Vermessen

Kolbenring des Dämpferrohrs

- Kolbenring auf Beschädigung oder übermäßigen Verschleiß sichtprüfen.
  Im Bild kein Verschleiß sichtbar!

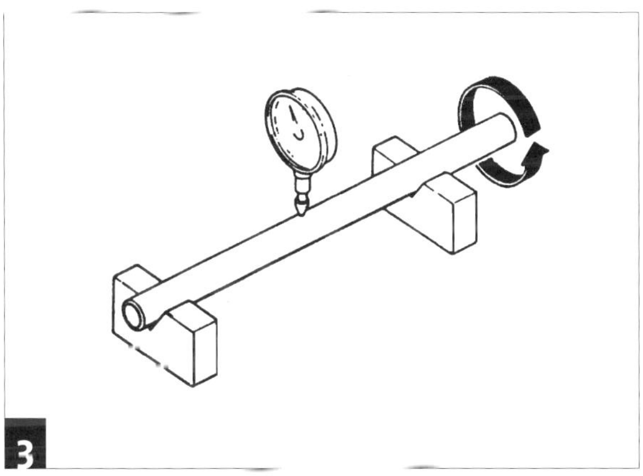

Standrohrschlag messen

- Standrohre mit Messuhr auf Verbiegung (Schlag) untersuchen. Dabei beachten, dass Zeigerausschlag dem doppelten tatsächlichen Wert entspricht.
  Verschleißgrenze 0,1 mm

Gabelbuchse

- Gabelbuchsen auswechseln, wenn sie abgenützt oder beschädigt erscheinen.
  Im Bild (Pfeil) tolerierbarer Verschleiß!

- Ungespannte Länge der Gabelfeder messen.
  Sollwerte

GS	515,1 mm
GS Dakar	467,9 mm
CS	365 mm

Ein Verschleißmaß ist nicht angegeben, aber je nach Fahrergeschmack ist ab einem »Setzen« der Feder um 10 % der ursprünglichen Länge das Erneuern der Gabelfeder angezeigt.
Die kürzere Feder der Dakar wird übrigens mit dickerem Federdraht ausgeglichen (5,0 mm statt 4,8 mm bei der GS.)

→

20 Frontpartie-Gabel

20.3
Prüfen und Vermessen
Fortsetzung

- Nach Unfällen Gabel und Gabelbrücken auf Risse, Verzug oder Beschädigung untersuchen.
- ! Defekte und/oder angerissene Teile nicht richten, sondern durch Neuteile ersetzen.
- Gabelbrücke am Lenkrohr mit Schutzbacken in Schraubstock einspannen und zwei neue Standrohre in Gabelbrücke einschieben (Bild 5).

Prüfeinbaulänge »A« (Bild 5)

GS	215 mm
GS Dakar	218 mm
CS	273,5 mm

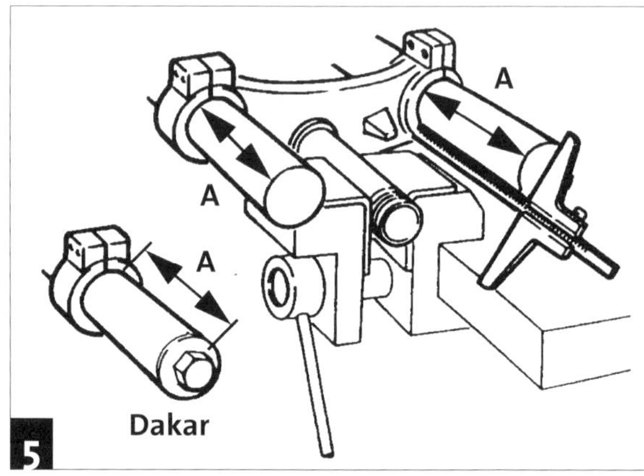

5

Prüfen und Vermessen
- Gabelbrücke in Schraubstock mit Schutzbacken zur Prüfung einrichten.

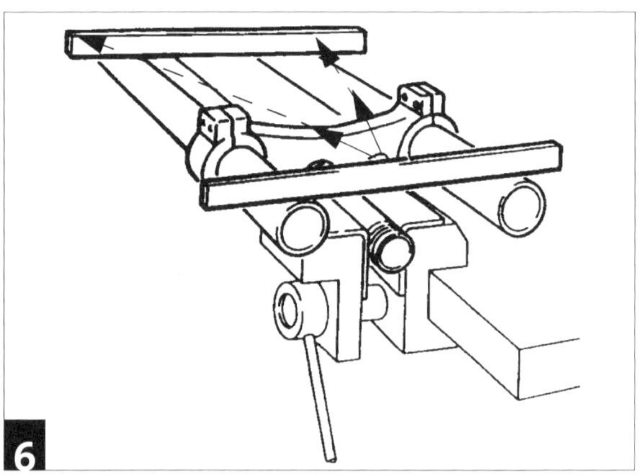
6

Parallelität der Standrohre sichtprüfen
- Genau geschliffene Messlineale (z. B. BMW-Nr. 31 4 620) anlegen und durch Visieren auf Verzug kontrollieren.

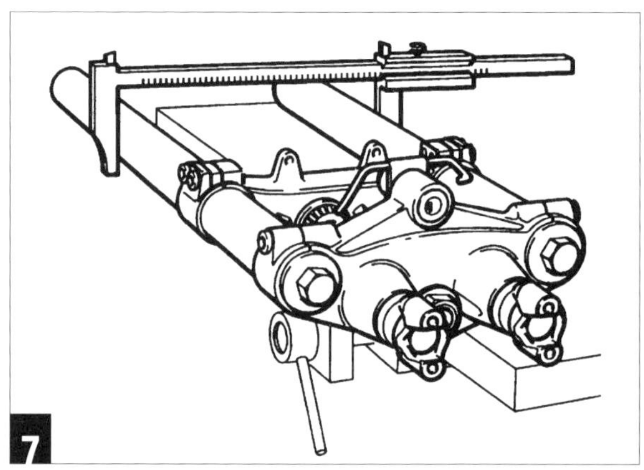
7

Prüfen und Vermessen
- Klemmschrauben anziehen und obere Gabelbrücke montieren → Gabelbrücke muss sich leicht auf Gabelrohre aufschieben lassen.
- Parallelität der Standrohre mit Messschieber prüfen.

8

Verzug prüfen
- Verzugfreien Einbau mit geschliffener Metallplatte prüfen.
- Platte darf nicht kippeln.

20.4
Montage

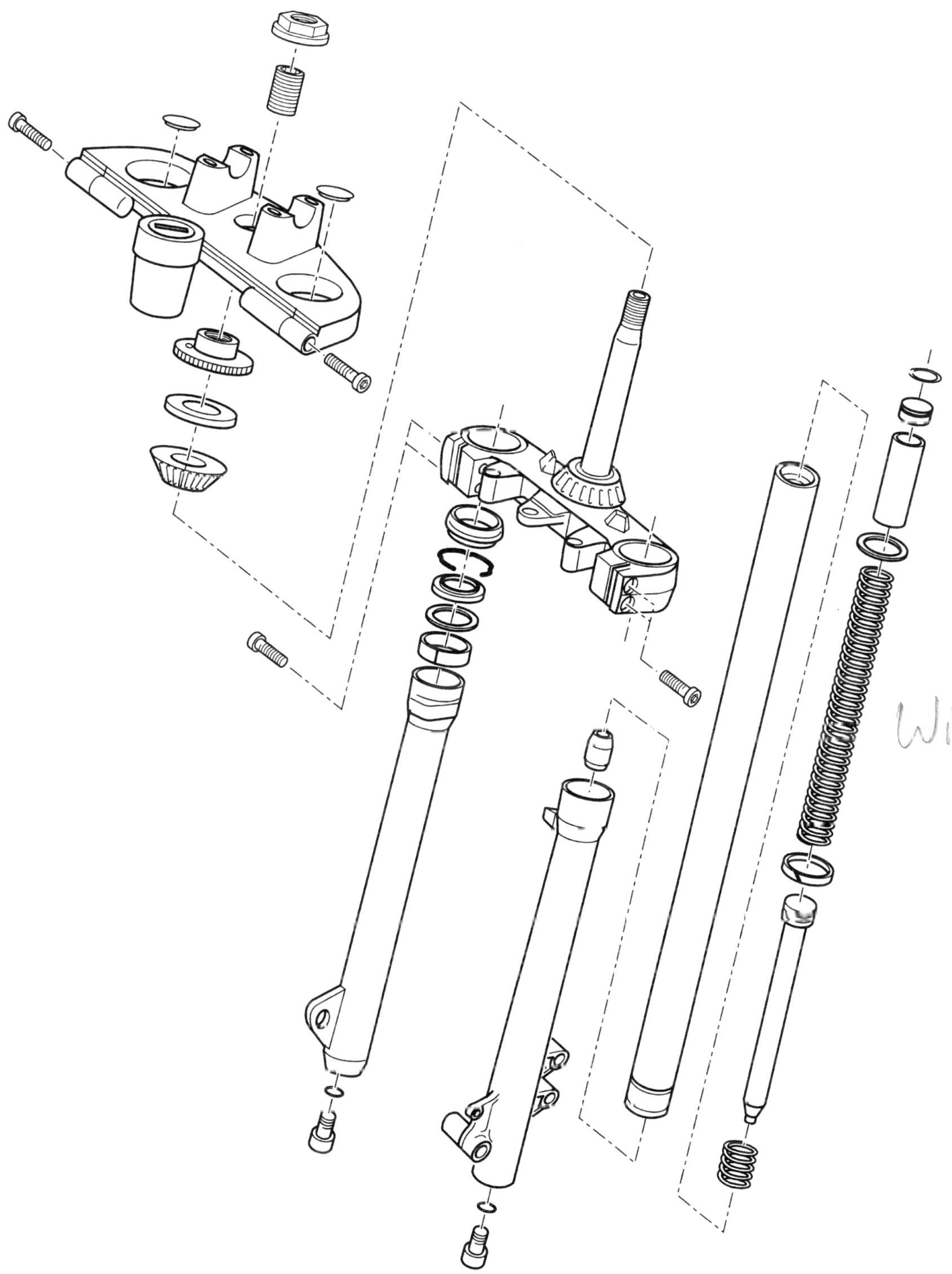

Wilbers

1

Gabel und -Lenkkopf

- Die Gabeln von GS und CS sind prinzipgleich, lediglich die Ausführung des Lenkkopfs (Gabelbrücken) sind unterschiedlich (siehe Montage-Bilder 1 und 2 unten Seite 216).

→

20 Frontpartie-Gabel

20.4
Montage
Fortsetzung

- Sämtliche Gabelteile mit frischem Gabelöl benetzen (insbesondere Dichtringe und Buchsen!).

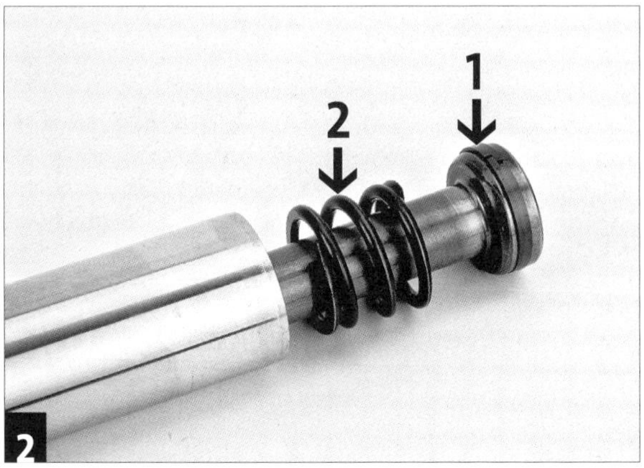

Dämpferstange und Rückprallfeder
1 Nylon-Kolbenring an Dämpferstange anbringen.
2 Rückprallfeder aufschieben und Dämpferstange durch Standrohr durchschieben.

- Standrohrbuchse **1** in zugehörige Nut am Standrohr montieren.
- Tauchrohrbuchse **2**, Stützring **3** und Wellendichtring **4** (Beschriftung weist nach oben) aufschieben.
- Öldichtstück **5** auf Dämpferstange aufsetzen.
- Standrohr mit Dämpferstange in Tauchrohr einschieben und Schraube **6** mit neuem Kupferdichtring eindrehen (Bild 11 Seite 204). **Anzugsmoment** 20 Nm

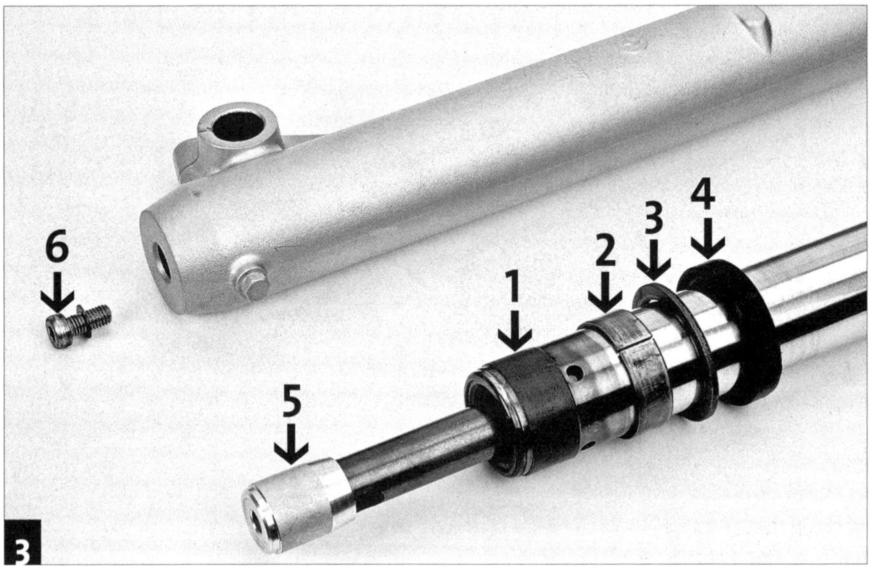

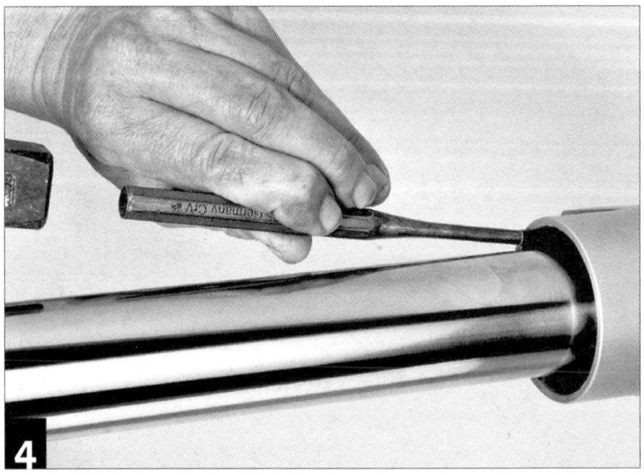

Buchse montieren
- Buchse **2** Bild 3 mit Stützring **3** Bild 3 schrittweise über Kreuz eintreiben. Dabei Standrohr nicht zerkratzen/beschädigen!
- Stützring wieder abnehmen.

- Wellendichtring **4** Bild 3 mit (zusätzlichem) Stützring schrittweise über Kreuz eintreiben. Standrohr nicht zerkratzen/beschädigen!
- Wellendichtring mit Federring sichern (Bild 10 Seite 204). Auf richtigen Sitz in seiner Nut achten.

6

Feder einsetzen

- Feder so einsetzen, dass enger gewickelte Windungen nach unten weisen.

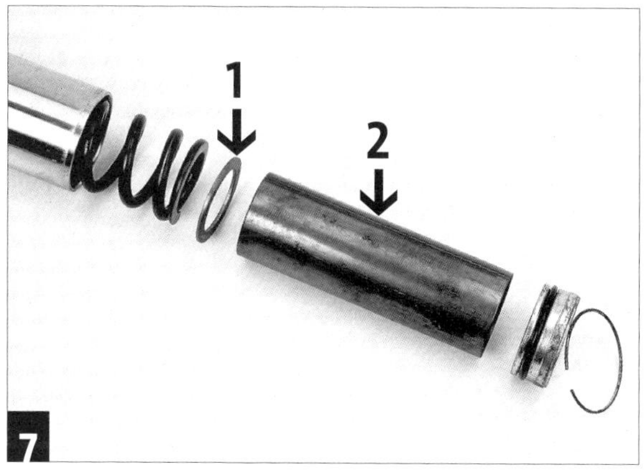

7

- Es folgen Scheibe **1** und Vorspannhülse **2**.
- Gabelöl einfüllen (Füllmengen siehe Seite 202).
- **GS** und **CS**: Dichtstück mit geöltem (Gabelöl) O-Ring gegen Federdruck so weit in Standrohr eindrücken, bis Nut des Sicherungsrings frei ist und Sicherungsring eingesetzt werden kann (Bild 7 Seite 203).
- **GS Dakar**: Verschlussstopfen mit geöltem (Gabelöl) O-Ring gegen Federdruck in Standrohr eindrehen (Bild 8 Seite 203).
  Anzugsmoment 25 Nm

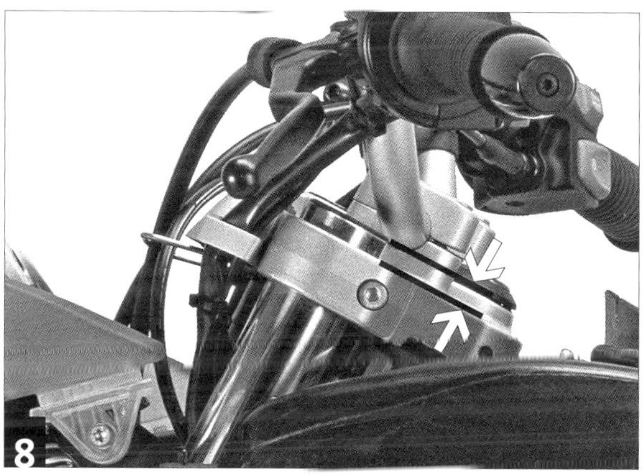

8

CS: 12 mm Standrohr-Überstand

- Standrohr so weit einschieben, bis es 12 mm über Gabelbrücken Oberseite steht.
- Gabelklemmschrauben anziehen (23 Nm) und Kunststoffkappe aufsetzen.

GS und GS Dakar

- Standrohr bündig zur Gabelbrücken-Oberseite einschieben.
- Gabelklemmschrauben anziehen (21 Nm) und Kunststoffkappe aufsetzen (GS).
- Verzugfreien Einbau mit geschliffener Metallplatte prüfen (Bild 8 Seite 206).

21 Frontpartie-Lenker

21.1
Ausbau

21.1.1
GS

! Verbogenen Lenker nicht versuchen wieder gerade zu richten, sondern umgehend ersetzen! Gefahr des Dauerbruchs!

Schalter und Armaturen (ohne Griffheizung)

! Maschine sicher aufbocken, ggf. mit improvisiertem Hilfsständer.

! Falls nur der Lenker gewechselt werden muss, Bremsschlauch nicht trennen, sondern Bremsarmatur abnehmen und waagrecht festlegen, so dass keine Luft in den Bremsschlauch gelangen kann.

- Kabelbinder am Lenker trennen.
- Schrauben **9** und **10** ausdrehen, Deckel **6** abbauen und an Kabel hängen lassen (Bild 1).
- Gasseilrolle **7** abziehen und Nippel **8** aushängen.
- Schraube **12** ausdrehen und Seilzug abnehmen.
- Schraube **11** ausdrehen und Bremsarmatur abnehmen und waagrecht mit weichem Lappen geschützt an Lampenhaus anbinden.
- Lenkergewicht **4** ausbauen.
- Gehäuse zusammen mit Drehgriffrohr **5** abziehen.
- Linke Seite entsprechend ausbauen (Bild 2).
- Lenker-Befestigungen ausdrehen (Bild 3).

Lenkerarmatur und -schalter rechts

1 Bremsschlauchanschluss
2 Bremslichtschalter
3 Gehäuse
4 Lenkergewicht
5 Drehgriffrohr
6 Deckel
7 Gasseilrolle
8 Seilzugnippel
9 Schraube/Gasseilrolle
10 Gehäuseschraube
11 Befestigungsschraube/Armatur
12 Schraube/Gasseilzug

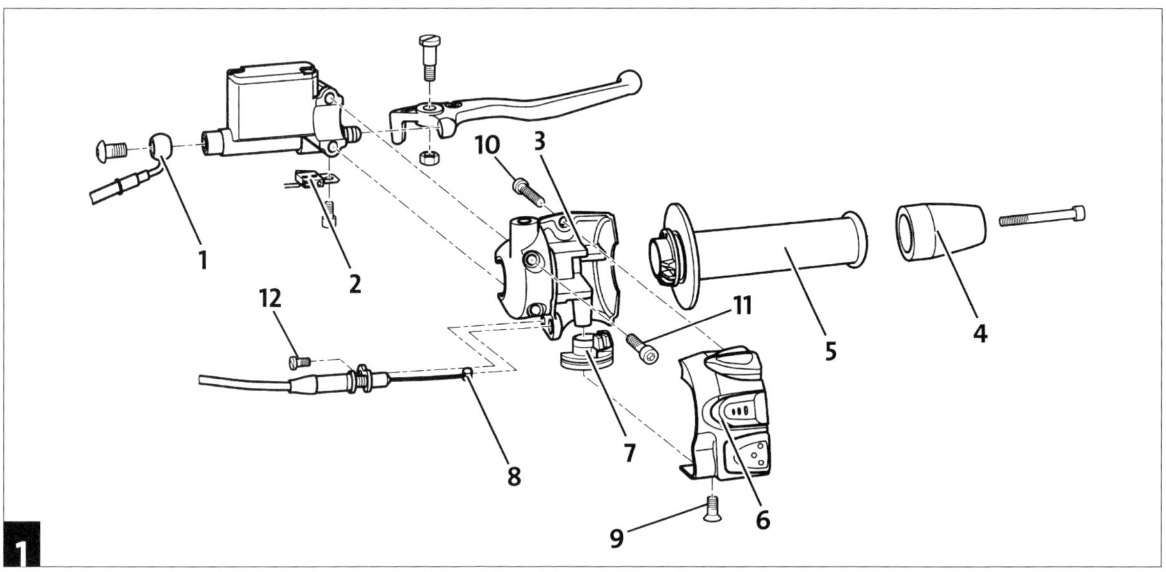

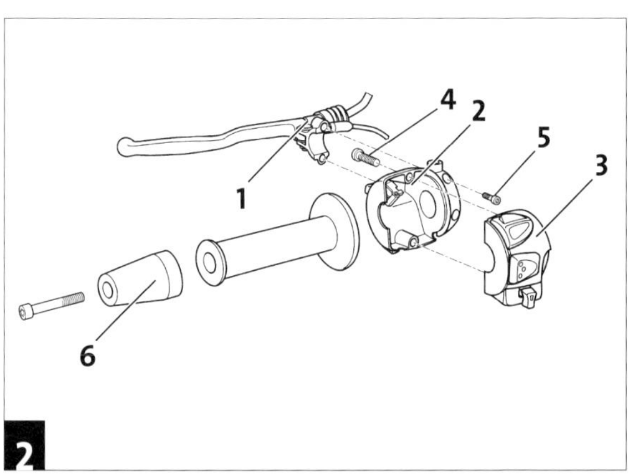

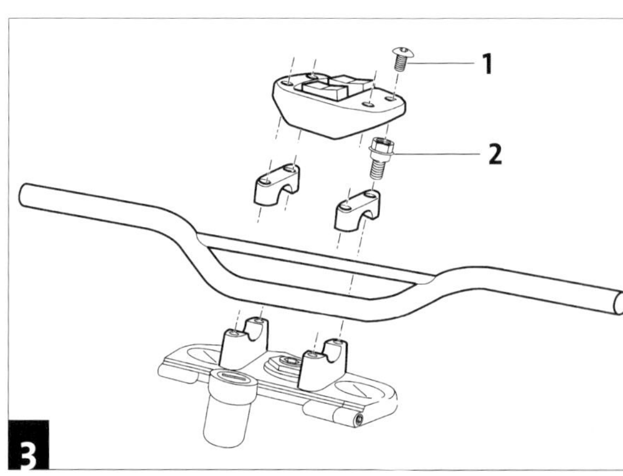

Lenkerarmatur und -schalter links

1 Kupplungsarmatur
2 Schaltergehäuse
3 Schalterdeckel
4 Schraube
5 Schraube
6 Lenkergewicht

Lenker und Prallplatte montieren GS

1 9 Nm
2 23 Nm (leicht gefettet)

4

Ausbau GS
- Starterrelais aus Halterung ziehen.
- Schraube ausdrehen (Pfeil).
- Deckel der Elektronikbox abnehmen.

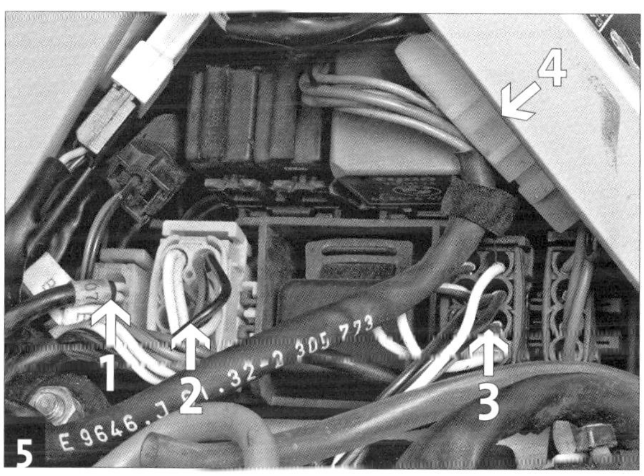

5

Einbaulage Stecker GS
1 Kupplungsschalter
2 Lenkerschalter links
3 Lenkerschalter rechts
4 Griffheizungsstecker (optional)

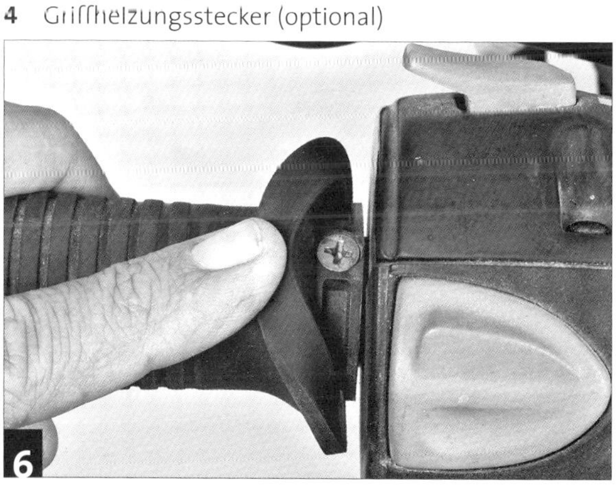

6

Griffheizung
- Griffgummi zurückklappen.
- Zwei Schrauben oben und unten ausdrehen.

Schalter erneuern, Stecker trennen/ Lenkerabbau mit Griffheizung
- Sitzbank und Cover abbauen (Seite 54/60).
- Batterie ausbauen (Seite 74).
- Befestigungen Öltank lösen und Öltank an Schläuchen zur Seite hängen (Bild 2 Seite 89).
- Ansaugschnorchel abbauen (Bild 1 Seite 73).
- Batteriehalter abbauen (Bild 3 Seite 79).
- Abdeckung aus Zapfen **5** Bild 2 Seite 81 am Hauptrahmen links und rechts aushaken.
- Kühlmittel-Ausgleichsbehälter lösen und zur Seite hängen (Bild 1 Seite 81).
- Alle Kabelbinder bis zum Stecker trennen.

Griffheizung
- Lenkergewichte ausbauen.
- Stecker **4** Bild 5 trennen.
- Steckerkontakte entriegeln (dicke Nadel o.Ä. verwenden und Stecker abnehmen).
- (Hilfs-) Draht anbinden.
- Heizgriffe ausführen.
- Kabel 'rausziehen – Hilfsdraht bleibt im Lenker.
- Neues Lenkerkabel am verbliebenem Draht befestigen und Kabel einziehen.

21 Frontpartie-Lenker

21.1.2 CS

! Verbogenen Lenker nicht versuchen wieder gerade zu richten, sondern umgehend ersetzen! Gefahr des Dauerbruchs!

- **Trennen der Lenkerstecker**:

! Maschine sicher aufbocken, ggf. mit improvisiertem Hilfsständer.

- Sitzbank und Cover abbauen (Seite 60).
- Staufachrahmen und Luftfiltergehäuse abnehmen (Seite 80).
- Übrige Arbeitsschritte wie GS Seite 210.

Einbaulage Stecker CS
1 Kupplungsschalter
2 Lenkerschalter links
3 Lenkerschalter rechts

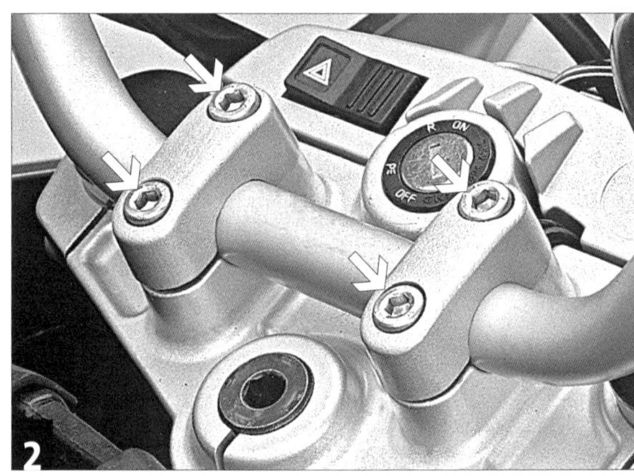

Lenker-Befestigung
- Lenkerklemmschrauben ausdrehen.

21.2 Einbau

- Lenker in umgekehrter Ausbau-Reihenfolge montieren.
- Drehrohr des Gasgriffs leicht gefettet montieren.
- Seilzugspiele wie im Wartungskapitel beschrieben kontrollieren und ggf. einstellen:
  Gasseilzug Seite 86
  Kupplungszug Seite 92

Lenker ausrichten GS

- Lenker so anbringen, dass Körnerpunkt auf Lenker mit Klemmspalt fluchtet.

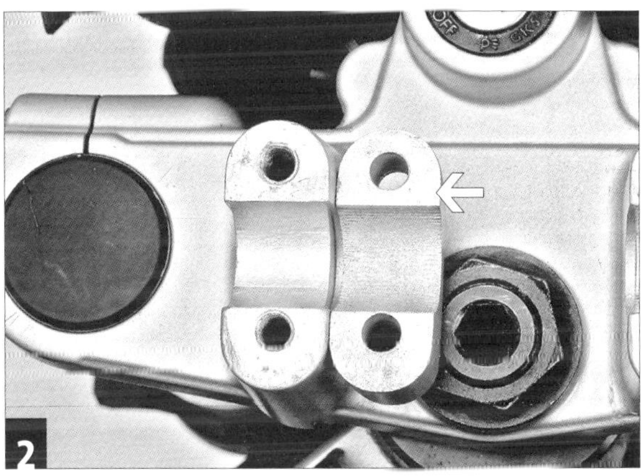

Klemmböcke GS

- Klemmböcke so anbringen, dass der große Bohrungsabstand (Pfeil) nach vorn weist.
- Zuerst vordere Klemmschrauben anziehen, dann hintere (Klemmspalt der Klemmböcke liegt hinten).

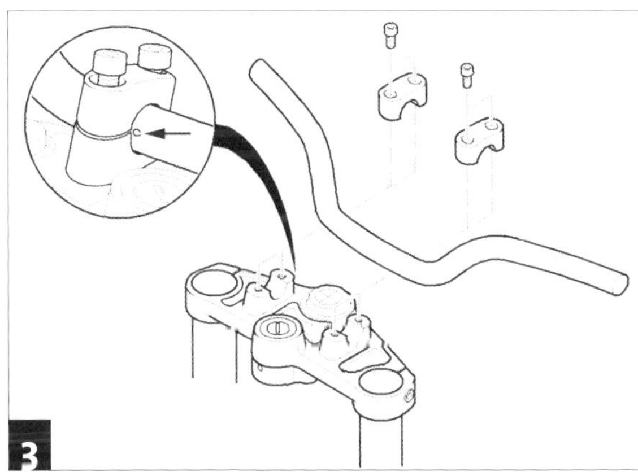

Lenker-Befestigung CS

- Klemmspalt der Klemmböcke liegt hinten.
- Körnerpunkt auf Klemmspalt ausrichten (Pfeil).
- Zuerst vordere Klemmschrauben anziehen, dann hintere.

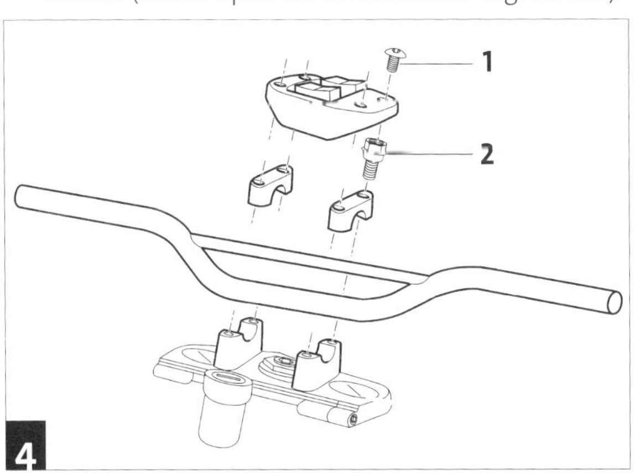

Anzugsmomente Lenker

1 Prallplatte GS 9 Nm
2 23 Nm (leicht gefettet)

Armaturen

- Armaturen (Bilder 1 und 2 Seite 210) am Körnerpunkt auf Lenker ausrichten.

22 Lenkkopflager

22.1 Ausbau

- Das Lenkkopflager muss gewechselt werden, wenn die im Wartungskapitel Seite 105 beschriebenen Einstellmöglichkeiten nicht fruchten oder eine Rastung (typischerweise in Mittelstellung) spürbar ist.
- **GS**: Lenker wie zur Lenkkopflager-Einstellung beschrieben ab- und anbauen (Seite 105 und 106).
- Vorderrad, Radabdeckung (so vorhanden, siehe Seite 58/64) und Gabelbeine ausbauen.
- Zum Schutz vor Lackschäden Cover mit Decke o. Ä. abdecken oder abbauen.

Hupe ausbauen
- Stecker trennen und Befestigungsschraube an unterer Gabelbrücke ausdrehen.

Ausbau GS
- Mutter ausdrehen und obere Gabelbrücke abnehmen.

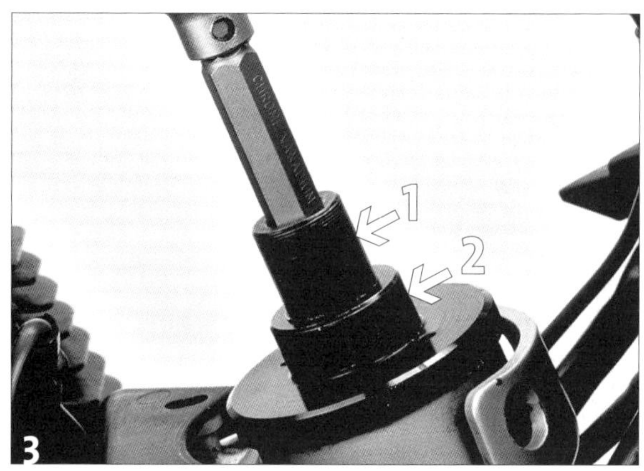

Ausbau GS
- Gegenrohr **1** mit Innensechskant SW8 ausdrehen.
- Einstellrändel **2** von Hand ausdrehen.
- Untere Gabelbrücke nach unten entnehmen.
- 👁 Vor weiteren Zerlege-Arbeiten jetzt Laufringe (Bild 9 Seite 215) und Lagerkörper sichtprüfen (Seite 216).

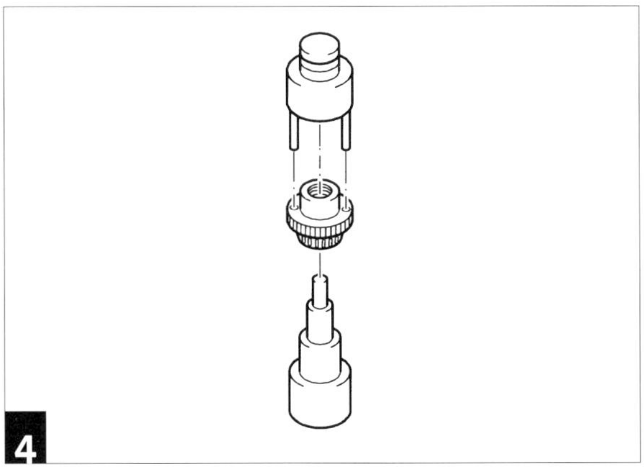

Kegelrollenlager-Ausbau GS

- Oberes Kegelrollenlager mit Gegenstütze BMW-Nr. 31 3 661 und Ausdrückdorn BMW-Nr. 31 3 662 ausbauen. Oder wie folgt improvisieren.

Kegelrollenlager-Ausbau GS

- Gegenstütze mit passendem Rundmaterial improvisieren.
- Lager abwechselnd links und rechts mit passendem Dorn austreiben. Lager nicht verkanten!

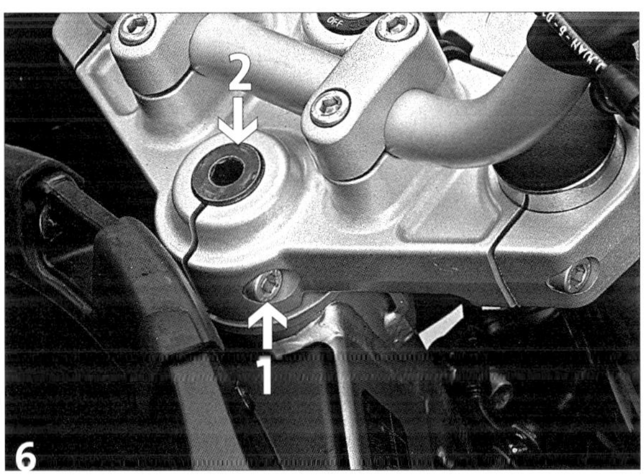

Ausbau CS

- Klemmschraube **1** der Gabelbrücke lockern.
- Einstellschraube **2** ausdrehen.
- Untere Gabelbrücke nach unten entnehmen. (Vorher natürlich Lenker und Gabel ausbauen.)

Ausbau unteres Lenklager

- Unteres Lager mit Universalabzieher (BMW-Nr. 00 7 500), Trennbacken BMW-Nr. 31 3 672 und Druckstück BMW-Nr. 31 3 671 ausbauen. Dies sind handelsübliche »Spezialwerkzeuge«.

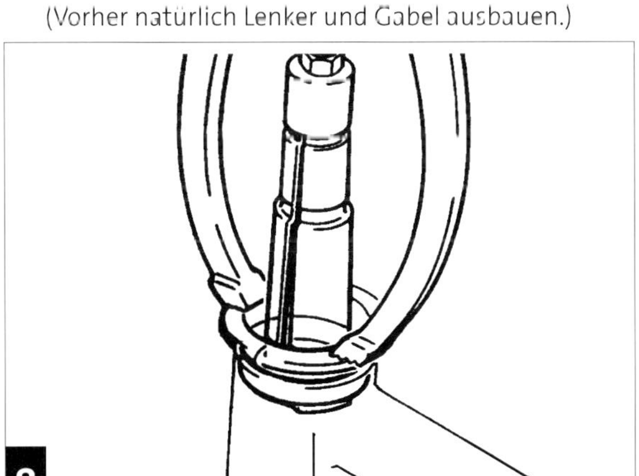

Lageraußenring-Ausbau

- Lageraußenring mit Spezialwerkzeug (Spreizdorn BMW-Nr. 31 3 66), Schutzring BMW-Nr. 00 8 5263 und Gegenstütze BMW-Nr. 00 8 526 ausbauen oder wie folgt improvisieren.

Lageraußenring-Ausbau

- Lageraußenring mit entsprechend langem Dorn schrittweise über Kreuz austreiben. Dabei Lagerring nicht verkanten!

22 Lenkkopflager

22.2
Prüfen und Vermessen

Prüfen und Vermessen

- Lagerrollen und Innenringe auf Beschädigung (Ausbrüche in der Härteschicht) und Druckstellen untersuchen.

22.3
Einbau

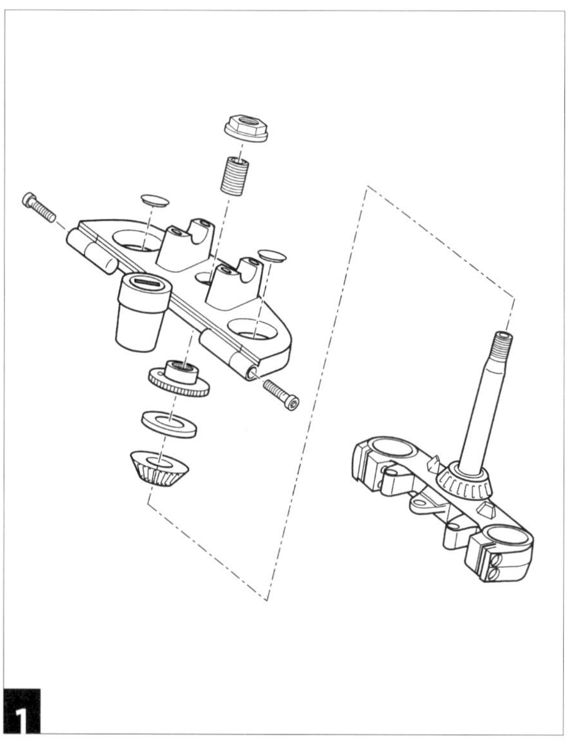

Lenkkopf GS

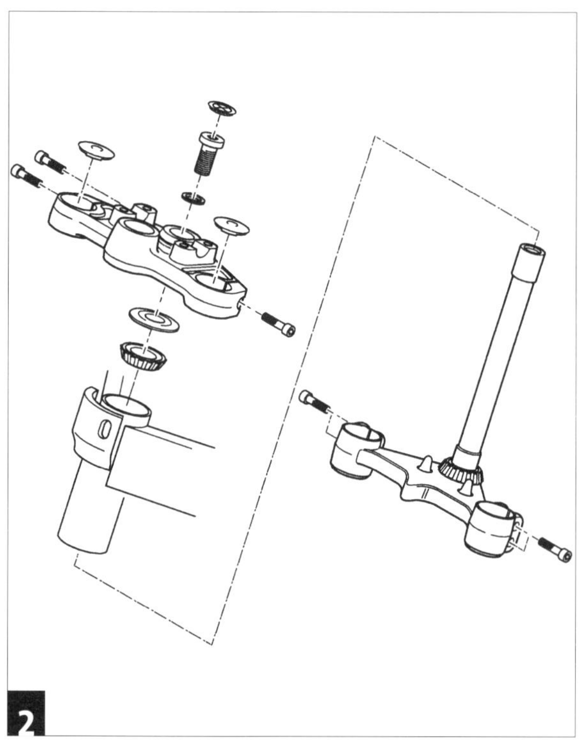

Lenkkopf CS

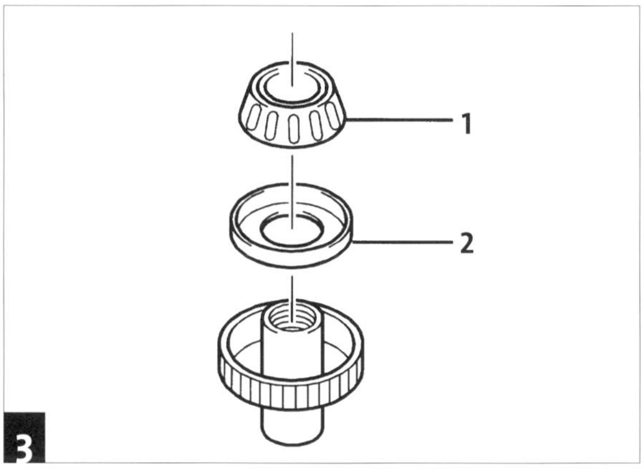

Oberes Lager GS
1 Lagerkörper
2 Staubdichtung (Neuteil)

Oberes Lager GS verpressen
- Lagerkörper kalt mit Einstellschraube verpressen. Die Nuss muss dabei natürlich am Innenring ansetzen, nicht auf Lagerkörper drücken!

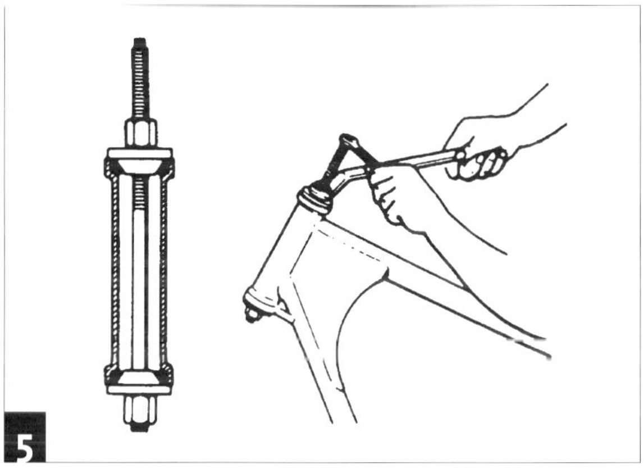

Lagerschalen einziehen
- Lagerschalen mit passenden Adaptern (Unterlagscheiben) und Gewindestange einziehen.

TIPP
Lagerschalen über Nacht ins Tiefkühlfach legen – schont die Lagersitze!

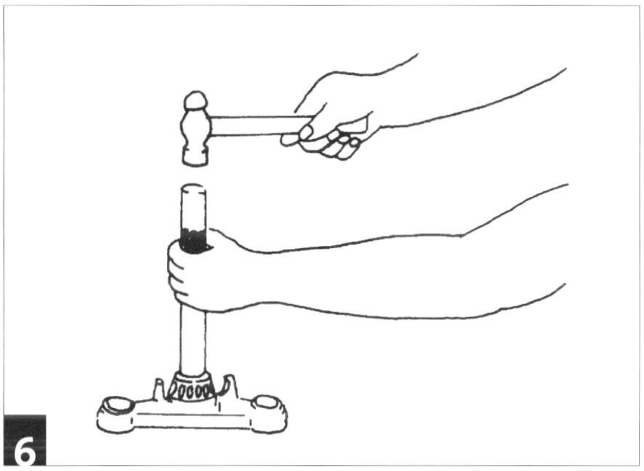

Innenlaufring auftreiben
- Innenlaufring des Lagers auf Lenkschaftrohr mit passendem Rohrstück bis zum Aufsitzen auftreiben.

TIPP
Lager auf etwa 80°C erwärmen – schont die Lagersitze!

- Lagerkörper und Laufflächen vollständig gefettet montieren.
- In umgekehrter Ausbaureihenfolge montieren.
- Lager einstellen wie ab Seite 105 (GS) bzw. Seite 107 (CS) beschrieben.

23 Heckpartie-Rad

23.1
Aus- und Einbau GS

- Fahrzeug sicher auf Hauptständer aufbocken und so unterstützen, dass Hinterrad frei ist.
- Bremssattel gegen Bremsscheibe drücken, damit Kolben in Sattel einfährt (Platz machen für leichten Einbau!).

! Bei ausgebautem Hinterrad Fußbremse nicht betätigen! Bremskolben können sonst herausfahren und Bremsflüssigkeit tritt aus.

- Felgenschlag wie beschrieben prüfen (Seite 112 bzw. Seite 199).
- Spritzschutz/Kettenabdeckung **1** Bild 1 von der Schwinge abnehmen:
  Rechts drei, links zwei Schrauben ausdrehen.
- ABS-Sensor ausbauen (Bild 2).
- Achsmutter **2** ausdrehen.
- Einsteller **3** ausdrehen und Hinterrad möglichst weit nach vorn drücken (Kettendurchhang auf größtmögliches Spiel einstellen siehe Seite 108).
- Antriebskette vom Kettenrad abnehmen.
- Rad anheben und Achse nach links herausziehen.
- Rad entnehmen.
- Bremsscheibe, Staubdichtungen (Wellendichtringe) und Lager wie am Vorderrad beschrieben ausbauen (Seite 200).

Aus- und Einbau Hinterrad GS

- Spritzschutz und Kettenabdeckung gemeinsam abnehmen.

1 Spritzschutz/Kettenabdeckung
2 Achsmutter
Anzugsmoment 100 Nm
3 Einsteller

Aus- und Einbau GS mit ABS

- Befestigungsschraube des ABS-Sensors ausdrehen und Sensor abnehmen (Beschädigungsgefahr).
  Anzugsmoment 9 Nm

23

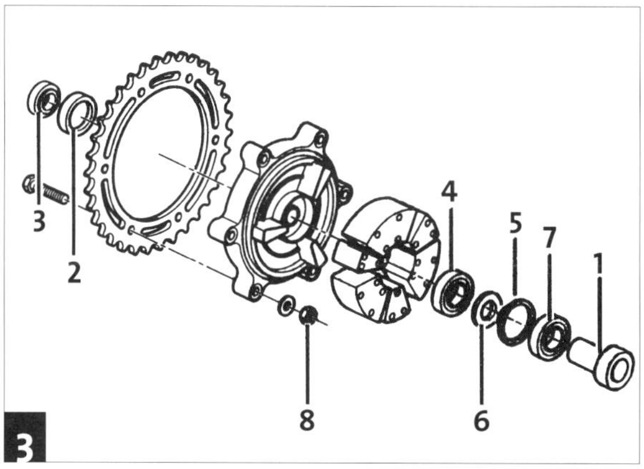

3

Kettenblatt und -Träger GS
1 Distanzhülse
2 Wellendichtring
3 Distanzhülse
4 Lager
5 Seegerring
6 Stützscheibe
7 Lager
8 21 Nm

Kettenblatt und -Träger
- Schrauben ausdrehen und Kettenblatt abnehmen.
  Anzugsmoment 21 Nm
- Lager des Kettenblatt-Trägers mit Innenauszieher ausbauen (wie Lenkkopflager Bild 8 Seite 215).

4

Ruckdämpfer-Gummis
- Ruckdämpfer-Gummis auf Verschleiß sichtprüfen.
- Ruckdämpfer-Gummis wie gezeigt trocken einsetzen.

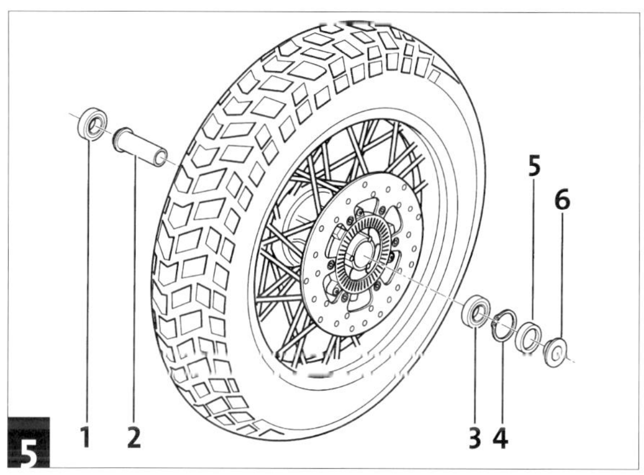

5

Hinterrad GS

1	Lager	4	Seegerring
2	Distanzhülse	5	Wellendichtring
3	Lager	6	Distanzstück

Einbau
- In umgekehrter Reihenfolge montieren.
- Achse und Dichtlippe des Wellendichtrings leicht fetten.
- Bremssattel Aufnahme an Schwinge ansetzen (Bild 3 Seite 191). Führungszapfen **1** beachten.
- Rad vorsichtig in Schwinge einführen. Dabei auf das richtige Einfädeln der Bremsscheibe zwischen den Bremsbelägen achten (Beläge nicht beschädigen).
- Kettendurchhang einstellen (Seite 108).
- Hinterachsmutter anziehen (Bild 1 Seite 218).

6

Einbau
- Distanzhülse links nicht vergessen.

23 Heckpartie-Rad

23.2
Aus- und Einbau CS

- Fahrzeug sicher auf Hauptständer aufbocken. Ggf. stabilen Ständer improvisieren.
- Felgenschlag wie am Vorderrad beschrieben prüfen. Dazu ist allerdings ein spezieller Aufnahmedorn notwendig, deshalb dies die BMW-Werkstatt erledigen lassen.

1

Abdeckung
- Abdeckung aushebeln.

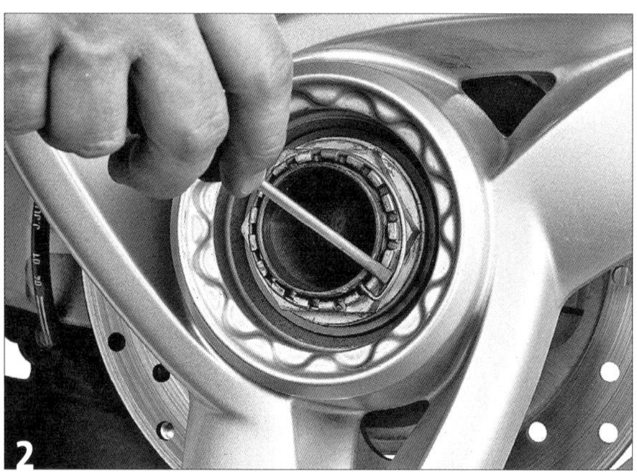
2

Federsicherung
- Federsicherung aushebeln.

3

Radmutter
- Radmutter mit Stecknuss SW55 (Bordwerkzeug) ausdrehen.
  Anzugsmoment 160 Nm

4

Einbau
- Gewinde reinigen, leicht fetten (Optimoly TA) und Rad aufsetzen.
- Konusring **1**, Scheibe **2**, Tellerfeder **3** (OUTSIDE nach außen) und Radmutter **4** aufsetzen und anziehen.

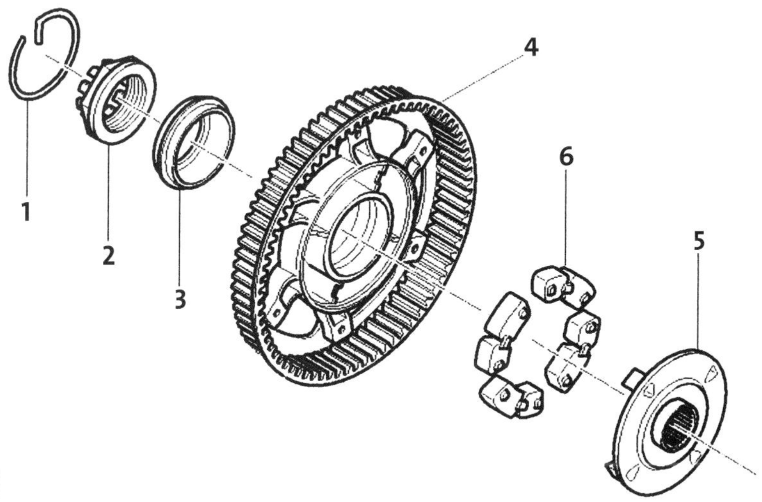

5

Ruckdämpfer
1 Federsicherung
2 Radmutter
3 Distanzbuchse
4 Riemenrad
5 Mitnehmer
6 Ruckdämpfer

Ruckdämpfer aus-/einbauen

- Zum Ausbau des Riemenrads sechs Befestigungsschrauben ausdrehen und Riemenrad abnehmen. Allerdings muss beim Einbau des neuen Riemenrads genauso wie beim Einbau des neuen Ruckdämpfers wieder die Stelle der höchsten Unrundheit ermittelt werden (Seite 110). Also Arbeit für die BMW-Werkstatt.
- Riemen entspannen (Seite 110) und vom Riemenrad abnehmen.
- Federsicherung **1** aushebeln.
- Bremse betätigen und Radmutter **2** mit Stecknuss SW55 (Bordwerkzeug) ausdrehen.
- Distanzbuchse **3** abnehmen und Mitnehmer/ Riemenrad **4/5** abnehmen.
- Ruckdämpfer-Elemente **6** entnehmen.
- In umgekehrter Reihenfolge montieren.
- Verzahnung der Welle fetten (Optimoly TA).
- Verzahnung im Mitnehmer mit Haftschmierstoff (Kettenfett) besprühen.
  Anzugsmoment 160 Nm

24 Heckpartie-Federbein

24.1 Aus- und Einbau

👁 Funktionsprüfung siehe Seite 107.

Vorarbeiten
- Motorrad auf Hauptständer stellen und Vorderrad fixieren.
- Sitzbank und Bordwerkzeug abnehmen.
- **CS**: Cover links und rechts abbauen (Seite 60).
- Auspuffanlage abbauen (ab Seite 138).
- Ausgleichsbehälter bzw. Einsteller des Federbeins abbauen.
- Bremsleitung zum Bremssattel unterhalb des Tanks im Bereich der unteren Heckrahmen-Befestigung abkleben (Bild 5).

GS & CS
- **CS**: Schlauch freilegen (Pfeil).
- **GS & CS**: Ausgleichsbehälter abnehmen und sichern.

GS
- Stecker des BMS-Steuergeräts **1** nicht abziehen.
- Gummizug **2** abnehmen, bzw. drei Schrauben ausdrehen (Bild 2 Seite 71) und BMS-Steuergerät **1** herausnehmen.
- Steuergerät mit z.B. Klebeband außerhalb des Knickbereichs befestigen.

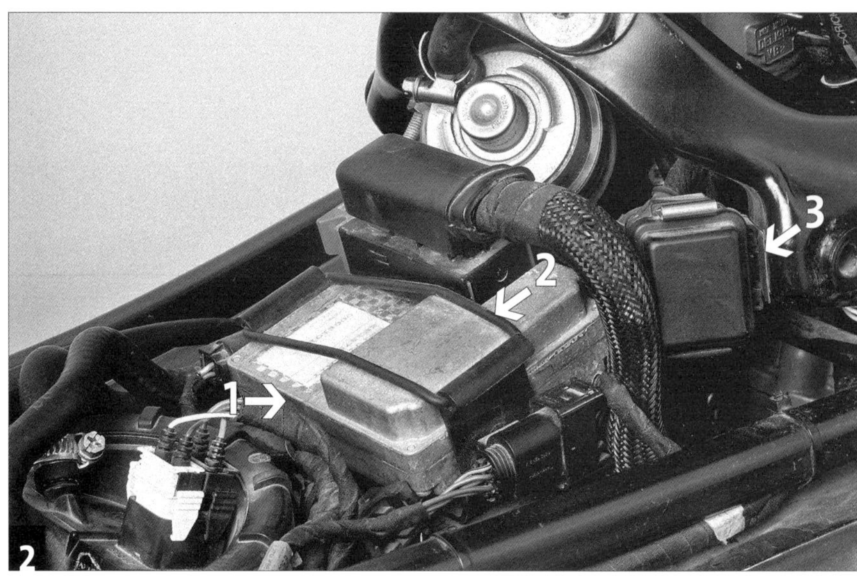

GS & CS
- Sicherungskasten an Kunststoffzunge **3** ausklipsen und abnehmen. Nach »innen« verstauen.
- Verkleidungsteile vor Kratzern schützen, z.B. mit Schaumstoff (Bild 3).
- Heckrahmen mit Spanngurt an Querstange des Lenkers oder Lenker befestigen.
- Spanngurt leicht vorspannen.
- Untere Befestigung des Heckrahmens ausdrehen (Bild 4).
- Obere Befestigungen des Heckrahmens am Hauptrahmen lockern.

- **GS Anzugsmoment** oben 21 Nm
- **GS Anzugsmoment** unten (Gewinde reinigen und Loctite 2701 beigeben) 21 Nm
- **CS Anzugsmoment** oben und unten (Gewinde reinigen und Loctite 2701 beigeben) 24 Nm

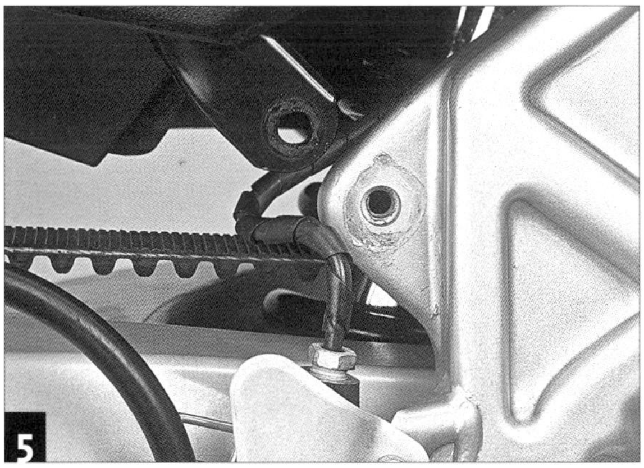

5

6

Aus- und Einbau

- Auf die Bremsleitung über der Fußpumpe achten!

Ausbau

- Heckrahmen nicht bis auf Anschlag anheben, sonst stößt der Rahmen an der Aufnahme der Sitzbank (Pfeil) an.

7

Federbein aus- und einbauen

- Heckrahmen nur so weit anheben, bis obere Federbein-Befestigung zugänglich ist.

8

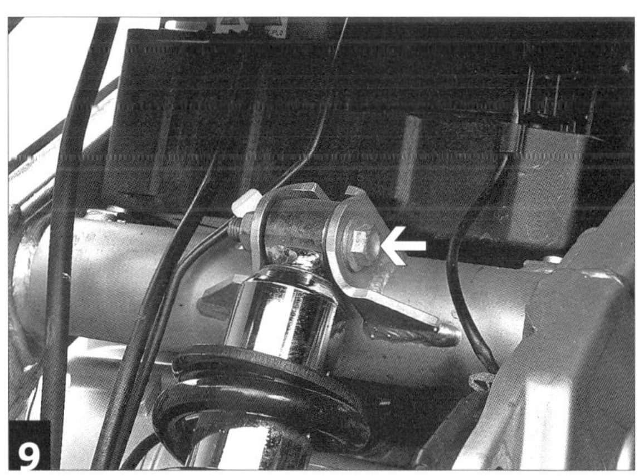

9

Untere Federbein-Befestigung

- Mutter ausdrehen, dann Schraube herausziehen.
- **GS Anzugsmoment** 47 Nm
- **CS Anzugsmoment** 41 Nm

Obere Federbein-Befestigung

- Mutter ausdrehen, dann Schraube herausziehen.
- **GS** und **CS Anzugsmoment** Voranzug 58 Nm, dann um 45° ± 15° weiterdrehen.

25 Heckpartie-Schwinge

25.1 Aus- und Einbau

Verschleißprüfung siehe Seite 227.

Vorarbeiten
- Motorrad auf Hauptständer stellen und Vorderrad fixieren.
- Hinterrad abbauen (Seite 218/GS; Seite 220/CS).
- **CS**: Bremssattel abbauen (Seite 191).
- **CS**: Antriebsriemen entspannen (Seite 111) und abnehmen.

Bremsschlauch und ABS-Sensorkabel GS
- Bremsschlauch und Sensorkabel aus Halter ausclipsen bzw. Halter aus Schwinge abbauen.

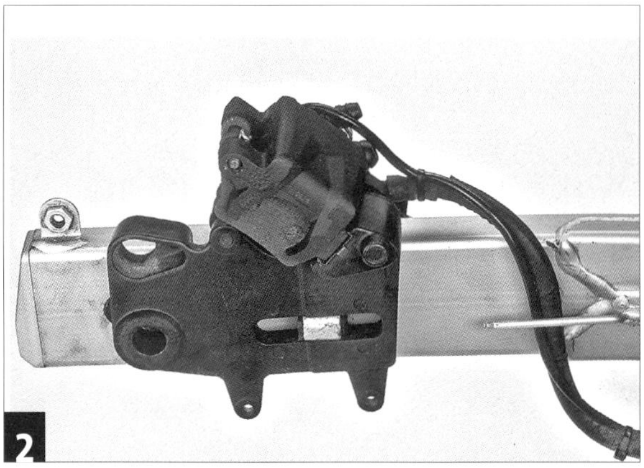

Bremsschlauch und ABS-Sensorkabel GS
- Bremsschlauch und Sensorkabel aus Halter an Schwinge herausnehmen und Bremssattel mit Halter abnehmen.

ABS-Sensor CS
- ABS-Sensor abnehmen.

Bremsschlauch und ABS-Sensorkabel CS
- Befestigungsschraube der Kabel-/Schlauchführung ausdrehen.
  Anzugsmoment 9 Nm

Bremsschlauch und ABS-Sensorkabel CS
- Befestigungsschrauben der Kabel-/Schlauchführung ausdrehen.
  Anzugsmoment 9 Nm

6

Aus- und Einbau
- Mutter ausdrehen und Befestigungsschraube herausziehen. Dabei Schwinge entlasten.
  Anzugsmoment 41 Nm

7

Aus- und Einbau
- Mutter ausdrehen und Schwingachse herausziehen. Dabei Schwinge entlasten.
- Auf Verbleib der Anlaufscheiben achten.
  Anzugsmoment 100 Nm

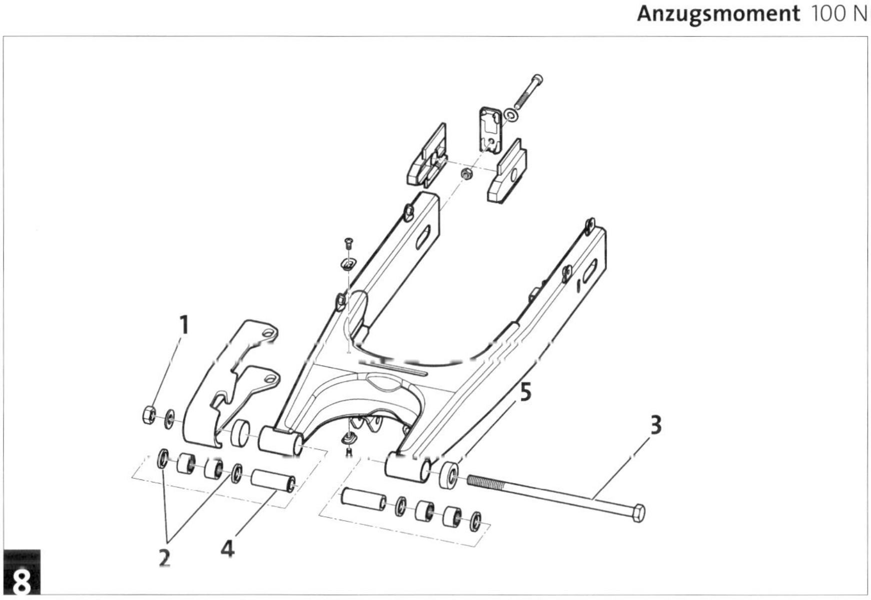

8

Schwinge GS
1 Mutter 100 Nm
2 Anlaufscheibe
3 Achse
4 Buchse
5 Dichtring

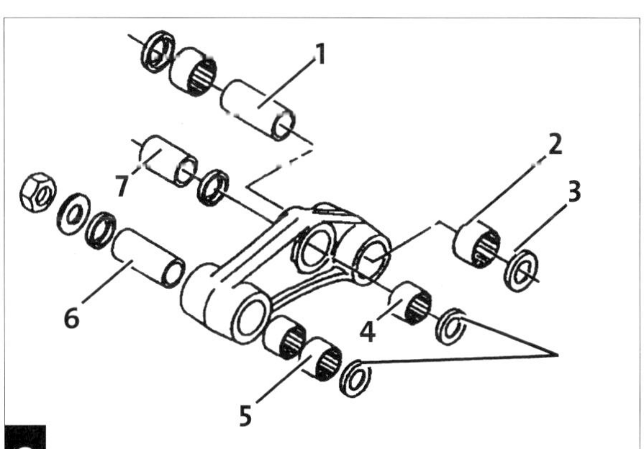

9

Umlenkhebel
1 Buchse
2 Nadellager
3 Dichtring
4 Nadellager
5 Nadellager
6 Buchse
7 Buchse

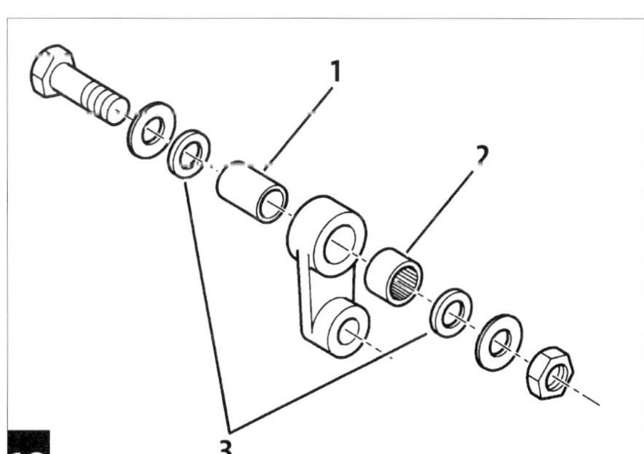

10

Zugstrebe
1 Buchse
2 Nadellager
3 Dichtringe

25 Heckpartie-Schwinge

25.1
Aus- und Einbau
Fortsetzung

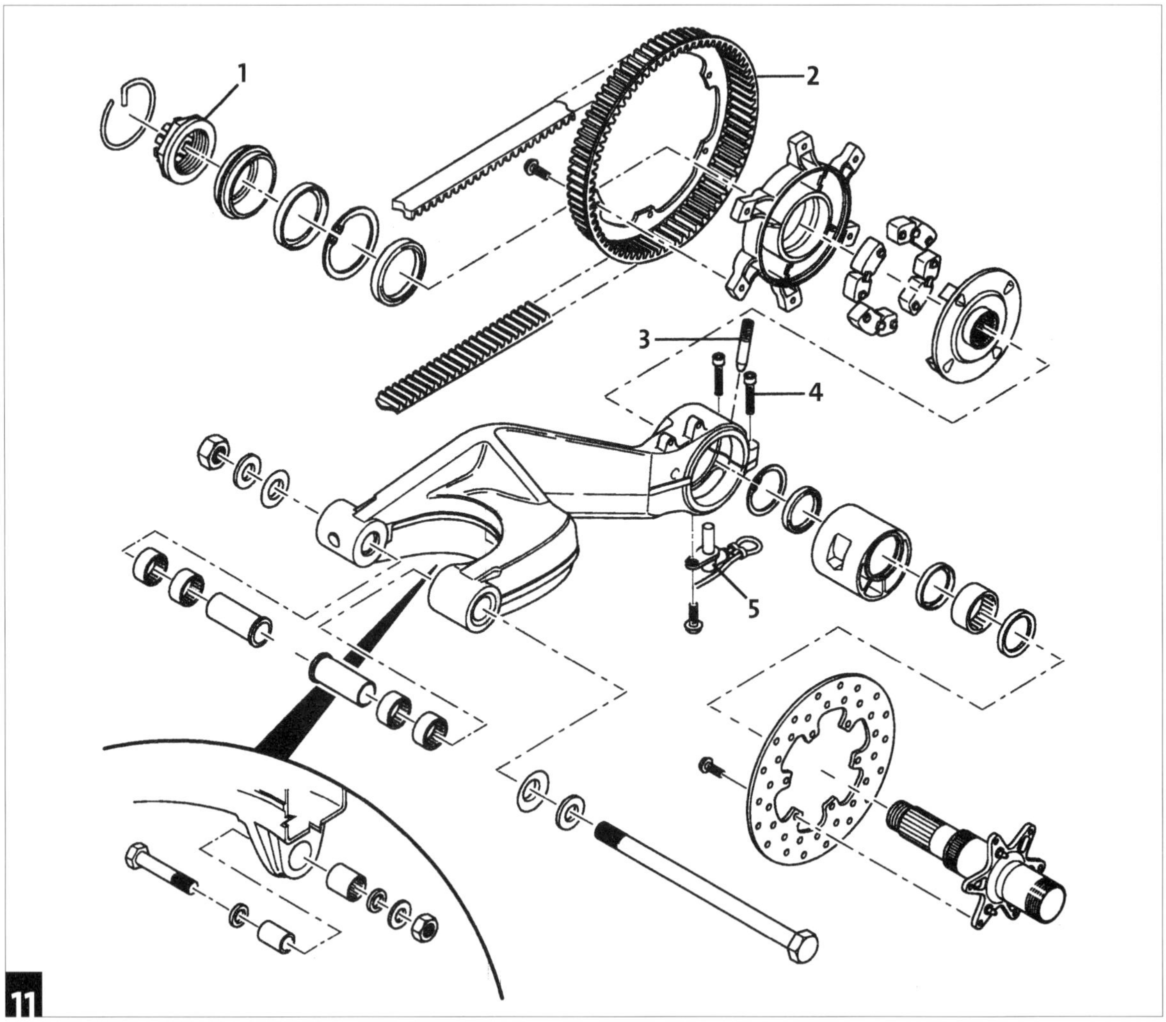

Schwinge CS
1 Mutter 160 Nm
2 Riemenrad
3 Spannerschraube
4 Klemmschraube
5 ABS-Sensor

25

25.2
Prüfen und Vermessen

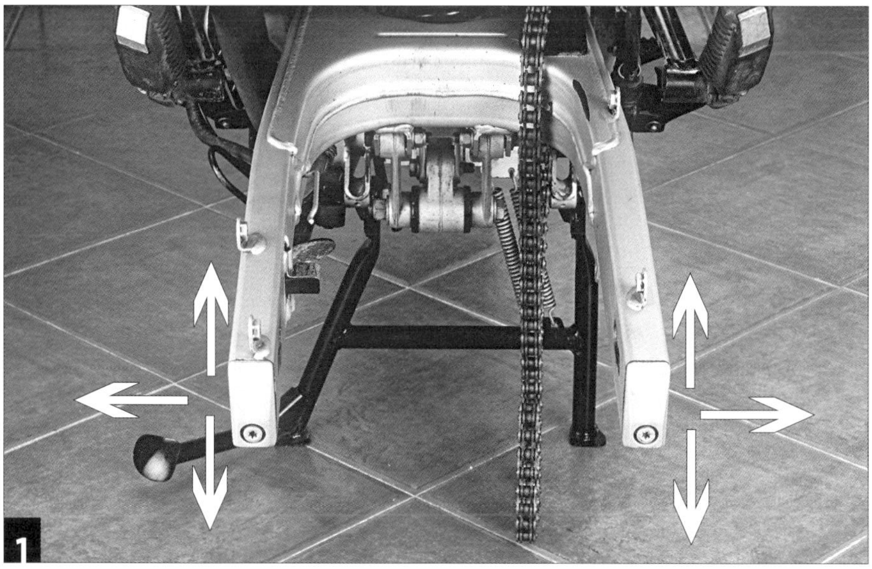

1

- Bei nackt montierter Schwinge darf das Seiten- und Höhenspiel am Schwingenende maximal 1 Millimeter betragen.
- Falls Lager der Schwinge defekt, die empfindlichen Nadellager in Fachwerkstatt mit Presse erneuern lassen.

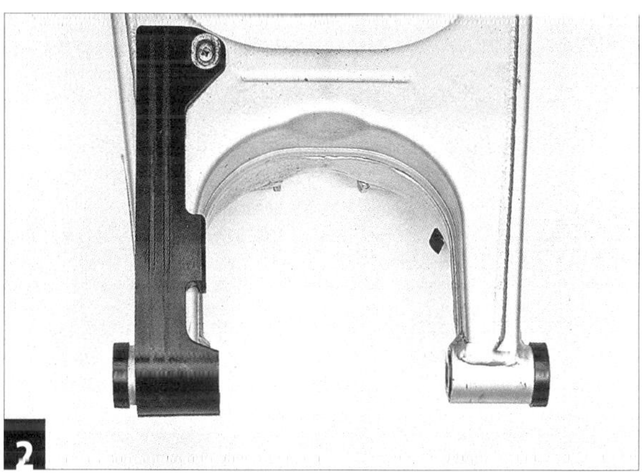

2

Kettengleitschutz kontrollieren

- Kettengleitschutz der Schwinge wechseln, bevor Kette auf Schwinge schleift.

26 Elektrik: Stecker & Bauteile

26.1 GS

Sicherungen

- ! Sicherungen niemals überbrücken.
- ! Sicherungen nur gegen identische ersetzen (gleicher Ampere-Wert)!
- Falls Sicherungen wiederholt »durchbrennen«, entsprechendes Bauteil ersetzen oder Kabelbaum-Abschnitt auf Kurzschluss oder Masseschluss untersuchen.

Weitere wichtige Elektrik-Komponenten

- Batterie Seite 74
- Seitenständer- und Kupplungsschalter Seite 102
- Generator, Zündspule und Zündpickup Seite 126
- Starterrelais Seite 136

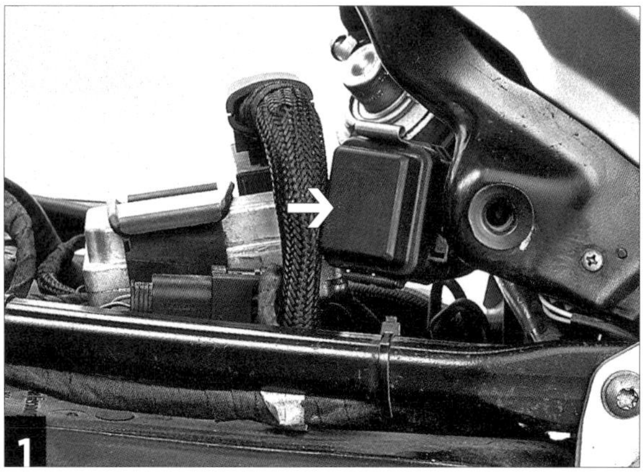
1

Sicherungen
- Sitzbank abnehmen und Deckel (Pfeil) abnehmen.

2

Sicherungen ab Baujahr 2000 bis 2003

1	BMS-Compact (Motorsteuerung)	20 A
2	Licht, Bremslicht, Blinker, Hupe	15 A
3	Lüfter	7,5 A
4	Heizgriffe	7,5 A

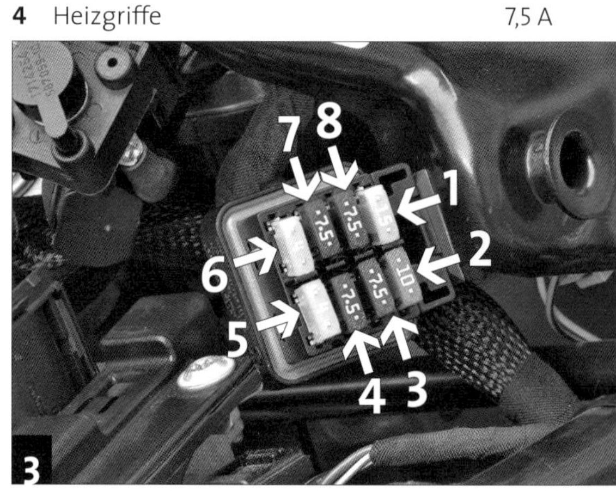

3

Sicherungen ab 2004

1	Motorsteuerung	15 A
2	Kombiinstrument, Steckdose, Diagnosestecker, SZ-Stecker	10 A
3	Fahrlicht	7,5 A
4	Bremslicht, Blinker, Kombiinstrument, Instrumentenbeleuchtung, SZ-Stecker	7,5 A
5	Heizgriffe	4 A
6	Standlicht, Schlusslicht	4 A
7	Fernlicht	7,5 A
8	Hupe, Lichthupe	7,5 A

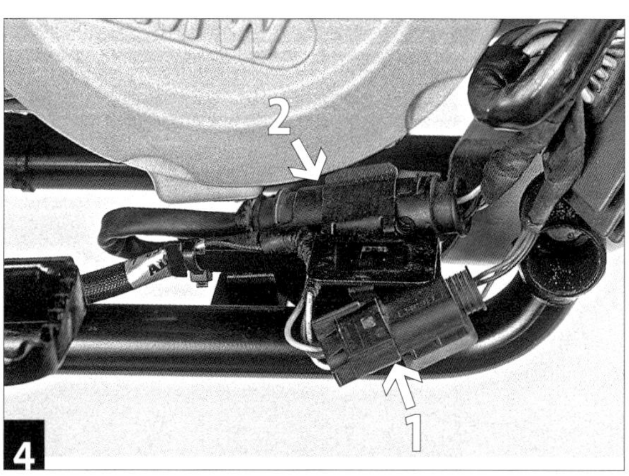

4

Seitenständerschalter- 1 und Lambdasonden-Stecker 2
- Motorschutz abnehmen
- Einbaulage: am rechten Unterzug.

5

Stecker am Zylinder rechts
- Abdeckung abnehmen.

1 Zündgeber (Pickup)
2 Generator/Regler (3pol)
3 Regler/Bordnetz (4pol)

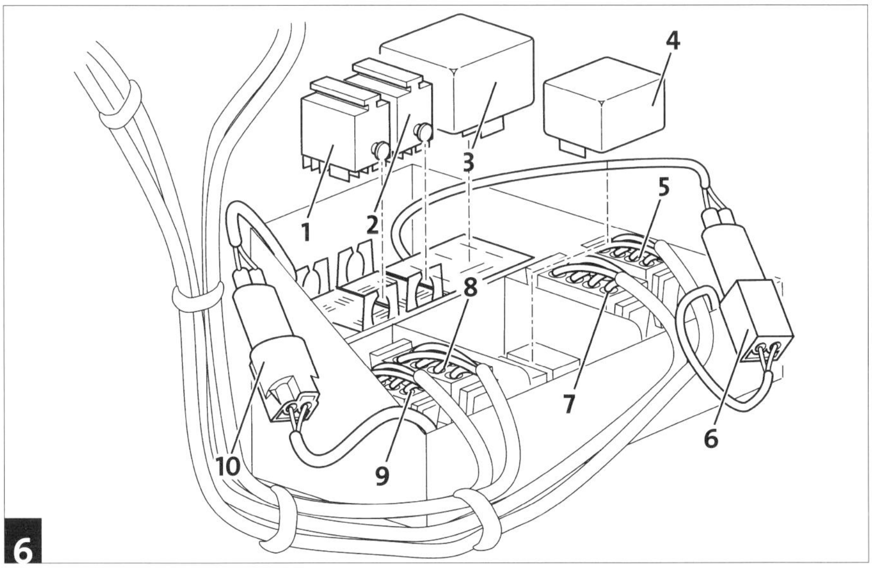

6

GS Elektrikbox

Relais
1 Entlastungsrelais
2 BMS-Relais
3 Dioden
4 Blinkergeber

Stecker
5 Zündlichtschalter
6 Bremslichtschalter
7 Lenkerschalter rechts
8 Lenkerschalter links
9 Kupplungsschalter
10 ABS-Schalter

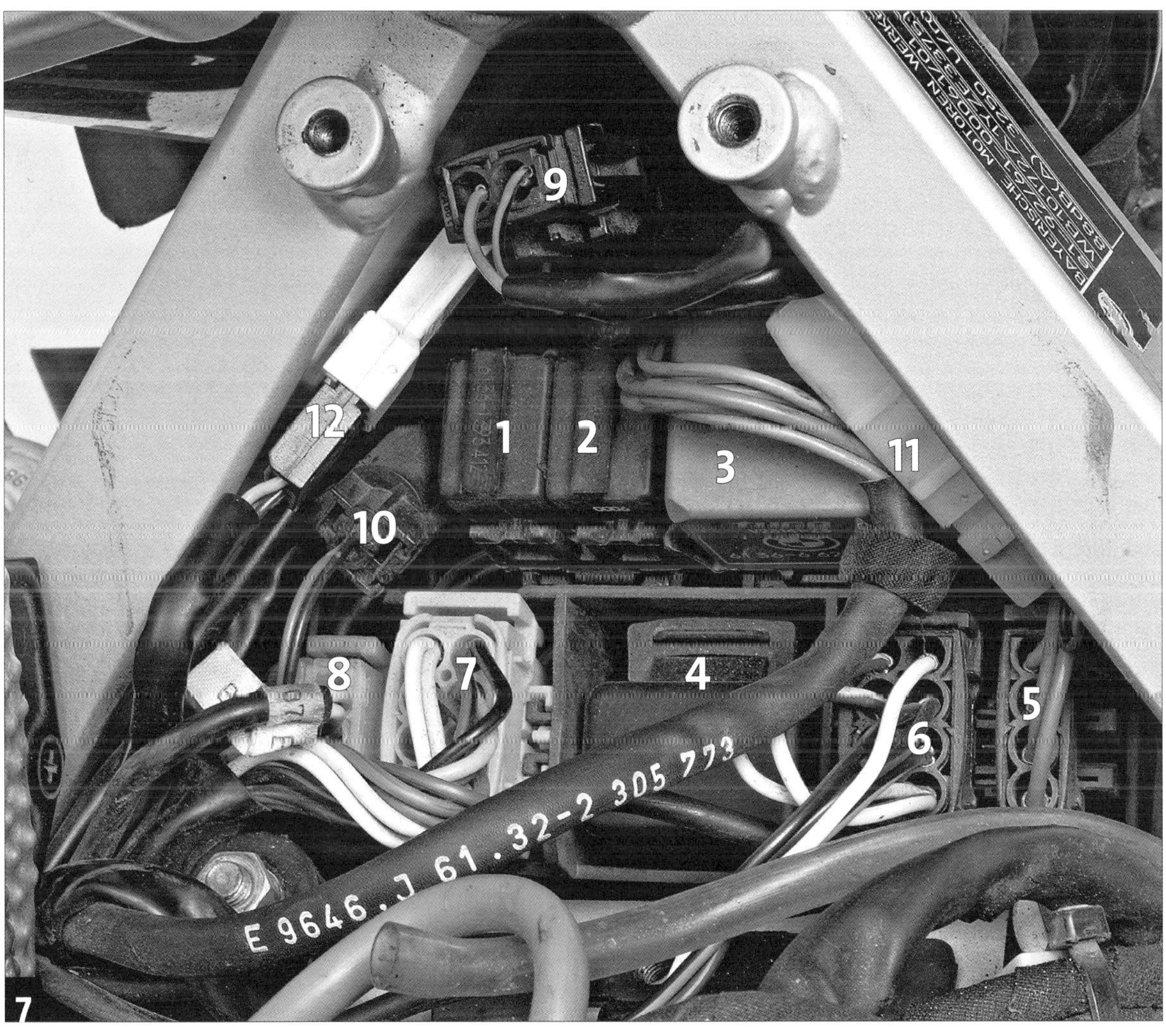

7

1 Entlastungsrelais
2 BMS-Relais
3 Dioden
4 Blinkergeber
5 Zündlichtschalter
6 Lenkerschalter rechts
7 Lenkerschalter links
8 Kupplungsschalter
9 Bremslichtschalter grün-rot/grün-schwarz – grün-weiß/grün-schwarz
10 ABS-Schalter schwarz/braun – schwarz-grün/braun
11 Griffheizung (Griff) 4pol
12 Griffheizg. (Schalter) 3pol

Zugang Elcktrikbox

- Cover abnehmen (Seite 54).
- Batterie ausbauen (Seite 74).
- Starterrelais abnehmen, Bestigungsschraube ausdrehen und Deckel der Elektronlkbox abnehmen. (Bild 4 Seite 211).

26 Elektrik: Stecker & Bauteile

26.2
CS

Sicherungen

! Sicherungen niemals überbrücken.

! Sicherungen nur gegen identische ersetzen (gleicher Ampere-Wert)!

👁 Falls Sicherungen wiederholt »durchbrennen«, entsprechendes Bauteil ersetzen oder Kabelbaum-Abschnitt auf Kurzschluss oder Masseschluss untersuchen.

Weitere wichtige Elektrik-Komponenten

- Batterie Seite 74
- Seitenständer- und Kupplungsschalter Seite 102
- Generator, Zündspule und Zündpickup Seite 130
- Starterrelais Seite 137

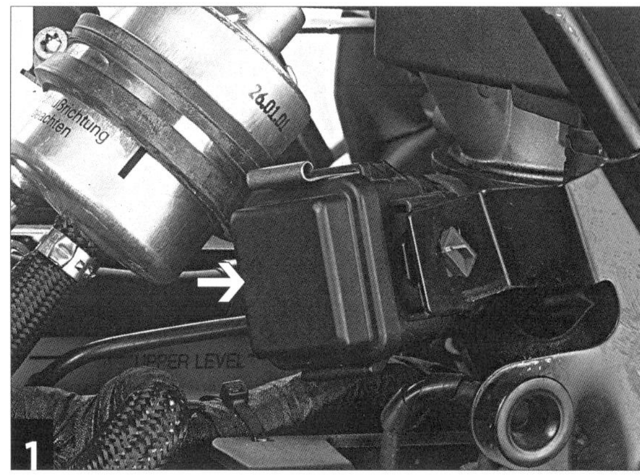

Sicherungen

- Sitzbank abnehmen und Deckel (Pfeil) abnehmen.

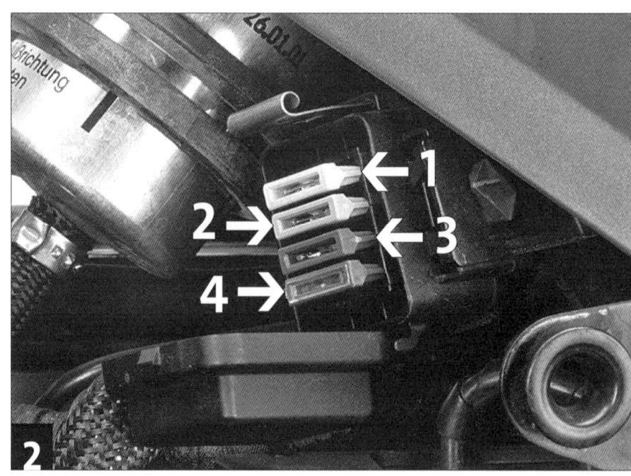

Sicherungen

1	BMS-Compact (Motorsteuerung)	20 A
2	Licht, Kennzeichenleuchte, Hupe	15 A
3	Brems-/Standlicht Lüfter, Blinker, Heizgriffe	10 A
4	Warnblinklicht	7,5 A

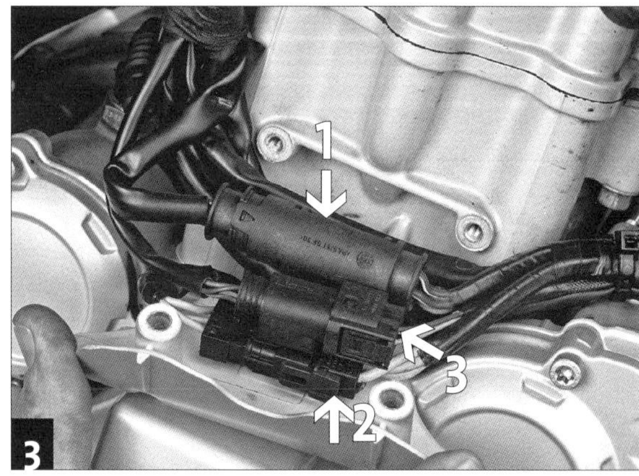

Stecker am Zylinder rechts

- Abdeckung abnehmen.

1 Regler (3pol, gelb)

2 Regler/Bordnetz (4pol)

3 Seitenständerschalter

4 Pickup (versteckt, 2pol)

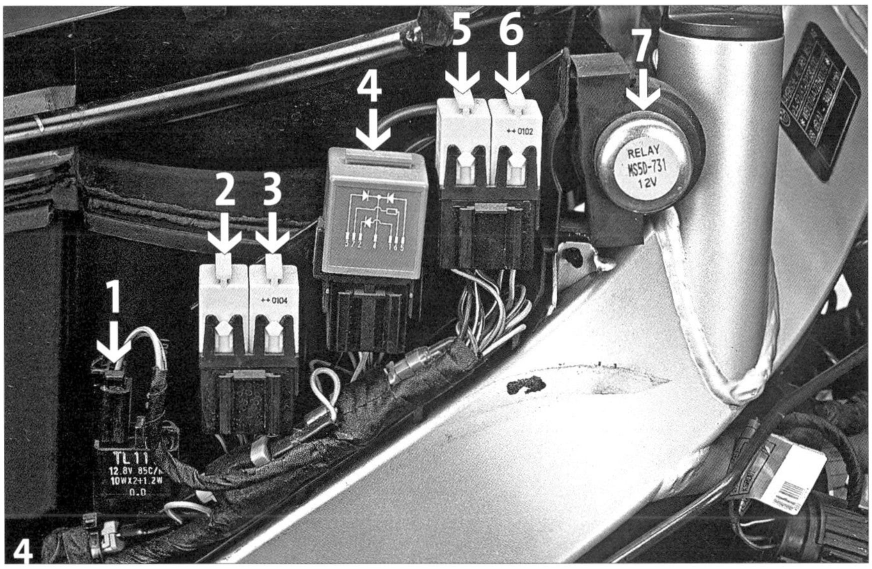

Relais CS

1 Blinkergeber
2 BMS-Relais
3 Entlastungsrelais
4 Dioden
5 Blinksignalrelais
6 Warnblinkrelais
7 Starterrelais

Stecker CS

1 Kupplungsschalter
2 Lenkerschalter links
3 Stecker Zusatzkabelbaum
4 Lenkerschalter rechts
5 Bremslichtschalter
6 Zündschloss

27 Einwintern

27
Einwintern

Richtiges Einwintern oder »Einmotten« für längere Zeiträume (etwa ab einem Monat) macht sich auf jeden Fall bezahlt. Und zwar nicht nur durch den Werterhalt der Maschine, sondern es erhöht auch die Lebensqualität im wichtigen Frühling ungemein, wenn die Kiste nach dem Winterschlaf ihre Arbeit wieder aufnimmt, als wäre nichts gewesen.

Als **Aufbewahrungsort** empfiehlt sich eine trockene und gut belüftete Garage oder Ähnliches. Und im Fall einer Garage bitte darauf achten, dass nicht etwa salzhaltige Feuchtigkeit durch Fahrzeuge »eingeschleppt« wird, die auch bei Streusalz-Einsatz bewegt werden und die Garage mitbenutzen.
Eine spezielle Abdeckplane aus dem Zubehörhandel hilft natürlich auch – und zwar der Kasse des Verkäufers. Im geschilderten Idealfall genügt ein altes Bettlaken als Staubschutz.
Anders sieht es bei einem weniger günstigen Abstellplatz aus, etwa ein überdachter Stellplatz im Freien. Hier ist eine hochwertige Abdeckplane natürlich angebracht. Hochwertig heißt in dem Fall, dass die Plane aus einer sogenannten Klimamembran aufgebaut ist, welche von außen nach innen wasser- und luftdicht abschließt und umgekehrt entsprechend durchlässig ist.
Bei Verwendung einer preisgünstigeren Kunststoffplane (oft auch innen mit Baumwolle beschichtet) unbedingt unten so weit geöffnet lassen, dass die Luftzirkulation nicht behindert wird und sich so keine Feuchtigkeitsnester bilden können.

So oder so, bevor die Maschine eingestellt wird, steht penibles Putzen und Abschmieren auf dem Programm. **Frisches Motoröl** (Seite 89) und **Ventilspielwartung** (Seite 79) runden den letzten Inspektionsgang ab, wo auch nach »schwitzenden« Motordeckeln, angescheuerten Kabeln und »gammeligen« Steckern Ausschau gehalten wird.

27.1
Batterie

- Ausbauen, Säurestand kontrollieren und gegebenenfalls regulieren wie in Kapitel 3.8 Seite 74/75 beschrieben und frostfrei lagern.
- Mit Ladegerät Batterie regelmäßig alle 10 bis 14 Tage nachladen (Seite 75).
- Im Motorradzubehör-Handel sind auch praktische Ladungserhaltungsgeräte erhältlich, die das Nachladen erübrigen.

27.2
Kraftstoffanlage und Tank

Die Einspritzanlage der 650er bietet keine Ansatzpunkte, hier die Vergaser-übliche Vorsorge zu treiben. Dies als Indiz für die Anspruchslosigkeit der zeitgemäßen Gemischaufbereitung.
Ebenso ist der Kunststoff-Tank gegenüber den sonst üblichen Anfechtungen eines Stahlblechtanks immun.

27.3
Räder und Reifen

- Reifen 0,5 – 1,0 kg/cm^2 über Normaldruck aufpumpen.
- Wenn möglich Fahrzeug so an Rahmen, Schwinge oder Motor (Gehäuse nicht eindrücken!) aufbocken, dass beide Räder frei in der Luft hängen und so die Gefahr von Standschäden zusätzlich minimiert wird.

27.4
Inbetriebnahme

Wenn alles wie in den Vorkapiteln beschrieben ausgeführt wurde, heisst es – in der Regel – wenn die Sonne wieder richtig 'rauskommt: kontrollieren und starten!

- Motorölstand
- Kühlflüssigkeitsstand
- Reifenluftdruck
- Beleuchtungseinrichtungen
- Hebel und Pedale
- Bremssystem: unter Druck setzen und nach etwa 20 Sekunden System auf Leckage sichtprüfen (insbesonders an den Verbindungselementen).

👁 Druckpunkt immer noch deutlich fühlbar?

Öl- & Kühlkreislauf 28

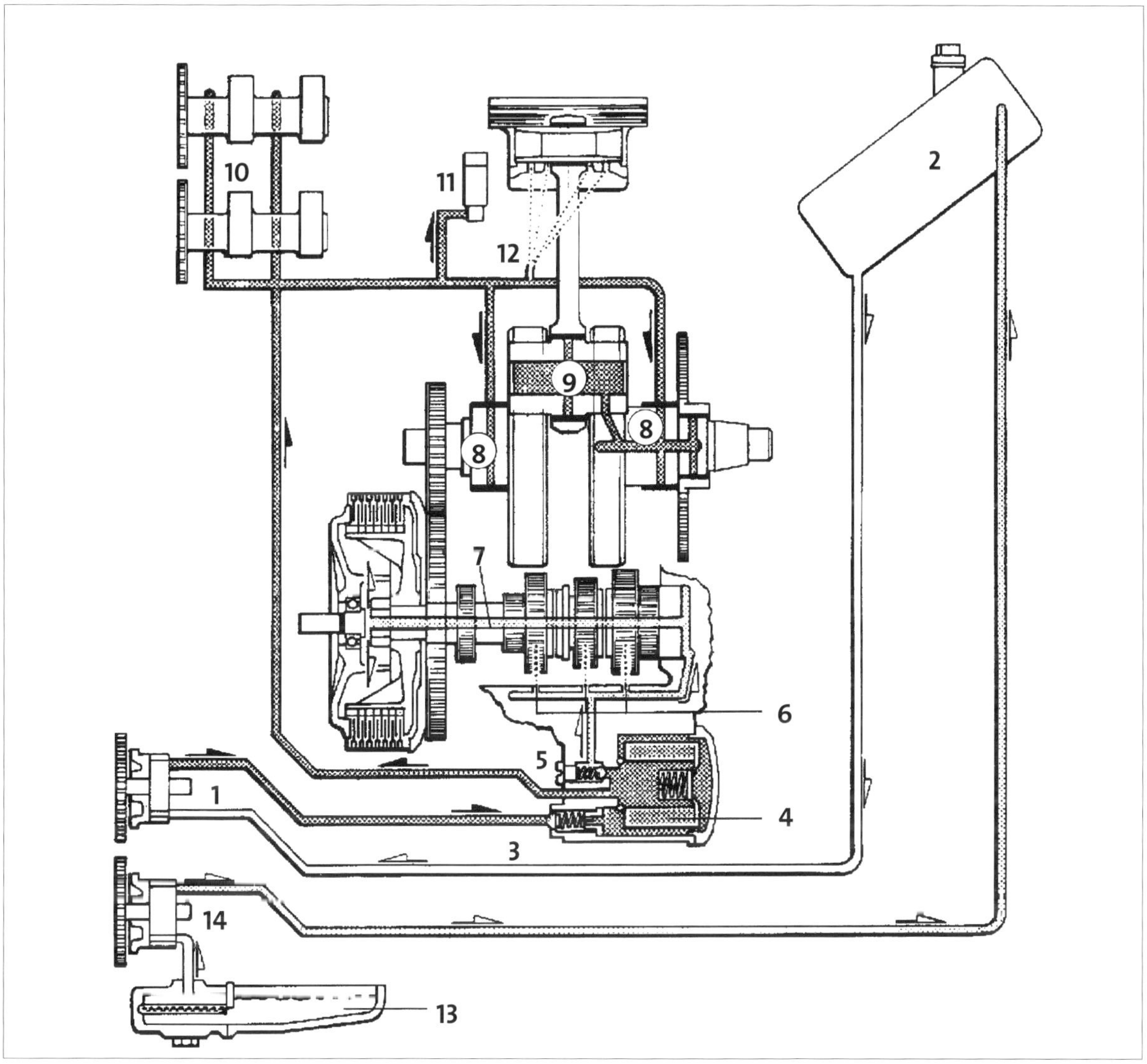

Ölkreislauf

- **1** Druckpumpe
- **2** Öltank
- **3** Rückhalteventil
- **4** Ölfilter
- **5** Regelventil
- **6** Niederdruckleitung (Getriebe)
- **7** Niederdruckleitung (Kupplung)
- **8** Hochdruckleitung (Kurbelwelle)
- **9** Hochdruckleitung (Pleuellager)
- **10** Hochdruckleitung (Nockenwelle)
- **11** Kettenspanner
- **12** Spritzdüsen (für Kolbenboden)
- **13** Ölsumpf
- **14** Saugpumpe

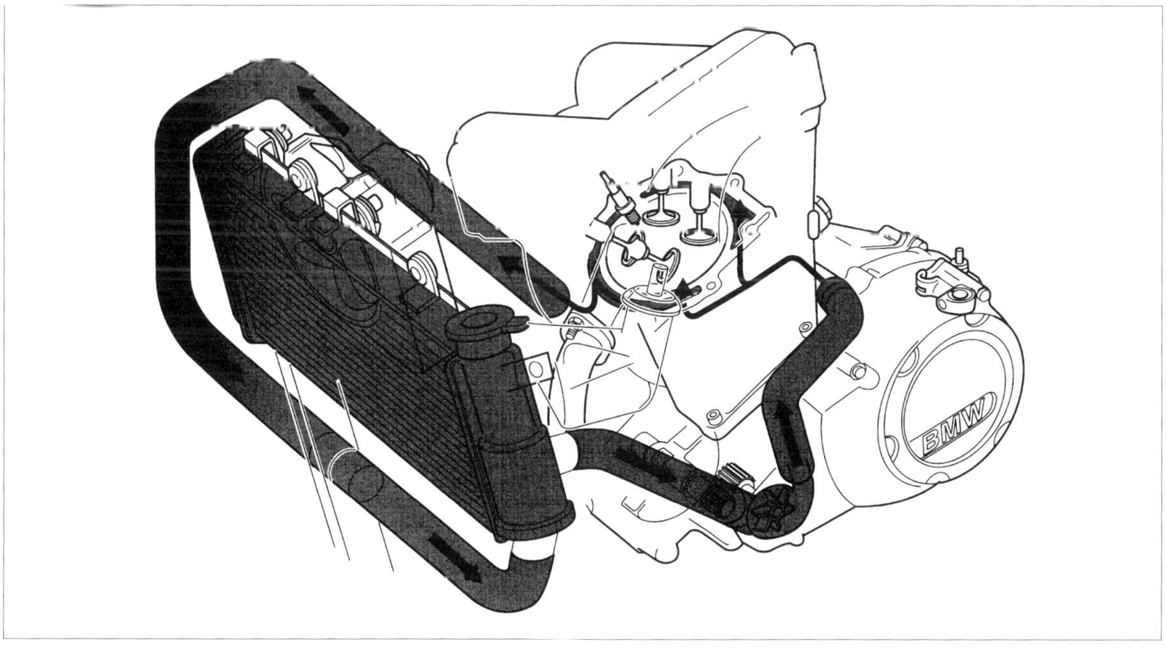

Kühlkreislauf

29 Technische Daten

Motor

Bauart	Einzylinder-, Viertaktmotor, DOHC-Steuerung mit Hülsenkettenantrieb, 4 Ventile über Tassenstößel betätigt, Ausgleichswelle, Flüssigkeitskühlung für Zylinder und Zylinderkopf, integrierte Wasserpumpe, 5-Gang Getriebe und Trockensumpfschmierung
Bohrung x Hub	100 x 83 mm
Hubraum	652 cm^3
Verdichtungsverhältnis	11,5:1
Nennleistung	37 kW
bei Drehzahl	6500/min
Max. Drehmoment	60 Nm
bei Drehzahl	5000/min; ab 2004: 4800/min

mit Leistungsreduzierung

Nennleistung	25 kW
bei Drehzahl	5500/min
Max. Drehmoment	51 Nm
bei Drehzahl	4000/min

Leerlaufdrehzahl	1400/min; ab 2004: 1480/min
zulässige Dauerdrehzahl	7000/min
Höchstdrehzahl	7500/min; ab 2004: max. 7400/min

Motorblock

Zylinderbohrung Toleranzgruppe A	
Neuzustand	
von der Oberkante 55 – 65 mm	100 - 100,012 mm
Verschleißgrenze	max. 100,03 mm

Zylinderbohrung Toleranzgruppe B	
Neuzustand	
von der Oberkante 55 - 65 mm	100,012 - 100,024 mm
Verschleißgrenze	max. 100,04 mm

Zylinder	Leichtmetallzylinder »Nikasil« beschichtet
Kolben	Leichtmetallgußkolben mit 3 Kolbenringen
Verschleißgrenze	
Hauptlagerbohrungsdurchmesser	max. 46,08 mm
Verschleißgrenze	
Hauptlagerstellendurchmesser	max. 47,97 mm
Länge der Druckfeder Ölregelventil	
entspannte Länge	min. 14 mm
Länge der Druckfeder Ölrückhalteventil	
entspannte Länge	min. 14,5 mm
Fügetemperatur Getriebelager	
im Motorgehäuse	80 - 100 °C
Fügetemperatur Kurbelwellenlager	
im Motorgehäuse	100 °C
Lösetemperatur Getriebelager	
im Motorgehäuse	80 - 100 °C
Lösetemperatur Kurbelwellenlager	
im Motorgehäuse	100 °C

Zylinderkopf

Ventilsitzwinkel Einlassventil	45 °
Ventilsitzwinkel Auslassventil	45 °
Ventilsitzbreite Einlass	
Neuzustand	1,05 - 1,35 mm
Verschleißgrenze	max. 1,6 mm
Ventilsitzbreite Auslass	
Neuzustand	1,25 - 1,55 mm
Verschleißgrenze	max. 2,2 mm
Ventilführung Innen-Ø	5,006 - 5,018 mm
Verschleißgrenze	max. 5,08 mm
Löse-/Fügetemperatur Ventilführung	100 °
Überstand Ventilführung	
für Einlass-/Auslassventil	9,8 - 10,2 mm

Kurbelwelle mit Lager

Lagerung Kurbelwelle	Gleitlager
Kurbelwellen Hauptlagerspiel	0,03 - 0,07 mm
Verschleißgrenze	0,10 mm
Schlag am Kurbelwellenzapfen	
Kupplungsseite	max. 0,03 mm
Schlag am Kurbelwellenzapfen	
Magnetseite	max. 0,05 mm
Anlaufscheibe für Kurbelwelle	
(Magnetseite)	1,0 mm
Axialspiel der Kurbelwelle	0,1 - 0,3 mm
Maß der eingebauten Gehäusedichtung	0,4 mm
Axialspiel Kurbelwelle	0,1 - 0,3 mm

Pleuel mit Lager

Verschleissgrenze Radialspiel	
großes Pleuelauge	max. 0,08 mm
kleines Pleuelauge	max. 0,05 mm
Axialspiel Pleuellager	0,3 - 0,65 mm
Verschleissgrenze	
Axialspiel Pleuellager	max 0,8 mm
Einbaumass kleines Pleuelauge	22,015 - 22,025 mm
Verschleissgrenze	max. 22,04 mm

Kolben mit Ringe und Bolzen

Kolben Bauart	Leichtmetallgußkolben mit drei Kolbenringen
Kolben-Ø	
Quer zur Kolbenbolzenachse,	
16 mm über Kolbenunterkante	
Toleranzgruppe A	
Neuzustand	99,975 - 99,985 mm
Verschleißgrenze	min. 99,94 mm
Kolben-Ø Toleranzgruppe B	
Neuzustand	99,985 - 99,995 mm
Verschleißgrenze	min. 99,95 mm
Kolbeneinbauspiel	
Neuzustand	0,015 - 0,04 mm
Verschleißgrenze	max. 0,09 mm

29

Einbaurichtung der Kolbenringe	Bezeichnung »Top« nach oben
1. Nut: Rechteckring, Ringhöhe	
Neuzustand	1,20 mm
Verschleißgrenze	min. 1,15 mm
Nuthöhe	
Verschleißgrenze	max. 1,3 mm
Stossspiel	
Neuzustand	0,2 - 0,4 mm
Verschleißgrenze	max. 1 mm
Flankenspiel	
Neuzustand	0,03 - 0,065 mm
Verschleißgrenze	max. 0,15 mm
2. Nut: NM-Ring, Ringhöhe	
Neuzustand	1,50 mm
Verschleißgrenze	min. 1,45 mm
Nuthöhe	
Verschleißgrenze	max. 1,6 mm
Stossspiel	
Neuzustand	0,2 - 0,4 mm
Verschleißgrenze	max. 1 mm
Flankenspiel	
Neuzustand	0,03 - 0,065 mm
Verschleißgrenze	max. 0,15 mm
3. Nut: Stahlbandölabstreifring, Nuthöhe	
Verschleißgrenze	2,60 mm
Stossspiel	
Neuzustand	0,2 - 0,4 mm
Verschleißgrenze	1,00 mm
Flankenspiel	
Neuzustand	0,03 - 0,065 mm
Verschleißgrenze	0,15 mm

Kolbenbolzen-Ø	
Neuzustand	21,996 - 22 mm
Verschleißgrenze	min. 21,98 mm
Kolbenbolzenbohrungs-Ø im Kolben	22,012 - 22,017 mm
Radialspiel Kolbenbolzen im Kolben	
Neuzustand	0,012 - 0,021 mm
Radialspiel Kolbenbolzen im Pleuel	
Neuzustand	0,015 - 0,029 mm
Verschleißgrenze	max. 0,05 mm

Ausgleichswelle

Verschleissgrenze Lagerstellendurchmesser Ausgleichswelle	max. 19,96 mm
Überstand des Spannstiftes im Gegenrad vor dem Aufpressen auf die Kurbelwelle	max. 18 mm
Fügetemperatur Gegenrad	140 °C
Fügetemperatur Ausgleichsrad	100 °C

Steuerung

AusführungSteuerkette	Vorgereckte Endlos-Einfachhülsenkette
Gliederzahl Steuerkette	126
Steuerkettenlängung	
Abstand von Dichtfläche Verschlußschraube bis Kolben des Kettenspanners	max. 9 mm

Nockenwelle

Nockenwellenlager Bohrungs-Ø	
Verschleißgrenze	max. 22,04 mm
Nockenwellen-Ø im Lager	
Neuzustand	21,967 - 21,98 mm
Verschleißgrenze	min. 21,95 mm
Radialspiel Nockenwelle im Nockenwellenlager	
Neuzustand	0,02 - 0,06 mm
Verschleißgrenze	max. 0,09 mm
Nockenhöhe E/A	40,37 - 40,47 mm
Verschleissgrenze Nockenhöhe E	min. 40,27 mm
Kennzeichnung Nockenwellen	
Fliehkraft-Dekompressor	
Überstand Fliehgewicht	min. 0,6 mm

Tassenstößel

Tassenstößel Bohrungs-Ø im Zylinderkopf	
Verschleißgrenze	max. 33,6 mm
Außen-Ø Tassenstössel	
Verschleißgrenze	min. 33,4 mm
Radialspiel Tassenstössel	
Verschleißgrenze	max. 0,2 mm

Ventile mit Federn

Ventilspiel bei kaltem Motor (max 35 °C)	
Bis 2004 – eine Zündkerze	
Einlassventil	0,10 - 0,15 mm
Auslassventil	0,25 - 0,30 mm
Ab 2004 – zwei Zündkerzen	
Einlassventil	0,03 - 0,11 mm
Auslassventil	0,25 - 0,33 mm
Ventilwinkel	
Einlass	15 °
Auslass	18 °
Ventilsteuerzeit ohne Ventilspiel, bei Ventilhub 3 mm	
Einlass öffnet (nach OT)	13 °
Einlass schließt (nach UT)	25 °
Auslass öffnet (vor UT)	25 °
Auslass schließt (vor OT)	13 °
Ventilteller-Ø Einlass	36 mm
Ventilteller-Ø Auslass	31 mm
Ventilschaft-Ø Einlass	
Neuzustand	4,9 - 4,94 mm
Verschleißgrenze	min. 4,89 mm
Ventilschaft-Ø Auslass	
Neuzustand	4,9 - 4,94 mm
Verschleißgrenze	min. 4,89 mm
Ventilfederlänge	
Neuzustand	min. 46,37 mm

29 Technische Daten

Ventile mit Federn (Fortsetzung)

Ventilfederlänge	
Verschleißgrenze	min. 44,8 mm
Ventilschaftspiel Einlass	0,016 - 0,058 mm
Verschleissgrenze	max. 0,13 mm
Ventilschaftspiel Auslass	0,031 - 0,073 mm
Verschleissgrenze	max. 0,145 mm
Kippspiel Ventil	max. 0,4 mm

Ölversorgung

Schmiersystem Bauart	Trockensumpfschmierung durch Ölpumpe
Motoröldruck im Leerlauf bei Öltemperatur 80 °C	min. 0,5 bar
Öldruck bei Nenndrehzahl Motoröl hat Betriebstemperatur Motordrehzahl min 4500/min	max. 4,5 bar
Länge der Druckfeder im Öldruckregelventil entspannt	min. 14 mm
Länge der Druckfeder im Ölrückhalteventil entspannt	min. 14,5 mm

Ölpumpe

Bauart	2 Trochoidpumpen, Antrieb von Primärtrieb
Gehäusetiefe Primärpumpe	14 mm
Gehäusetiefe Sekundärpumpe	19 mm
Axialspiel zwischen Außen-/Innenrotor und Ölpumpendeckel	
Verschleißgrenze	max. 0,25 mm
Spiel zwischen Innenrotor und Außenrotor	
Verschleißgrenze	max. 0,25 mm
Radialspiel zwischen Außenrotor und Motorgehäuse	
Verschleißgrenze	max. 0,25 mm

Ölfilter

Ölfilter	Filter im Hauptstrom

Ansaugkrümmer

Ansaugstutzen-Ø	43 mm

Motor

Ölfüllmenge Motor - gesamt mit Filterwechsel	2,3 l
Betriebsstoffe/Betriebsmittel	Motoröl 15W40
Ölfüllmenge Motor nur Motor mit Filter	0,5 l
Betriebsstoffe/Betriebsmittel	Motoröl 15W40
Ölfüllmenge Motor	
Öltank - Vorabbefüllung	2,0 l
Öltank - Auffüllen	max. 0,3 l

Motorelektrik

Zündsystem

Bauart	kontaktlose Transistorzündung, in BMS integriert
Zündungs-Induktivgeber (Zünd-Pickup)	
Widerstand	190 - 300 Ω
Lösetemperatur Rotor	80 °C
Lösetemperatur Freilaufgehäuse	120 °C

Zündkerzen

Hersteller und Bezeichnung	NGK D8 EA; ab 2004: DR8 EB
Zündkerzengewinde	M12 x 1,25
Elektrodenabstand Zündkerze	
Neuzustand	0,6 - 0,7 mm
Verschleißgrenze	max. 0,9 mm

Zündspule

Primärwicklung	500^{+50}_{-50} mΩ
ab 2002:	
Hersteller und Bauart	BREMI Stabspule
Widerstand Primär (zwischen Klemme 15 und 1)	500 - 530 mΩ
Widerstand Sekundär (zwischen Klemme 4a und 4b)	20 kΩ
ab 2004:	
Hersteller und Bauart	BREMI Stabspule
Widerstand Zündspule Primär (zwischen Klemme 15 und 1)	0,87 Ω
Widerstand Sekundär	nicht messbar

Generator

Drehstromgenerator	
Bauart	permanent erregt
Antrieb	auf Kurbelwelle
Höchstleistung	Spannung 14 V 400 W
Höchststrom bei Motordrehzahl 7500/min	29 A

Starter

Bauart	Permanentmagnet-Motor mit Klemmkörperfreilauf auf Kurbelwelle wirkend mit Vorgelege
Übersetzungsverhältnis	1:32
Leistung	0,9 kW

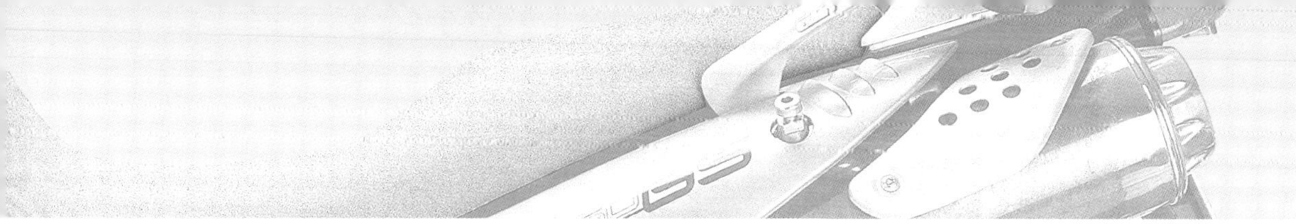

29

Kraftstoffaufbereitung

Typ	Saugrohreinspritzung

Kraftstoffbedarf

bis 2002	Super bleifrei ROZ 95
ab 2002	Normal bleifrei ROZ 91

Drehzahlregler

Drehzahlbegrenzung	7500/min; ab 2004: 7400/min

Einspritzdüsen und Leitungen

Kraftstoffdruck	3,3 - 3,7 bar

Drosselklappe und Betätigung

Drosselklappenstutzen-Innen-Ø	43 mm

Steuergerät

Motorsteuerung	
bis 2003	BMS (Kennfeldsteuerung)
ab 2004	BMS-C II (Kennfeldsteuerung)

Luftfilter

Bauart	Papierfilter

Kraftstoffbehälter und -leitungen

Elektr. Füllstandgeber u. Kraftstoffpumpe

Bauart	Peripheralpumpe
Betriebsspannung	7 - 15 V
Kraftstoffpumpe Mindesfördermenge	
Fahrzeug Spannungsversorgt	min. 1 l/min
Kraftstoffpumpe Betriebsdruck	3,5 bar

Kraftstoffbehälter und -leitungen mit Befestigung

Bauart	Kunststoffbehälter mit Abdeckung
Kraftstoffbehälter-Inhalt	
nutzbar	17,3 l; CS: 15 l
davon Reserve	4,5 l; CS: 4 l

Kühler

Kühlsystem

Gesamtfüllmenge	1,3 l
Füllmenge im Kreislauf	1,2 l
Füllmenge im Ausgleichsbehälter	0,1 l

Kühlmittelzusammensetzung

Anteil Frostschutzmittel	50 %
Kühlmittel-Frostsicherheit	min -30 °C
Kühlsystem-Prüfdruck	
Prüfdruck muss unverändert	
bleiben min 5 min	1,5 bar
Einschalttemperatur	
Temperaturwarnleuchte	118 °C
Kühlflüssigkeitsstand	Kühlflüssigkeitsstand zwischen MIN und MAX-Markierungen auf dem Ausgleichsbehälter

Motorkühler

Bauart	U-durchströmt mit integriertem Thermostat
Öffnungsdruck	
Überdruckventil im Kühlerdeckel	1,5 - 1,7 bar
Öffnungstemperatur Thermostat	85 °C

Zusatzlüfter elektronisch

Einschalttemperatur Kühlerlüfter	102 °C

Auspuffanlage

Schalldämpfer

Bauart	Reflexions-/Absorptions-Edelstahlschalldämpfer

Abgasrohr mit Katalysator

Bauart	kombinierte Reflektions-/Absorbtionsanlage
Abgasreinigung	3-Wege-Katalysator mit Lambdaregelung

Kupplung

Bauart	Mehrscheiben-Ölbadkupplung
Betätigung	mechanisch über Seilzug
Handkraft	
bei Abstand von Drehpunkt 40 mm	66 N
Anzahl der Kupplungsreibscheiben	7

Kupplung mit Mitnehmerscheibe

Kupplungsscheiben-Ø	144 mm
Kupplungsbelaglamellen-Gesamthöhe	
Verschleißgrenze	min. 27,5 mm
Kupplungslamellenpaket-Gesamthöhe	
Verschleißgrenze	min. 39,1 mm
Kupplungsbelaglamellen-Verzug	max. 0,25 mm
Kupplungsstahllamellen-Verzug	max. 0,15 mm
Einbaumaß je Scheibe	3,45 - 3,55 mm
Lösetemperatur Druckplatte	80 °C

29 Technische Daten

Kupplungsausrücker mit Hebel

Spiel Kupplungshandhebel	
Zwischen Kupplungshandhebel und Handhebelaufnahme, am Ausrückpunkt	1 – 2 mm
Innenabstand zwischen Kupplungsausrückhebel und Seilzugaufnahme am Ausrückpunkt	47 – 52 mm

Getriebe

Bauart	im Motorgehäuse integriertes klauengeschaltetes 5-Gang-Getriebe

Getriebewellen

Hauptwellendurchmesser	
Generatorseite	
Verschleißgrenze	min. 24,98 mm
Kupplungsseite	
Verschleißgrenze	min. 16,98 mm
Vorgelegewellendurchmesser Magnetseite	
Verschleißgrenze	min. 16,98 mm
Vorgelegewellendurchmesser Kupplungsseite	
Verschleißgrenze	min. 24,97 mm

Zahnräder

Getriebe Primärübersetzung	1,946 (37/72 Zähne)
Übersetzungsverhältnis	
1. Gang	2,750 (12/33 Zähne
2. Gang	1,750 (16/28 Zähne)
3. Gang	1,313 (16/21 Zähne)
4. Gang	1,045 (22/23 Zähne)
5. Gang	0,875 (24/21 Zähne)
CS: 5. Gang	0,840 (25/21 Zähne)

Innere Schaltungsteile

Schaltgabel-Führungszapfendurchmesser	min. 5,85 mm
Schaltgabel-Dicke an den Anlageflächen	min. 3,45 mm

Ketten-/Riemenantrieb

Kettendurchhang	
Fahrzeug unbelastet auf Hauptständer	35 - 45 mm
Kettenritzel - Zähnezahl	16
Kettenrad - Zähnezahl	47
Sekundärübersetzung (Endantrieb)	1:2,937
F 650 CS	
Riemenritzel - Zähnezahl	28
Riemenrad - Zähnezahl	82
Sekundärübersetzung (Endantrieb)	1:2,929

Kette

Bauart und Bezeichnung	O-Ring Kette 5/8" x 1/4"
Antriebskette-Gliederzahl	112
Antriebskette - Länge	1000 mm
Antriebskette - Rollen-Ø	10,16 mm

Riemen (F 650 CS)

Bezeichnung	Poly Chain GT, 11M-1892-26
Zähnezahl	172
Länge	1892 mm
Riemenbreite	26 mm
Abstand der Zähne	11 mm
Mindest-Biegedurchmesser	100 mm
Abstand Riemenabdeckung zu Riemenrad	1,5 - 2 mm

Vorderradgabel

Bauart	Teleskopgabel
Gesamtfederweg am Rad	
F 650 GS	170 mm
F 650 GS Dakar	210 mm
F 650 CS	125 mm
Gabelstandrohr-Außen-Ø	41 mm
Gabelstandrohr-Oberfläche	hart verchromt
Gabelstandrohr-Schlag	max. 0,1 mm
Gabeltragfeder-Länge	
F 650 GS	515,1 mm
F 650 GS Dakar	467,9 mm
F 650 CS	365 mm
Gabeltragfeder-Draht-Ø	
F 650 GS	4,8 mm
F 650 GS Dakar	5,0 mm
F 650 CS	4,8 mm
Prüfeinbaulänge der Standrohre	
F 650 GS	215 mm
F 650 GS Dakar	218 mm
F 650 CS	273,5 mm
Lenkkopflagerung	rast- und spielfrei
Fügetemperatur Lenkkopflager unten	80 °C
Drehwinkel Einstellring Lenkkopflager	60 °
auf dem Umfang des Verriegelungsbleches	40 mm
Einbaulage Standrohre	zueinander parallel
Lage Standrohre zu Lenkrohr	Lenkrohr zu Standrohren muss fluchten und obere Gabelbrücke muss sich leicht einbauen lassen
Füllmenge pro Gabelholm	
Erstbefüllung	
F 650 GS	0,61 l
F 650 GS Dakar	0,56 l
F 650 CS	0,48 l
Ölwechsel	
F 650 GS	0,60 l
F 650 GS Dakar	0,55 l
F 650 CS	0,47 l
F 650 GS bei SA Tieferlegung	
Erstbefüllung	0,62 l
Ölwechsel	0,61 l

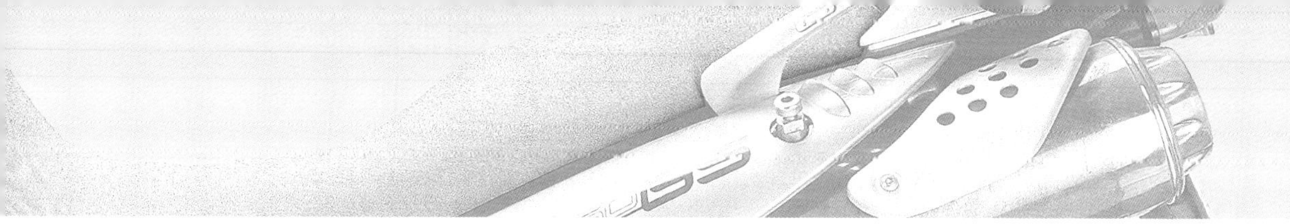

29

Lenkung

Lenkeinschlagwinkel — 40 °; CS: 37 °
Lenkkopflagerspiel — Die Gabel darf beim Bewegen von Anschlag zu Anschlag keine Raststellen aufweisen und darf beim Bewegen in Längsrichtung kein Spiel haben.

Handhebel

Handhebel Kupplung ab 2004 — 3-fach einstellbar

Motorradlenker

Bauart — Einteiliger Stahlrohrlenker mit Querstange
Lenkerbreite
nur Lenker, ohne Griffe — 770 mm
CS: mit Gewichten — 824 mm
Lenkerrohr-Ø — 22 mm

Bowdenzüge

Einstellung Spiel für Gasgriffbowdenzug
bei kaltem Motor 35 °C — 1 mm
Kupplung Seilzugspiel — 1 - 2 mm

Hinterradantrieb

GS
Bauart — Zweiarm-Kastenschwinge
Hinterradantrieb-Bauart — Kettenantrieb
Hinterradführung
Gesamtfederweg
am Federbein — 47,5 mm
am Rad — 165 mm

CS
Bauart — Einarm-Leichtmetallgußschwinge mit über Exzenter einstellbarer Hinterradachse
Hinterradantrieb-Bauart — Riemenantrieb mit Ruckdämpfung in eigenem Gehäuse
Hinterradführung
Gesamtfederweg am Rad — 120 mm

Hinterrad-Aufhängung

Hinterradschwingenlänge — 564 mm
CS: Hinterradschwingenlänge mit aufgelegtem Zahnriemen — 556,8 mm
Hinterradschwingenlagerbolzen - Ausbaumaß nur bei Motorausbau — 22,5 cm; CS: 24 cm
Fügetemperatur Lagersitze Hinterradschwinge — 100 °C
CS: Füge- und Lösetemperatur der Exzenter-Lagersitze — 40 °C
Einpresstiefe der Nadelhülsen innen in Hinterradschwinge von Außenkante Hinterradschwinge gemessen — 36,5 mm
Einpresstiefe der Nadelhülsen außen in Hinterradschwinge von Außenkante Hinterradschwinge gemessen — 3 mm

Federn mit Aufhängung

GS: Bauart — Über Hebelsystem angelenktes Zentralfederbein mit Schraubendruckfeder und Einrohr-Gasdruckdämpfer; Federvorspannung hydraulisch stufenlos einstellbar, Zugstufendämpfung stufenlos einstellbar
CS: Bauart — Über Hebelsystem angelenktes Zentralfederbein, Zugstufendämpfung hydraulisch stufenlos einstellbar
Einpresstiefe der Nadelhülsen in Umlenkhebel (Rahmenseitig) von Außenkante Umlenkhebel gemessen — 4 mm
Einpresstiefe der Nadelhülsen in Umlenkhebel (an Federbein) von Außenkante Umlenkhebel gemessen — 4 mm
Einpresstiefe der Nadelhülsen in Umlenkhebel (an Zugstreben) von Außenkante Umlenkhebel gemessen — 4,5 mm
Fügetemperatur Lagersitze Umlenkhebel — 100 °C ; CS: 80 °C
Lösetemperatur Lagersitze Umlenkhebel — 100 °C; CS: 80 °C

29 Technische Daten

Bremsen

Vorderradbremsen

Bauart	Hydraulisch betätigte 2-Kolben-Schwimmsattel mit fester Scheibe
Bremsbelag vorn	
Material	Sintermetall
Materialstärke	
Verschleißgrenze	
Nur Reibbelag ohne Trägerplatte	min. 1 mm
Reibfläche gesamt	47,4 cm^2
Bremsscheibe vorn - Ø	300 mm
Bremsscheibe/n vorn - Materialstärke	
Neuzustand	5,0 mm
Verschleißgrenze	min. 4,5 mm
Seitenschlag	max. 0,25 mm; CS: max. 0,14 mm
Bremssattel vorn - Kolben-Ø	30 mm/32 mm
Verschraubung Bremsscheibe vorne - Lösetemperatur	80 °C
Sollstand Bremsflüssigkeit vorn	zwischen Mitte Schauglas und Oberkante Schauglas
Blechstreifenstärke für Kolbenrücksetzvorrichtung	9 mm

Hinterradbremsen

Bauart	Hydraulisch betätigte 1-Kolben-Schwimmsattel mit fester Scheibe
Bremsbelag hinten	organisch
Bremsbeläge hinten - Materialstärke	
Verschleißgrenze	
Nur Reibbelag ohne Trägerplatte	min. 1 mm
Reibfläche gesamt	29 cm^2
Bremsscheibe hinten - Ø	240 mm
Materialstärke	
Neuzustand	5,0 mm
Verschleißgrenze	4,5 mm
Seitenschlag	max. 0,25 mm; CS: max. 0,14 mm
Bremssattel hinten: Kolben-Ø	34 mm
Verschraubung Bremsscheibe hinten - Lösetemperatur	80 °C
Sollstand Bremsflüssigkeit hinten	zwischen Markierung MIN und MAX am Ausgleichsbehälter

Hauptbremszylinder

Geberzylinder Vorderradbremse- Kolben-Ø	13 mm
Geberzylinder Hinterradbremse - Kolben-Ø	11 mm; CS: 13 mm
Spiel Kolbendruckstange Hauptbremszylinder hinten	
GS: Messung zwischen Nase des Fußbremshebels und Anschlag am Rahmen	0,2 mm
CS: Messung zwischen Bremslichtschalterhebel und Anschlag am Rahmen	0,15 - 0,35 mm
CS: Messung zwischen Unterkante Fußbremshebel und Oberkante Einstellschraube	12 - 12,4 mm

Bremsleitungen

Bauart vorn/hinten	Standard-Gummibremsleitung »Stahlflex«-Leitung

Schlupf-Regelungs-Systeme

ABS-Hersteller	BOSCH-Nippon
Bezeichnung	ABS-5M
Bauart	Ventilsystem, abschaltbar

Elektronische Komponenten

Sensorabstand vorn/hinten	0,1 - 1,3 mm
CS: vorn	0,1 - 1,3 mm
CS: hinten	max. 0,7 mm

Betriebsstoffe/Betriebsmittel

Sollstand im Bremsflüssigkeitsbehälter vorne; bei neuen Bremsbelägen, Fahrzeug steht gerade und Lenker geradeaus	Oberkante Schauglas
Bremsflüssigkeit	DOT4
Sollstand im Bremsflüssigkeitsbehälter hinten bei neuen Bremsbelägen	MAX-Markierung am Behälter
Bremsflüssigkeit	DOT4

Räder und Bereifung

Vorderrad

GS	
Bauart	Drahtspeichenrad
Felgengröße	2,5x19"
CS	
Bauart	Leichtmetall-Gußrad
Felgengröße	3,00x17"

Hinterrad

GS	
Bauart	Drahtspeichenrad
Felgengröße	3,00x17"
CS	
Bauart	Leichtmetall-Gußrad
Felgengröße	4,50x17"

Vorder-/Hinterrad-Höhenschlag	max. 2 mm; CS: 1,3 mm
Vorder-/Hinterrad-Seitenschlag	max. 2 mm ; CS: 1,3 mm
Lösetemperatur Radlager	100 °C
Fügetemperatur Radlager	100 °C
Lösetemperatur Lager Kettenradträger	100 °C
Maximales Wuchtgewicht Vorder-/Hinterrad	Maximal 10 Gewichte, 5 pro Seitemax. 50 g; CS: max. 80 g

Bereifung

GS	
Reifenbezeichnung Vorderrad	100/90 x 19
Reifenluftdruck Vorderrad	
Solo kalt	1,9 bar
Sozius + Beladung kalt	2,1 bar
Reifenbezeichnung Hinterrad	130/80 x 17
Reifenluftdruck Hinterrad	
Solo kalt	2,1 bar
Sozius + Beladung kalt	2,3 bar

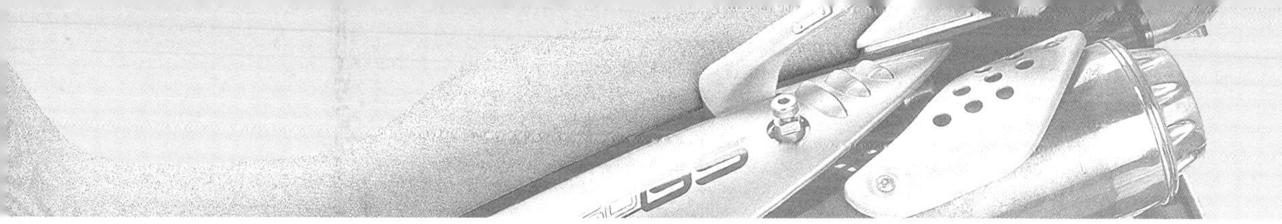

29

CS

Reifenbezeichnung Vorderrad	100/70 ZR 17
Reifenluftdruck Vorderrad	
Solo, Sozius + Beladung kalt	2,2 bar
Reifenbezeichnung Hinterrad	160/80 ZR 17
Reifenluftdruck Hinterrad	
Solo, Sozius + Beladung kalt	2,5 bar

Motorrad-Rahmen und Anbauteile

GS

Bauart	Brückenrahmen mit Unterzug
Typenschild-Anordnung	Hauptrahmenoberzug rechts
Fahrgestellnummer-Anordnung	Steuerkopf rechts
Spiel zwischen Rahmenunterteil und Hauptrahmen	0,1 mm

CS

Bauart	Brückenrahmen mit integriertem Öltank
Typenschild-Anordnung	Hauptrahmenoberzug rechts
Fahrgestellnummer-Anordnung	Steuerkopf rechts

Ausstattung

Zünd-/Lenkschloß Bohrungstiefe zum Ausbohren der Fächerschrauben Bohrer-Ø 5 mm	min. 6 mm
Zünd-/Lenkschloß Bohrungstiefe zum Ausbohren der Fächerschrauben Bohrer-Ø 8 mm	5 mm

Allgemeine Fahrzeugelektrik

Bordspannung	12 V

Batterie

Bauart	wartungsarme Blei-Säurebatterie
Nennspannung	12 V
Nennkapazität	12 Ah
Kälteprüfstrom	80 A
Säurestand	Der Säurestand muss sich zwischen Maximalstand „UPPER LEVEL" und Minimalstand „LOWER LEVEL" auf Batteriegehäuse befinden

Instrumente

Tachometer mit Antriebswelle

Bauart	elektronisch
Tachoantrieb/Signalquelle	Drehzahlsensor am Hinterrad (ABS-Sensor)

Drehzahlmesser, Zeituhr, etc.

Bauart Drehzahlmesser	elektronisch

Anzeige u. Instrumenten-Kontrollleuchten

Leuchtmittel für Tachometer und Drehzahlmesser	Glühlampe Normbezeichnung W5/1,2 12 V 1,2 W
Leuchtmittel für Kontrolle- und Warnleuchten	Glühlampe Normbezeichnung W5/1,2 12 V 1,2 W

Leuchten

Begrenzungs und Seitenleuchten vorn

Leuchtmittel Standlicht	Glühlampe Normbezeichnung T8/4 12 V 5 W

Scheinwerfer

GS

Bauart	Klarglasscheinwerfer mit Freiflächenreflektor
Leuchtmittel Scheinwerfer	Halogenlampe H4 12 V - 55/60 W

CS

Bauart	Doppelscheinwerfer Elipsoid
Leuchtmittel Scheinwerfer	
Abblendlicht	Halogenlampe H3 12 V - 55 W
Fernlicht	Halogenlampe H1 12 V - 55 W
Scheinwerferabstand zu Projektionsfläche	10 m
Abstand Hell-/Dunkelgrenze zur Höhe der Scheinwerfermitte	
Fahrzeug belastet mit 85 kg	-20 cm; CS: -10 cm

Blink- und Heckleuchten

Leuchtmittel Blinkleuchten vorn und hinten	Typ P25-1 12 V 10 W
Heckleuchten-Kombination	Glühlampe Normbezeichnung P25-2 12 V 5/21 W
Kennzeichenleuchte	GS: in Heckleuchte integriert CS: Halogenlampe 12 V 6 W

29 Technische Daten

29.1 Anzugsmomente

Motor

Motorgehäuse	10 Nm; ab 2004: 12 Nm
Zylinderfuß	10 Nm
Öldruckventil	24 Nm
Ölrückhalteventil	24 Nm
Zylinderschraube (Bohrung für Fixierstift)	25 Nm
Leerlaufschalter Loctite 243	3 Nm
Anschlusskabel Leerlaufschalter	2 Nm

Zylinderkopf mit Deckel

Bundmuttern Zylinderkopf, kreuzweise	
Voranzug	20 Nm
Endanzug	60 Nm
Bundschrauben Zylinderkopf, kreuzweise	
Gewinde ölfrei	33 Nm; ab 2004: 30 Nm
Zylinderschrauben (Kettenschacht)	10 Nm
Nockenwellenträger	10 Nm
Zylinderkopfhaube	10 Nm
Entlüfterschraube	12 Nm
Ölleitung an Zylinderkopf	8 Nm

Ölwanne

Ablassschraube Motor	40 Nm

Gehäusedeckel

Generatordeckel	12 Nm
Kupplungsdeckel	12 Nm
Kabelabdeckung an Motorgehäuse	4 Nm
Ritzelabdeckung an Motor	2 Nm

Kurbelwelle mit Lager

Antriebsdoppelrad an Kurbelwelle Loctite 243	180 Nm

Steuerung

Verschraubung Kettenspanner	40 Nm
Kettenräder an Nockenwellen Gewinde geölt	60 Nm
Kettenführung an Nockenwellenträger Loctite 243	10 Nm
Gleitschiene an Motorgehäuse, Schraube erneuern, mikroverkapselt	10 Nm

Ölpumpe mit Sieb, filter und Antrieb

Ölpumpendeckel Loctite 243	6 Nm
Ölablassschraube Motor	40 Nm
Ölfilterdeckel	10 Nm
Fremdstartmassepunkt an Verschraubung Ölfilterdeckel	6,5 Nm
Ölvor-/ Rücklaufleitung an Motor	35 Nm

Öleinfüllung, Meßstab

Öltank an Ansauggeräuschdämpfer	9 Nm
Ablassschraube Öltank	21 Nm

Wasserpumpe mit Antrieb

Ablassschraube Wasserpumpe	10 Nm
Deckel für Wasserpumpe	10 Nm

Motorelektrik

Freilaufgehäuse und Freilauf Loctite 648	35 Nm
Rotor (Magnetnabe) Loctite 243	180 Nm
Geber	8 Nm
Stator an Deckel Loctite 243	10 Nm
Leitungshalter an Deckel Loctite 243	8 Nm
Zündkerze Gewinde öl-/fettfrei	20 Nm
Halter Zündspule an Zylinderkopf	9 Nm
Starter an Kupplungsdeckel	10 Nm
Dehnschrauben Startergehäuse	6 Nm
Plusleitung an Starter	9 Nm
Pluskontakt an Starter	4 Nm
Öldruckschalter Loctite 243	12 Nm

Kraftstoffaufbereitung

Kraftstofffilter an Rahmen	9 Nm
Einspritzdüsenhalter an Drosselklappengehäuse	5 Nm
Abdeckung BMS-Steuergerät an Halter	3 Nm
Temperaturgeber in Zylinderkopf	15 Nm
Drosselklappenpotentiometer an Drosselklappenstutzen	3 Nm
Drosselklappenansteller an Drosselklappenstutzen Loctite 243	5 Nm
Flansch Ansaugschnorchel an Batterieträger	5 Nm
Ansaugeräuschdämpfer an Rahmen	9 Nm
Batterieträger an Halteblech	9 Nm

Kraftstoffbehälter und -leitungen

Kraftstoffbehälter an Heckrahmen	21 Nm
Tankdeckel an Kraftstoffbehälter	3 Nm
Sicherheitsventil an Kraftstoffbehälter	2 Nm
Kraftstoffpumpe an Kraftstoffbehälter	36 Nm; ab 2004: 70 Nm

Kühler

Luftführung an Rahmen	3 Nm
Kühler an Hauptrahmen	9 Nm
Lüfter an Lüfterzarge	3 Nm
Ausgleichsbehälter an Kühler	9 Nm

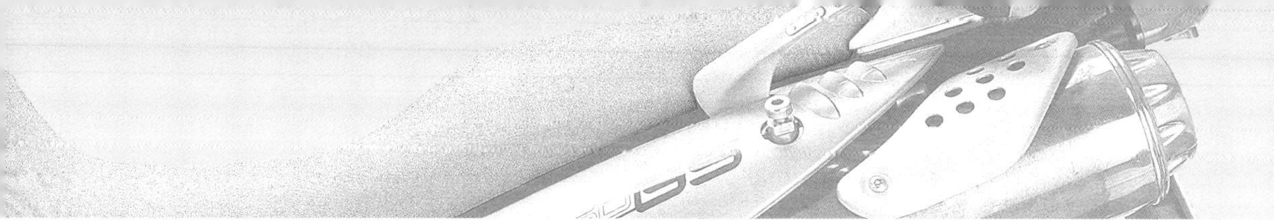

29

Auspuffanlage

Lambdasonde an Krümmer	45 Nm
Abgaskrümmer an Zylinderkopf	20 Nm
Schalldämpfer an Abgaskrümmer	
Optimoly TA	55 Nm
Schalldämpfer an Heckrahmen	9 Nm
Blende an Schalldämpfer	9 Nm

Kupplung

Kupplungsnabe (Mitnehmer)	
Loctite 243	140 Nm
Druckplatte	10 Nm
Ausrückhebel an Ausrückwelle	10 Nm

Getriebe

Zentralmutter an Hauptwelle	
Loctite 243	140 Nm
Fußschalthebel an Schaltwelle	15 Nm

Kettenantrieb

Kettenrad an Kettenradträger	21 Nm
Kettenanlaufrolle an Rahmen	21 Nm

Teleskopgabel

Gabelstabilisator an Gabelbein	23 Nm
Klemmschrauben Gabelbrücke	
oben	23 Nm
unten	23 Nm
Ölablassschraube (Dakar)	6 Nm
Befestigungsschraube für Dämpfer	20 Nm
Einstellring am Lenkkopflager	
Voranzug	25 Nm
Rückdrehwinkel	60 °
Konterrohr an Lenkungslager	65 Nm
Kontermutter an Gabelbrücke oben	65 Nm
Klemmung Steckachse vorn	21 Nm

Lenkung

Klemmbock Lenker an Gabelbrücke	23 Nm
Lenkergewicht an Lenker	9 Nm
Kupplungshandarmatur an Lenker	9 Nm
Handbremsarmatur an Lenker	9 Nm
Kontermutter für	
Lagerschraube Kupplungshebel	8 Nm
Lagerschraube Bremshebel	6 Nm
Bolzen Kupplungshebel	3 Nm
Kontermutter Bolzen Kupplungshebel	5 Nm
Lagerbolzen Handbremshebel	7 Nm
Kontermutter Handbremshebel	7 Nm

Heckpartie

Schwingenachse	100 Nm
Spannschrauben Antriebskette	10 Nm
Federbein an Rahmen	
Voranzug	58 Nm
Weiterdrehwinkel	45 °
Federbein an Umlenkhebel	47 Nm
Einstellrad Federbeinverstellung an Halter	21 Nm
Halter Federbeinverstellung an Rahmen	9 Nm
Zugstrebe an Schwinge	41 Nm
Zugstrebe an Umlenkhebel	71 Nm
Umlenkhebel an Rahmen	
Voranzug	58 Nm
Weiterdrehwinkel	45 °

Bremsen

Entlüfterschraube an Bremssattel vorn	7 Nm
Bremssattel an Gleitrohr	41 Nm
Bremsscheibe und Sensorring an Vorderrad	
Loctite 243	9 Nm
Bremsleitung an Bremssattel	18 Nm
Bremsscheibe an Hinterrad	
Loctite 243	9 Nm
Bremsflüssigkeitsbehälter Fußbremse	
an Heckrahmen	4 Nm
Hauptbremszylinder hinten an Rahmen	10 Nm
Kontermutter Gabelkopf an Druckstange	9 Nm
Bremsschlauch an Bremssattel	18 Nm
Bremsschlauch an Handarmatur	18 Nm
Verbindungsstellen	
Bremsleitung/Bremsschlauch	18 Nm
Bremsleitung an Hauptbremszylinder	
Hinterradbremse	18 Nm
Bremsleitung an ABS Druckmodulator	18 Nm
Halter Bremsleitung an Gabelstabilisator	9 Nm
ABS Druckmodulator an Halter	21 Nm
Halter ABS Druckmodulator an Rahmenquerrohr	9 Nm
Sensorring an Hinterrad	
Loctite 243	5 Nm
ABS-Sensor vorne, Drehzahlsensor hinten	9 Nm
Bremsleitungsverteiler an Hauptrahmen	9 Nm
Fußbremshebel an Rahmen	21 Nm

Räder und Bereifung

Steckachse hinten GS	100 Nm
Steckachse vorn GS	45 Nm
Achsklemmung vorn GS	21 Nm
Radmutter hinten CS	160 Nm
Steckachse vorn CS	30 Nm
Achsklemmung vorn CS	23 Nm

29 Technische Daten

Motorrad-Rahmen und Anbauteile

Zylinderkopf an Rahmen	41 Nm
Zylinderkopf an Rahmen Verstellhülse	spielfrei, max. 5 Nm
Zylinderkopf an Rahmen Kontermutter	100 Nm
Rahmenteil oben an Rahmen	9 Nm
Heckrahmen an Hauptrahmen oben	24 Nm
Heckrahmen an Hauptrahmen unten Loctite 2701	24 Nm
Motorgehäuse an Hauptrahmen hinten	41 Nm
Motorgehäuse an Motorträger	41 Nm
Motorträger an Hauptrahmen	24 Nm
Rahmenunterteil an Rahmen	21 Nm
Rahmenuntereil an Motorträger	21 Nm
Kippständer an Hauptrahmen	41 Nm
Seitenstützenunterzug an Hauptrahmen	21 Nm
Seitenstütze an Unterzug Loctite 243	40 Nm
Haltegriff an Heckrahmen vorne	5 Nm
Haltegriff auf Rohrkonsole mikroverkapselt	9 Nm
Abschlussblende an Heckrahmen	3 Nm
Heckteil oben an Heckteil unten	2 Nm
Rohrkonsole an Heckrahmen	9 Nm
Vorderradkotflügelhinterteil an Vorderradkotflügelvorderteil	3 Nm
Vorderradkotflügel an Gabelbrücke Loctite 243	3 Nm
Vorderradkotflügel niedrig mikroverkapselt	7 Nm
Kennzeichenträger an Hinterradkotflügel Hinterteil mikroverkapselt	3 Nm
Hinterradkotflügel Vorderteil an Heckrahmen	3 Nm
Hinterradkotflügel Hinterteil an Heckrahmen	3 Nm
Radabdeckung unten an Halterung	3 Nm
Halterung Radabdeckung an Schwinge	3 Nm

Motorrad-Verkleidungen

Abdeckung an untere Gabelbrücke	3 Nm
Seitenverkleidung	2 Nm
Verkleidung Mitte an Hauptrahmen vorn	2 Nm
Heckblende an Heckrahmen	4 Nm
Heckblende (Aufnahme Kofferhalter) an Heckrahmen mikroverkapselt	4 Nm
Verkleidungshalter an Rahmen	21 Nm
Blende mit Blinker an Verkleidungshalter	2 Nm
Prallplatte f. Zusatzschalter an Verschraubung Lenker an Gabelbrücke	2 Nm
Windschild an Verkleidungshalter	3 Nm

Motorbefestigungen, Fußrasten

Fußrastenplatte an Rahmen	30 Nm
Fußrastengummi auf Fußraste Beifahrer	5 Nm

Ausstattung

Überwurfmutter Spiegel	20 Nm
Klemmschraube Spiegel an Lenkerarmatur	21 Nm
Sitzbankverriegelung an Heckrahmen	9 Nm
Zündlenkschloss an Gabelbrücke	20 Nm
Motorunterfahrschutz an Rahmenunterzug	9 Nm
Motorunterfahrschutz an Rahmen	9 Nm

Allgemeine Fahrzeugelektrik

Kabelbaum mit Elektronikbox an Rahmen	5 Nm
Deckel Elektronikbox an Rahmen	4 Nm
Masseverschraubung Kabelbaum an Motorhehäuse rechts	8 Nm
Plus-/Masseleitung Batterie	7 Nm
Kupplungsschalter an Handarmatur	5 Nm
Bremslichtschalter an Handarmatur	3 Nm
Bremslichtschalter Fußbremse an Rahmen	5 Nm
Spannungsregler an Halter	7 Nm
Hupe an Gabelbrücke	18 Nm

Instrumente

Instrumentenblende an Kombiinstrument	2 Nm

Leuchten

Blinkleuchte an Fahrzeug	3 Nm
Heckleuchte an Kennzeichenträger	4 Nm
Blinkleuchte an Heckteil	3 Nm

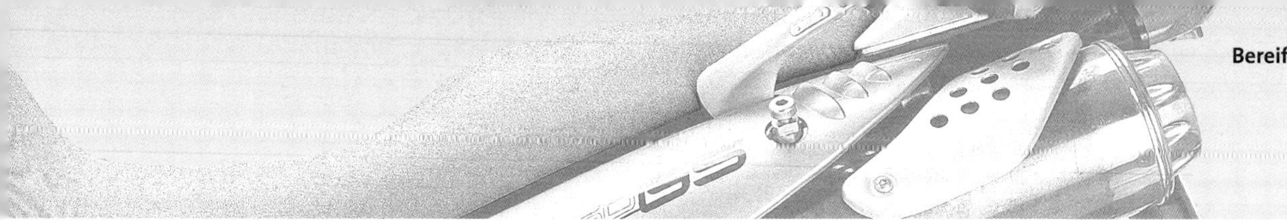

29.2 Bereifungsmöglichkeiten

F 650 GS Typ 172

Reifentyp vorne	Reifentyp hinten	Größe vorne	Größe hinten	Bemerkung	Freigabebescheinigung
Bridgestone					
BW 501	BW 502	100/90-19 M/C 57H TT	130/80 R 17 M/C 65H TT		
Trail Wing 101	Trail Wing 152 Radial	100/90-19 M/C 57H TT	130/80 R 17 M/C 65H TT	6, 18	
Continental					
TKC 80	TKC 80	100/90 B 19 59M TL	130/80 B 17 65T TL	2, 5, 6, 18	1
Metzeler					
Tourance Front Steel Radial	Tourance	100/90 - 19 M/C 57S TT	130/80 R 17 M/C 65S TL	6,18	
Michelin					
Anakee	Anakee	100/90-19 M/C 57H TL/TT	130/80 R 17 M/C 65H TL/TT	3,6	1
T 66	T 66 X	100/90-19 M/C 57H TL/TT	130/80 R 17 M/C 65H TL/TT	6, 18, 22	
Pirelli					
MT 80 Front	MT 80 RS	100/90-19 M/C 57H TT	130/80 R 17 M/C 65H TT	6, 18	

F 650 GS Dakar Typ 173

Reifentyp vorne	Reifentyp hinten	Größe vorne	Größe hinten	Bemerkung	Freigabebescheinigung
Continental					
TKC 80	TKC 80	90/90-21 54T TL	130/80-17 65T TL	6,18	
Metzeler					
Enduro 3 Front	Enduro 3	90/90-21 54 S TT	130/80-17 65 S TT	6,18	
MCE Karoo 2 Front M+S	MCE Karoo M+S	90/90-21 M/C 54R TT	130/80-17 M/C 65R	6,18	
Michelin					
Anakee	Anakee	90/90-21 57H TL/TT	130/80 R 17 65H TL/TT	3,6,18	1
Sirac	Sirac	90/90-21 54T TT	130/80-17 65T TT	6,18	
T 63	T 63	90/90-21 54S TT	130/80-17 65S TT	6,18	
T 66	T 66 X	90/90-21 54H TL	130/80 R 17 65H TL	2,6,18	1

1 Freigabe zum Download unter www.bmw-motorrad.de
2 wenn nicht in den Fahrzeugpapieren enthalten, Reifenpaar vom TÜV eintragen lassen.
3 wenn nicht in den Fahrzeugpapieren enthalten, Reifenpaar vom TÜV eintragen lassen oder Bescheinigung mitführen.
5 Die zulässige Höchstgeschwindigkeit von 130 km/h muß im Blickfeld des Fahrzeugführers sinnfällig angegeben sein (z. B. Aufkleber).
6 Nur mit Schlauch montieren, da Felgen nicht für schlauchlos geeignet sind.
11 Nur für Behorde zugelassen.
16 Nur ohne ABS zugelassen.
18 Unbedenklichkeitsbescheinigung ist beim Reifenhersteller einzuholen.
22 Reifen wird aktuell nicht produziert

29 Technische Daten

F 650 CS Typ 174

Reifentyp vorne	Reifentyp hinten	Größe vorne	Größe hinten	Bemerkung
Bridgestone				
BT 010 F	BT 010 R	110/70 ZR 17 54W TL	160/60 ZR 17 69W TL	22
Dunlop				
D207 F	D207	110/70 ZR 17 TL 54W	160/60 ZR 17 69W TL	22
D207 F	D207	110/70 ZR 17 54W TL	150/60 ZR 17 66W TL	22
Metzeler				
ME Z3 B Front	ME Z3 B	110/70 ZR 17 54W TL	160/60 ZR 17 69W TL	22
Sportec M3 Front	Sportec M3	110/70 ZR 17 54W TL	150/60 ZR 17 66W TL	18
Sportec M3 Front	Sportec M3	110/70 ZR 17 54W TL	160/60 ZR 17 69W TL	18
Michelin				
Pilot Sport	Pilot Sport	110/70 ZR17 54W TL	150/60 ZR17 66W TL	22
Pilot Sport	Pilot Sport	110/70 ZR17 54W TL	160/60 ZR17 69W TL	22
Pirelli				
Diablo Rosso	Diablo Rosso	110/70 ZR 17 54W TL	160/60 ZR 17 69W TL	18
Diablo Rosso	Diablo Rosso	110/70 ZR 17 54W TL	150/60 ZR 17 66W TL	18

F 650 GS Typ 175 (ab FIN ZL30000)

Reifentyp vorne	Reifentyp hinten	Größe vorne	Größe hinten	Bemerkung
Bridgestone				
Trail Wing 101	Trail Wing 152 Radial	100/90-19 M/C 57H TT	130/80 R 17 M/C 65H TT	6,18
Metzeler				
Enduro 3 Front	Enduro 3	100/90-19 M/C 57S	130/80 R 17 M/C 65S	6,11,18
Tourance Front Steel Radial	Tourance	100/90-19 M/C 57S TT	130/80 R 17 M/C 65S TL	6,18
Michelin				
Anakee	Anakee	100/90-19 M/C 57H TL	130/80 R 17 M/C 65H TL/TT	6,18
T 66	T 66 X	100/90-19 M/C 57H TL	130/80 R 17 M/C 65H TL	18
Pirelli				
MT 80 Front	MT 80 RS	100/90-19 M/C 57H TT	130/80 R 17 M/C 65H TT	6,18

2 wenn nicht in den Fahrzeugpapieren enthalten, Reifenpaar vom TÜV eintragen lassen.
3 wenn nicht in den Fahrzeugpapieren enthalten, Reifenpaar vom TÜV eintragen lassen oder Bescheinigung mitführen.
5 Die zulässige Höchstgeschwindigkeit von 130 km/h muß im Blickfeld des Fahrzeugführers sinnfällig angegeben sein (z. B. Aufkleber).
6 Nur mit Schlauch montieren, da Felgen nicht für schlauchlos geeignet sind.
11 Nur für Behörde zugelassen.
16 Nur ohne ABS zugelassen.
18 Unbedenklichkeitsbescheinigung ist beim Reifenhersteller einzuholen.
22 Reifen wird aktuell nicht produziert

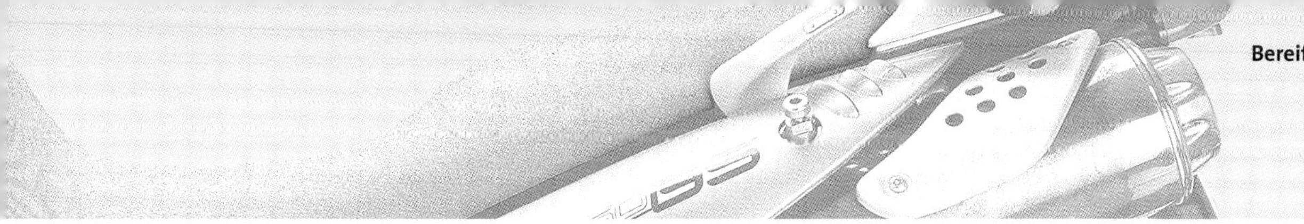

F 650 GS Dakar Typ 176 (ab FIN ZL35000)

Reifentyp vorne	Reifentyp hinten	Größe vorne	Größe hinten	Bemerkung
Continental				
TKC 80	TKC 80	90/90-21 54T	130/80-17 65T	6,18
Metzeler				
Enduro 3 Front	Enduro 3	90/90-21 54S	130/80-17 65S	6,18
Michelin				
Anakee	Anakee	90/90-21 54H	130/80-17 65H	6,16,18
Sirac	Sirac	90/90-21 54T	130/80-17 65T	6,18
T 63	T 63	90/90-21 54S	130/80-17 65S	6,18

F 650 CS Typ 177 (ab FIN ZM35000)

Reifentyp vorne	Reifentyp hinten	Größe vorne	Größe hinten	Bemerkung
Bridgestone				
BT 010 F	BT 010 R	110/70 ZR 17 54W TL	160/60 ZR 17 69W TL	22
Dunlop				
D207 F	D207	110/70 ZR 17 54W TL	150/60 ZR 17 66W TL	22
D207 F	D207	110/70 ZR 17 54W TL	160/60 ZR 17 69W TL	22
Metzeler				
ME Z3 B FRONT	ME Z3	110/70 ZR 17 54W TL	150/60 ZR 17 66W TL	22
ME Z3 B Front	ME Z3 B	110/70 ZR 17 54W TL	160/60 ZR 17 69W TL	22
Sportec M3 Front	Sportec M3	110/70 ZR 17 54W TL	160/60 ZR 17 69W TL	18
Sportec M3 Front	Sportec M3	110/70 ZR 17 54W TL	150/60 ZR 17 66W TL	18
Michelin				
Pilot Sport	Pilot Sport	110/70 ZR 17 54W TL	160/60 ZR 17 69W TL	22
Pilot Sport	Pilot Sport	110/70 ZR 17 54W TL	150/60 ZR17 66W TL	22
Pirelli				
Diablo Rosso	Diablo Rosso	110/70 ZR 17 54W TL	150/60 ZR 17 66W TL	18
Diablo Rosso	Diablo Rosso	110/70 ZR 17 54W TL	160/60 ZR 17 69W TL	18

Sachwortregister

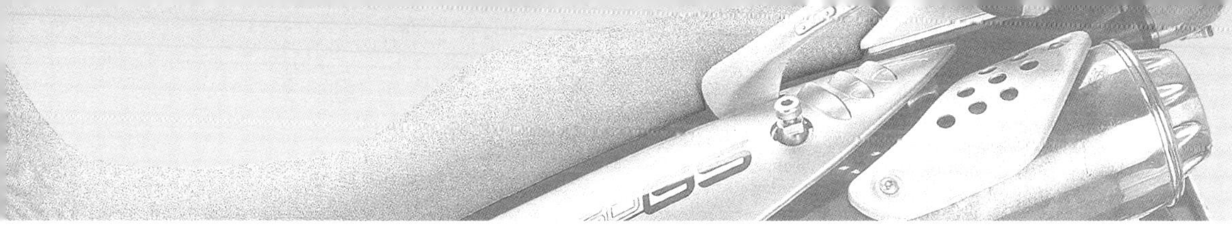

Schaltpläne

Erläuterungen

Achtung:
Die BMW F 650 GS/CS ist mit einer digitalen Motorelektronik und einem leistungsgesteigerten Zündsystem ausgestattet.
Arbeiten an der elektrischen Anlage nur bei unterbrochenem Stromkreis (Zündung und Licht AUS) durchführen. Sicherer ist das Abklemmen und Isolieren des Minus-(Masse-)Pols der Batterie.

**Keine spannungsführenden Teile bei laufendem Motor oder eingeschalteter Zündung berühren!
Lebensgefahr!**

Abkürzungen
STVB Steckverbindung
DRS Doppelrelaissockel

Stromlaufplan GS

Stromlaufplan CS

Stromlaufplan ab 2004

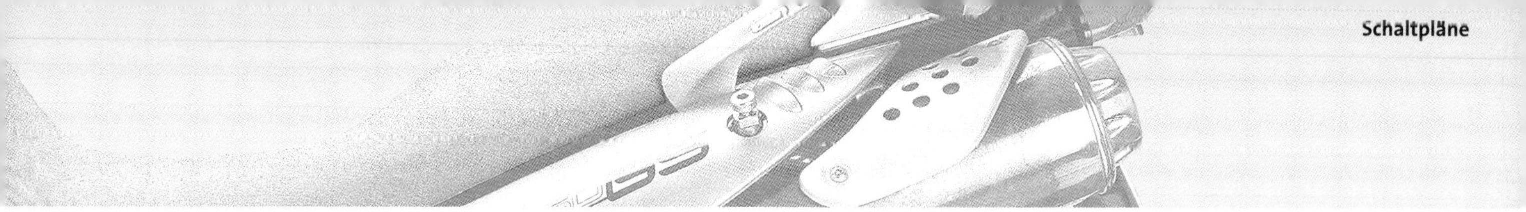

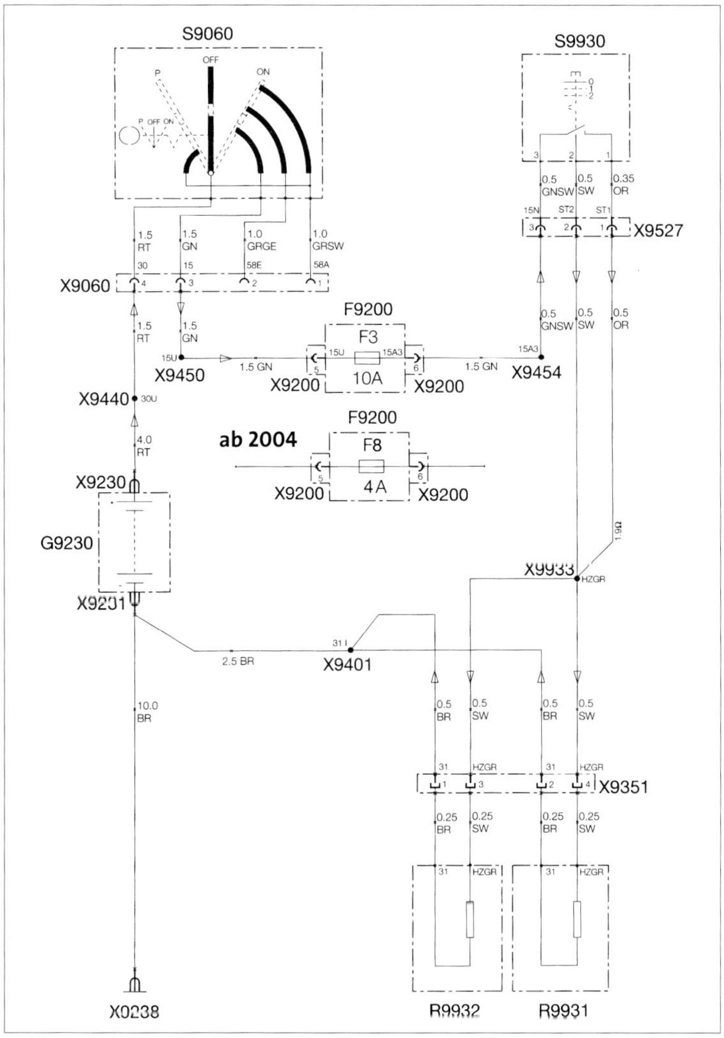

Heizgriffe

Legende

F9200 Sicherungsbox I
G9230 Batterie
R9931 Heizgriff links
R9932 Heizgriff rechts
S9930 Heizgriffschalter
X9060 STVB Zündschloss
X9200 STVB Sicherungsbox I
X9230 Plus Batterie
X9231 Masse Batterie
X9238 Masse
X9351 STVB Heizgriffe
X9401 Verbinder 31 I
X9440 Verbinder 30 U
X9450 Verbinder 15U
X9454 Verbinder 15A3
X9527 STVB Heizgriffe
X9933 Verbinder Heizgriffe

Kabelfarben

BL blau
BR braun
GE gelb
GN grün
GR grau
OR orange
RT rot
SW schwarz
TR transparent
VI violett
WS weiß

BMW F 650 GS Fahrgestell, Bremslicht, Kombiinstrument (ohne ABS)

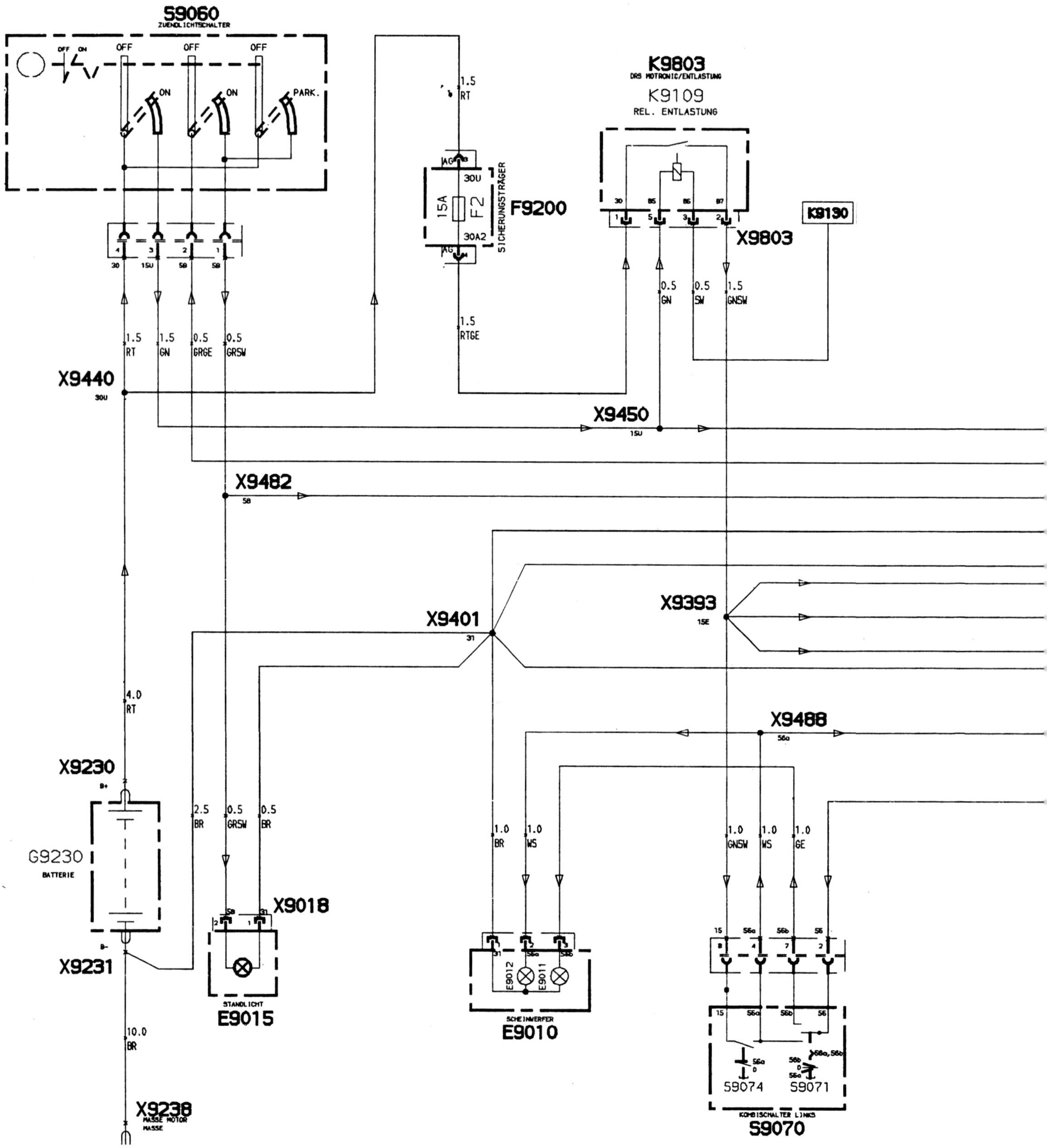

Legende

A9001	Kombiinstrument		F			P	
B			F9200	Sicherungsbox		P9210	Tachometer
B9210	Tachogeber		G			S	
E			G9230	Batterie		S9051	Bremslichtschalter Hand
E9001	Instrumenten beleuchtung		H			S9052	Bremslichtschalter Fuß
E9010	Scheinwerfer		H9012	Fernlichtkonrolleuchte		S9060	Zündschloss
E9011	Fahrlicht		H9050	Bremsleuchte		S9070	Kombischalter links
E9012	Fernlicht		H9340	Schlußlicht/Bremslicht		S9071	Fernlichtschalter
E9013	Schlußlicht		K			S9074	Lichthupe
E9015	Standlicht		K9109	Entlastungsrelais		S9080	Kombischalter rechts
			K9130	Starterrelais			
			K9803	Doppelrelaissockel Motorsteuerung-/Entlastungsrelais			

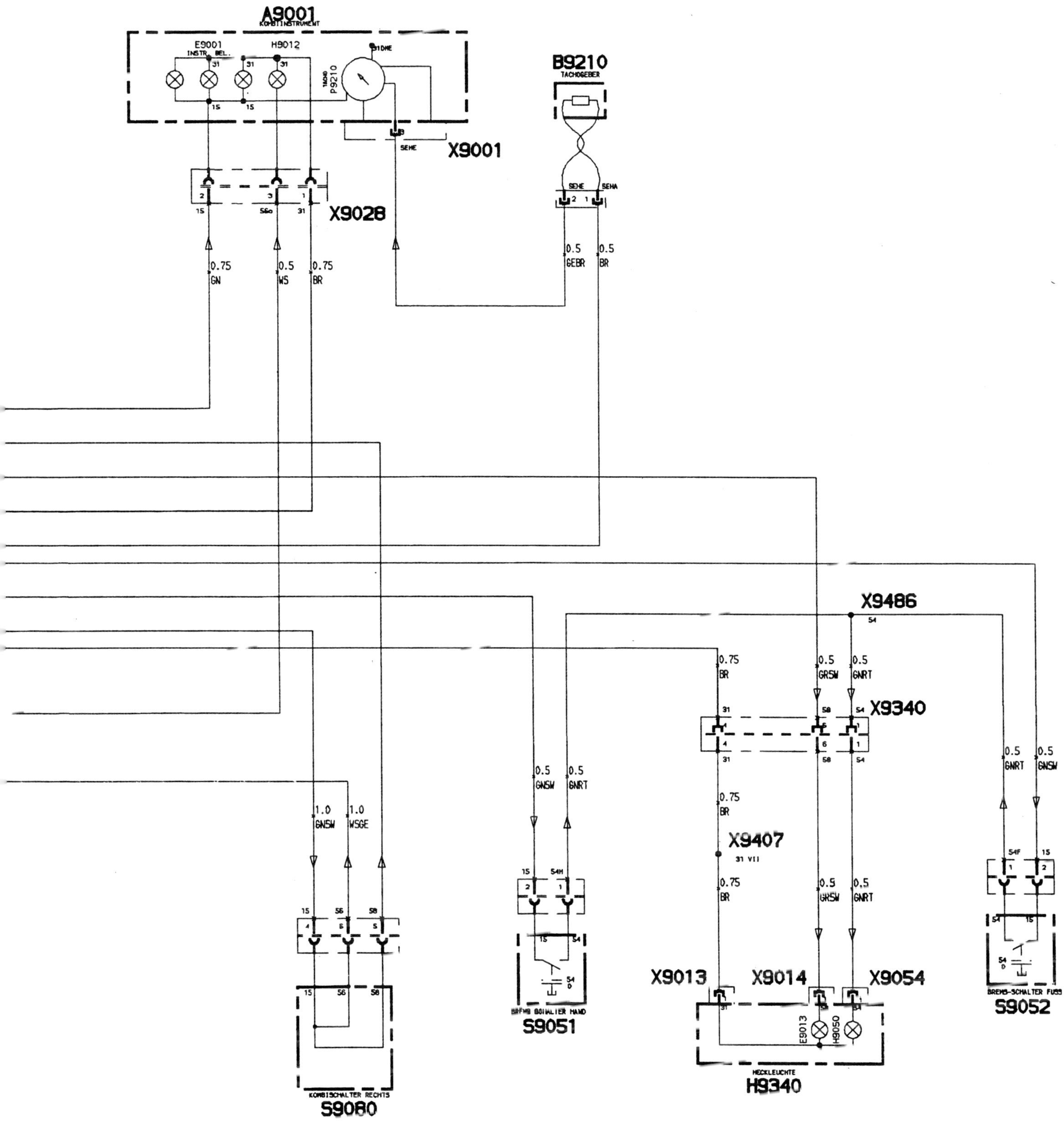

X	
X9001	Steckverbindung
X9013	Steckverbindung
X9014	Steckverbindung
X9018	Steckverbindung
X9028	Steckverbindung
X9054	Steckverbindung Bremslicht
X9230	Plus Batterie
X9231	Masse Batterie
X9238	Masse
X9340	Steckverbindung Beleuchtung/ Blinker hinten
X9393	Lötstelle
X9401	Lötstelle
X9407	Lötstelle
X9440	Lötstelle
X9450	Lötstelle
X9482	Lötstelle
X9486	Lötstelle
X9488	Lötstelle
X9803	Steckverbindung

Kabelfarben

BL	blau
BR	braun
GE	gelb
GN	grün
GR	grau
OR	orange
RT	rot
SW	schwarz
TR	transparent
VI	violett
WS	weiß

BMW F 650 GS Fahrgestell, Bremslicht, Kombiinstrument (mit ABS)

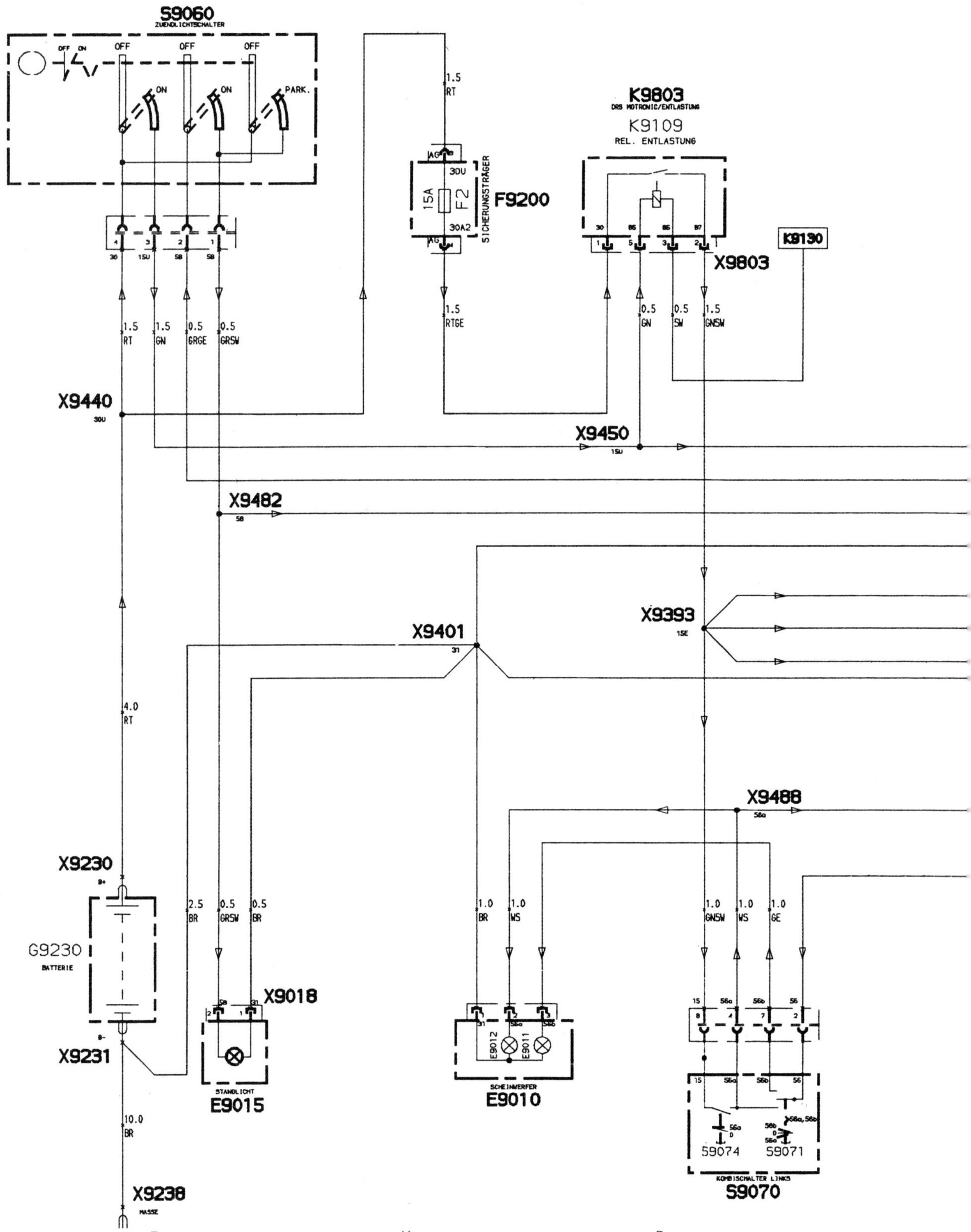

Legende

A9001 Kombiinstrument
A9190 ABS-Steuergerät
E
E9001 Instrumentenbeleuchtung
E9010 Scheinwerfer
E9011 Fahrlicht
E9012 Fernlicht
E9013 Schlußlicht
E9015 Standlicht

F
F9200 Sicherungskasten
G
G9230 Batterie
H
H9012 Fernlicht-kontrollleuchte
H9050 Bremsleuchte
H9340 Schlußlicht/ Bremslicht

K
K9109 Entlastungsrelais
K9130 Anlasserrelais
K9803 Doppelrelaissockel Motorsteuerung-/ Entlastungsrelais

P
P9210 Tachometer
S
S9051 Bremslichtschalter Hand
S9052 Bremslichtschalter Fuß
S9060 Zündlichtschalter
S9070 Kombischalter links
S9071 Fernlichtschalter
S9074 Lichthupe
S9080 Kombischalter rechts

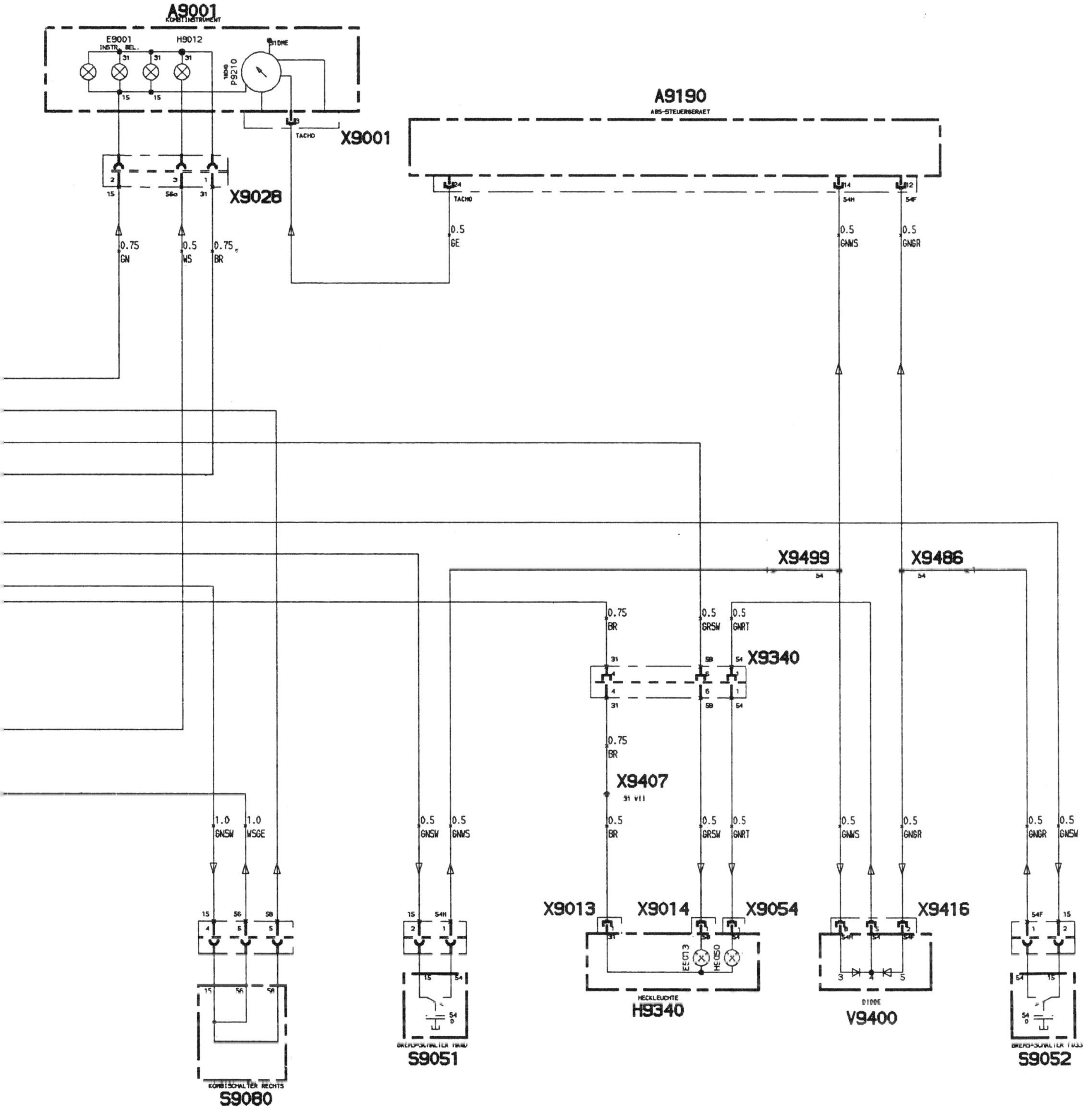

V

V9400 Diode

X

X9001 Steckverbindung

X9013 Steckverbindung

X9014 Steckverbindung

X9018 Steckverbindung

X9028 Steckverbindung

X9054 Steckverbindung Bremslicht

X9230 Plus Batterie

X9231 Masse Batterie

X9238 Masse

X9340 Steckverbindung Beleuchtung/Blinker hinten

X9393 Lötstelle

X9401 Lötstelle

X9407 Lötstelle

X9416 Lötstelle

X9440 Lötstelle

X9450 Lötstelle

X9482 Lötstelle

X9486 Lötstelle

X9488 Lötstelle

X9499 Lötstelle

X9803 Steckverbindung

Kabelfarben

BL blau

BR braun

GE gelb

GN grün

GR grau

OR orange

RT rot

SW schwarz

TR transparent

VI violett

WS weiß

BMW F 650 GS Blinker mit Horn

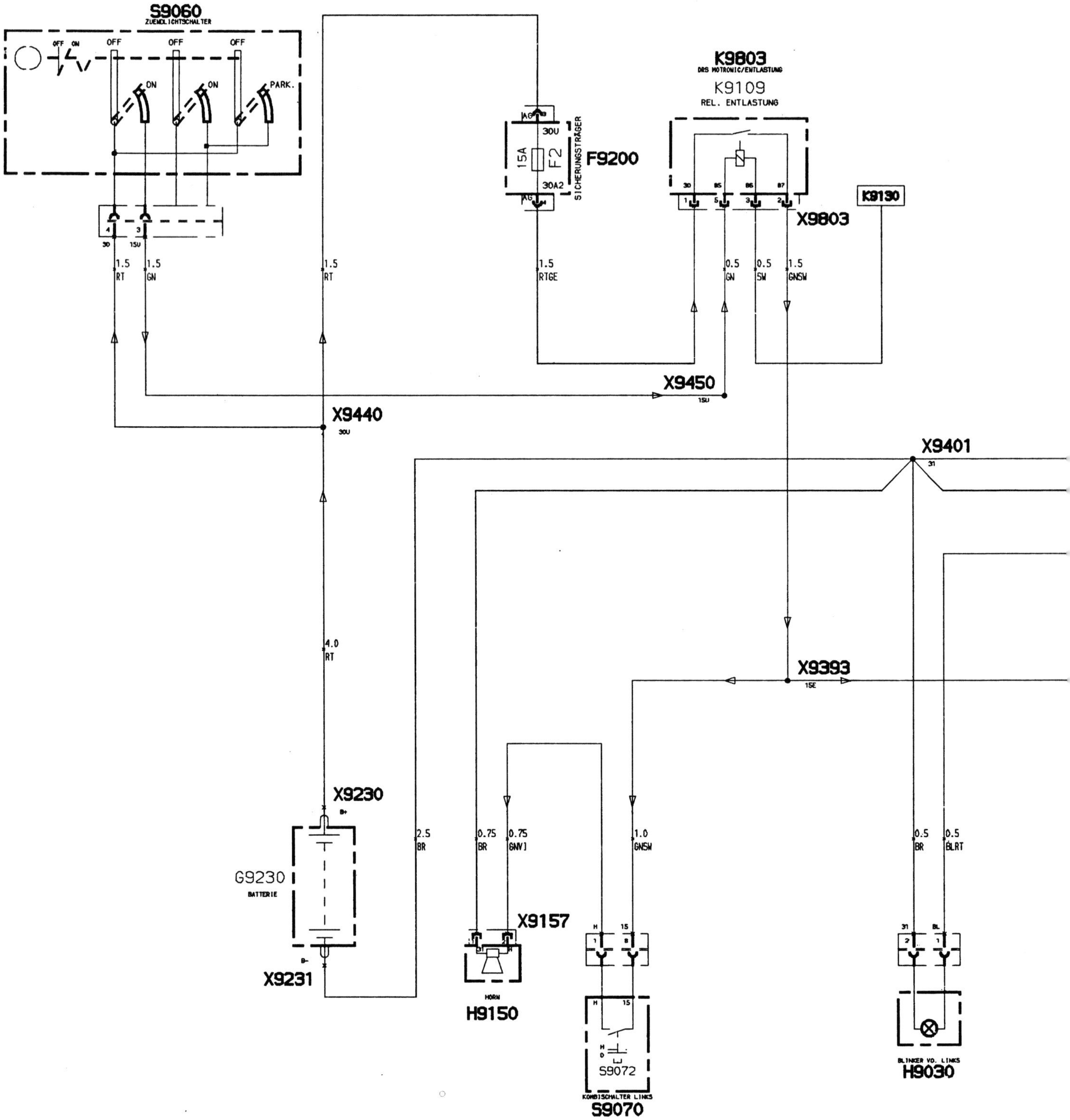

Legende

A9001 Kombiinstrument
A9020 Blinkgeber
F
F9200 Sicherungsbox
G
G9230 Batterie

H
H9030 Blinker vorn links
H9031 Kontrollleuchte Blinker links
H9035 Blinker hinten links
H9040 Blinker vorn rechts
H9045 Blinker hinten rechts
H9150 Horn

K
K9109 Entlastungsrelais
K9130 Starterrelais
K9803 Doppelrelaissockel Motorsteuerung-/Entlastungsrelais
S
S9060 Zündschloss
S9070 Kombischalter links
S9072 Hornschalter
S9073 Blinkerschalter links

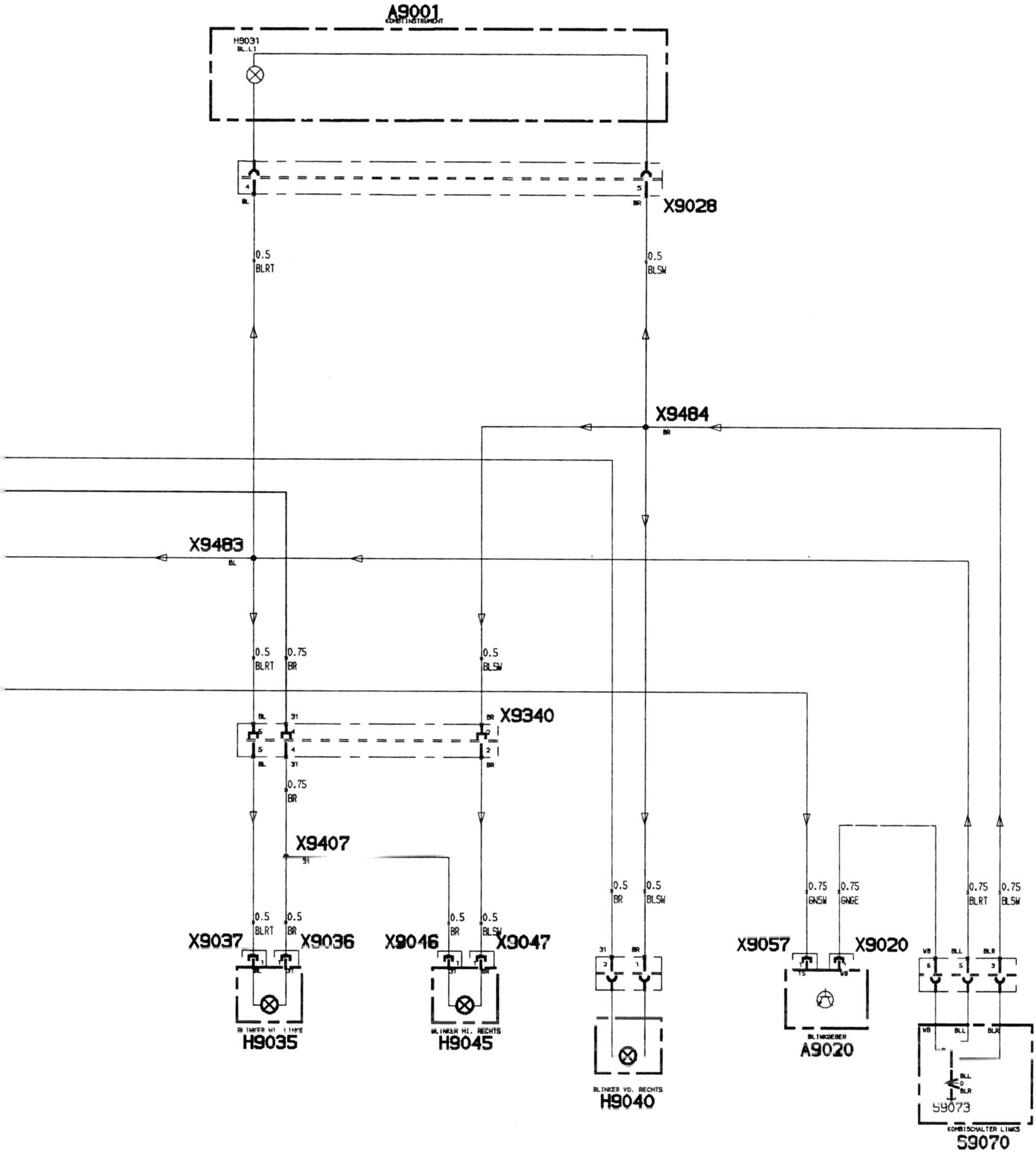

X	
X9020	Steckverbindung
X9028	Steckverbindung
X9036	Steckverbindung
X9037	Steckverbindung
X9046	Steckverbindung
X9047	Steckverbindung
X9057	Steckverbindung
X9157	Steckverbindung
X9230	Plus Batterie
X9231	Masse Batterie
X9340	Steckverbindung Beleuchtung/ Blinker hinten
X9393	Lötstelle
X9401	Lötstelle
X9407	Lötstelle
X9440	Lötstelle
X9450	Lötstelle
X9483	Lötstelle
X9484	Lötstelle
X9803	Steckverbindung

Kabelfarben

BL	blau
BR	braun
GE	gelb
GN	grün
GR	grau
OR	orange
RT	rot
SW	schwarz
TR	transparent
VI	violett
WS	weiß

BMW F 650 GS Relais mit Sicherungen

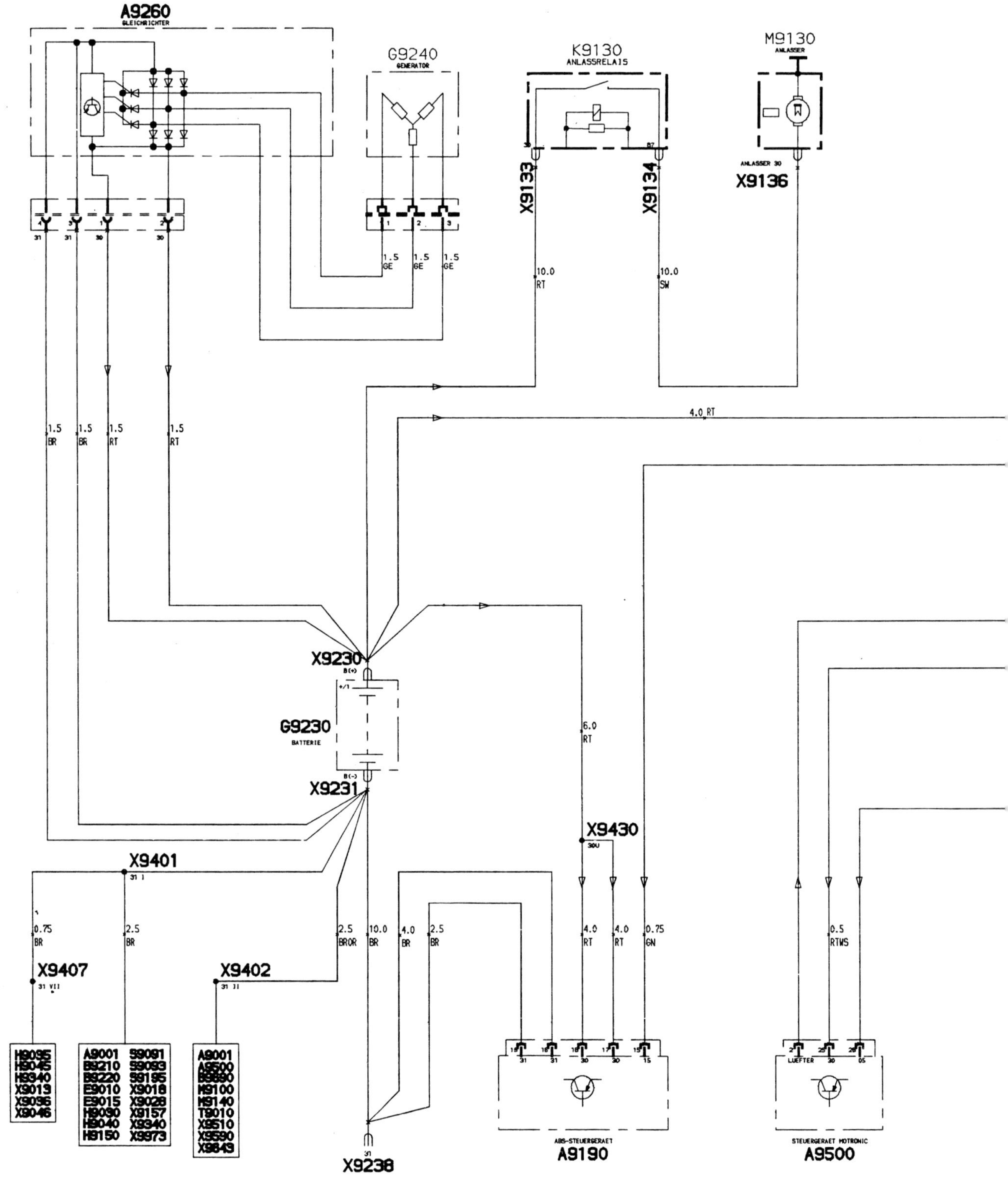

Legende

A9001 Kombiinstrument
A9020 Blinkgeber
A9190 ABS-Steuergerät
A9260 Gleichrichter
A9500 Motorsteuergerät
B9210 Tachogeber
B9220 Benzinstandsgeber
B9690 Lambda-Sonde
E9010 Scheinwerfer
E9015 Standlicht
F9200 Sicherungskasten
G9230 Batterie
G9240 Generator
H9030 Blinker vorn links
H9035 Blinker hinten links
H9040 Blinker vorn rechts
H9045 Blinker hinten rechts
H9150 Horn
H9340 Schlußlicht/Rücklicht
K9109 Entlastungsrelais
K9110 Motorsteuerung-Relais
K9130 Starterrelais
K9803 Doppelrelaissockel Motorsteuerung/Entlastung
M9100 Benzinpumpe
M9130 Starter
M9140 Lüfter
S9051 Bremslichtschalter Hand
S9052 Bremslichtschalter Fuß
S9060 Zündlichtschalter
S9070 Kombischalter links
S9080 Kombischalter rechts
S9083 Notausschalter
S9091 Kupplungsschalter
S9093 Seitenstützenschalter
S9195 ABS-Taster
T9010 Zündspule
X9013 Steckverbindung
X9018 Steckverbindung
X9028 Steckverbindung
X9036 Steckverbindung

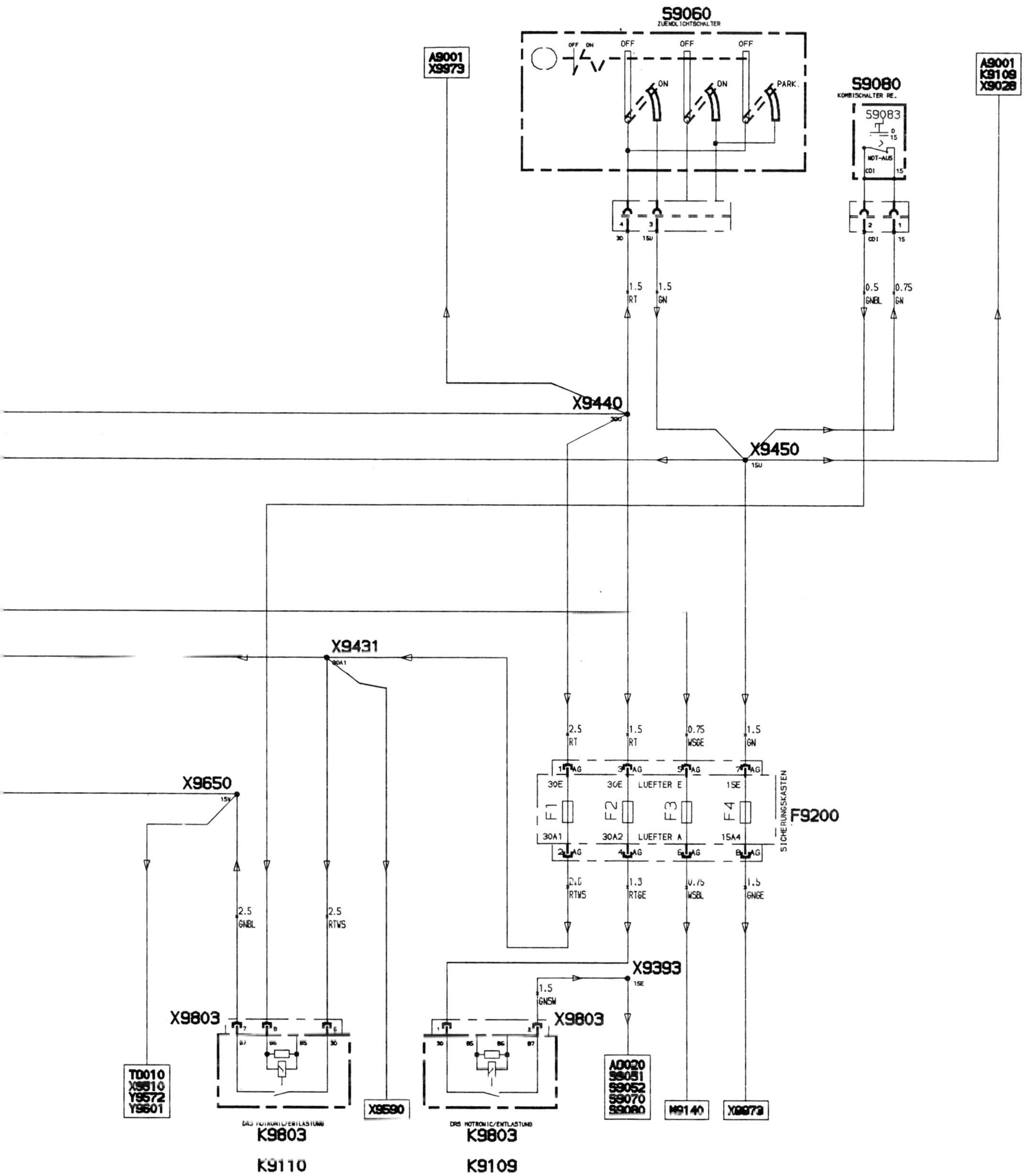

X9046	Steckverbindung
X9133	Steckverbindung
X9134	Steckverbindung
X9136	Steckverbindung
X9157	Steckverbindung
X9230	Plus Batterie
X9231	Masse Batterie
X9238	Masse
X9340	Steckverbindung
X9393	Lötstelle
X9401	Lötstelle
X9402	Lötstelle
X9407	Lötstelle
X9430	Lötstelle
X9431	Lötstelle
X9440	Lötstelle
X9450	Lötstelle
X9510	Steckverbindung
X9590	Diagnosestecker
X9643	Lötstelle
X9650	Lötstelle
X9803	Steckverbindung
X9973	Steckverbindung Sonderausstattung 1
Y9572	Taktventil
Y9601	Ventil 1

Kabelfarben

BL	blau
BR	braun
GE	gelb
GN	grün
GR	grau
OR	orange
RT	rot
SW	schwarz
TR	transparent
VI	violett
WS	weiß

BMW F 650 GS Starter/Generator

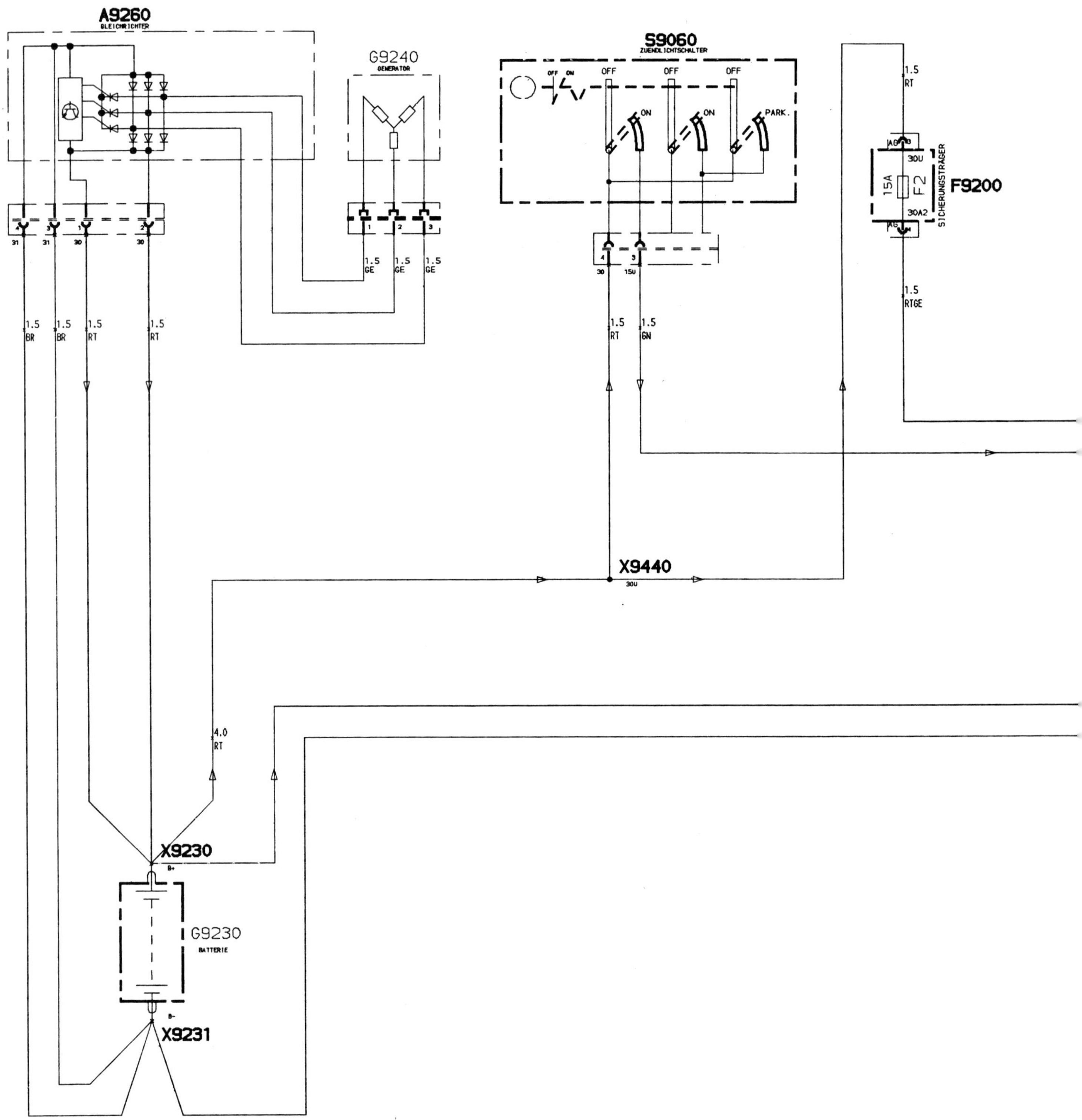

Legende

A9260 Gleichrichter
F
F9200 Sicherungsbox
G
G9230 Batterie
G9240 Generator
K
K9109 Entlastungsrelais
K9110 Motorsteuerung Relais
K9130 Starterrelais
K9803 Doppelrelaissockel Motorsteuerung-/Entlastungsrelais
M
M9130 Starter
S
S9060 Zündschloss
S9080 Kombischalter rechts
S9083 Notausschalter
S9084 Starterschalter
S9091 Kupplungsschalter
S9092 Getriebeschalter
S9093 Seitenstützenschalter
V
V9400 Diode

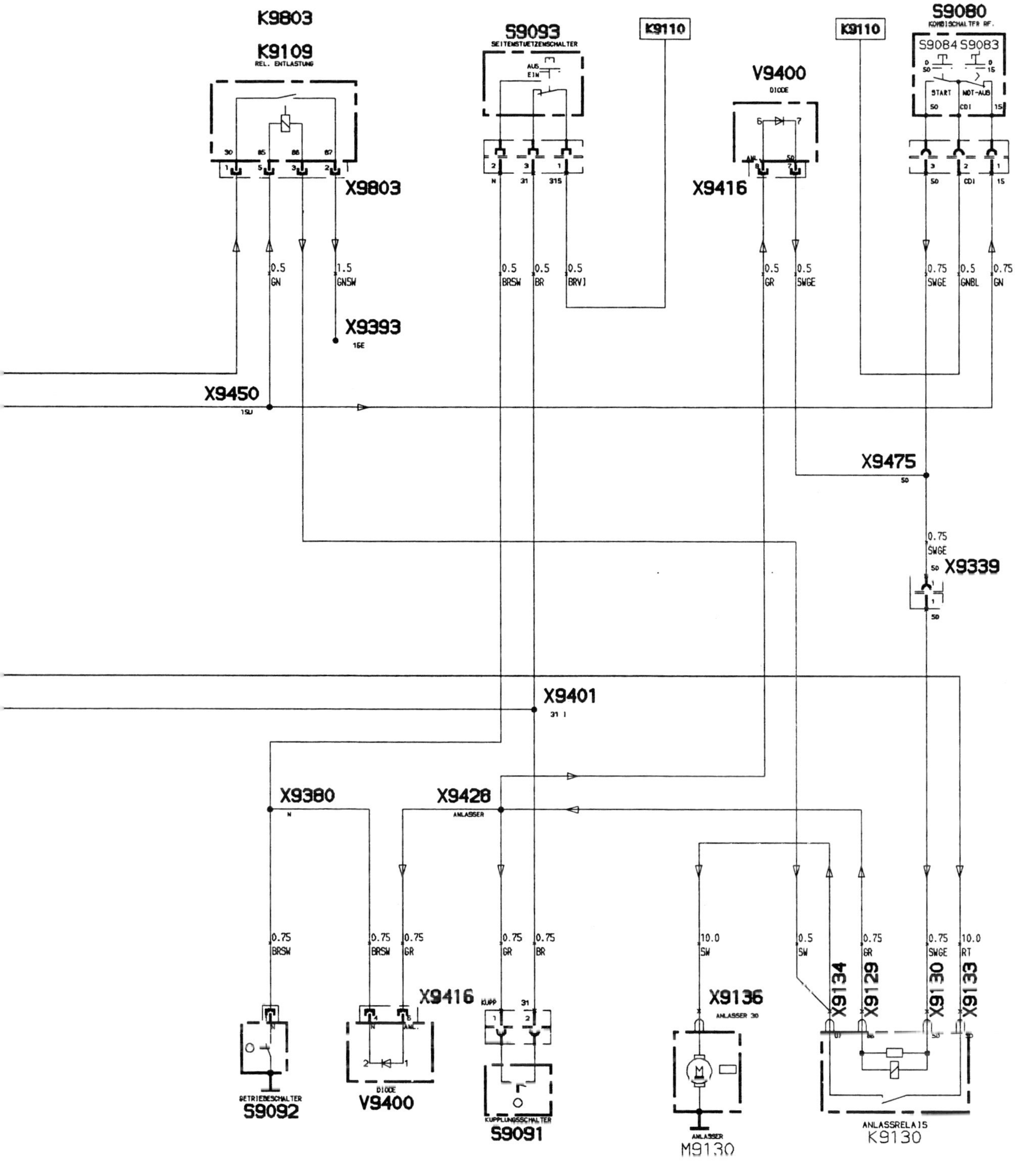

X

X9129	Steckverbindung
X9130	Steckverbindung
X9133	Steckverbindung
X9134	Steckverbindung
X9136	Steckverbindung
X9230	Plus Batterie
X9231	Masse Batterie
X9339	Steckverbindung
X9380	Lötstelle
X9393	Lötstelle
X9401	Lötstelle
X9415	Steckverbindung
X9416	Steckverbindung
X9428	Lötstelle
X9440	Lötstelle
X9450	Lötstelle
X9475	Lötstelle
X9803	Lötstelle

Kabelfarben

BL	blau
BR	braun
GE	gelb
GN	grün
GR	grau
OR	orange
RT	rot
SW	schwarz
TR	transparent
VI	violett
WS	weiß

BMW F 650 GS Motorsteuerung mit Ausgängen

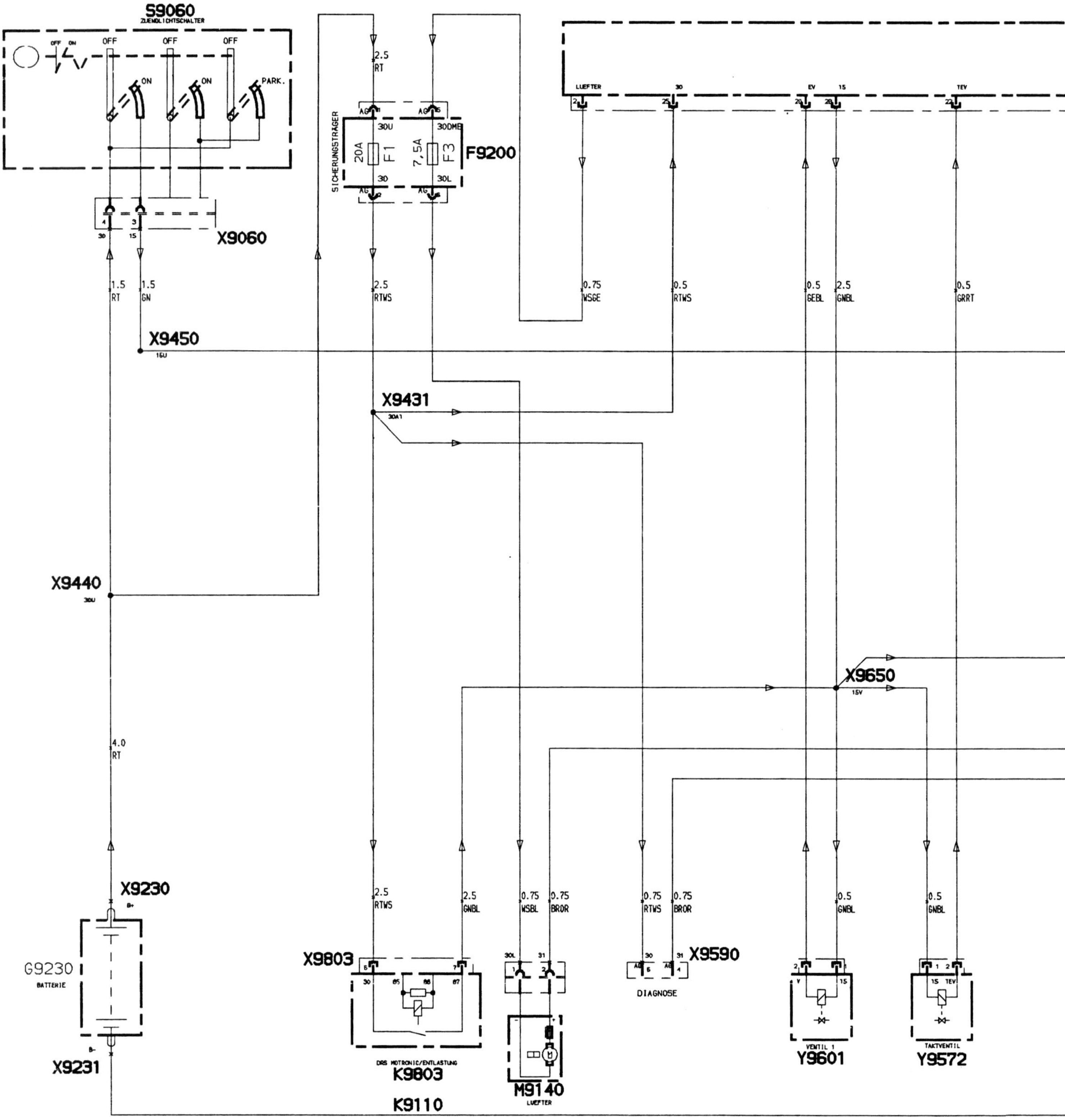

Legende

A9001 Kombiinstrument
A9500 Motorsteuergerät
B
B9690 Lambda-Sonde
F
F9200 Sicherungskasten
G
G9230 Batterie
H
H9001 Kontrollleuchte Kühlflüssigkeit
K
K9110 Motorsteuerung Relais
K9803 Doppelrelaissockel Motorsteuerung-/Entlastungsrelais
M
M9100 Benzinpumpe
M9140 Lüfter
M9576 Drosselklappensteller
P
P9002 Drehzahlmesser
P9210 Tachometer
R
R9611 Zündkerze 1
S
S9060 Zündschloss
T
T9010 Zündspule
W
W9690 Schirm Lambdasonde
X
X9001 Steckverbindung
X9028 Steckverbindung

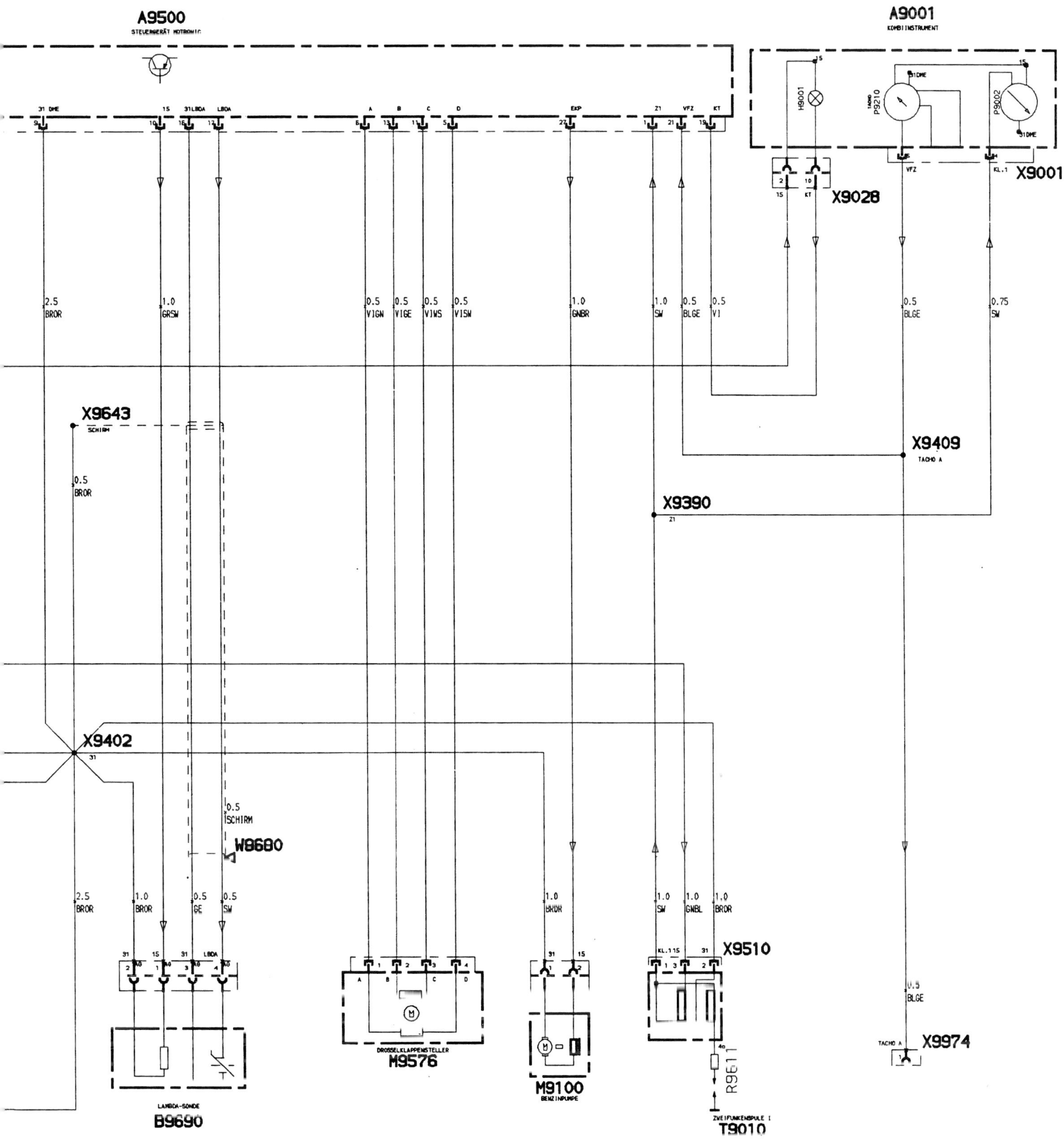

X9060 Steckverbindung Zündschloss
X9230 Plus Batterie
X9231 Masse Batterie
X9390 Lötstelle
X9402 Lötstelle
X9409 Lötstelle
X9431 Lötstelle
X9440 Lötstelle
X9450 Lötstelle
X9510 Steckverbindung

X9590 Steckverbindung
X9643 Lötstelle
X9650 Lötstelle
X9803 Steckverbindung
X9974 Steckverbindung Sonderausstattung 2

Y
Y9572 Taktventil
Y9601 Ventil 1

Kabelfarben

BL blau
BR braun
GE gelb
GN grün
GR grau
OR orange
RT rot
SW schwarz
TR transparent
VI violett
WS weiß

BMW F 650 GS Motorsteuerung mit Eingängen

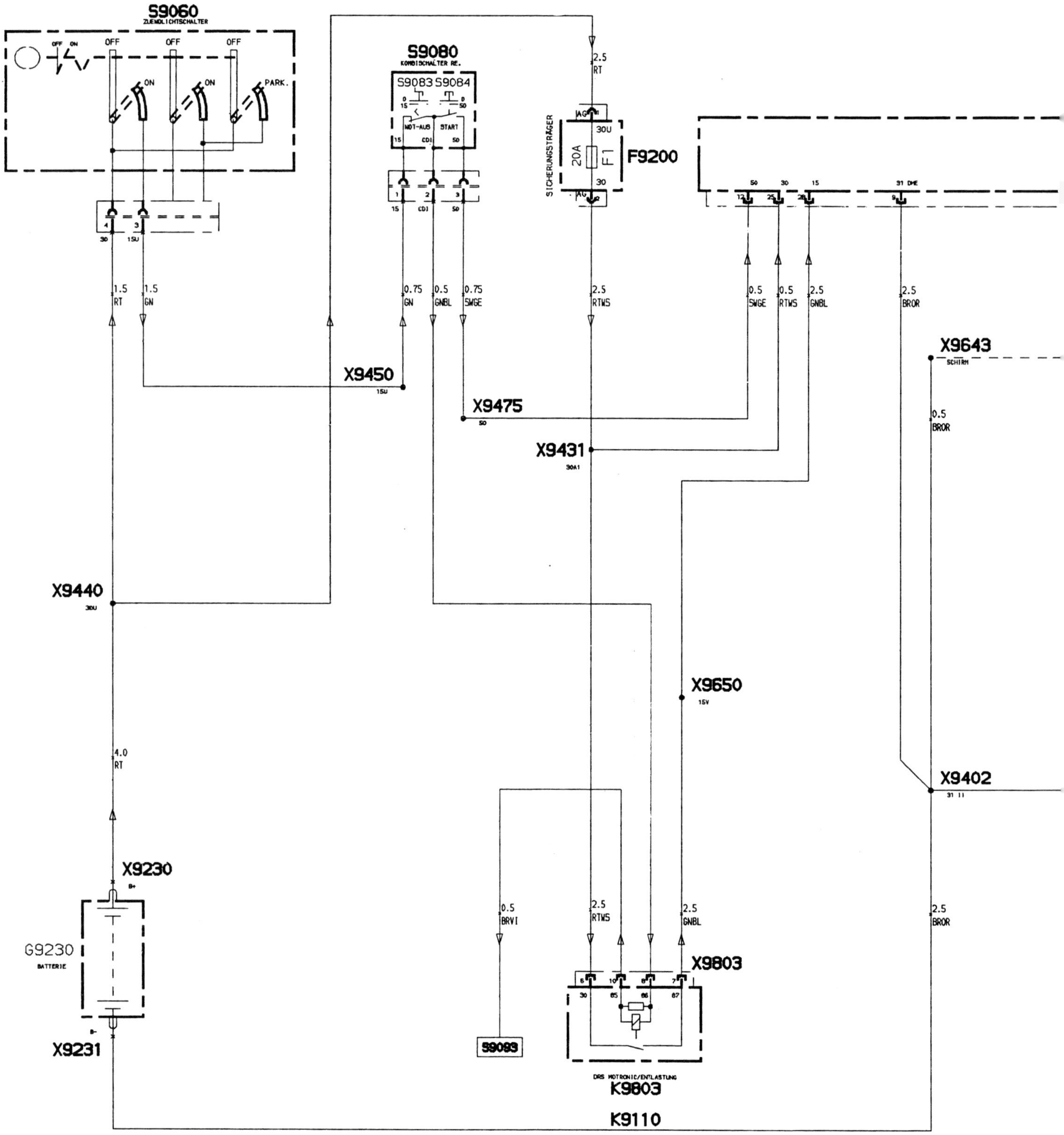

Legende

A9001 Kombiinstrument
A9500 Motorsteuergerät
B
B9545 Induktivgeber
B9550 Temperaturfühler Luft
B9562 Temperaturfühler Kühlmittel
B9690 Lambda-Sonde
F
F9200 Sicherungsbox
G
G9230 Batterie
K
K9110 Motorsteuerung Relais
K9803 Doppelrelaissockel Motorsteuerung-/Entlastungsrelais
P
P9210 Tachometer
R
R9570 Drosselklappenpotentiometer
S
S9060 Zündschloss
S9080 Kombischalter rechts
S9083 Notausschalter
S9084 Starterschalter
S9093 Seitenstützenschalter
W
W9690 Schirm Lambdasonde

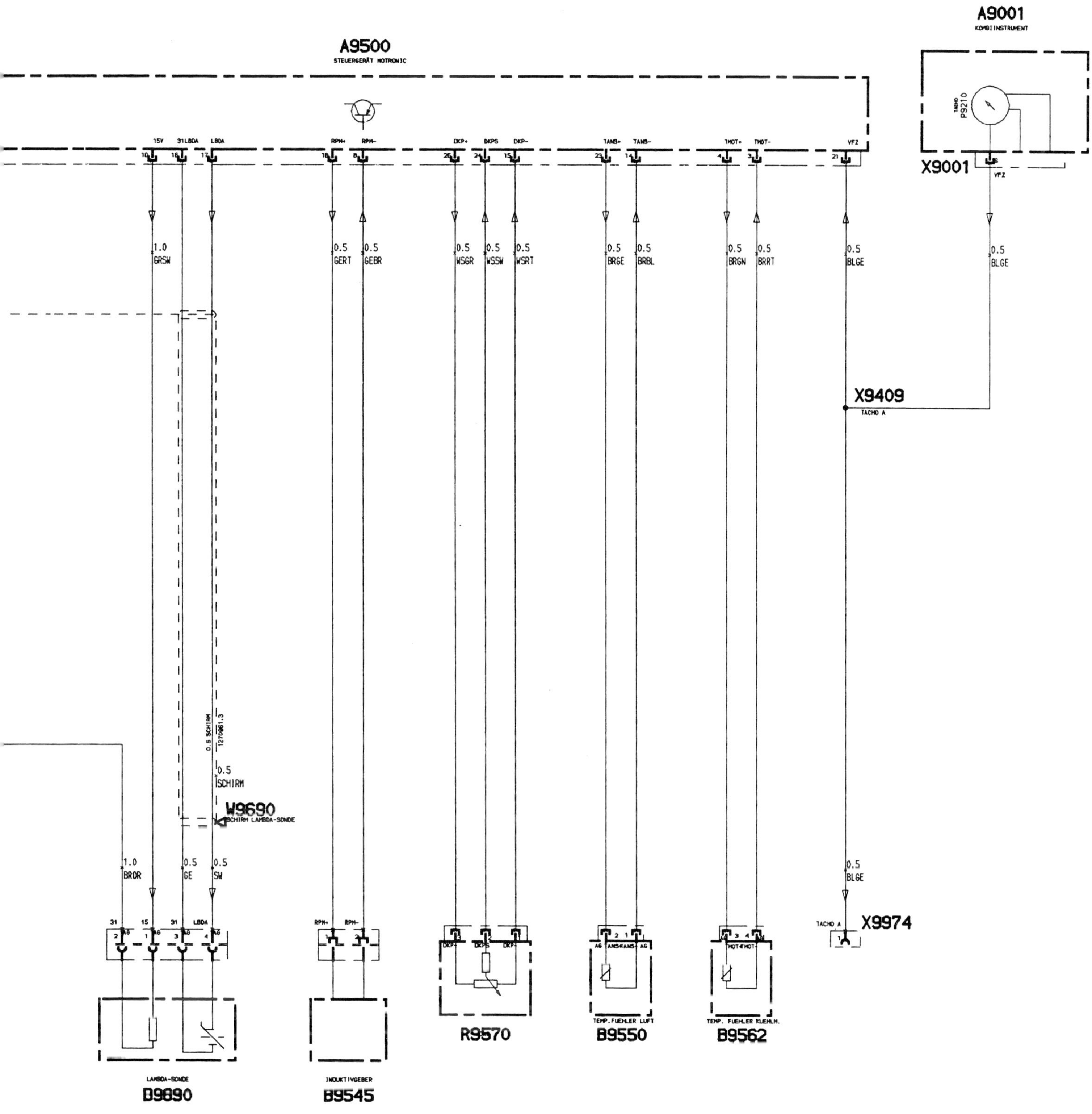

X
X9001 Steckverbindung
X9230 Plus Batterie
X9231 Masse Batterie
X9402 Lötstelle
X9409 Lötstelle
X9431 Lötstelle
X9440 Lötstelle
X9450 Lötstelle
X9475 Lötstelle
X9643 Lötstelle
X9650 Lötstelle
X9803 Steckverbindung
X9974 Steckverbindung
Sonderausstattung 2

Kabelfarben

BL blau
BR braun
GE gelb
GN grün
GR grau
OR orange
RT rot
SW schwarz
TR transparent
VI violett
WS weiß

BMW F 650 GS ABS

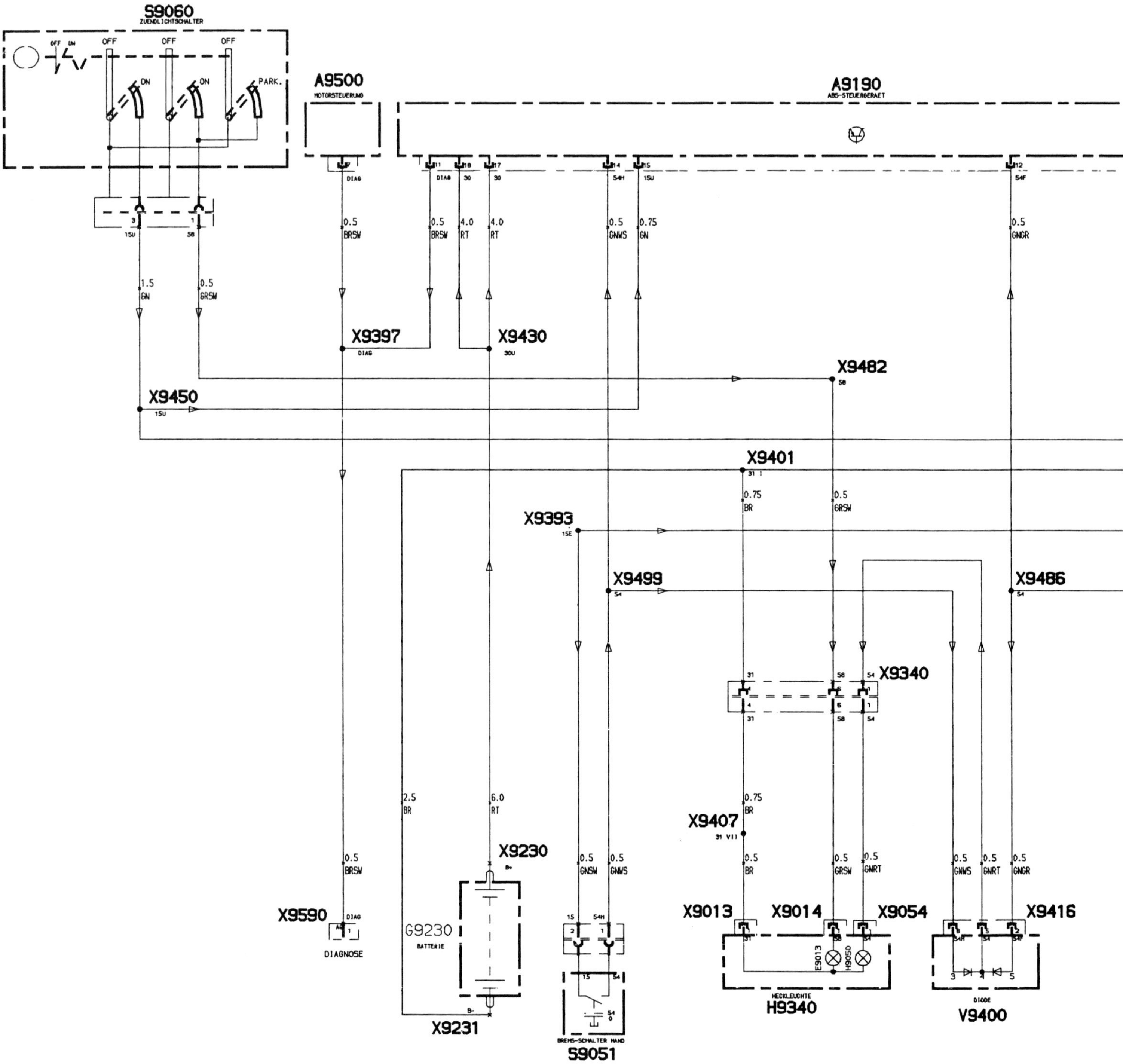

Legende

A9001	Kombiinstrument	G		S	
A9190	ABS-Steuergerät	G9230	Batterie	S9051	Bremslichtschalter Hand
A9500	Motorsteuergerät	H		S9052	Bremslichtschalter Fuß
B		H9050	Bremsleuchte	S9060	Zündlichtschalter
B9193	ABS-Sensor vorne	H9190	ABS-Kontrolleuchte	S9195	ABS-Taster
B9194	ABS-Sensor hinten	H9340	Schlußlicht/Bremslicht	V	
E		P		V9400	Diode
E9013	Schlußlicht	P9210	Tachometer		

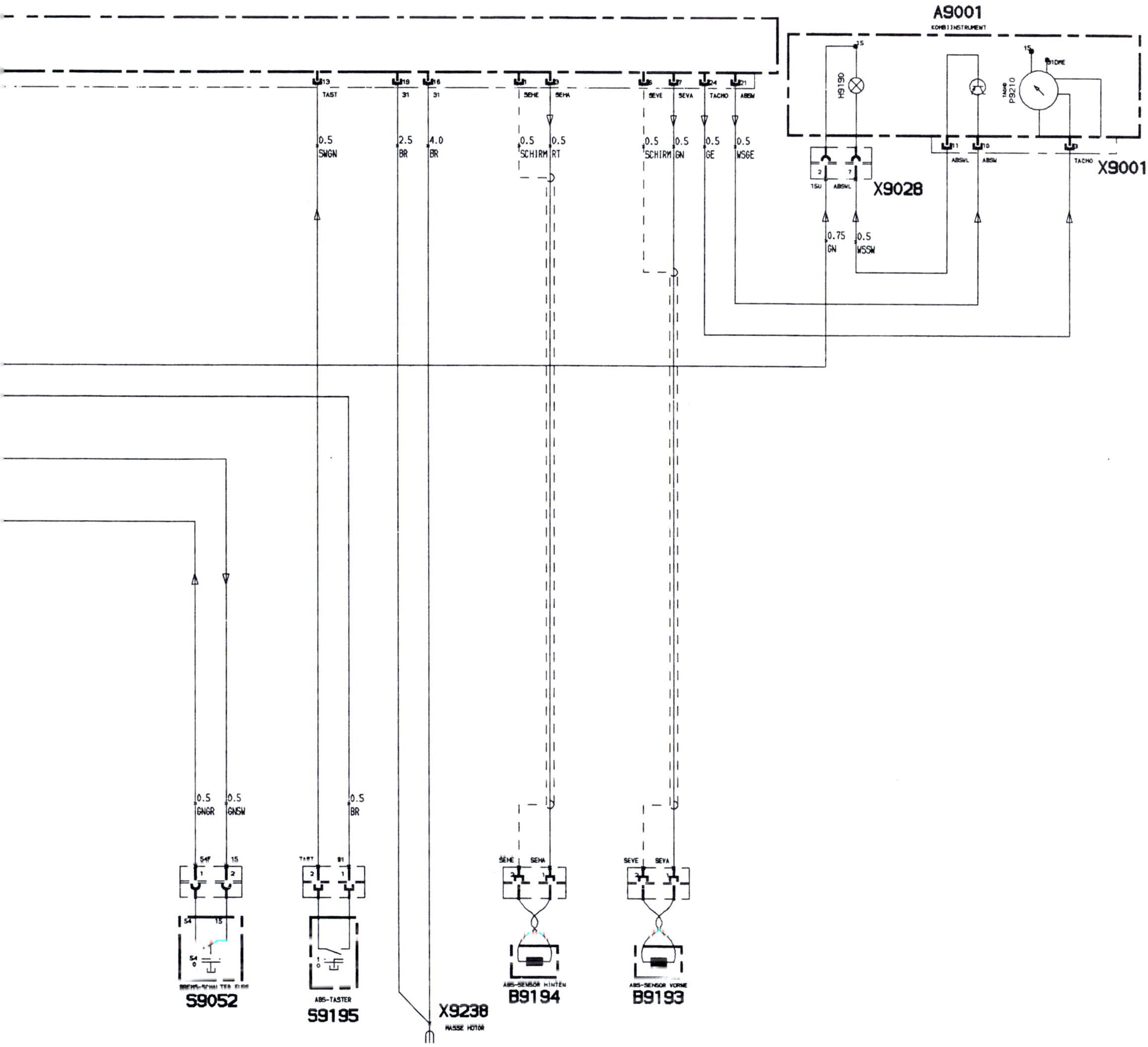

X

X9001 Steckverbindung
X9013 Steckverbindung
X9014 Steckverbindung
X9028 Steckverbindung
X9054 Steckverbindung Bremslicht
X9230 Plus Batterie
X9231 Masse Batterie
X9238 Masse
X9340 Steckverbindung Beleuchtung/ Blinker hinten
X9393 Lötstelle
X9397 Lötstelle
X9401 Lötstelle
X9407 Lötstelle
X9416 Steckverbindung
X9430 Lötstelle
X9450 Lötstelle
X9482 Lötstelle
X9486 Lötstelle
X9499 Lötstelle
X9590 Steckverbindung

Kabelfarben

BL blau
BR braun
GE gelb
GN grün
GR grau
OR orange
RT rot
SW schwarz
TR transparent
VI violett
WS weiß

BMW F 650 CS Beleuchtung ohne ABS

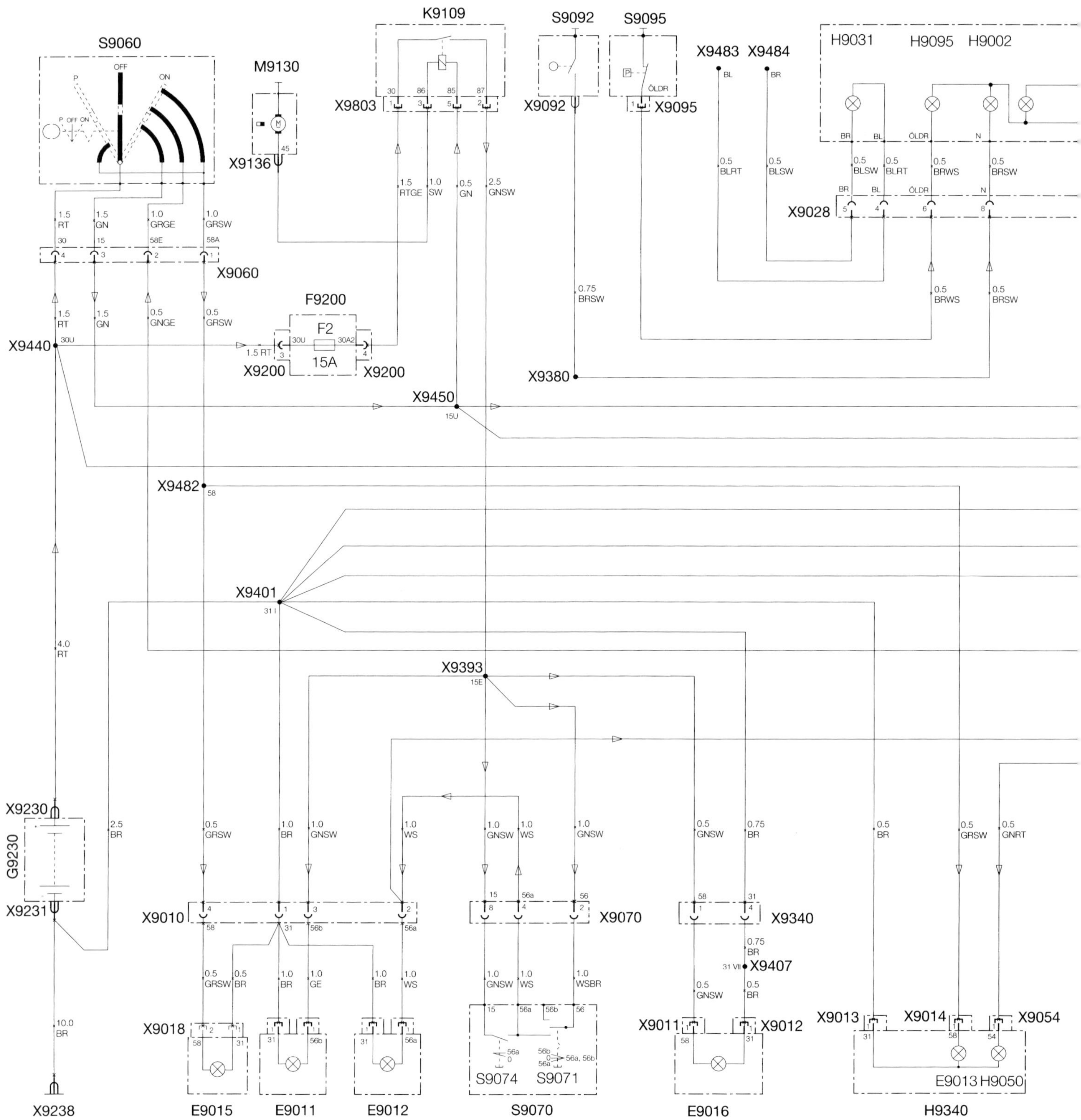

Legende

A9001 Kombiinstrument
A9004 Uhr
A9500 BMS-Steuergerät
B9210 Tachogeber
B9220 Benzinstandgeber
E9001 Instrumentebeleuchtung
E9011 Abblendlicht
E9012 Fernlicht
E9013 Schlusslicht
E9015 Standlicht
E9016 Kennzeichenlicht
F9020 Sicherungsbox 1
G9230 Batterie
H9001 Warnleuchte Wassertemperatur
H9002 Anzeige NEUTRAL (Getriebe)
H9012 Fernlicht-Kontrolle
H9031 Blinkerkontrolle links
H9050 Bremslicht
H9095 Warnleuchte Öldruck
H9190 Warnleuchte ABS
H9290 Warnleuchte Benzinstand
H9340 Heckleuchte
K9109 Entlastungsrelais
M9130 Starter
P9002 Drehzahlmesser
P9210 Tachometer
S9051 Bremslichtschalter vorn
S9052 Bremslichtschalter hinten
S9060 Zündschloss
S9070 Kombischalter links
S9071 Fernlichtschalter
S9074 Lichthupe
S9092 NEUTRAL-Licht-Schalter
S9095 Öldruckschalter
X9001 STVB Kombiinstrument
X9010 STVB Scheinwerfer
X9011 STVB Kennzeichenleuchte (+)
X9012 STVB Kennzeichenleuchte (-)
X9013 STVB Heckleuchte (-)
X9014 STVB Schlusslicht
X9018 STVB Standlicht
X9028 STVB Kombiinstrument 2
X9051 STVB Bremslichtschalter vorn
X9052 STVB Bremslichtschalter hinten

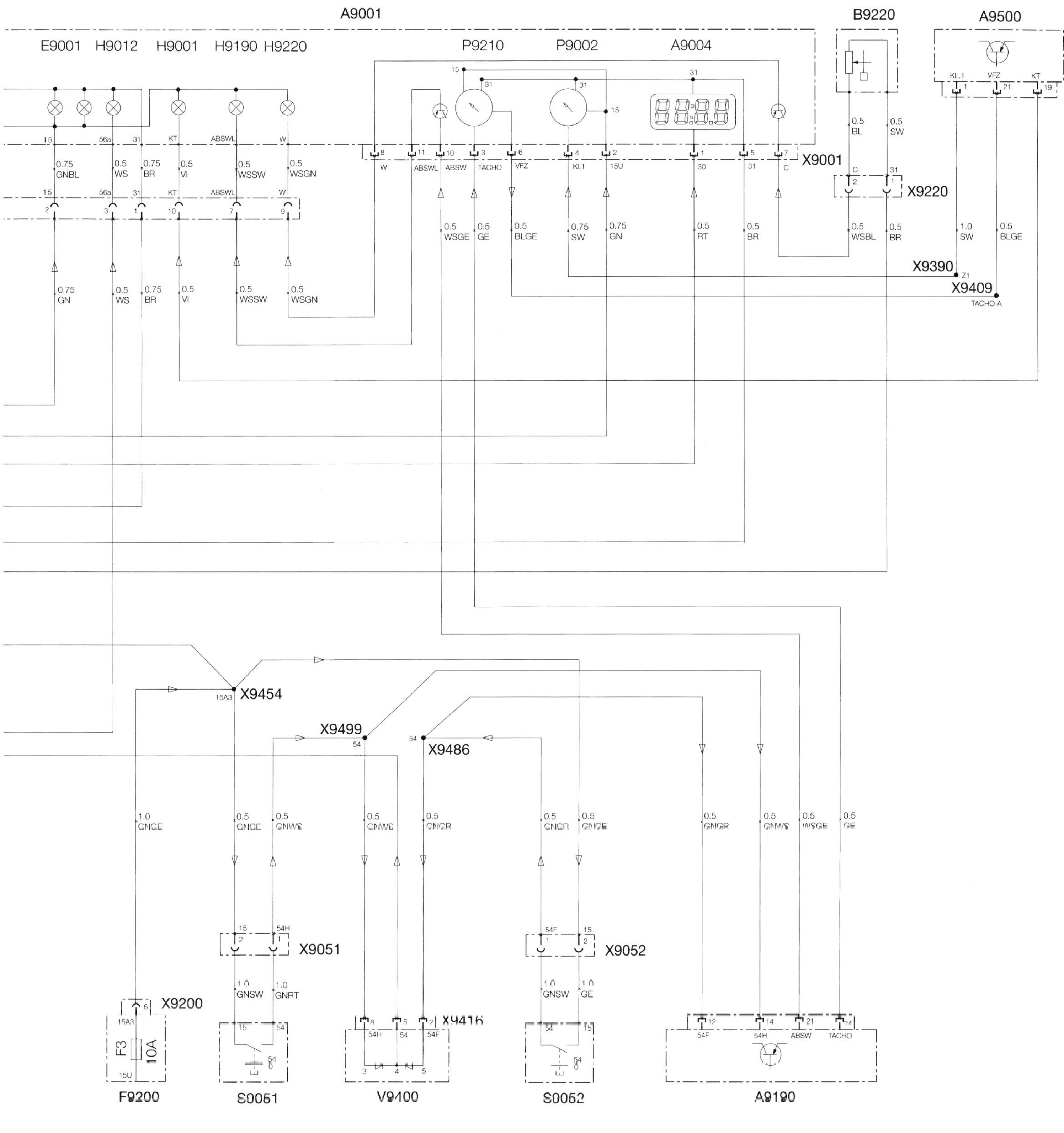

X9054	STVB Bremslicht (+)
X9060	STVB Zündschloss
X9070	STVB Kombischalter links
X9092	STVB NEUTRAL-Schalter
X9095	STVB Öldruckschalter
X9136	STVB Starter Klemme 30
X9200	STVB Sicherungsbox 1
X9210	STVB Tachogeber
X9220	STVB Warnleuchte Benzinstand
X9230	Batterie (+)
X9231	Batterie (-)
X9238	Masse (-)
X9340	STVB Rücklicht/Blinker hinten
X9380	Verbinder NEUTRAL-Schalter
X9390	Verbinder Z1
X9393	Verbinder 15E
X9401	Verbinder 31 l
X9407	Verbinder 31
X9409	Verbinder Tacho A
X9440	Verbinder 30U
X9450	Verbinder 15U
X9454	Verbinder 15A3
X9482	Verbinder 58
X9483	Verbinder BL
X9484	Verbinder BR
X9486	Verbinder 54
X9803	Motorelektronik-/Entlastungsrelais

Kabelfarben

BL	blau
BR	braun
GE	gelb
GN	grün
GR	grau
OR	orange
RT	rot
SW	schwarz
TR	transparent
VI	violett
WS	weiß

BMW F 650 CS Beleuchtung, Bremslicht, Kombiinstrument (ohne ABS)

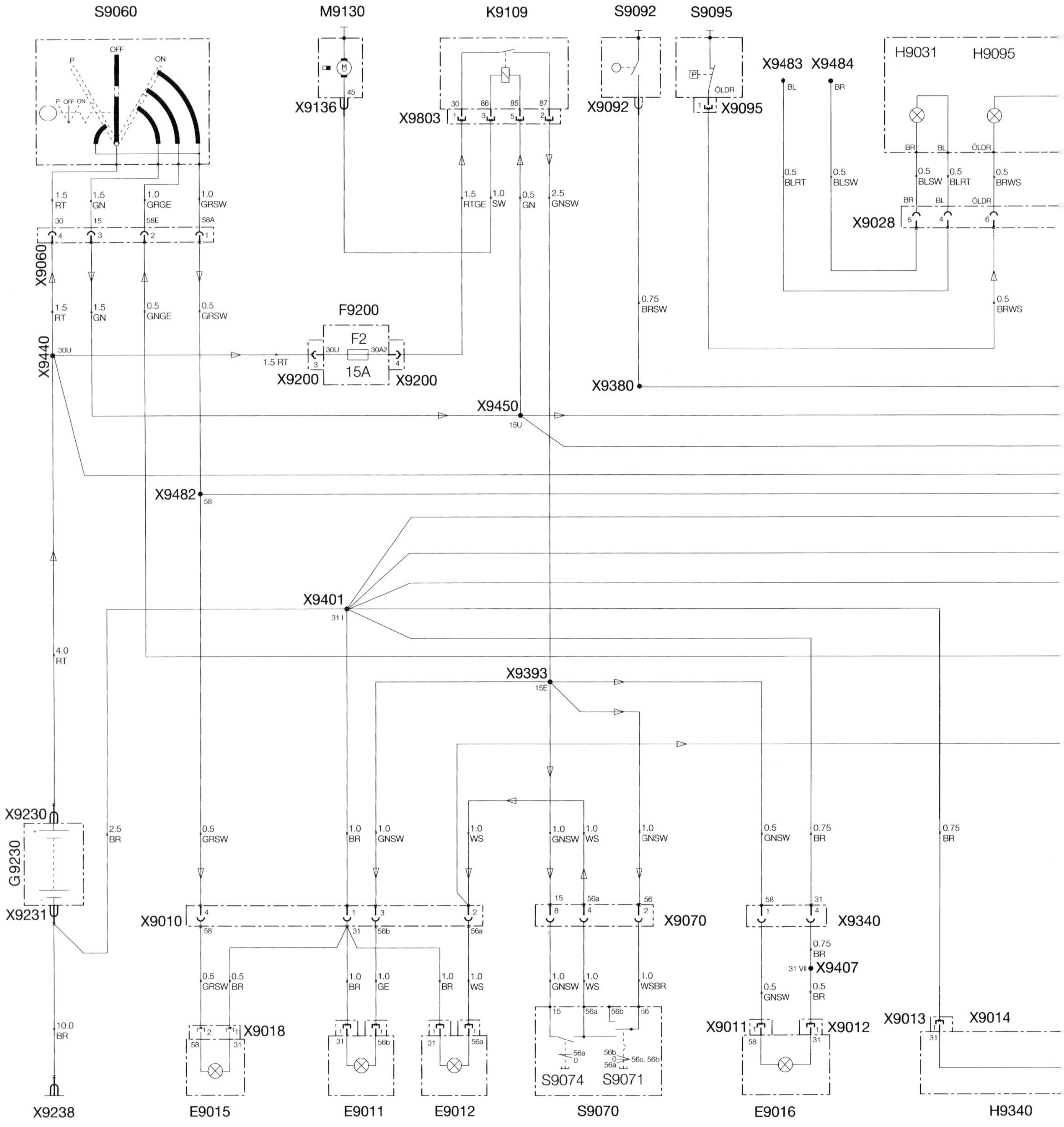

Legende

A9001 Kombiinstrument
A9004 Uhr
A9500 Steuergerät Motorelektronik
B
B9210 Tachogeber
B9220 Benzinstandgeber
E
E9001 Instrumentenbeleuchtung
E9011 Abblendlicht
E9012 Fernlicht
E9013 Schlusslicht
E9015 Standlicht
E9016 Kennzeichenbeleuchtung
F
F9200 Sicherungsbox I
G
G9230 Batterie
H
H9001 Warnleuchte Kühlmitteltemperatur
H9002 Kontrollleuchte Schaltgetriebe Neutral
S
S9070 Kombischalter links
S9071 Fernlichtschalter
S9074 Lichthupe
S9092 Getriebeschalter
S9095 Öldruckschalter
X
X9001 STVB Kombiinstrument
X9010 STVB Scheinwerfer
X9011 STVB Kennzeichenleuchte +
X9012 STVB Kennzeichenleuchte -
X9013 STVB Heckleuchte -
X9014 STVB Schlusslicht
X9018 STVB Standlicht
X9028 STVB Kombiinstrument
X9051 STVB Bremslichtschalter Hand
X9052 STVB Bremslichtschalter Fuß
X9054 STVB Bremslicht +

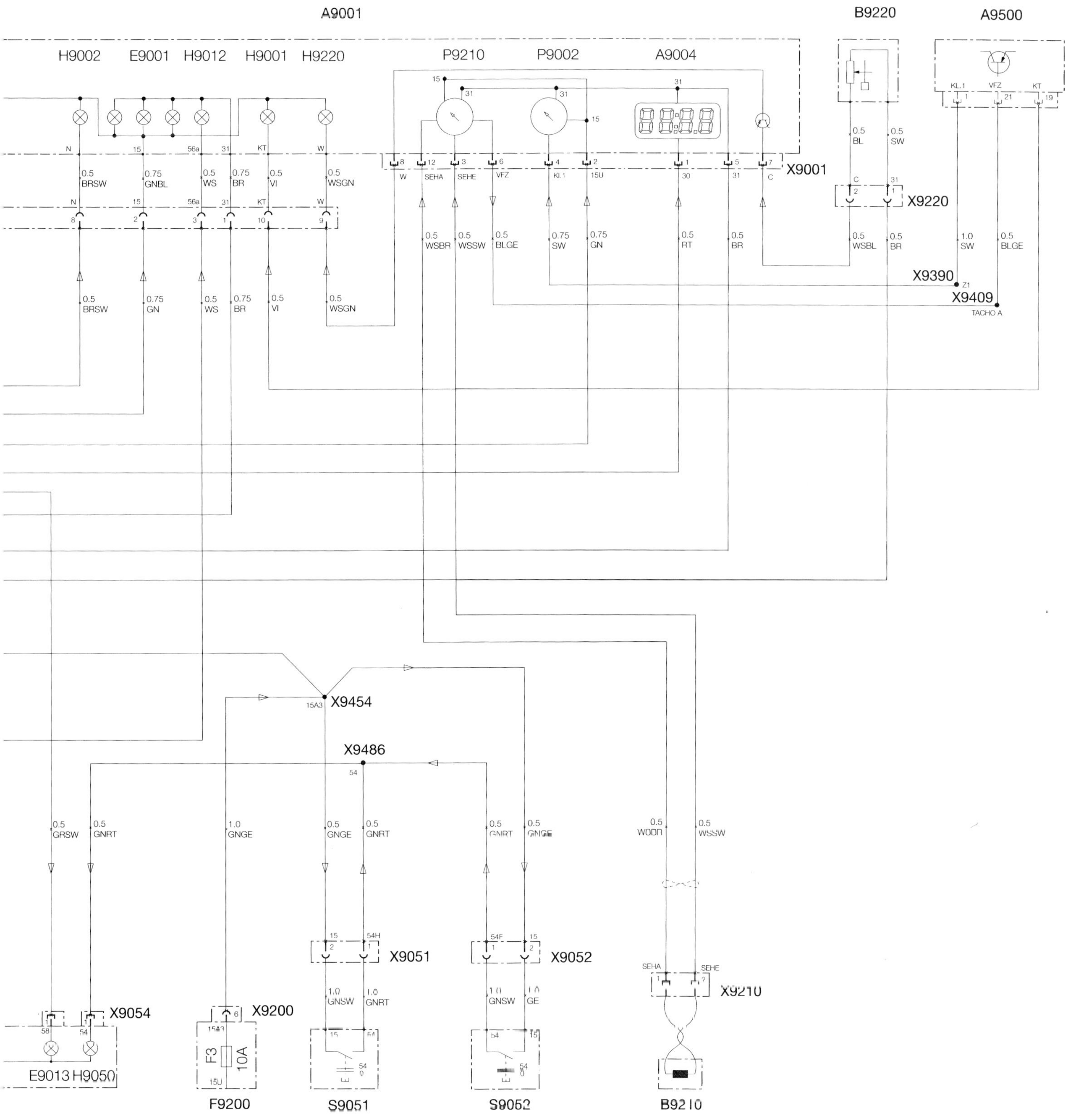

X9060	STVB Zündschloss
X9070	STVB Kombischalter links
X9092	STVB Getriebeschalter
X9095	STVB Öldruckschalter
X9136	STVB Starter Kl. 30
X9200	STVB Sicherungsbox I
X9210	STVB Tachogeber
X9220	STVB Benzinstandgeber
X9230	Plus Batterie
X9231	Masse Batterie
X9238	Masse
X9340	STVB Beleuchtung/ Blinker hinten
X9380	Verbinder Getriebeschalter
X9390	Verbinder Z1
X9393	Verbinder 15E
X9401	Verbinder 31 I
X9407	Verbinder 31 VII
X9409	Verbinder Tacho A
X9440	Verbinder 30U
X9450	Verbinder 15U
X9454	Verbinder 15A3
X9482	Verbinder 58
X9483	Verbinder BL
X9484	Verbinder BR
X9486	Verbinder 54
X9803	DRS Motorelektronik-/ Entlastungsrelais

Kabelfarben

BL	blau
BR	braun
GE	gelb
GN	grün
GR	grau
OR	orange
RT	rot
SW	schwarz
TR	transparent
VI	violett
WS	weiß

BMW F 650 CS Blinker/Horn/SA-Stecker (ohne Warnblinkanlage)

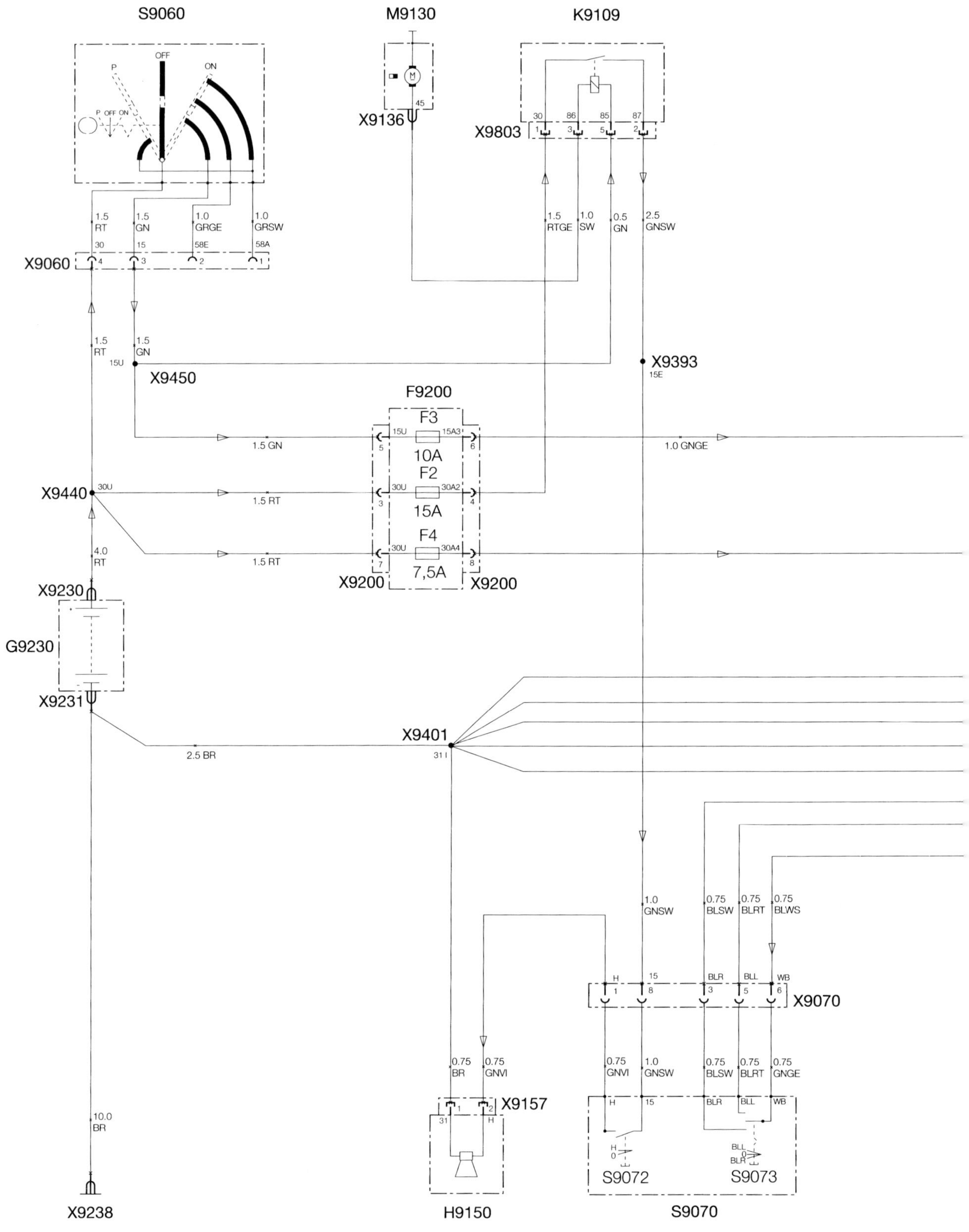

Legende

A9001 Kombiinstrument
A9020 Blinkgeber
F
F9200 Sicherungsbox I
G
G9230 Batterie
H
H9030 Blinker vorn links
H9031 Kontrollleuchte Blinker links
H9035 Blinker hinten links
H9040 Blinker vorn rechts
H9045 Blinker hinten rechts
H9150 Horn

K
K9109 Entlastungsrelais
M
M9130 Starter
P
P9210 Tachometer
S
S9060 Zündschloss
S9070 Kombischalter links
S9072 Hornschalter
S9073 Blinkerschalter links
X
X9001 STVB Kombiinstrument

X9020 STVB Blinkgeber
X9028 STVB Kombiinstrument
X9030 STVB Blinker vorn links
X9036 STVB Blinker hinten links -
X9037 STVB Blinker hinten links +
X9040 STVB Blinker vorn rechts
X9046 STVB Blinker hinten rechts -
X9047 STVB Blinker hinten rechts +
X9060 STVB Zündschloss
X9070 STVB Kombischalter links
X9136 STVB Starter Kl. 30
X9157 STVB Horn

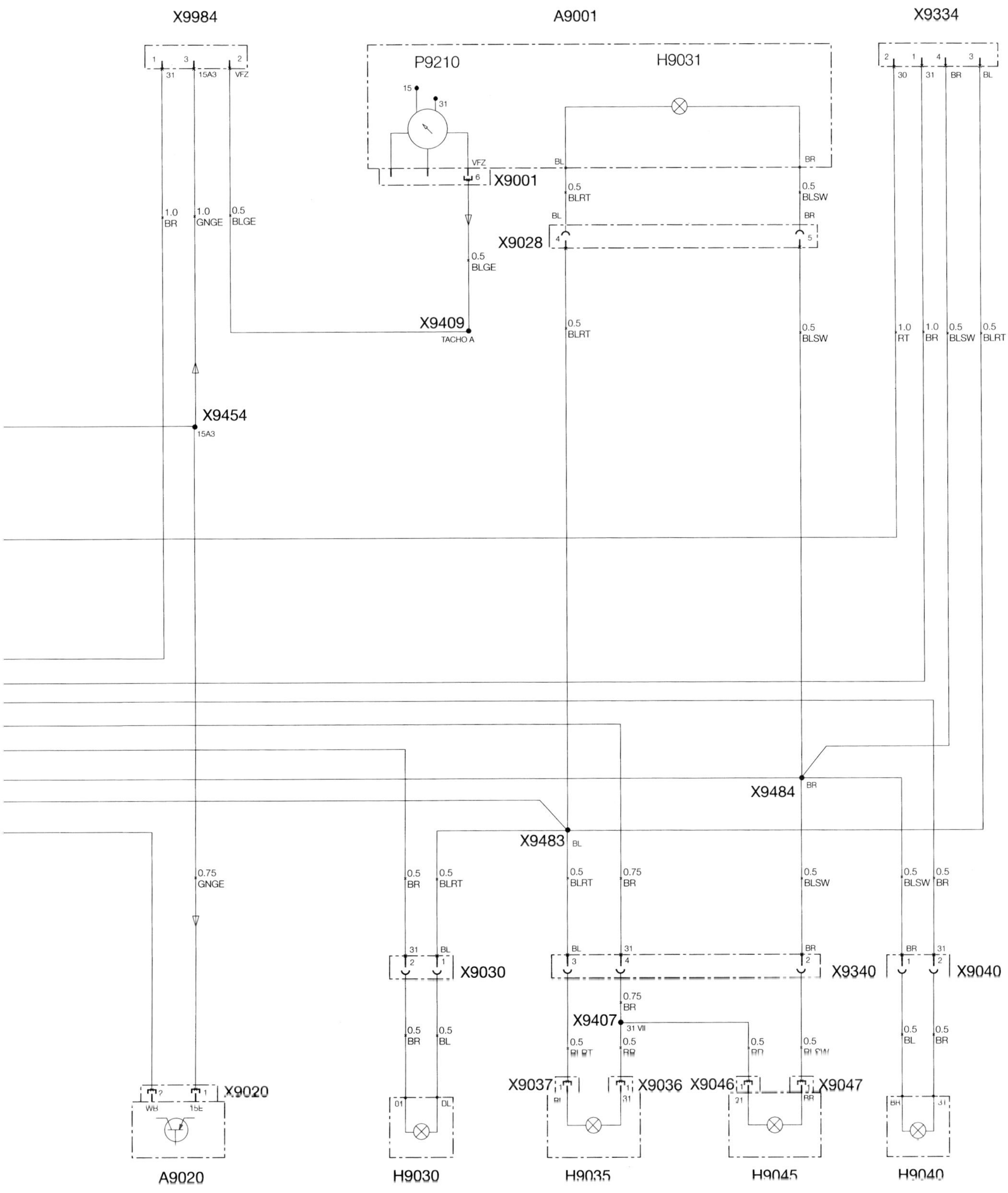

X9200	STVB Sicherungsbox I
X9230	Plus Batterie
X9231	Masse Batterie
X9238	Masse
X9334	STVB Warnblinkanlage
X9340	STVB Beleuchtung/Blinker hinten
X9393	Verbinder 15E
X9407	Verbinder 31
X9409	Verbinder Tacho A
X9440	Verbinder 30U
X9450	Verbinder 15U
X9454	Verbinder 15A3
X9483	Verbinder BL
X9484	Verbinder BR
X9803	DRS Motorelektronik-/ Entlastungsrelais
X9984	SA-Stecker

Kabelfarben

BL	blau
BR	braun
GE	gelb
GN	grün
GR	grau
OR	orange
RT	rot
SW	schwarz
TR	transparent
VI	violett
WS	weiß

BMW F 650 CS Blinker/Horn/SA-Stecker (mit Warnblinkanlage)

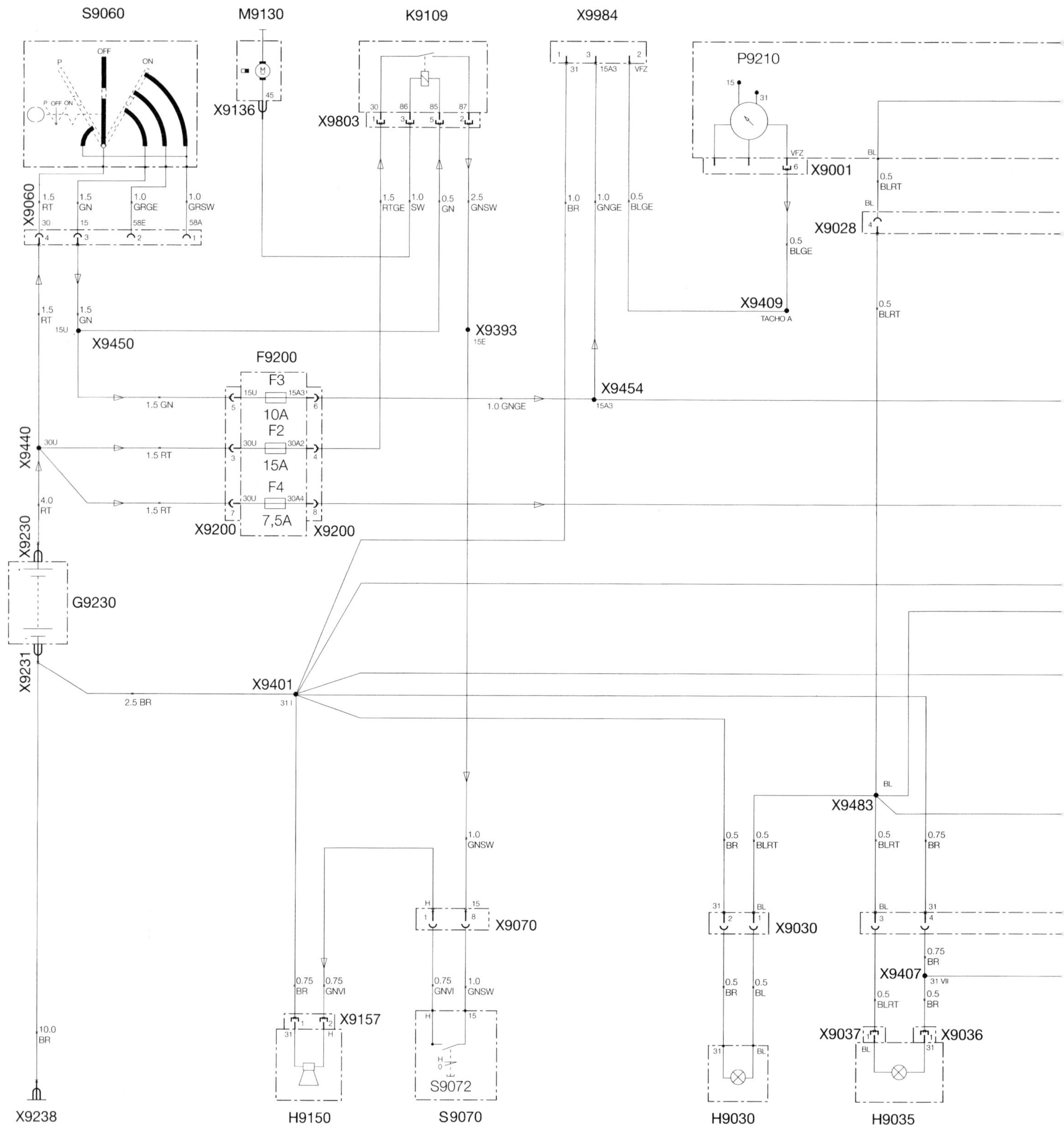

Legende

A9001	Kombiinstrument	K		V	
A9020	Blinkgeber	K9109	Entlastungsrelais	V9401	Diode
F9200	Sicherungsbox I	K9123	Warnblinkrelais	V9402	Diode
G		K9125	Blinksignalrelais	V9403	Diode
G9230	Batterie	M		X	
H		M9130	Starter	X2*	STVB Diode
H9030	Blinker vorn links	P		X9001	STVB Kombiinstrument
H9031	Kontrollleuchte Blinker links	P9210	Tachometer	X9020	STVB Blinkgeber
H9035	Blinker hinten links	S		X9021	STVB Warnblinkschalter
H9040	Blinker vorn rechts	S9021	Warnblinkschalter	X9028	STVB Kombiinstrument
H9045	Blinker hinten rechts	S9060	Zündschloss	X9030	STVB Blinker vorn links
H9150	Horn	S9070	Kombischalter links	X9036	STVB Blinker hinten links -
		S9072	Hupenknopf	X9037	STVB Blinker hinten links +
		S9073	Blinkerschalter links	X9040	STVB Blinker vorn rechts
				X9046	STVB Blinker hinten rechts -

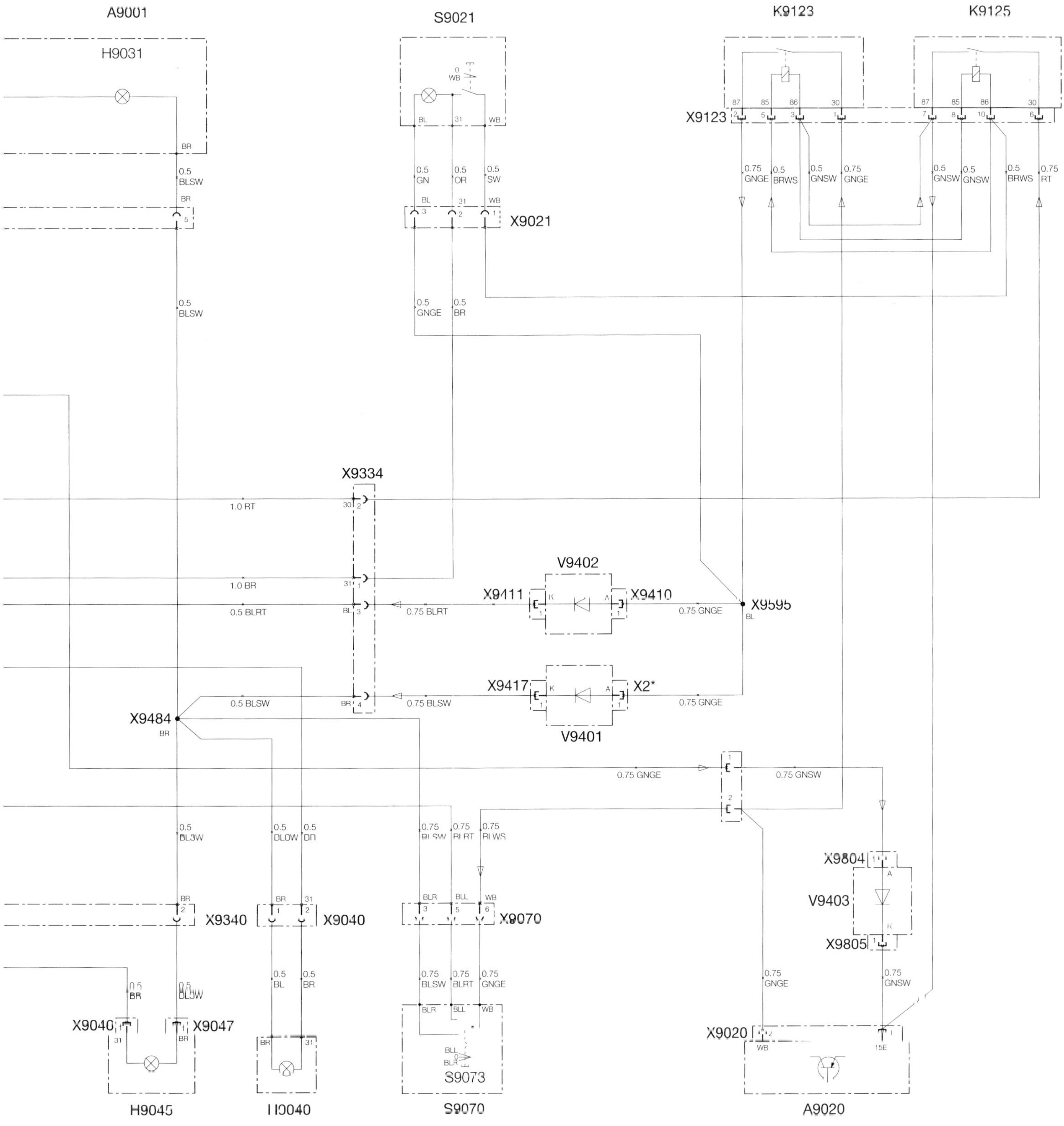

X9047	STVB Blinker hinten rechts +	X9409	VerbinderTacho A
X9060	STVB Zündschloss	X9410	STVB Diode
X9070	STVB Kombischalter links	X9411	STVB Diode
X9123	DRS Warnblinkanlage	X9417	STVB Diode
X9136	STVB Starter Kl. 30	X9440	Verbinder 30U
X9157	STVB Horn	X9450	Verbinder 15U
X9200	STVB Sicherungskasten I	X9454	Verbinder 15A3
X9230	Plus Batterie	X9483	Verbinder BL
X9231	Masse Batterie	X9484	Verbinder BR
X9238	Masse	X9595	Verbinder BL
X9334	STVB Warnblinkanlage	X9803	DRS Motorelektronik/-Entlastungsrelais
X9340	STVB Beleuchtung/Blinker hinten	X9804	STVB Diode
X9393	Verbinder 15E	X9805	STVB Diode
X9407	Verbinder 31	X9984	SA-Stecker

Kabelfarben

BL	blau
BR	braun
GE	gelb
GN	grün
GR	grau
OR	orange
RT	rot
SW	schwarz
TR	transparent
VI	violett
WS	weiß

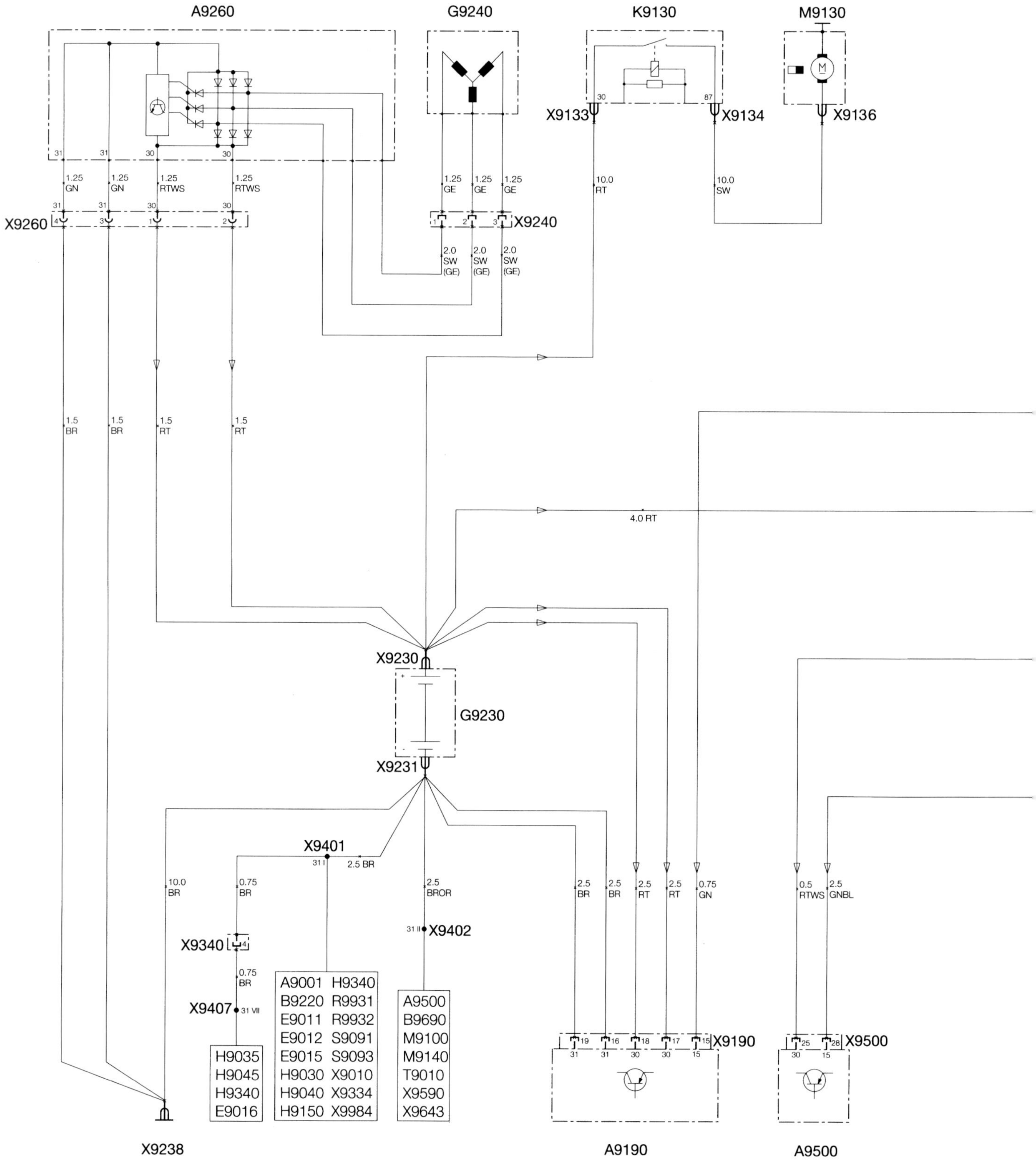

Legende

A9001	Kombiinstrument
A9004	Uhr
A9020	Blinkgeber
A9190	Steuergerät ABS
A9260	Gleichrichter
A9500	Steuergerät Motorelektronik
B9220	Benzinstandgeber
B9690	Lambdasonde
E9011	Abblendlicht
E9012	Fernlicht
E9015	Standlicht
E9016	Kennzeichenbeleuchtung
F9200	Sicherungskasten I
G9230	Batterie
G9240	Generator
H9030	Blinker vorn links
H9035	Blinker hinten links
H9040	Blinker vorn rechts
H9045	Blinker hinten rechts
H9150	Horn
H9340	Heckleuchte
K9109	Entlastungsrelais
K9110	Motorelektronikrelais
K9130	Starterrelais
M9100	Kraftstoffpumpe
M9130	Starter
M9140	Lüfter
P9002	Drehzahlmesser
P9210	Tachometer
R9931	Heizgriff links
R9932	Heizgriff rechts
S9051	Bremslichtschalter Hand
S9052	Bremslichtschalter Fuß
S9060	Zündschloss
S9070	Kombischalter links
S9080	Kombischalter rechts
S9083	Not-Aus-Schalter
S9091	Kupplungsschalter
S9093	Seitenstützenschalter
S9930	Heizgriffschalter
T9010	Zündspule
X9001	STVB Kombiinstrument
X9010	STVB Scheinwerfer
X9028	STVB Kombiinstrument

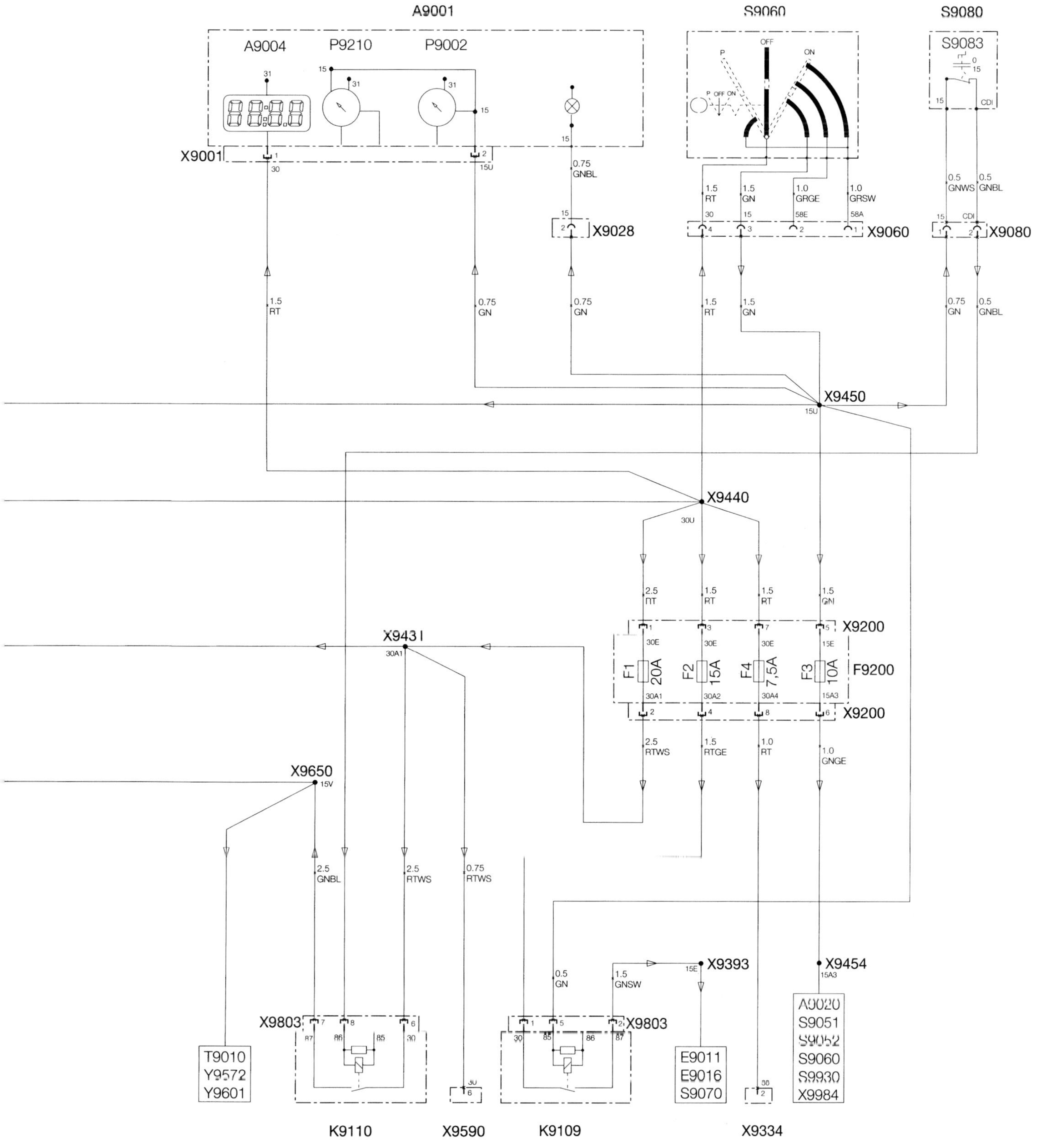

X9060	STVB Zündschloss	X9402	Verbinder 31	**Kabelfarben**	
X9080	STVB Kombischalter rechts	X9407	Verbinder 31	BL	blau
X9133	STVB Starterrelais	X9431	Verbinder 30A	BR	braun
X9134	STVB Starterrelais	X9440	Verbinder 30U	GE	gelb
X9136	STVB Anlasser Kl. 30	X9450	Verbinder 15U	GN	grün
X9190	STVB Steuergerät ABS	X9454	Verbinder 15A	GR	grau
X9200	STVB Sicherungskasten I	X9500	STVB Steuergerät Motorelektronik	OR	orange
X9230	Plus Batterie	X9590	Diagnosestecker	RT	rot
X9231	Masse Batterie	X9643	Verbinder Abschirmung	SW	schwarz
X9238	Masse	X9650	Verbinder 15	TR	transparent
X9240	STVB Generator -	X9803	DRS Motorelektronik-/ Entlastungsrelais	VI	violett
X9260	STVB Gleichrichter			WS	weiß
X9334	STVB Warnblinkanlage	X9984	SA-Stecker		
X9340	STVB Beleuchtung/Blinker hinten	Y9572	Tankentlüftungsventil (nur US)		
X9393	Verbinder 15E	Y9601	Einspritzventil 1		
X9401	Verbinder 31 I				

BMW F 650 CS Starter/Generator/Diagnosestecker

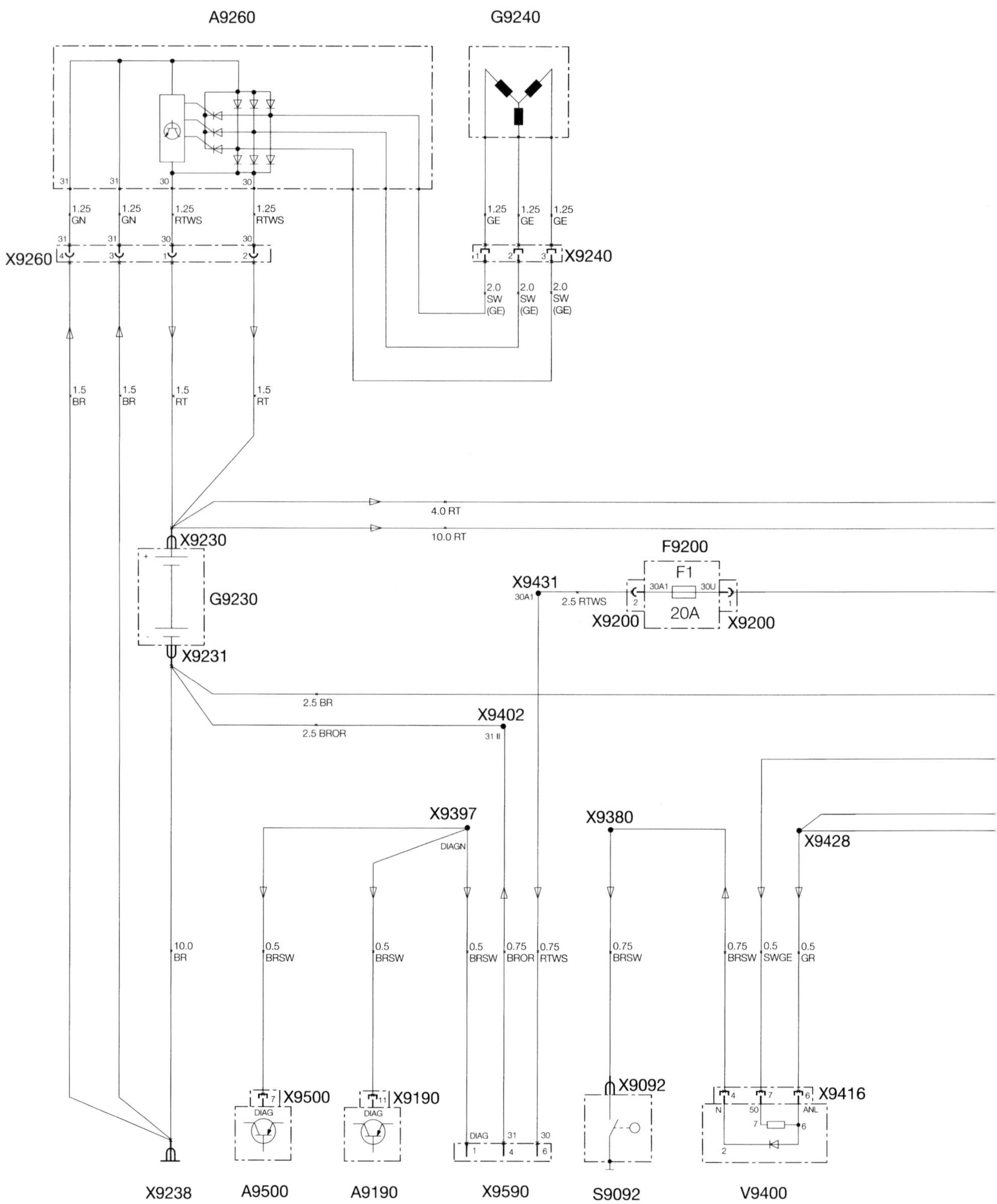

Legende

A9190 Steuergerät ABS
A9260 Gleichrichter
A9500 Steuergerät Motorelektronik
F
F9200 Sicherungsbox I
G
G9230 Batterie
G9240 Generator
K
K9109 Entlastungsrelais
K9110 Motorelektronikrelais
K9130 Starterrelais

M
M9130 Starter
S
S9060 Zündschloss
S9080 Kombischalter rechts
S9083 Not-Aus-Schalter
S9084 Starterknopf
S9091 Kupplungsschalter
S9092 Neutralanzeige-Kontakt
V
V9400 Diode

X
X9060 STVB Zündschloss
X9080 STVB Kombischalter rechts
X9091 STVB Kupplungsschalter
X9092 STVB Getriebeschalter
X9129 STVB Starterrelais
X9130 STVB Starterrelais
X9133 STVB Starterrelais
X9134 STVB Starterrelais
X9136 STVB Starter Kl. 30
X9190 STVB Steuergerät ABS

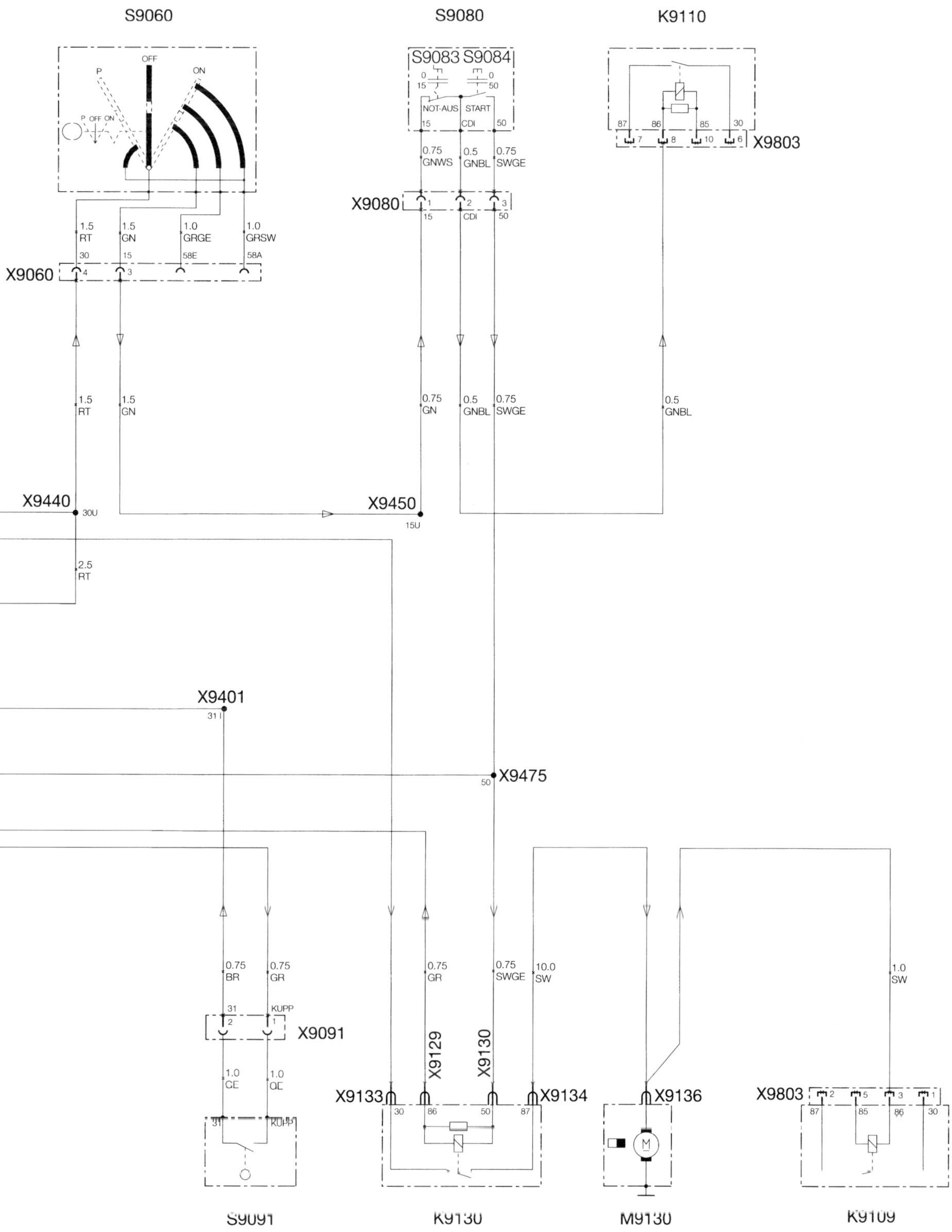

X9230	Plus Batterie
X9231	Masse Batterie
X9238	Masse
X9240	STVB Generator -
X9260	STVB Gleichrichter
X9380	Verbinder Getriebeschalter
X9397	Verbinder Diagnose
X9401	Verbinder 31 I
X9402	Verbinder 31
X9416	STVB Diode
X9428	Verbinder Starter
X9431	Verbinder 30A 1
X9450	Verbinder 15U
X9475	Verbinder 50
X9500	STVB Steuergerät Motorelektronik
X9590	Diagnosestecker
X9803	DRS Motorelektronik-/ Entlastungsrelais

Kabelfarben

BL	blau
BR	braun
GE	gelb
GN	grün
GR	grau
OR	orange
RT	rot
SW	schwarz
TR	transparent
VI	violett
WS	weiß

BMW F 650 CS Motorelektronik

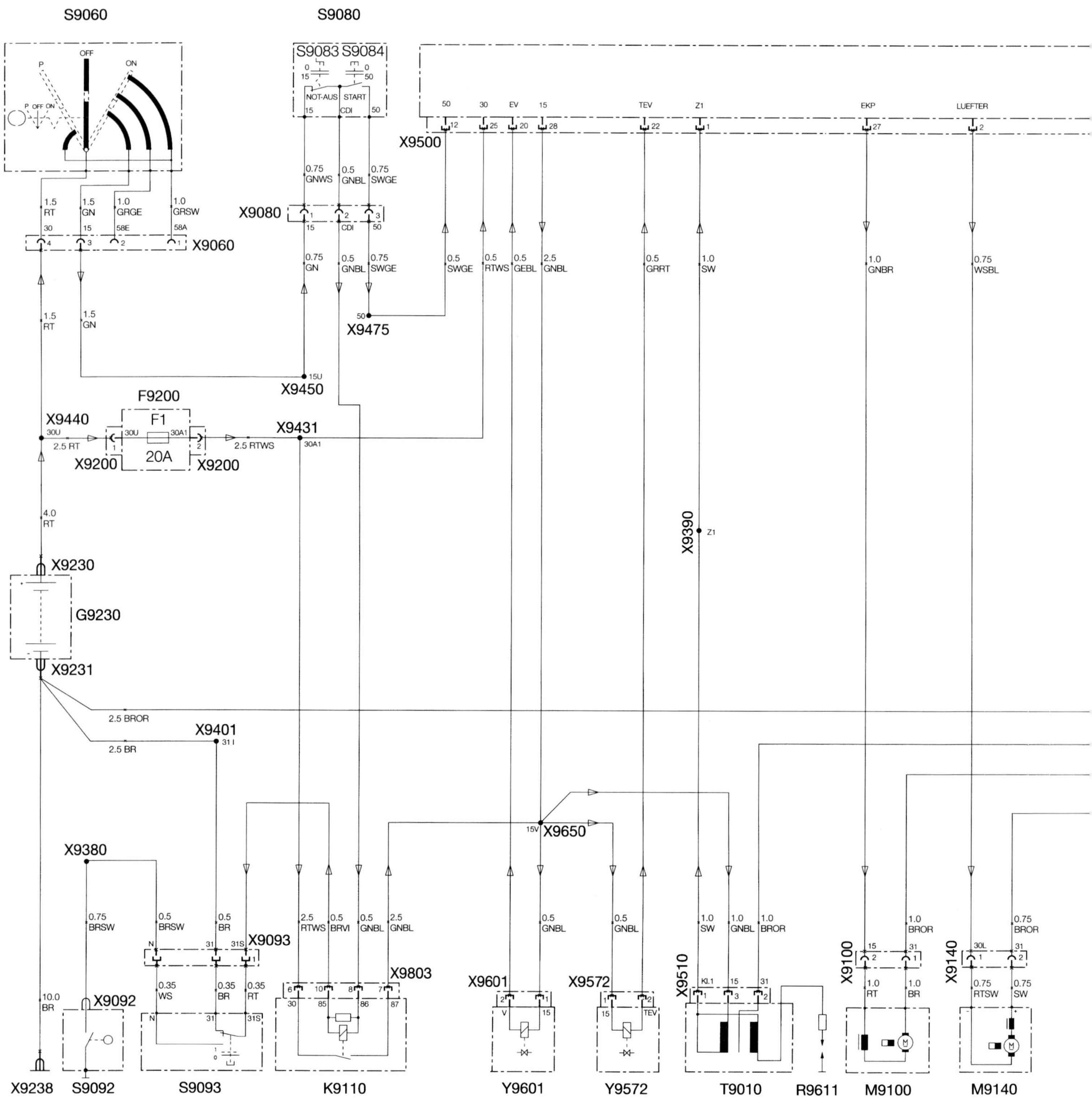

Legende

A9001 Kombiinstrument
A9500 Steuergerät Motorelektronik
89545 Induktivgeber
89550 Temperaturfühler Ansaugluft
89562 Temperaturfühler Kühlmittel (Motorelektronik)
89690 Lambdasonde
F9200 Sicherungsbox I
G9230 Batterie
H9001 Warnleuchte Kühlmitteltemperatur
K9110 Motorelektronikrelais
M9100 Kraftstoffpumpe
M9140 Lüfter
M9576 Drosselklappenansteller
P9210 Tachometer
R9570 Drosselklappenpotentiometer
R9611 Zündkerze
S9060 Zündschloss
S9080 Kombischalter rechts
S9083 Not-Aus-Schalter
S9084 Starterknopf
S9092 Getriebeschalter
S9093 Seitenstützenschalter
T9010 Zündspule
W9690 Abschirmung Lambdasonde
X9001 STVB Kombiinstrument
X9028 STVB Kombiinstrument
X9060 STVB Zündschloss
X9080 STVB Kombischalter rechts
X9092 STVB Getriebeschalter
X9093 STVB Seitenstützenschalter
X9100 STVB Kraftstoffpumpe
X9140 STVB Lüfter
X9200 STVB Sicherungsbox I
X9230 Plus Batterie
X9231 Masse Batterie
X9238 Masse
X9380 Verbinder Getriebeschalter
X9390 Verbinder Z1
X9397 Verbinder Diagnose

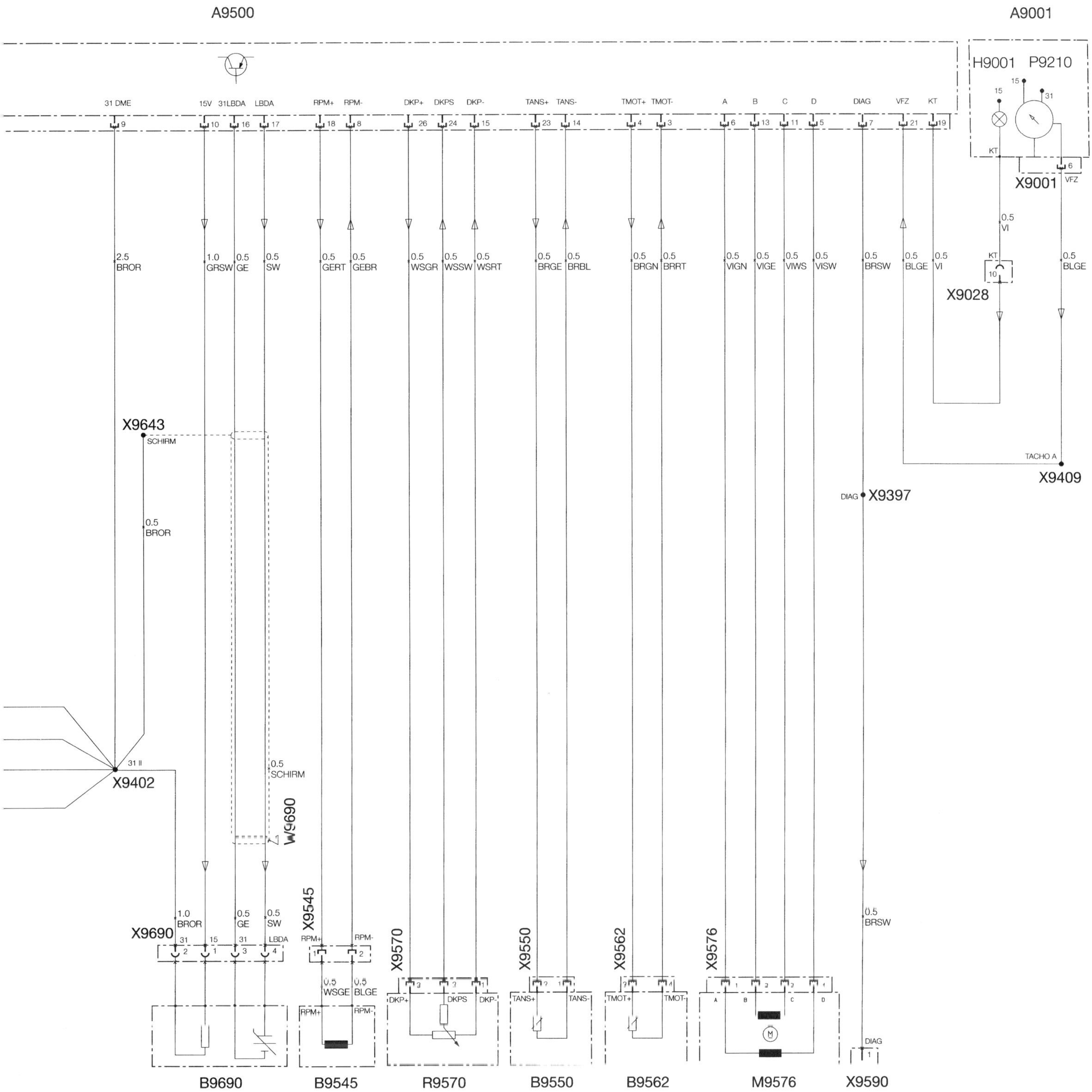

X9401	Verbinder 31 I
X9402	Verbinder 31
X9409	Verbinder Tacho A
X9431	Verbinder 30A
X9440	Verbinder 30U
X9450	Verbinder 15U
X9475	Verbinder 50
X9500	STVB Steuergerät Motorelektronik
X9510	STVB Zündspule
X9545	STVB Induktivgeber
X9550	STVB Temperaturfühler Ansaugluft
X9562	STVB Temperaturfühler Kühlmittel (Motorelektronik)
X9570	STVB Drosselklappenpotentiometer
X9572	STVB Tankentlüftungsventil
X9576	STVB Drosselklappenansteiler
X9590	Diagnosestecker
X9601	STVB Einspritzventil
X9643	Verbinder Abschirmung
X9650	Verbinder 15
X9690	STVB Lambdasonde
X9803	DRS Motorelektronik-/ Entlastungsrelais
Y9572	Tankentlüftungsventil (nur US)
Y9601	Einspritzventil 1

Kabelfarben

BL	blau
BR	braun
GE	gelb
GN	grün
GR	grau
OR	orange
RT	rot
SW	schwarz
TR	transparent
VI	violett
WS	weiß

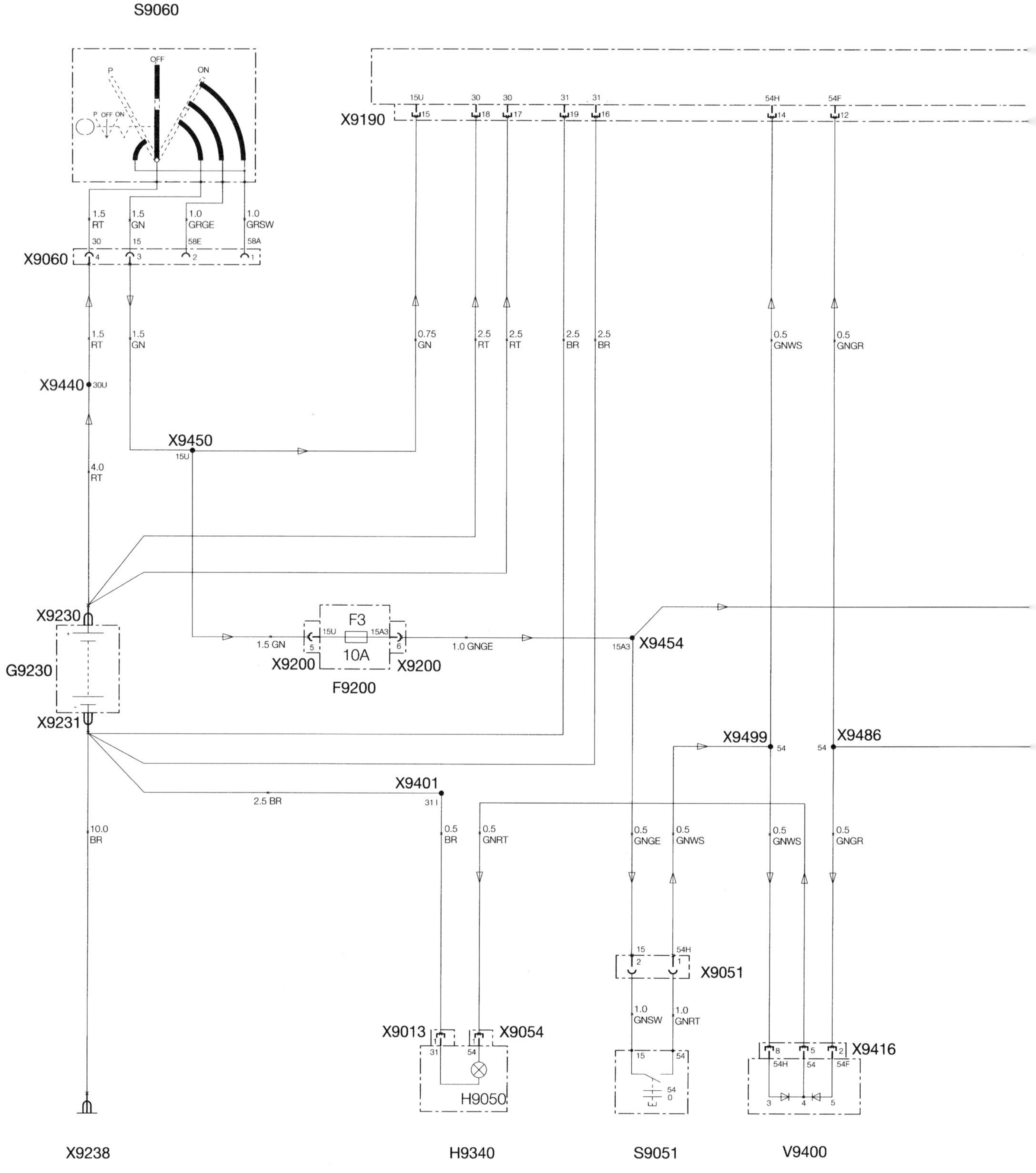

Legende

A9001 Kombiinstrument
A9190 Steuergerät ABS
B
B9193 ABS-Sensor vorn
B9194 ABS-Sensor hinten
F
F9200 Sicherungskasten I
G
G9230 Batterie
H
H9050 Bremslicht
H9190 Warnleuchte ABS
H9340 Heckleuchte
P
P9210 Tachometer
S
S9051 Bremslichtschalter Hand
S9052 Bremslichtschalter Fuß
S9060 Zündschloss

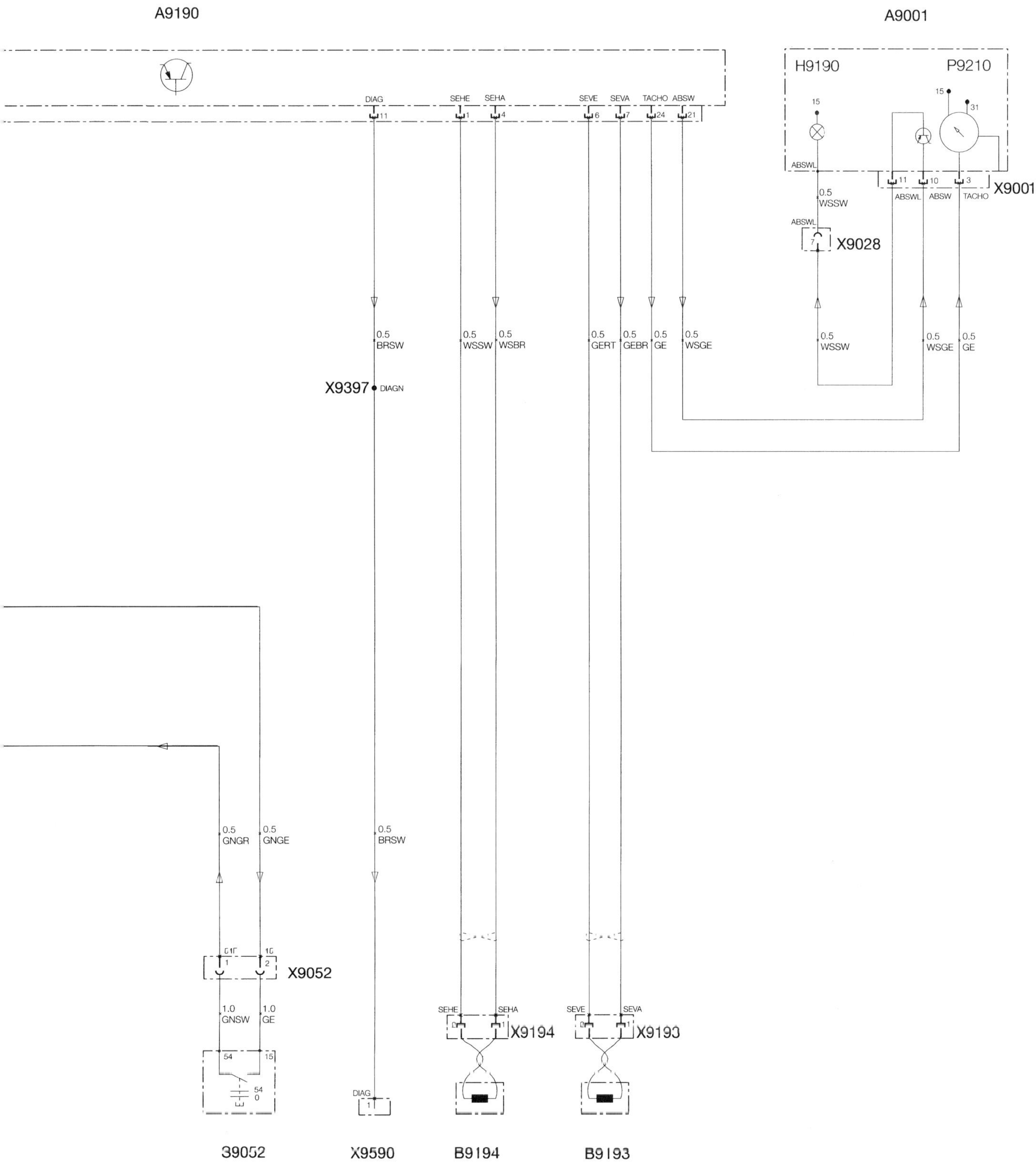

V
V9400 Diode
X
X9001 STVB Kombiinstrument
X9013 STVB Heckleuchte -
X9028 STVB Kombiinstrument
X9051 STVB Bremslichtschalter Hand
X9052 STVB Bremslichtschalter Fuß
X9054 STVB Bremslicht +
X9060 STVB Zündschloss
X9190 STVB Steuergerät ABS
X9193 STVB ABS-Sensor vorn
X9194 STVB ABS-Sensor hinten
X9200 STVB Sicherungbox I
X9230 Plus Batterie
X9231 Masse Batterie
X9238 Masse
X9397 Verbinder Diagnose
X9401 Verbinder 31 I
X9416 STVB Diode
X9431 Verbinder 30A 1
X9440 Verbinder 30U
X9450 Verbinder 15U
X9486 Verbinder 54
X9499 Verbinder 54
X9590 Diagnosestecker

Kabelfarben

BL blau
BR braun
GE gelb
GN grün
GR grau
OR orange
RT rot
SW schwarz
TR transparent
VI violett
WS weiß

Sicherungen & Relais ab 2004

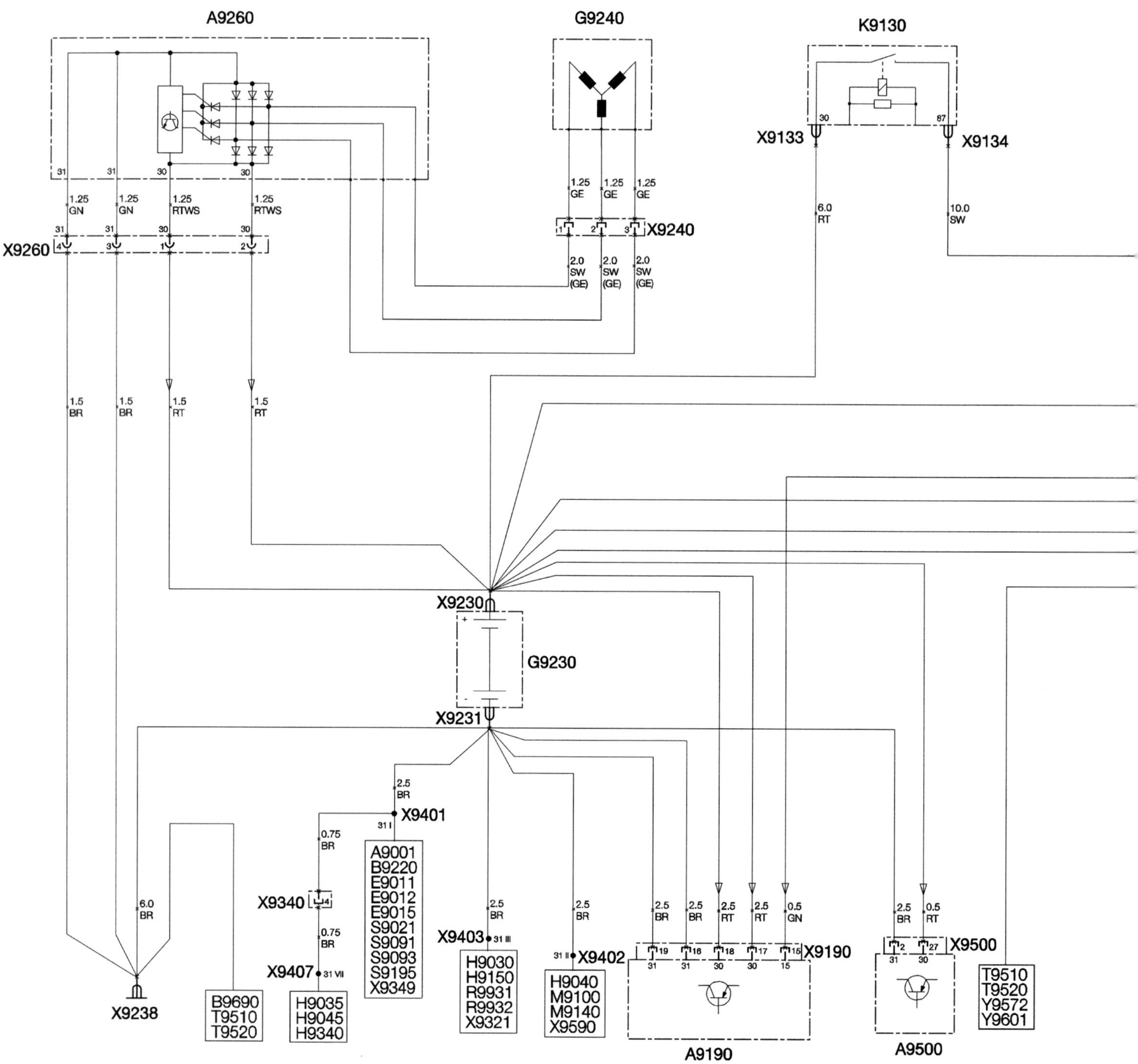

Legende

A9001 Steuergerät Kombiinstrument
A9020 Blinkgeber
A9190 Steuergerät ABS
A9260 Regler/Gleichrichter
A9500 Steuergerät Motorelektronik
B9220 Benzinstandgeber
B9690 Lambdasonde
E9011 Abblendlicht
E9012 Fernlicht
E9013 Schlusslicht
E9015 Standlicht
F9200 Sicherungskasten I
G9230 Batterie
G9240 Generator
H9012 Kontrollleuchte Fernlicht
H9030 Blinker vorn links
H9035 Blinker hinten links
H9040 Blinker vorn rechts
H9045 Blinker hinten rechts
H9150 Horn
H9340 Heckleuchte
K9109 Entlastungsrelais
K9110 Motorelektronikrelais
K9125 Blinksignalrelais
K9130 Starterrelais
M9100 Kraftstoffpumpe
M9130 Starter
M9140 Lüfter
R9931 Heizgriff links
R9932 Heizgriff rechts
S9021 Warnblinkschalter
S9051 Bremslichtschalter Hand
S9052 Bremslichtschalter Fufl
S9060 Zündschloss
S9070 Kombischalter links
S9071 Fernlichtschalter
S9072 Hornschalter
S9074 Lichthupe
S9080 Kombischalter rechts
S9083 Not-Aus-Schalter
S9084 Starterschalter
S9091 Kupplungsschalter
S9093 Seitenstützenschalter
S9195 ABS-Schalter
S9930 Heizgriffschalter
T9510 Zündspule 1
T9520 Zündspule 2
V9402 Diode
X9060 STVB Zündschloss
X9070 STVB Kombischalter links
X9080 STVB Kombischalter rechts

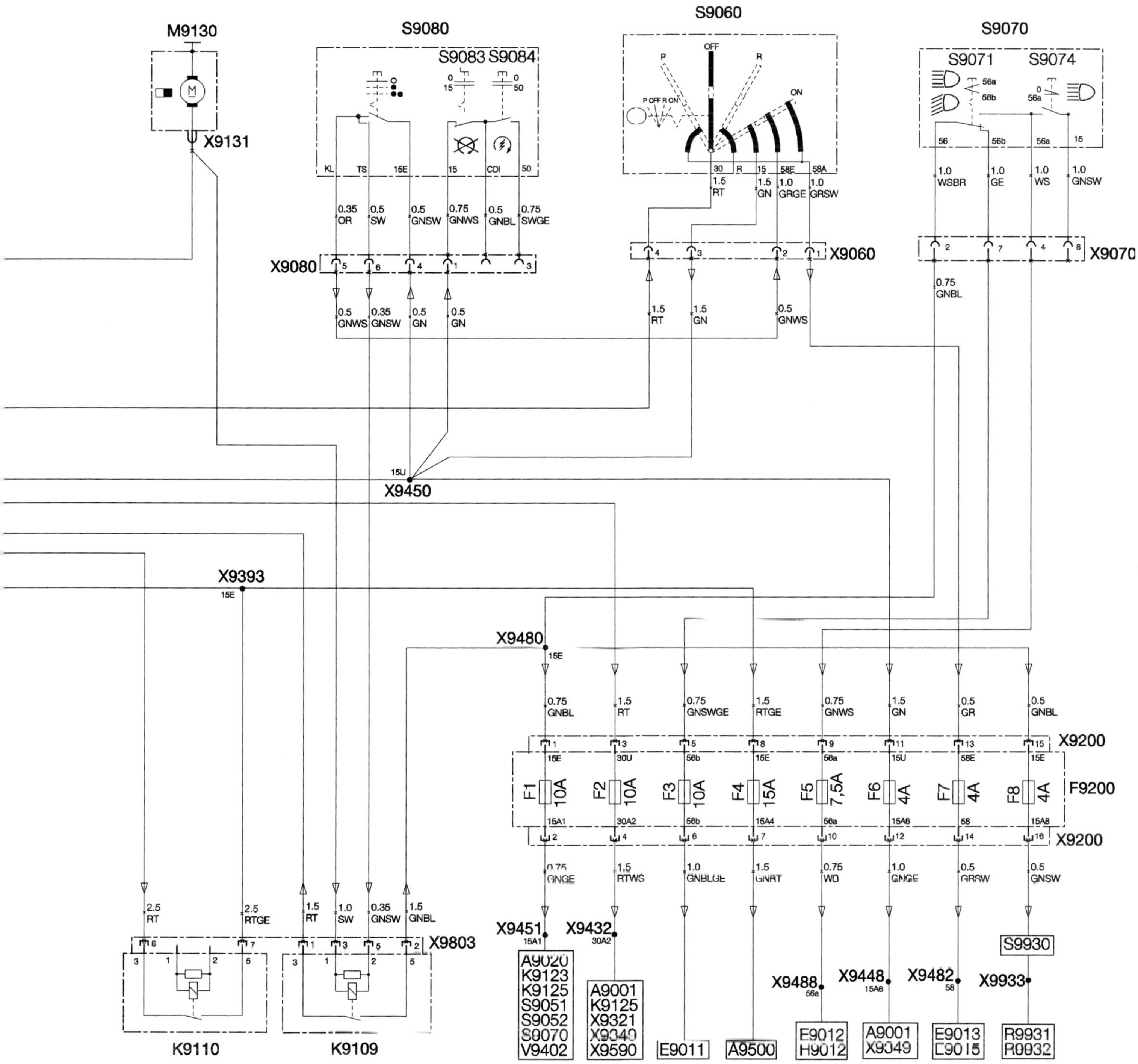

X9131	STVB Starter
X9133	STVB Starterrelais
X9134	STVB Starterrelais
X9190	STVB Steuergerät ABS
X9200	STVB Sicherungskasten I
X9230	Plus Batterie
X9231	Masse Batterie
X9238	Masse
X9240	STVB Generator ~
X9260	STVB Gleichrichter
X9321	STVB Bordsteckdose 1
X9340	STVB Beleuchtung/Blinker hinten
X9349	SZ-Stecker
X9393	Verbinder 15E
X9393	Verbinder 15A13
X9401	Verbinder 31 I
X9402	Verbinder 31 II
X9403	Verbinder 31 III
X9407	Verbinder 31 VII
X9432	Verbinder 30A2
X9448	Verbinder 15A6
X9450	Verbinder 15U
X9480	Verbinder 15E
X9482	Verbinder 58
X9488	Verbinder 56a
X9500	STVB Steuergerät Motorelektronik
X9590	Diagnosestecker
X9803	DRS Motorelektronik-/ Entlastungsrelais
X9933	Verbinder Heizgriffe
Y9572	Tankentlüftungsventil (nur US)
Y9601	Einspritzventil

Kabelfarben

BL	blau
BR	braun
GE	gelb
GN	grün
GR	grau
OR	orange
RT	rot
SW	schwarz
TR	transparent
VI	violett
WS	weiß

Motorelektronik ab 2004

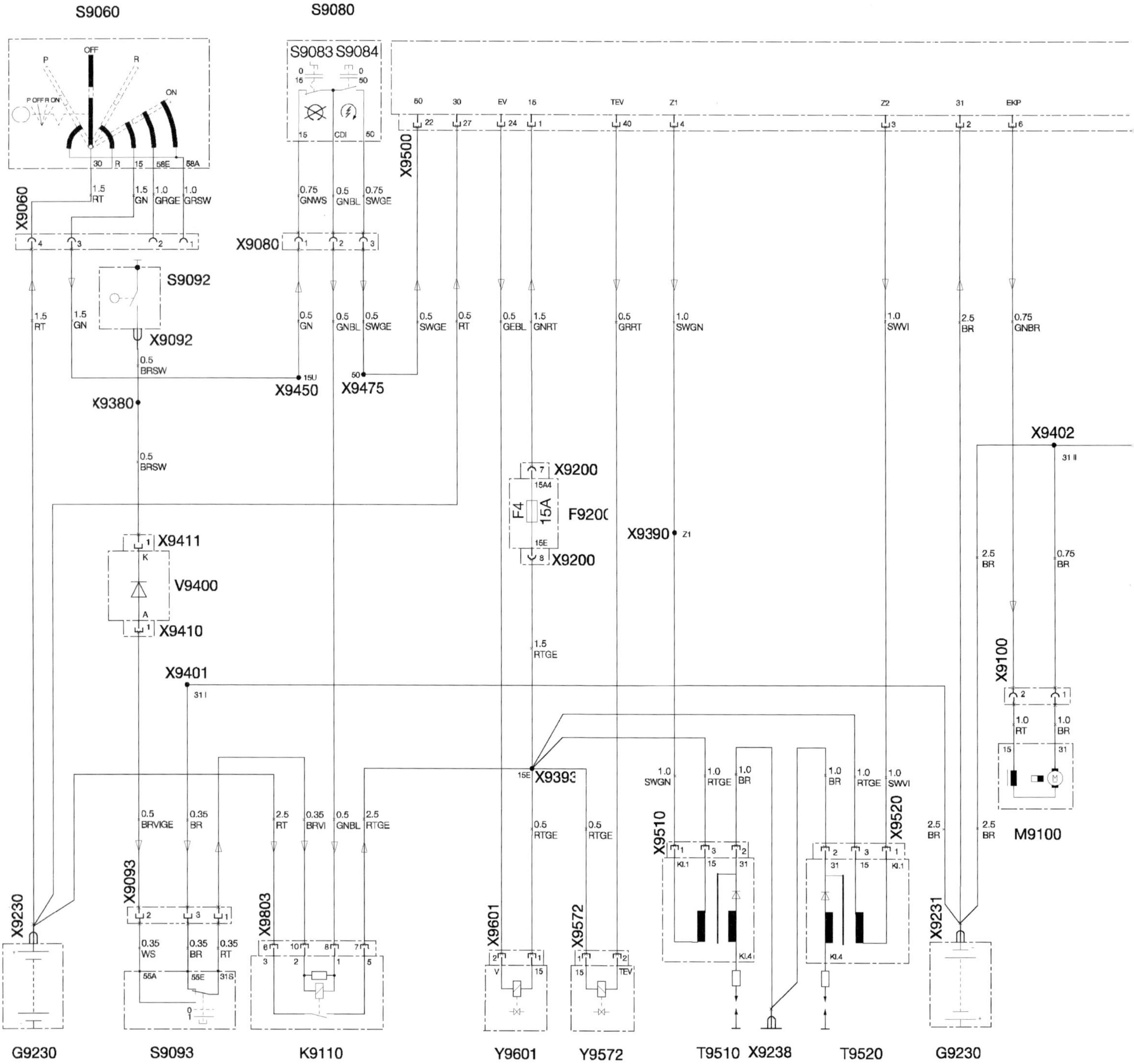

Legende

A9001 Steuergerät Kombiinstrument
A9500 Steuergerät Motorelektronik
B9326 Kurbelwellengeber
B9550 Temperaturfühler Ansaugluft
B9562 Temperaturfühler Kühlmittel (Motorelektronik)
B9690 Lambdasonde
B9690 Lambdasonde (Zylinder 1)
F9200 Sicherungskasten I
G9230 Batterie
H9001 Warnleuchte Kühlmitteltemperatur
K9110 Motorelektronikrelais
M9100 Kraftstoffpumpe
M9140 Lüfter
M9575 Leerlaufsteller
M9575 Drosselklappenansteller
P9210 Tachometer
R9570 Drosselklappen-Potentiometer
S9060 Zündschloss
S9080 Kombischalter rechts
S9083 Not-Aus-Schalter
S9084 Starterschalter
S9092 Getriebeschalter
S9092 Schalter RFH
S9093 Seitenstützenschalter
T9510 Zündspule 1
T9520 Zündspule 2
V9400 Diode
X9001 STVB Steuergerät Kombiinstrument
X9028 STVB Kombiinstrument II
X9060 STVB Zündschloss
X9080 STVB Kombischalter rechts
X9092 STVB Getriebeschalter
X9092 STVB Schalter RFH
X9093 STVB Seitenstützenschalter
X9100 STVB Kraftstoffpumpe
X9140 STVB Lüfter
X9200 STVB Sicherungskasten I
X9230 Plus Batterie
X9231 Masse Batterie
X9238 Masse
X9326 STVB Kurbelwellengeber

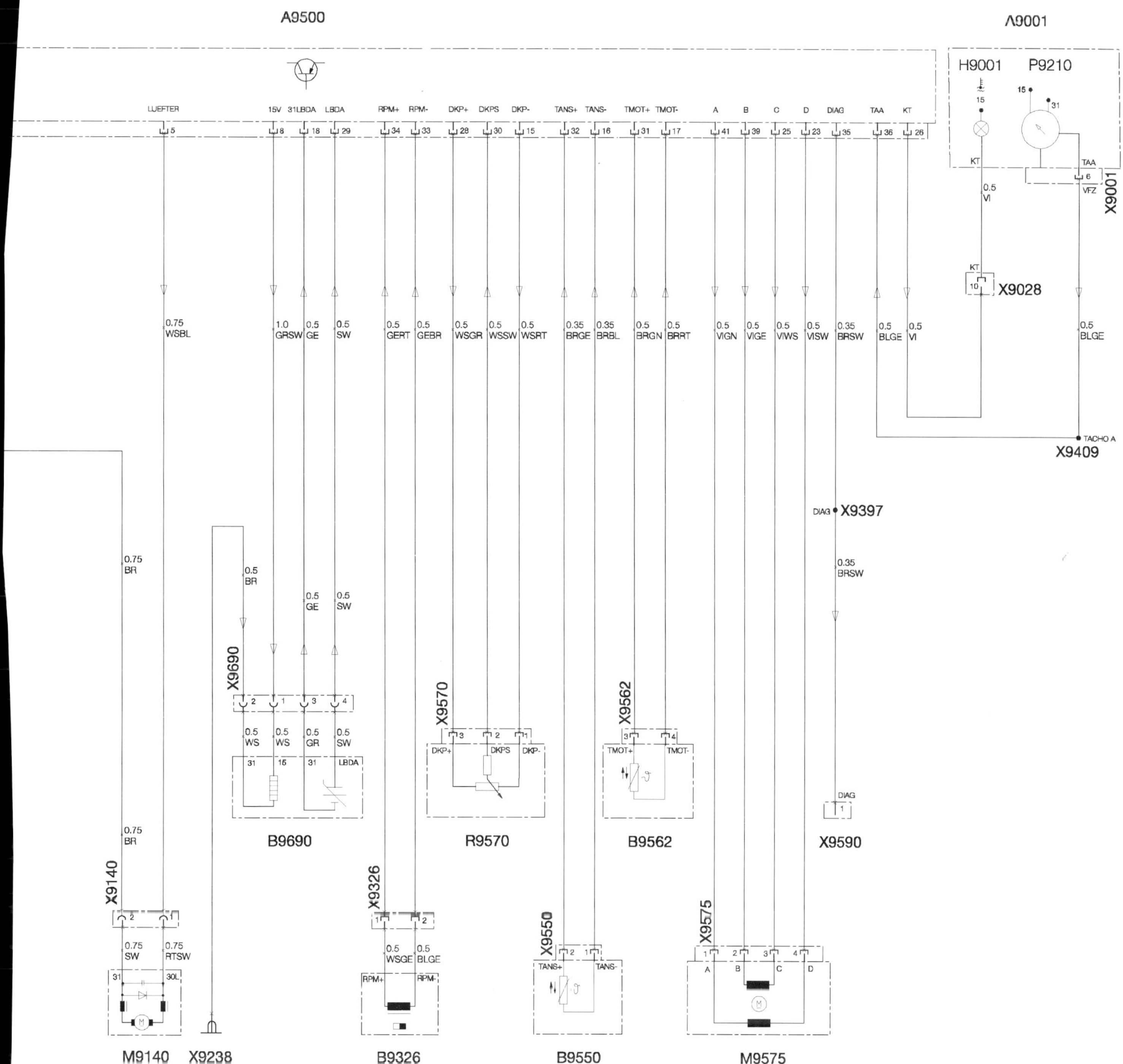

X9380 Verbinder Getriebeschalter
X9390 Verbinder Z
X9393 Verbinder 15E
X9393 Verbinder 15A13
X9397 Verbinder Diagnose
X9401 Verbinder 31 I
X9402 Verbinder 31 II
X9409 Verbinder Tacho A
X9410 STVB Diode
X9411 STVB Diode
X9450 Verbinder 15U
X9475 Verbinder 50
X9500 STVB Steuergerät Motorelektronik
X9510 STVB Zündspule
X9520 STVB Zündspule 2
X9550 STVB Temperaturfühler Ansaugluft
X9562 STVB Temperaturfühler Kühlmittel (Motorelektronik)
X9570 STVB Drosselklappen-Potentiometer
X9572 STVB Tankentlüftungsventil
X9575 STVB Drosselklappenansteller
X9575 STVB Leerlaufsteller
X9590 Diagnosestecker
X9601 STVB Einspritzventil 1
X9690 STVB Lambdasonde (Zylinder 1)
X9803 DRS Motorelektronik-/ Entlastungsrelais
Y9572 Tankentlüftungsventil (nur US-Modelle)
Y9601 Einspritzventil 1

Kabelfarben

BL	blau
BR	braun
GE	gelb
GN	grün
GR	grau
OR	orange
RT	rot
SW	schwarz
TR	transparent
VI	violett
WS	weiß